HANDBUCH SMART HOME

Frank-Oliver Grün

Stiftung Warentest

INHALTSVERZEICHNIS

WAS GEHT ÜBERHAUPT?

SCHRITT FÜR SCHRITT ZUM EIGENEN SMART HOME

SYSTEME IM ÜBERBLICK

WARUM SMART HOME?

Wenn es nach Studien und Umfragen geht, steht der Heimvernetzung eine große Zukunft bevor, und zwar schon ziemlich lange. Seit Jahren prophezeien die Marktforscher dem Thema riesiges Wachstumspotenzial. Bis 2020 sollte die Zahl der Smart-Home-Haushalte in Deutschland bereits die Millionengrenze überschreiten, rechnete der Branchenverband Bitkom auf dem Digital-Gipfel der Bundesregierung 2014 vor.

Ob dieses Ziel erreicht wurde, hängt nicht zuletzt von der Definition ab. Laut jüngsten Zahlen von 2021 (Quelle: Bitkom Research) haben mittlerweile 4 von 10 Deutschen ab 16 Jahren mindestens ein Smart-Home-Gerät. Oft handelt es sich dabei um fernbedienbare Lampen oder Heizungsregler. Auch Funksteckdosen erfreuen sich großer Beliebtheit. Das zeigt, wo eine Hauptmotivation für den Kauf vernetzter Haustechnik liegt: in der Bequemlichkeit.

Der Branchenverband Bitkom macht jährliche Umfragen zum Thema Smart Home. Danach steigt die Zahl vernetzter Produkte im Haushalt kontinuierlich. Besonders beliebt sind smarte Lampen und Leuchten.

Komfortgewinn

Ein smartes Heim übernimmt viele Alltagsaufgaben. Sei es der Griff zum Lichtschalter oder der Gang in den Keller um nachzusehen, ob die Waschmaschine ihr Programm beendet hat. Elektrische Rollläden stellen an sich schon einen Komfortgewinn dar, spart der Motor doch lästiges Kurbeln von Hand oder die morgendliche Turnübung am Gurt. In einem unvernetzten Haus müssen Sie aber trotzdem noch von Raum zu Raum gehen. Die Wandtaster der Antriebsmotoren drücken sich schließlich nicht von selbst. Sind die Antriebe mit einer Steuerung verbunden, reicht dagegen ein zentraler Befehl, um alle gemeinsam in Bewegung zu setzen – oder eben nur die Rollläden auf der Sonnenseite, wenn gewünscht.

Genauso funktioniert das mit vernetztem Licht. Beim Nachhausekommen bereiten die Lampen einen freundlich hellen Empfang. Sensoren an der Wohnungstür oder Bewegungsmelder machen es möglich. Zum Fernsehen, Arbeiten oder Lesen wählen programmierbare Lichtszenen auf Knopfdruck die passende Einstellung. Und abends müssen Sie nicht mehr durch die Wohnung patrouillieren, um jede Tischleuchte einzeln auszuknipsen. Stattdessen genügt ein Druck auf den zentralen „Alles aus“-Schalter am Bett.

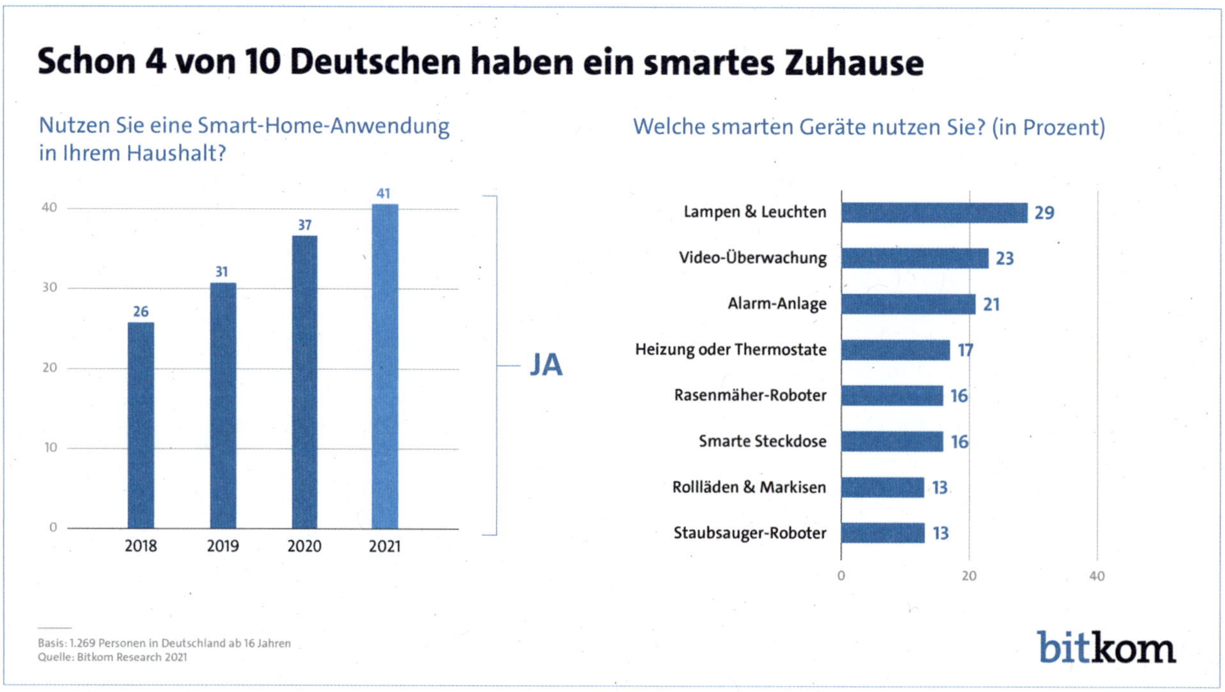

Oft gehörtes Argument von Skeptikern: So eine Hausautomation mache die Menschen träge und bequem. Vom Sofa aufzustehen und selbst den Lichtschalter zu betätigen, habe noch niemandem geschadet. Das hieß es freilich auch, als die ersten drahtlosen TV-Fernbedienungen auf den Markt kamen. Elektrische Fensterheber im Auto? Automatikgetriebe? Auf viele Helfer, die früher Seltenheitswert hatten, möchte heute niemand mehr verzichten. Das dürfte in der Gebäudetechnik nicht anders sein.

Ein anderer Verdacht liegt da schon eher nahe. Abläufe im Haus zu steuern und den digitalen Befehlen bei ihrer Ausführung zuzuschauen, übt eine Faszination aus, der sich vor allem Männer schwer entziehen können. Manch einer fühlt sich vor seiner Smart-Home-Konsole wie Captain Picard im Kommandostand des Raumschiffs Enterprise. Doch was spielerisch beginnt und in der Jugend vor allem Spaß macht, kann in späteren Jahren ganz praktische Vorteile haben. Dann nämlich, wenn alltägliche Handgriffe wie das mechanische Öffnen oder Schließen von Rollläden beschwerlich werden. Wenn im Alter das Aufstehen aus dem Sessel langsamer geht und der Schalter für die Arbeitsplattenbeleuchtung in der Küche nicht mehr so leicht erreichbar ist.

Dann bekommt die Vernetzung eine neue Bedeutung. Sie hilft Ihnen, länger und selbstbestimmt in den eigenen vier Wänden zu wohnen. Die Technik reagiert auf Situationen im Alltag und erkennt mit der richtigen Sensorik sogar, ob alles in Ordnung ist. Ambient Assisted Living, kurz AAL, heißt dieses Prinzip im Fachjargon – auf Deutsch etwa „Umgebungsunterstütztes Leben" (Seite 147).

Sicherheit

Ein Öffnungskontakt an der Wohnungstür, Bewegungsmelder im Flur – wer denkt da nicht an eine Alarmanlage? Es stimmt: Manche Bauteile aus dem Smart-Home-Sortiment kommen so oder so ähnlich auch in professionellen Einbruchmeldeanlagen vor. Und sie erfüllen hier wie dort denselben Zweck. Die Sensoren überwachen einen Bereich und schlagen Alarm, wenn etwas vor sich geht.

Ein vernetztes Alarmsystem erhöht die Sicherheit und kann weitere Aktionen auslösen – etwa bei einem Einbruchversuch zur Abschreckung das Licht einschalten.

Das macht die Hausinstallation aber nicht automatisch zu einer vollwertigen Alarmanlage. Gerade wenn es um den Schutz vor Einbrechern und anderen Gefahren geht, stellen Experten hohe Anforderungen an die Technik.

Wer teuren Hausrat, Kunst oder andere Wertgegenstände versichern will, benötigt eine Anlage, die vom Verband der Schadenversicherer (VdS) zertifiziert ist (siehe Seite 118). So ein System arbeitet als geschlossene Einheit, kann unter bestimmten Umständen aber seinen Status an ein Smart Home weitergeben, damit im Falle eines Alarms oder beim Scharf- und Unscharfschalten automatisch Aktionen ausgelöst werden. Welche Lösung auf Ihre persönliche Situation passt, besprechen Sie am besten mit dem Fachbetrieb, der auch die zertifizierte Einbruchmeldeanlage installiert.

Auch ohne VdS-Siegel hebt ein smartes Gebäude jedoch das Sicherheitsniveau. Nur wenige Einbrecher werden sich in aller Seelenruhe die Zeit für einen Diebstahl nehmen, während draußen die Alarmsirene heult und drinnen eine Videokamera ihr Treiben dokumentiert. Vorteil im Smart Home: Vernetzte Komponenten können sich ergänzen und in ihrer Wirkung unterstützen. So sieht das Bild von Überwachungsvideos gleich viel schärfer aus, wenn zusammen mit dem Alarm das Licht angeht.

Im Idealfall kommt es gar nicht erst so weit, dass Kriminelle Ihre Wohnung ins Visier neh-

❶ **Photovoltaik** Überschüssiger Solarstrom fließt in einen Batteriespeicher oder treibt Hausgeräte an.
❷ **Lüftung** Sensoren messen die Luftqualität und schalten bei Bedarf die Lüftung ein.
❸ **Wärmepumpe** Solarstrom vom Dach heizt für den Abend das Warmwasser vor.
❹ **Heizung** Regler in den Räumen fordern nur dann Wärme von der Anlage im Keller an, wenn sie benötigt wird.
❺ **Hausgeräte** Die Waschmaschine meldet, wenn ihr Programm fertig ist. Der Herd schaltet selbst den Dunstabzug ein.
❻ **Beschattung** Rollläden oder Markisen öffnen und schließen sich automatisch.
❼ **Beleuchtung** Außen- und Innenlampen sind programmierbar. Lichtszenen verändern die Beleuchtung nach Wunsch.
❽ **Steckdosen** Die Steuerung schaltet elektrische Geräte ein und wieder aus – etwa beim Verlassen der Wohnung.
❾ **Bedienung** Vernetzte Wandtaster oder Touchdisplays rufen programmierte Smart-Home-Szenen auf.
❿ **Zugang** Ein elektrischer Türschlossantrieb (Smartlock) lässt autorisierte Bewohner ins Haus – wenn nötig und erwünscht sogar ferngesteuert über das Internet.
⓫ **Bewässerung** Regner und Rasensprenger treten automatisch in Aktion, wenn der Boden zu trocken wird.
⓬ **Rasenmäher** Der Mähroboter zieht abhängig von Witterung und Anwesenheit der Bewohner seine Runden.
⓭ **Lautsprecher** Multiroom-Lautsprecher spielen Musik im ganzen Haus und geben Alarmtöne wieder.
⓮ **Sprachsteuerung** Smart Speaker mit einem integrierten digitalen Assistenten steuern die Haustechnik auf Zuruf.
⓯ **Alarm** Ob Rauchentwicklung oder Einbruch: Das Smart Home warnt seine Bewohner in gefährlichen Situationen.
⓰ **Videoüberwachung** Innen- und Außenkameras behalten das Haus bei Abwesenheit im Blick.
⓱ **E-Auto-Ladestation** Die Wallbox tankt den Akku vollautomatisch auf, wenn genügend Solarstrom zur Verfügung steht.
⓲ **Fernbedienung** Eine Smartphone-App gewährt von unterwegs aus Zugriff auf Licht, Heizung, Kameras und mehr.

men. Abschreckung lautet die Devise. Kaum ein Objekt wirkt auf Einbrecher so wenig einladend wie ein Gebäude, das rund um die Uhr bewohnt ist. Genügte früher ein Lämpchen mit Zeitschaltuhr, um Anwesenheit vorzugaukeln, fallen Profis heute darauf immer seltener herein. Doch was, wenn die Anwesenheitssimulation vom Verhalten echter Menschen nicht zu unterscheiden ist? Ein automatisiertes Gebäude schafft das in Perfektion – etwa über Lichtszenen, die den Alltag nachbilden und virtuellen Bewohnern scheinbar von Raum zu Raum folgen. Auch Jalousien, die ihre Lamellen nach dem Sonnenstand ausrichten und nicht wochenlang in derselben Position verharren, täuschen externe Beobachter über längere Urlaubsreisen hinweg. Wenn dann noch Lautsprecher nach dem Zufallsprinzip ein Radioprogramm spielen oder Hundegebell abspielen, dürften selbst gute Nachbarn glauben, dass jemand zu Hause ist.

Hinzu kommen Überwachungsmaßnahmen, die unbemerkt im Hintergrund ablaufen, den Bewohnern und Bewohnerinnen aber zusätzliche Sicherheit geben. Da wäre zum Beispiel der Feuchtesensor unter der Küchenspüle, der frühzeitig warnt, wenn ein Wasserschaden droht. Wer am offenen Kamin kuschelt, erfährt per CO-Sensor, wenn etwas mit der Verbrennung nicht stimmt und lebensgefährliches Kohlenmonoxid in den Raum entweicht. Vernetzte Rauchmelder tragen den Feueralarm vom Keller bis hinauf unters Dach. Außerdem informieren sie mit einer Nachricht auf dem Handy darüber, dass zu Hause womöglich gerade ein Brand ausbricht. Im Livestream der Überwachungskamera können Sie sich dann selbst ein Bild machen – und im Ernstfall gleich die Feuerwehr verständigen.

Energiesparen

Die Anbieter vernetzter Heizungsregler werben teilweise mit großen Einsparpotenzialen. Von einem Rückgang der Heizkosten um bis zu 30 Prozent ist die Rede. Es gibt Studien, die das belegen. 2013 hat das Fraunhofer Institut für Bauphysik im Auftrag von Tado die smarten Thermostate des Herstellers überprüft und konnte einen Rückgang des Energiebedarfs um 14 bis 26 Prozent feststellen. Zu ähnlichen Ergebnissen kam eine gemeinsame Untersuchung von Rheinenergie und der Technischen Hochschule Köln im Jahr 2018.

Allerdings sind diese Aussagen nicht auf jeden Haushalt übertragbar. Die Heizungsanlage muss vor dem Umbau schon ziemlich ungeregelt gewesen sein, damit eine smarte Steuerung so viel bringt. Die Fraunhofer-Forscher gingen in ihrer Berechnung zum Beispiel davon aus, dass die Temperatur im unvernetzten Vergleichshaus konstant auf 20 Grad eingestellt war. Wenn die Heizung rund um die Uhr durchläuft, benötigt das vergleichsweise viel Energie. Schon eine automatische Nachtabsenkung, wie sie moderne Anlagen bieten, reduziert jedoch den Verbrauch. Nach Berechnungen der Stiftung Warentest senken 4 Grad weniger in der Nacht den Energiebedarf um 8 Prozent (test 8/2019). Eine außengeführte Kesselsteuerung mit Temperaturfühler im Freien lässt die Differenz weiter schrumpfen. Wie groß das Sparpotenzial einer vernetzten Steuerung ist, hängt also nicht zuletzt davon ab, wie

Smarte Heizsysteme helfen beim Energiesparen. Die App von Tado etwa kalkuliert Heizkosten im Voraus und gibt die voraussichtliche Ersparnis an.

Ein Tür- oder Fensterkontakt erkennt, wenn der Flügel offensteht. Er meldet dies der Heizung, worauf der Regler am Heizkörper automatisch sein Ventil schließt.

energieeffizient das Heizsystem vor seiner Installation bereits war.

Hinzu kommt die Bausubstanz als temperaturausgleichender Faktor. Im gut isolierten Passiv- oder Niedrigenergiehaus machen sich smarte Thermostate weniger bemerkbar als in einem Gebäude, das durch seine Außenwände schnell Wärme verliert. Altbauten sind deshalb prädestiniert für eine intelligente Steuerung – und Haushalte mit einem unregelmäßigen Tagesablauf profitieren besonders von ihr. So kann ein System mit Anwesenheitserkennung zum Beispiel automatisch die Heizung drosseln, wenn alle das Haus verlassen haben. Beim Heimkommen der ersten Person regelt es die Temperatur von selbst wieder hoch. Die Zeit dazwischen, in der weniger geheizt wird, spart Geld. Mit Präsenzmeldern (siehe Seite 81) lässt sich dieses Prinzip noch weiter verfeinern. Sie schalten normalerweise das Licht, stellen aber auch fest, ob Schlafräume oder Gästezimmer längere Zeit unbewohnt sind. Dort kann die Temperatur dann ruhig etwas niedriger liegen.

Ein Kontakt- oder Temperatursensor am Fenster verhindert, dass Heizkörper beim Lüften unnötig aufdrehen und extra Energie verschwenden. Wer hinterher vergisst, seine offenen Fenster wieder zu schließen, kann sich von einer Smart-Home-Automation daran erinnern lassen, ehe der Raum völlig auskühlt. Prinzipiell gilt: Je langsamer das Gebäude von sich aus auf Temperaturänderungen reagiert, desto weniger bringen kurzzeitige Korrekturen. Eine vergleichsweise träge Fußbodenheizung muss nicht jedes Mal herunterfahren, wenn Sie zum Einkaufen aus dem Haus gehen.

Im Vergleich mit der Heizung und Warmwassererzeugung machen Lampen und andere Elektrogeräte nur etwa 15 Prozent des Gesamtenergieverbrauchs in privaten Gebäuden aus. Der Anteil für Beleuchtung ist wegen effizienter LED-Technik über die Jahre sogar gesunken. Weil gleichzeitig die Strompreise steigen, kann es sich trotzdem lohnen, den Verbrauch im Blick zu behalten. Ein Smart Home bietet dafür gleich mehrere Möglichkeiten. Die offensichtliche: Es zeigt an, wie viel Watt- oder Kilowattstunden durch die Leitung fließen. Dadurch werden Kontrollen des Energiebedarfs überhaupt erst möglich.

Im einfachsten Fall genügt dafür eine Messsteckdose mit App. Sie erfasst den Verbrauch und dokumentiert ihn über längere Zeit. Allerdings liefert sie nur Werte eines einzelnen Geräts – oder die Summe aller Verbraucher, die gemeinsam an einer Steckdosenleiste hängen. Mehr Überblick bieten sogenannte Energiezähler oder Smart Meter im Sicherungskasten (siehe „Energie …" Seite 90). Sie ermitteln ihre Daten direkt am Zähler oder an der Stromzuleitung und ordnen sie Verbrauchern im Haushalt zu. So bleiben heimliche Energiefresser nicht lange verborgen – und die Wohnenden wissen schon vor der jährlichen Stromrechnung, welche Kosten auf sie zukommen.

Was sich mit den Erkenntnissen sonst noch anfangen lässt, hängt von der Smart-Home-Installation ab. Steckdosen, die per Funk oder Leitung vernetzt sind, können auf diesem Weg auch Steuersignale empfangen. Ein Befehl trennt dann zum Beispiel die Kaffeemaschine vom Netz, sobald das Frühstück vorbei ist. Schon eine Stunde, die das Gerät weniger heizt, spart bei Filtermodellen mit 1000 Watt Leistungsaufnahme rund 30 Cent am Tag – macht aufs Jahr gerechnet mehr als 100 Euro. Bereitet ein Kaffeevollautomat den Cappuccino oder die Latte Macchiato zu, kann der Effekt auch größer ausfallen. Das kommt auf die Stand-by-Einstellungen und -Funktionen der Maschine an.

Soll ein Gebäude nicht nur Energie sparen, sondern auch selbst welche erzeugen, macht sich Vernetzung doppelt bezahlt. Denn Photovoltaikanlagen auf dem Dach liefern Strom, sobald die Sonne scheint, egal, wie viel davon gerade benötigt wird. Bei klarem Himmel übersteigt die Leistung der Solarmodule regelmäßig den Eigenverbrauch. Früher lohnte es sich, diesen Überschuss zum gesetzlich festgelegten Preis an Stromversorger zu verkaufen und ins öffentliche Netz einzuspeisen. In Zeiten sinkender Einspeisevergütungen ist es besser, ihn selbst zu verbrauchen (siehe Seite 93).

Die Kontrolle elektrischer Verbraucher macht smarte Gebäude zu einem wichtigen Bestandteil der Energiewende. Wenn Stromversorger künftig last- und zeitabhängige Tarife anbieten, in denen der Kilowattpreis den Tag über schwankt, steuert die Elektronik das Haus so, dass es am günstigsten ist.

Flexibilität

Ein Vorteil vernetzter Gebäude wird leicht übersehen oder findet bei der Planung wenig Beachtung: Funktionen lassen sich nachträglich ändern. Sie sind buchstäblich nicht mehr in Stein gemeißelt wie bei einer traditionellen Elektroinstallation. Dort geben Leitungen und Unterputzdosen vor, wo zum Beispiel die Lichtschalter liegen. Als Auftraggeber müssen Sie im Planungsstadium entscheiden, an welche Wand im Schlafzimmer das Bett kommt – damit der Elektriker die Anschlüsse vorsehen kann. Wenn Ihnen nach dem Einzug ein anderer Aufstellungsort besser gefällt? Pech gehabt.

An die Esszimmerwand soll nachträglich ein Dimmer? Dann hat der Elektriker im Rohbau hoffentlich schon eine tiefe Unterputzdose gesetzt. Sonst reicht der verfügbare Platz für die Montage nicht. Die Kinder ziehen aus und eins der Zimmer soll künftig als Hobbyraum dienen? Solche Nutzungsänderungen kommen öfter vor, als man denkt. Im Smart Home kein Problem: Mit einem funkbasierten System kleben Sie Taster, Dimmer, Raumthermostate oder Rollladenwippen einfach dorthin, wo es gerade am besten passt. Auch sogenannte Hausbussysteme mit Steuerleitungen in den Wänden sind meist über drahtlose Module erweiterbar. Da bei ihnen die Intelligenz aber häufig ohnehin im Schaltkasten sitzt, lässt sich vieles per Software lösen. Der verkabelte Wandtaster spielt dann nur den Auslöser. Welche Lampen,

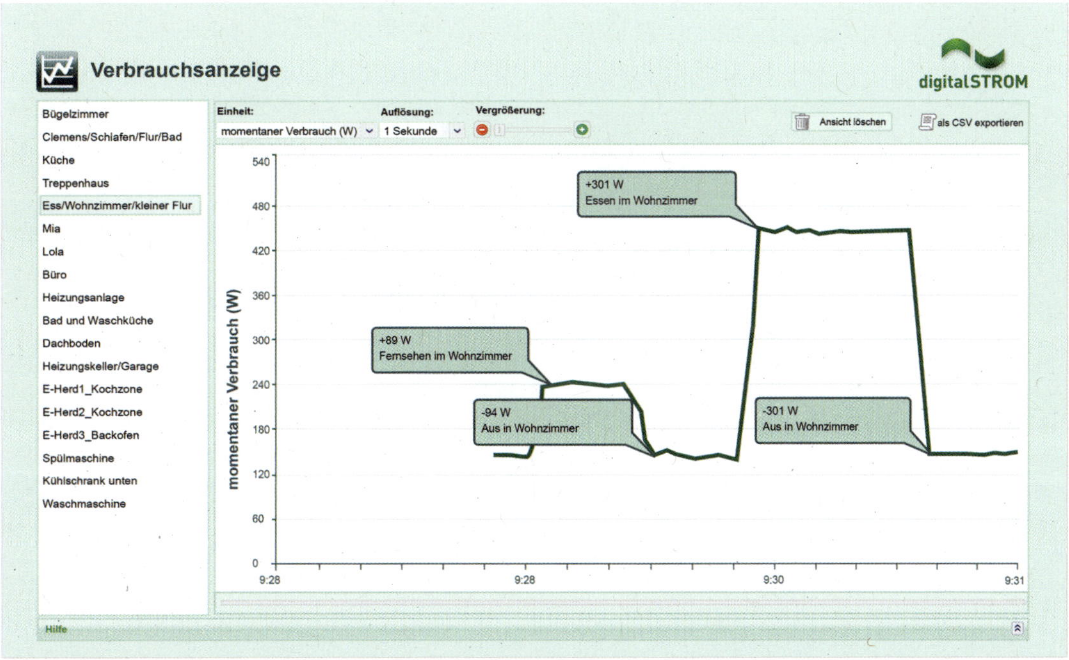

Viele Smart-Home-Systeme dokumentieren die Leistungsaufnahme angeschlossener Verbraucher. So lässt sich feststellen, wohin der Strom im Haushalt fließt.

Steckdosen oder Rollläden er steuert, entscheidet die Programmierung.

Wichtig bei allen Festinstallationen mit Leitungen in den Wänden: Planen Sie den späteren Ausbau mit ein. Auch wenn vorerst nur ein wenig Lichtsteuerung gewünscht ist. Das macht den Bau oder die Sanierung zwar etwas teurer (siehe Seite 187), spart langfristig aber Geld, weil das „Nervensystem" für ein smartes Gebäude bereits existiert. Das „Gehirn", die Steuerintelligenz, kann dann jederzeit folgen, wenn wieder mehr Budget da ist.

Risiken und Nebenwirkungen

Neben vielen guten Argumenten für die Hausautomatisierung gibt es auch ein paar Risiken, die hier nicht verschwiegen werden sollen. Sie hängen vor allem mit der Systemauswahl zusammen. Denn anders als im klassischen Elektrohandwerk fehlt für intelligente Gebäude eine durchgängige Standardisierung. Elektroinstallationen sind in Deutschland durch VDE-Bestimmungen und DIN-Normen geregelt. Von der Leitungsführung über die Montagehöhe der Lichtschalter bis hin zur Mindestanzahl von Steckdosen pro Raum reichen die Vorschriften. Wer Komponenten nachkauft – selbst nach Jahren oder Jahrzehnten – kann sicher sein, dass sie technisch zu einer bestehenden 230-Volt-Installation passen.

Im Smart Home gelten etwas andere Regeln. Zwar gibt es auch hier Standards und Konventionen, doch sind sie weniger verbindlich. Verschiedene Lösungen haben sich parallel entwickelt und existieren nebeneinander. Manche davon gehen auf einen bestimmten Hersteller zurück, der die Komponenten baut, pflegt und weiterentwickelt. Vorteil eines solchen Komplettangebots: Weil alles aus einer Hand kommt, spielt die Technik reibungslos zusammen. Andererseits birgt die Abhängigkeit von einer einzigen Firma auch Gefahren. Sollte der Anbieter des proprietären Systems irgendwann sein Sortiment ändern oder vom Markt verschwinden, kann es schwierig werden, Ersatzteile zu bekommen.

Wer auf namhafte, gut eingeführte Produkte setzt, minimiert dieses Risiko. Bei einem System, das schon lange existiert und viele Kunden hat, lohnt sich die Weiterentwicklung eher als wenn kaum Nachfrage besteht. Zusätzliche Sicherheit bringen standardisierte Funkprotokolle wie EnOcean, Z-Wave und Zigbee. Sie kommen herstellerübergreifend zum Einsatz und vergrößern die Produktauswahl. Fällt zum Beispiel ein Anbieter von Zigbee-Leuchtmitteln weg, lässt sich die Lücke mit Lampen aus dem Sortiment eines anderen schließen.

Problem dabei: Nicht alles an den Funkprotokollen ist komplett durchstandardisiert. Manche Funktionen setzen die Smart-Home-Hersteller in Eigenregie um. So kann es passieren, dass Fremdprodukte nur eingeschränkt kompatibel sind oder ihre Eigenschaften von System zu System variieren. Auch deshalb bevorzugen viele Installationsbetriebe einen anderen Standard. Er heißt KNX und entstand 1999 aus dem Zusammenschluss dreier europäischer Verbände (siehe „Musterbeispiel KNX", Seite 53). Mittlerweile produzieren einige Hundert Hersteller in aller Welt Geräte und Software dafür. Mehr als die Hälfte aller intelligenten Gebäude in Deutschland sind damit vernetzt.

Im Zweckbau hat sich KNX als Industriestandard etabliert. Auch luxuriöse Smart Homes machen sehr oft Gebrauch von der Technik. Allerdings gehört eine Automatisierung mit KNX zu den eher kostspieligen Lösungen, was auch an der kabelgebundenen Bus-Installation liegt. Zwar lassen sich KNX-Signale inzwischen drahtlos per Funk und im normalen Stromnetz übertragen (Powerline), Busleitungen spielen aber immer noch die Hauptrolle. Wer mit spitzem Bleistift rechnet oder ein begrenztes Budget zur Verfügung hat, sucht deshalb häufig nach Alternativen.

Zum Glück gibt es viele davon. Manchmal muss es gar nicht eine Installation allein sein, die sämtliche Anforderungen erfüllt. Viele Smart-Home-Produkte bieten Schnittstellen zu anderen Systemen. So finden zum Beispiel auch Insellösungen für Licht, Musik oder Sicherheit den Anschluss ans Gebäude. Oder eine Zentrale mit mehreren Funkstandards bringt Geräte verschiedener Hersteller unter einen Hut. Die folgenden Kapitel helfen Ihnen dabei, eine passende Kombination zu finden.

„EIN VERNÜNFTIGES KONZEPT SPART GELD"

Frank Völkel plant seit 2007 intelligente Gebäude im KNX-Standard. Aus den Erfahrungen beim Bau seines privaten Eigenheims und anfänglichen Freundschaftsdiensten für Bekannte ist ein bundesweit agierendes Unternehmen geworden. Mit seiner Firma Smartest Home betreut der Diplomingenieur Bauherren bei der Konzeption, Elektroplanung und Programmierung ihrer KNX-Lösung. Außerdem schreibt er Fachbücher, hält Vorträge und gibt Videokurse zum Thema und betreibt einen YouTube-Kanal mit mehr als 20 000 Abonnenten.

Sie haben vor vielen Jahren mit KNX angefangen und sind dabei geblieben. Warum?

Vor allem wegen der Flexibilität und Zukunftssicherheit. Mit dem KNX-Standard sind Sie herstellerunabhängig und wissen, dass es auch in 10 oder 20 Jahren noch Geräte gibt. Außerdem haben wir so die Möglichkeit, für jedes Einsatzgebiet die beste Lösung zu wählen. Es gibt Hersteller, von denen der Jalousieaktor besonders gut ist, Heizungsaktoren würde ich vielleicht von einem anderem nehmen, die Gartenbewässerung von einem dritten Anbieter. Das geht nur mit KNX so gut – vorausgesetzt, Sie kennen die Stärken und Schwächen der einzelnen Sortimente. Aber dafür gibt es ja Planer wie uns.

KNX hat den Ruf, besonders teuer zu sein. Stimmt das?

Vor wenigen Jahren noch hätte ich dieser Aussage sofort zugestimmt. Mittlerweile würde ich sagen, dass Sie in einem per Kabel vernetzten Neubau kaum günstiger kommen als mit KNX. Das ist Herstellern wie MDT zu verdanken, die den Preis gegenüber Marken wie Busch-Jaeger oder Gira halbiert haben. Damit will ich keine Wertung abgeben, ob ich das gut finde oder nicht. Ich sage nur, was sich am Markt abspielt. Und da stimmt das Klischee vom Smart-Home-Standard für die Villa in Saint-Tropez eben nicht mehr. Natürlich gibt es die absolute Luxusklasse – mit Sensortastern von Basalte für bis zu 700 Euro, die aus massivem Nickel oder Messing gefräst sind. Da kosten schon Material und Herstellung eine Menge Geld. Der Hersteller verdient sich daran keine goldene Nase. Aber es geht eben auch deutlich günstiger.

Mit welchen Kosten sollten Bauleute für ein KNX-System rechnen?

Das kommt darauf an – welchen Ausstattungsgrad man sich wünscht und wo gebaut wird. Bei uns in Süddeutschland, wenn Sie ein Haus für 500 000 Euro planen – ohne Grundstück –, dann sind Sie mit 50 000 Euro für die Elektrik inklusive KNX auf der ganz sicheren Seite und haben schon eine hohe Ausstattung. Zehn Prozent der Bausumme eignen sich da als Richtwert. Wenn Sie als Kunde sagen, Sie möchten nur die Grundfunktionen, dann geht es auch günstiger. Für fast jedes Budget lässt sich eine Lösung finden.

Wo investiere ich dieses Geld am besten?

Vor allem in die Planung. Nichts spart so viel Geld, wie eine vernünftige Konzeption. Das ist wie bei einem Buchprojekt. Ich kann einfach drauflosschreiben und hinterher schauen, wie ich alles zusammenkriege. Dann gibt es jede Menge Ergänzungen, Umstellungen, Nachträge und Korrekturen. So arbeiten leider noch immer viele Elektriker. Die gehen mit der Kreide oder Spraydose durchs Haus und fragen, wo der Bauherr seine Steckdosen haben will. Dort machen sie dann ein Kreuz an der Wand. Hinterher stellt sich heraus, dass vieles nicht geht wie gewünscht und der Bauherr bezahlt für Änderungen. Eine gründliche Planung im Vorfeld kostet natürlich Geld. Aber sie holt an anderer Stelle auch leicht Zehntausende Euro und mehr wieder rein.

Wie läuft diese Konzeption normalerweise ab?

Wir fangen an, wenn vom Architekten die genehmigte Werkplanung kommt. In der Regel erhalten wir den digitalen Datensatz und machen anhand der Grundrisse die Elektroplanung. Dafür sprechen wir mit den Bauleuten die Räume durch. Während der Corona-Pandemie hat sich gezeigt, dass das auch gut zu Hause am Computer geht – mit einem geteilten Bildschirm. Die Kunden sind dabei sogar konzentrierter als bei einem Termin vor Ort. Der Elektriker bekommt dann eine Stückliste und kann loslegen. Er kauft auch alle Komponenten wie Dosen und Kabel ein, muss also keine Angst haben, dass wir etwas von seiner Marge wegnehmen. In der Praxis sind viele Elektriker sogar froh, dass sie keine Planung mehr machen müssen.

Wie finde ich den richtigen Planer für ein solches Projekt?

Vor allem anderen sollte es menschlich passen. Bis ein Haus fertig ist, vergeht leicht ein ganzes Jahr. Während dieser Zeit hat man immer wieder miteinander zu tun. Außerdem würde ich mir Referenzen zeigen lassen, was der Planer schon gemacht hat. Und mindestens genauso wichtig: Kann er sich auf mich und meine Wünsche einstellen? Wenn ich sage, mein Budget beträgt 25 000 Euro, dann sollte das auch gelten. Nicht wie bei manchen Architekten, die wir in unserem Alltag erleben. Da sagt der Kunde dreimal, ich will keine Holzverkleidung am Haus haben, und der Architekt sieht trotzdem eine vor.

Gelten für die Sanierung andere Regeln als im Neubau?

Das nachträgliche Verlegen von KNX-Kabeln ist in der Regel teurer. Es gibt meist keine genauen Pläne, deshalb wissen Sie nicht, wo die Leitungen liegen. Es fehlt an Leerrohren und Platz für die Kabel. Das alles kostet Zeit und Geld. Ein bereits existierendes Bussystem ohne Projektdaten ist aber genauso schlimm. Ohne Datei für die ETS-Software müssen Sie alles durchmessen. Wie bei einem Auto, das mit einer diffusen Fehlerbeschreibung in die Werkstatt kommt. Es kann eine Woche dauern, bis man sich in eine derartige Installation reingearbeitet hat. Das will kein Elektriker, und die Eigentümer möchten so viel Zeitaufwand auch nicht gerne bezahlen. Deshalb: Grundsätzlich alle Daten einer KNX-Installation aufbewahren. Dann sind Änderungen auch nach Jahrzehnten kein Problem. Projekte, die vor 25 Jahren mit der ETS 2 erstellt wurden, lassen sich heute noch einlesen.

Welche Fehler gilt es sonst zu vermeiden?

Mein Eindruck ist, dass viele Bauherren die Bedeutung des Themas noch immer unterschätzen. Sie rechnen nicht damit, dass Digitalisierung, Automatisierung und Fernsteuerung in fünf bis zehn Jahren omnipräsent sein werden. Dabei hat sich schon gezeigt, wie wichtig ein Homeoffice mit guter Infrastruktur plötzlich sein kann. Es geht darum, in die Zukunft zu schauen. Das kann man gar nicht oft genug sagen.

WIE FUNKTIONIERT SMART HOME?

VOM SMARTEN GERÄT ZUM SMARTEN GEBÄUDE

Die Vorsilbe „smart" wird seit einigen Jahren geradezu inflationär gebraucht. Auf das Smartphone folgten der Smart-TV und die Smartwatch. Lautsprecher mit Sprachsteuerung heißen Smart Speaker, Dosierautomaten für Hunde- und Katzenfutter Smart Feeder. Ja selbst Wasserkocher, Zahnbürsten und Fieberthermometer nehmen das Attribut in Anspruch, irgendwie smart zu sein. Nicht selten erschöpft sich dieser beworbene Vorteil in Vernetzung. Die Geräte sind per Funk steuerbar, über eine Onlineverbindung können sie Informationen austauschen, digitale Medien und neue Software aus dem Internet nachladen.

Als kleinster gemeinsamer Nenner trifft das auch auf viele Smart-Home-Produkte zu, die mittlerweile unsere Wohnungen bevölkern. All die vernetzten LED-Lampen, Raumthermostate, Türschlösser und WLan-Kameras haben eines gemeinsam: Ihr Bedienkonzept basiert auf dem Smartphone. Die App des Herstellers hilft bei der Installation der Geräte und assistiert später im Alltag. Sie macht das gedruckte Handbuch überflüssig – sofern der Anbieter sein Software-Handwerk versteht und dem Gerät nicht einfach ein billig zugekauftes Programm überstülpt.

Fast immer handelt es sich bei diesen Produkten um Insellösungen. Sie kümmern sich um ein Gewerk, wie Fachleute am Bau sagen würden. Das kann zum Beispiel die Licht- oder Heizungssteuerung sein. Es gibt Spezialisten, die das Haus überwachen, Musik wiedergeben den Rasen mähen oder die Blumen bewässern. Je mehr davon zusammenkommen, desto aufwendiger und unübersichtlicher wird die

Funkthermostate wie das Wiser-System von Eberle regeln die Raumtemperatur.

Überwachungskameras wie die Nest Cam von Google behalten die Wohnung im Blick.

Steuerung. Denn proportional zu den Geräten steigt die Zahl der Apps auf dem Smart-phone. Timer sind über viele Programme verteilt und müssen dort mehrfach eingestellt werden, wenn etwa das Bad morgens zur selben Zeit warm, hell erleuchtet und aufmunternd beschallt sein soll. Mit jeder neuen Insellösung wächst der Wunsch, die Technik zu vereinheitlichen und zusammenzufassen.

Womöglich sind Sie bereits an diesem Punkt angekommen. Vielleicht lesen Sie dieses Buch aber auch in kluger Voraussicht – oder mit der Vorahnung, dass smarte Produkte allein Sie nicht weiterbringen werden. Dann ist es an der Zeit, über ein vernetztes Gebäude nachzudenken, ein Smart Home, das diesen Namen wirklich verdient. Es führt verschiedene Aufgaben unter einer Steuerlogik zusammen. Das Ganze ist dabei mehr als die Summe seiner Teile, weil die Geräte zusätzliche Aufgaben übernehmen können. Ein Fensterkontakt ist Teil der Alarmfunktion und drosselt gleichzeitig die Heizung, wenn gelüftet wird. Lautsprecher dienen der Unterhaltung, spielen aber auch Warntöne und Durchsagen ab.

Der Unterschied besteht im ganzheitlichen Ansatz. Während smarte Insellösungen meist zweckgebunden und nach aktuellem Bedarf angeschafft werden, beginnt die Planung eines Systems am anderen Ende der Investition: dem Vollausbau. Wer weiß, wo er hinwill, kann gleich von Anfang an den richtigen Weg einschlagen. Dabei macht es einen Unterschied, zu welchem Zeitpunkt die Installation stattfindet. Geschieht sie im Rohbaustadium, beziehungsweise während einer grundlegenden Gebäudesanierung? Dann sind Operationen am offenen Mauerwerk meist kein Problem. Oder soll sie lieber nachträglich in der möblierten Wohnung passieren, quasi minimalinvasiv wie bei einem ambulanten medizinischen Eingriff?

Systeme wie Digitalstrom lassen sich auch nachträglich in eine vorhandene Elektroinstallation integrieren.

Gebäudenetzwerke im Vergleich

Technologie	Drahtlos (Funkbus)	Stromnetz (Powerline)	Verkabelt (Installationsbus)
Definition	Die Smart-Home-Geräte kommunizieren per Funksignal miteinander.	Geräte nutzen das vorhandene Stromnetz (230 Volt) zur Kommunikation.	Die Steuersignale laufen über eigene (Bus-)Leitungen in den Wänden.
Besonders geeignet für	Nachrüstung	Nachrüstung	Neubau / Sanierung
Installationsaufwand	Gering	Mittel	Hoch
Do-it-Yourself-Potenzial	Hoch	Gering	Gering
Einstiegskosten	Eher gering	Mittel	Eher hoch
Störanfälligkeit des Netzwerks	Mittel	Gering	Sehr gering
Schrittweiser Aufbau	Problemlos, auch nachträglich	Problemlos, auch nachträglich	Schwierig (Basisinstallation muss stehen)
Typische Standards	Bluetooth, EnOcean, Homematic IP, KNX RF, Loxone Air, Thread, Z-Wave, Zigbee, WLan	Digitalstrom, KNX PL	Homematic IP wired, KNX TP, LCN, Loxone, MyGekko

Dann bleiben die verputzen Wände besser unangetastet.

Abhängig von der Situation und vom Budget kommen unterschiedliche Vernetzungslösungen infrage. Am wenigsten Arbeit und Schmutz macht eine Installation mit Funktechnik. Manche Systeme kommunizieren auch über die gewohnte Elektroinstallation (Stromversorgung). Sie schicken ihre Befehle quasi huckepack auf der Wechselstromfrequenz von Raum zu Raum. Dabei handelt es sich um ein ähnliches Verfahren, wie es Powerline-Datenadapter für den Computer verwenden. Das 230-Volt-Netz übernimmt die Aufgabe von Netzwerkkabeln. Am leistungsfähigsten und zuverlässigsten ist aber eine eigene Datenautobahn für die Haustechnik. Dazu legt der Elektriker spezielle Unterputzleitungen in die Wände. Die verdrillten Kupferkabel werden auch Busleitungen genannt, das ganze Prinzip heißt Installationsbus.

Für die Bezeichnung Bus gibt es verschiedene Erklärungen, je nachdem, wen man fragt. Manche Informatiker leiten sie vom englischen Begriff für Steckplätze an der Rückwand eines 19-Zoll-Computerschranks her: Backpanel Unit Sockets, kurz BUS. Anschaulicher ist die Vorstellung einer Omnibuslinie, auf der Datenpakete von einer Station zur nächsten reisen. Die Businstallation ist quasi das Liniennetz, angeschlossene Geräte bilden die Haltestellen. In der Gebäudetechnik zeichnen sich Bussysteme vor allem dadurch aus, dass sie Daten- und Energienetz voneinander trennen. Das muss nicht zwingend über Kupferlader geschehen. Ein Funkbus kann Steuerdaten ebenso übertragen. Trotzdem hat sich das Kürzel im Zusammenhang mit Leitungen eingebürgert. Wenn pauschal von Installationsbus die Rede ist, sind in der Regel verkabelte Systeme gemeint.

Die Tabelle auf Seite 21 gibt einen ersten Überblick. Das Kapitel „Schritt für Schritt zum eigenen Smart Home" (Seite 155) beschäftigt sich ausgiebig mit dem Thema. Doch jetzt geht es erst einmal um den prinzipiellen Aufbau. Wie funktioniert ein Smart Home? Woraus besteht es? Und was lässt sich überhaupt alles automatisieren?

SENDER UND EMPFÄNGER

Zwei Begriffe werden Ihnen in diesem Buch noch häufiger begegnen: Sensoren und Aktoren. Ohne diese beiden Gerätetypen läuft im Smart Home nichts. Sie „sprechen" miteinander und tauschen Informationen aus. Wie im richtigen Leben gibt es Redner und Zuhörer, man könnte auch sagen Sender und Empfänger. Allerdings hinkt der Vergleich ein wenig, da es in dieser Kommunikation nicht nur ums Verstehen geht. Der Empfänger eines Befehls muss ihn auch gleich ausführen, also etwa das Licht einschalten oder die Rollläden schließen. Darum verwenden Gebäudetechniker statt Sender und Empfänger lieber die Bezeichnungen Sensor und Aktor. Ersterer schickt Signale ins Netzwerk hinein, die zum Beispiel als Auslöser dienen können. Der Zweite reagiert darauf und führt die gewünschte Aktion aus.

Sensoren im Smart Home

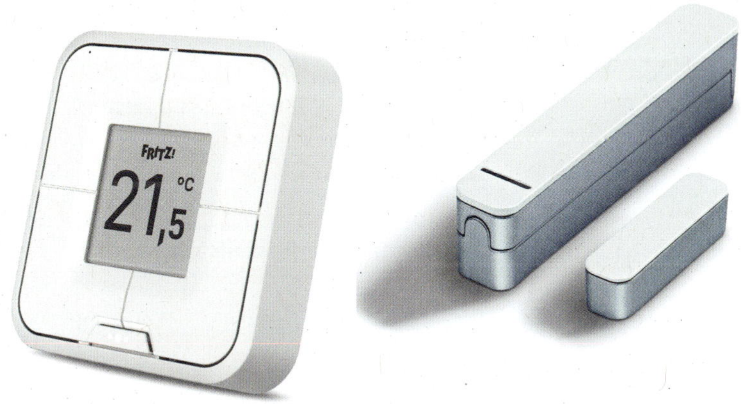

Typische Sensoren: Funktaster mit Display (links), Öffnungskontakt (rechts)

Auch ohne intelligentes Gebäude sind wir im Alltag von Sensoren umgeben. Das Auto nutzt sie, um Geschwindigkeit und Drehzahl zu messen. Abstandswarner oder Einparkhilfe prüfen mit ihrer Hilfe die Entfernung zum nächsten Fahrzeug. Jedes Mikrofon im Smartphone ist ein Schalldetektor, die Wetterstation ein Temperatur- und Luftdruckmesser, die Badezimmerwaage ein Fühler fürs Gewicht. Alle haben eines gemeinsam: Sie erfassen das Ausmaß bestimmter Werte. Daher kommt auch der Begriff Sensor. Er geht auf das lateinische Wort „sensus" zurück, was so viel bedeutet wie Gefühl, Bewusstsein oder Wahrnehmung.

In einem Smart Home gibt es besonders viele Werte zu ermitteln. Entsprechend umfangreich ist das Angebot an Sensoren. Hier nur eine Auswahl der wichtigsten Funktionen, manche Hersteller kombinieren mehrere davon in einem Gehäuse.

- **Bewegungs- und Präsenzmelder** reagieren auf Veränderungen in der Umgebung, meist mit Sensoren für Infrarotstrahlung.
- **Rauchmelder** erkennen mithilfe einer Infrarot-Lichtschranke, ob die Luft sich eintrübt.
- **Helligkeitssensoren** messen die aktuelle Beleuchtungsstärke im Raum.
- **Temperaturfühler** stellen fest, wie warm oder kalt es am Ort ihrer Montage ist.
- **CO_2-Sensoren** prüfen die Konzentration von Kohlenstoffdioxid in der Raumluft.
- **Wassermelder** warnen vor undichten Leitungen oder einer Überschwemmung.
- **Luftfeuchtemesser** liefern einen Prozentwert für die relative Feuchtigkeit.
- **Kontaktsensoren** an Türen und Fenstern erkennen, ob sie geöffnet sind.
- **Regenmesser** ermitteln die Niederschlagsmenge über einen definierten Zeitraum.
- **Verbrauchszähler** erfassen die Verbrauchsmengen von Wasser, Gas, elektrischer Energie und Heizungswärme.

Der häufigste Sensortyp in Gebäuden ist auf den ersten Blick gar nicht als solcher zu erkennen: Auch Taster wie etwa Lichtschalter gehören zur Familie der Sensoren – weil sie ein Signal an andere Geräte senden. Ob das manuell per Fingerdruck geschieht, wie in diesem Fall, oder ohne direktes Zutun der Menschen, spielt für die Haustechnik keine Rolle.

Dass Lichtschalter nur selten als Sensoren wahrgenommen werden, hat historische Gründe. In einer herkömmlichen Elektroinstallation übernehmen sie die Aufgabe des Aktors gleich mit: Beim Umlegen der Wippe schließt der Schalter den Stromkreis oder unterbricht die Leitung. Entsprechend geht das Licht an oder aus. Traditionelle Dimmer für die Unterputzdose machen es ähnlich, ein klassisches Thermostatventil am Heizkörper arbeitet ebenfalls autark. Es bezieht die Information, wie warm es ist, von einem Temperaturfühler direkt im Thermostatkopf. Sensor und Regler bilden eine geschlossene, funktionsfähige Einheit.

Ein Hauptvorteil vernetzter Installationen besteht darin, beide Aufgaben voneinander zu trennen. Der Lichtschalter unterbricht den Strom nicht mehr selbst, er steuert einen Aktor, der irgendwo im Haus montiert sein kann: an der Lampe, in einer Verteilerdose unter Putz oder auch im Zählerschrank. Physikalisch getrennt vom Sensor empfängt ein Aktor so seine Befehle auf vielerlei Weise. Neben einer Bedienung per Wandtaster kommen auch Raumsensoren oder Sprachbefehle als Auslöser infrage. Eine Smartphone-App kann die Kontrolle über-

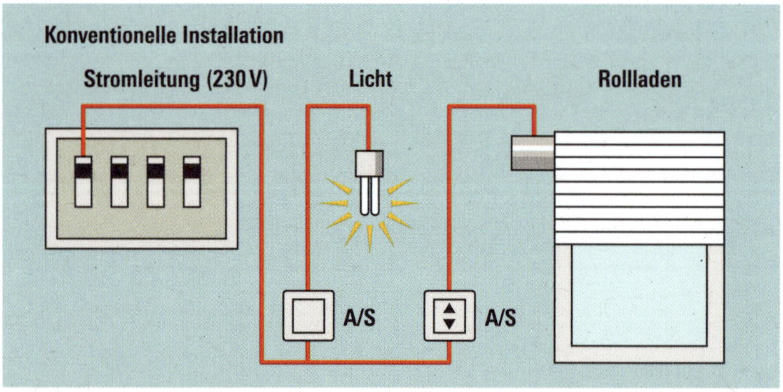

Konventionell: Der Lichtschalter und der Rollladentaster sind gleichzeitig Aktor und Sensor (A/S).

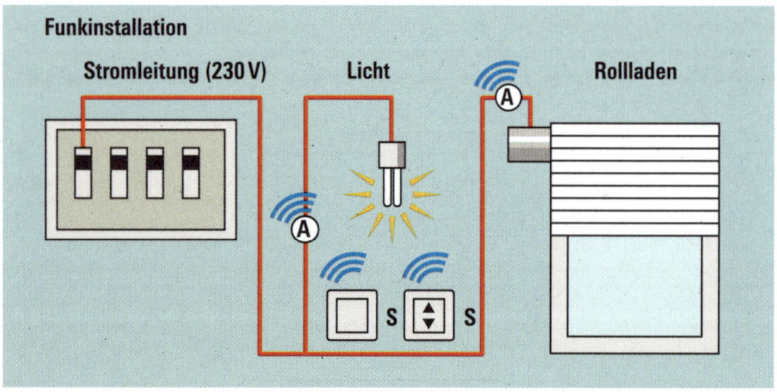

Drahtlos: Funksensoren (S) steuern einen Aktor (A), der sich vor dem Gerät im Stromkreis befindet.

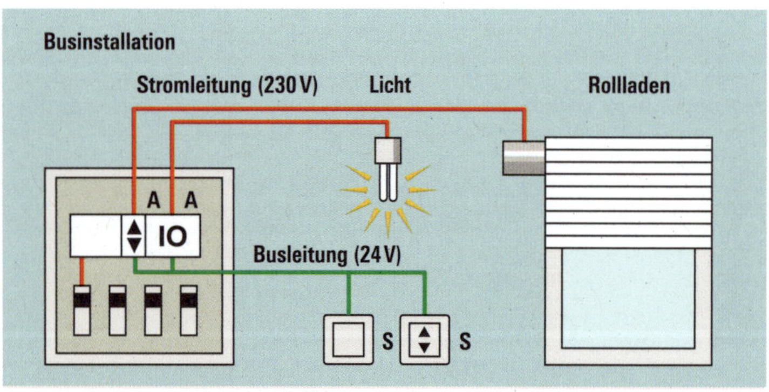

Businstallation: Die Sensoren (S) sind über eine eigene Busleitung mit Aktoren im Elektroverteiler (A) verbunden.

nehmen und bei entsprechender Konfiguration den Aktor sogar von unterwegs aus steuern. Welche Möglichkeiten im Einzelnen zur Verfügung stehen, hängt vom System ab.

Aktoren im Smart Home

Das Gegenstück zum Sensor heißt Aktor. Leicht zu merken, weil der Name an Aktion erinnert und somit die Funktion beschreibt. Wahrscheinlich waren es die Techniker aber einfach Leid, den sperrigen Fachbegriff Aktuator (engl. „actuator") zu verwenden. Eine Abkürzung geht leichter über die Lippen. Beide Ausdrücke stehen für dasselbe: Bauteile oder Baugruppen, die aus elektrischen Signalen eine Wirkung erzeugen. Das Ergebnis kann ganz unterschiedlicher Natur sein. Beispiel Lautsprecher: Ein elektromagnetischer Aktor, auch Schwingspule genannt, treibt die Membran an und wandelt Tonsignale in Musik um. Optoelektrische Aktoren senden unter elektrischer Spannung Licht aus, wie man es von Leuchtdioden, den LEDs, kennt. Technisch gesehen arbeiten viele Alltagsgeräte mit Aktoren – vom Akkuschrauber über Spielzeuge mit Elektromotor und Tintenstrahldrucker bis hin zur Computerfestplatte. Im Smart Home ist der Begriff etwas enger gefasst. Er kommt vor allem dort zum Einsatz, wo es etwas zu schalten oder zu regeln gibt.

- **Schaltaktoren** unterbrechen den Stromfluss und geben ihn bei Bedarf wieder frei.
- **Dimmaktoren** regeln die Helligkeit von Leuchtmitteln im vernetzten Gebäude.
- **Zwischenstecker** für die Steckdose rüsten Schalt- oder Dimmfunktionen nach.
- **Rollladenaktoren** steuern Motorantriebe bis zu einem definierten Endpunkt.
- **Jalousieaktoren** kontrollieren zusätzlich die Neigung der Lamellen.
- **Ventil-Stellantriebe** regulieren die Wärmezufuhr am Heizkörper oder Heizkreislauf.
- **Klima-Steuermodule** kontrollieren Heizkessel, Kühlanlagen Wärme- und Zirkulationspumpen.
- **Antriebsmotoren** setzen Markisen, Jalousien, Vorhänge und Tore in Bewegung.
- **Alarmsirenen** erzeugen Warn- und Hinweistöne, wenn ein Sensor auslöst.
- **Anzeigen und Displays** jeder Art informieren über den aktuellen Betriebszustand.

Sensoren und Aktoren kommunizieren über ein Netzwerk miteinander. Das kann drahtlos per

Funk geschehen oder über Leitungen in der Wand (siehe Tabelle: „Gebäudenetzwerke im Vergleich“, Seite 21).

In einem Installationsprozess werden die Teilnehmer „miteinander bekannt gemacht“. Nach dieser ersten Programmierung oder Parametrierung „weiß“ dann jeder Sensor und Aktor, wohin er gehört. Einem dezentralen System wie KNX oder LCN genügt das schon, um mit der Steuerung loszulegen. Die Sensoren und Aktoren verfügen über ausreichend eigene Intelligenz, um Aufgaben zu erledigen. Ein Schaltaktor fürs Treppenhauslicht „lernt“ zum Beispiel, dass er die Lampen nach einer gewissen Zeit wieder ausschalten soll. Bewegungsmelder merken sich, ab welcher Raumhelligkeit eine zusätzliche elektrische Beleuchtung gewünscht ist.

Jedoch hat diese Netzwerkintelligenz auch Grenzen. Wenn sie komplexe Aufgaben mit vielen Bedingungen erledigen soll, wird die Programmierung kompliziert. Typisches Beispiel: eine automatische Rollladensteuerung, die Wetter, Sonnenstand, Uhrzeit und die Anwesenheit berücksichtigen soll – am besten so, dass sie niemanden aussperrt, der im Garten gerade den Rasen mäht. Dieser Wunsch lässt sich mit einem sogenannten Server oder Logikmodul im Netzwerk leicht erfüllen. Deshalb erlauben viele Systeme den zusätzlichen Einbau solcher Bausteine. Oder sie lagern die Intelligenz von Sensoren und Aktoren gleich ganz dorthin aus. Mehr dazu im folgenden Kapitel.

Alles hört auf ein Kommando

Die Arbeitsteilung zwischen Sensoren und Aktoren macht eine vernetzte Elektroinstallation flexibler als normal verdrahtete Gebäude, ganz einfach, weil Sender und Empfänger an verschiedenen Orten untergebracht sein können. Sie bietet aber noch zwei andere Vorteile: die Steuerung mit Gruppen und Szenen. Beide ersetzen die klassische Punkt-zu-Punkt-Verbindung zwischen Geräten durch einen Sammelbefehl. So kann der Lichtschalter – um im Beispiel zu bleiben – mehrere Aktoren auf einmal steuern.

Eine Gruppe reagiert dabei synchron. Das heißt: Lampen schalten gemeinsam oder dimmen auf dieselbe Helligkeit – ähnlich wie unvernetzte Leuchtmittel, die im selben Stromkreis hängen. Auch mehrere Heizkörperregler können so ein Team bilden. Sie folgen dann den Vorgaben eines zentralen Temperatursensors. Wäre das Smart Home ein Orchester, die

Teams würden am ehesten den Instrumentengruppen auf der Bühne entsprechen: Erste Geige, Zweite Geige, Bratschen, Celli …

Szenen dagegen dirigieren das komplette Ensemble. Sie beziehen Solisten und Gruppen mit ein. Beim Fernsehen soll das Licht im Sofabereich herunterdimmen, den Esstisch aber noch hell erleuchten? In der Nacht ist auf dem Weg zur Toilette ein sanfter, blendfreier Schimmer gewünscht? Dann speichern Sie die Werte aller beteiligten Lampen einfach als Szene ab oder geben Ihrem Installateur den Auftrag dazu. Fortan genügt ein Tastendruck oder ein anderer Steuerbefehl, um die programmierte Lichtstimmung abzurufen.

Eine Smart-Home-Szene kann theoretisch alles enthalten: Leuchtmittel, Steckdosen, Raumtemperatur, Rollladenposition. Sind der Fernseher und die Surroundanlage ebenfalls vernetzt, schaltet sich mit einem Kommando vielleicht das Heimkino ein. Oder ein Befehl schickt die komplette Technik in den Stand-by-Betrieb, wenn es Zeit zum Schlafengehen ist. Nur der Ausbaugrad des Systems – und wahrscheinlich das verfügbare Budget – setzen Ihrem Einfallsreichtum Grenzen.

DIE STEUERUNG: ZENTRAL ODER DEZENTRAL?

Jede Gebäudeautomatisierung basiert auf Daten. Sie fallen an, werden übermittelt und verglichen. Beim Erreichen bestimmter Werte lösen sie eine Aktion aus. Informatiker haben für dieses Prinzip einen Namen: EVA – Eingabe, Verarbeitung, Ausgabe. Aber wenn Smart-Home-Sensoren für die Eingabe und Aktoren für die Ausgabe zuständig sind, wer übernimmt dann die Datenverarbeitung? Wo befindet sich die Intelligenz des Gebäudes, sozusagen das Gehirn?

Zwei Begriffe, die in diesem Zusammenhang häufiger fallen, sind zentral und dezentral. Beide haben eine doppelte Bedeutung. Denn zunächst beschreiben sie nur den Montageort, also wo Geräte untergebracht sind. Dezentrale Bausteine verteilen sich übers Haus, zum Beispiel als Unterputzaktoren. Zentrale Geräte sitzen dagegen im Verteilerschrank und schalten oder dimmen von dort aus. Das heißt allerdings nicht, dass die Intelligenz sich an derselben Stelle befinden muss. Unabhängig vom Installationsort der Geräte kann die Steuerung zentral oder dezentral organisiert sein.

Zentrale Steuerung

Um im Beispiel des menschlichen Körpers zu bleiben: Viele Smart-Home-Installationen haben tatsächlich ein Gehirn. Ihre Nervenbahnen, drahtlos oder kabelgebunden, laufen in einer Automatisierungszentrale zusammen. Diese empfängt Daten von Sensoren im Haus und verarbeitet sie. Ähnlich wie Sinnesorgane informieren die Eingabegeräte über Änderungen in ihrer Umgebung. Das digitale Gehirn prüft, ob alle Werte im vorgesehenen Rahmen liegen und lässt bei Bedarf die Muskeln spielen. Es sendet dann zum Beispiel einen Befehl an den Heizungsaktor, sein Ventil zu öffnen, bis die Temperatur im Raum wieder stimmt.

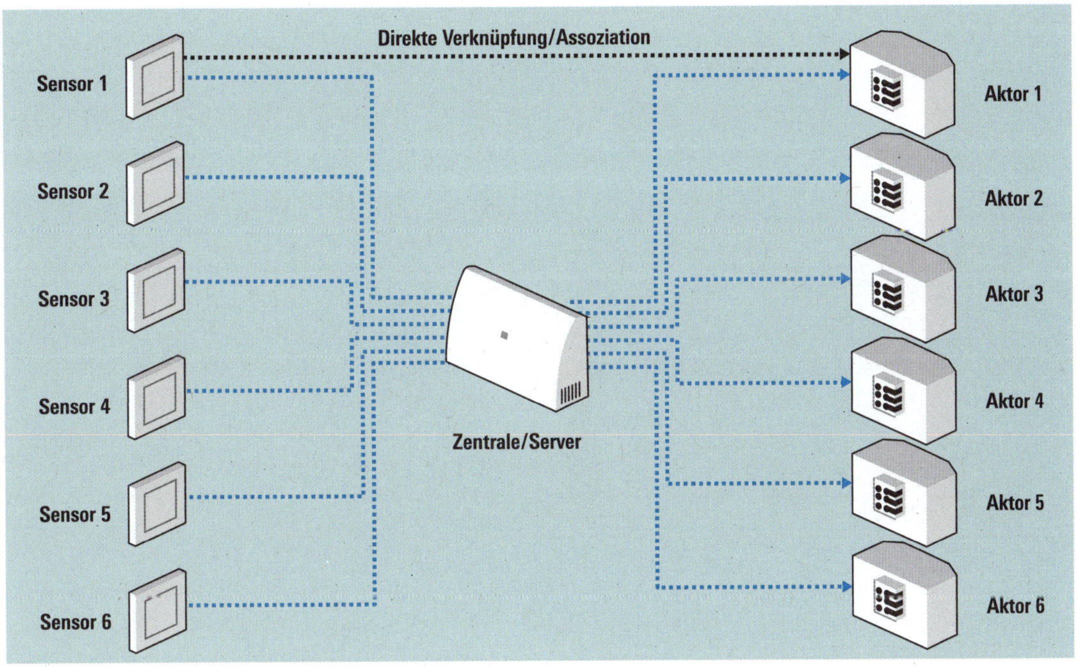

In der zentral aufgebauten Steuerung laufen Befehle über eine Schaltstelle. Darüber hinaus ist in manchen Systemen auch die direkte Verknüpfung von Sensoren und Aktoren möglich.

Vorteil der zentralen Steuerung: Sensoren und Aktoren müssen über wenig bis gar keine eigene Intelligenz verfügen. Sie benötigen, wenn überhaupt, nur einfache Prozessoren, was die Herstellungskosten senkt und sich günstig auf den Gesamtpreis auswirken kann. Da alle Gebäudefunktionen an einem Punkt zusammenlaufen, sind sie leicht zu automatisieren. Die Zentrale weiß zu jeder Zeit, in welchem Zustand sich Fenster, Rollläden, das Garagentor oder auch die Steckdose fürs Aquarienlicht befinden. Sie kann über logische Verknüpfungen eine Verbindung zwischen den Geräten herstellen. Nach dem Motto: Wenn … dann … sonst. Auch eine Zeitschaltung oder die Berücksichtigung externer Daten aus dem Internet, etwa von einem Wetterdienst, sind in der Regel kein Problem.

Gleichzeitig sinkt der Programmieraufwand, weil Eingaben für alle Geräte gesammelt am zentralen Smart-Home-Server geschehen. Statt verteilter Einstellungen an jedem Sensor oder Aktor gibt es eine zusammenhängende Bedienoberfläche. Und weil das Gebäudemanagement so gut informiert ist, kann es sein Wissen anschaulich auf einem Bildschirm darstellen. Apps für Smartphone und Tablet oder Browsermenüs am Computer gehören in Anlagen mit Zentrale zum Standard. Viele moderne Nachrüstlösungen – besonders solche mit Funk – arbeiten nach dem Prinzip „eine für alle – alle für eine".

Die Serverabhängigkeit hat allerdings einen Nachteil: Geht die Zentrale kaputt, verliert das Smart Home komplett seine Funktion. Um einem Totalausfall vorzubeugen, lässt sich in manchen Funksystemen zusätzlich eine direkte Verknüpfung zwischen Sensoren und Aktoren herstellen. Standards wie Homematic und Homemativc IP oder Z-Wave bieten solch eine Option. Der Fachmann nennt sie Assoziation oder Gruppierung. Ein Funktaster kommuniziert dabei nicht nur mit der Zentrale, sondern zum Beispiel auch direkt mit dem ihm zugewiesenen Rollladenantrieb. Der Bewegungsmelder im Treppenhaus kann an den Schaltaktor des Treppenlichts gekoppelt sein. Oft reagieren solche Paarungen sogar schneller als bei der reinen Kommunikation via Zentrale – und die Grundfunktionen bleiben erhalten, wenn das „Gehirn" der Anlage ausfällt. Falls möglich, sollte die Serverkonfiguration aber trotzdem auf einem externen Speichermedium gesichert werden. Dann lässt sich im Falle eines Hard-

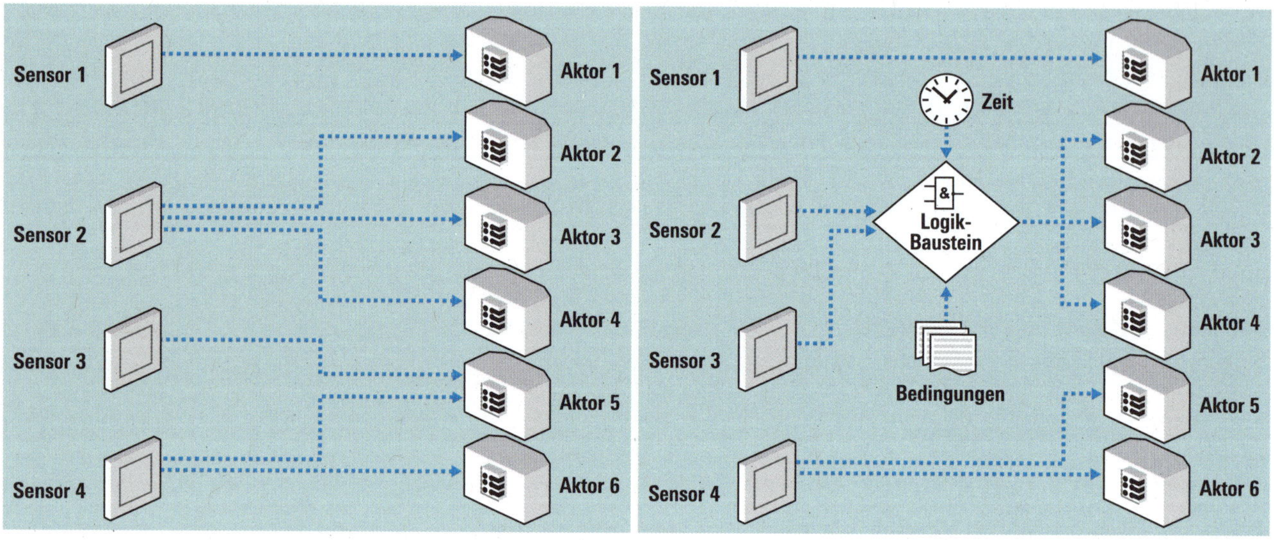

In einer dezentralen Steuerung kommunizieren Sensoren und Aktoren direkt miteinander (links). Bei komplexen Aufgaben unterstützt sie häufig ein Logikbaustein (rechts).

waredefekts die Zentrale austauschen und das Backup zurückspielen. So ist die Haussteuerung schnell wieder betriebsbereit.

Dezentraler Aufbau

Der Gegenentwurf zum zentral gesteuerten Smart Home ist eine Installation mit verteilter Intelligenz. Soll heißen: Die Sensoren und Aktoren verfügen über genügend eigene Rechenleistung, damit sie Aufgaben ohne Hilfe eines Servers erledigen können. Der Hersteller hat ihnen die Fähigkeit dazu bereits einprogrammiert – oder sie wird per Software aufs Gerät geladen. Ein Bewegungsmelder bringt so zum Beispiel Einstellungen für die Empfindlichkeit und Auslösedauer mit. Am Aktor sind Werte wie Ein- und Ausschaltverzögerung wählbar, die Position der Lamellen bei geschlossener Jalousie oder die Dimmgeschwindigkeit.

Wenn zentrale Server so etwas wie das Gehirn im Smart Home sind, dann lässt sich eine dezentrale Steuerung am ehesten mit dem vegetativen Nervensystem vergleichen. Aktionen laufen reflexartig ab. Der Sensorreiz genügt, um Wirkung zu entfalten. Wie bei einer heißen Herdplatte, vor der die Hand automatisch zurückzuckt. Oder wenn der Arzt mit seinem Hämmerchen den Kniesehnenreflex testet: Ein leichter Schlag unters Knie lässt den Fuß ganz unbewusst nach vorn schnellen. Befehle vom Gehirn sind dafür gar nicht notwendig. Die Nerven und Muskeln kommunizieren auf direktem Weg übers Netzwerk, in diesem Fall das Rückenmark, miteinander.

Vorteil dezentraler Strukturen im Smart Home: Sie erweisen sich als relativ robust, wenn einzelne Komponenten ausfallen, weil die Steuerintelligenz in den Geräten sitzt. Geht eine Komponente kaputt, funktioniert das Gesamtsystem weiter. Es müssen schon wesentliche Verbindungen unterbrochen sein, um den Betrieb zu gefährden. Das kann zum Beispiel ein Ausfall der Spannungsversorgung sein – oder jemand bohrt beim Heimwerken aus Versehen wichtige Busleitungen an. Apropos Bus: Die klassischen Installationsbussysteme wie KNX, LCN oder LON sind allesamt dezentral aufgebaut. Das erklärt auch teilweise ihren höheren Preis. Die Komponenten benötigen mehr Intelligenz als Bauteile, die lediglich einen Status an die Zentrale senden. Entsprechend aufwendiger und teurer ist die Technik.

Aufwendig kann in einer dezentralen Struktur auch die Fehlersuche werden. Die Konfiguration verteilt sich über viele Geräte, was den Überblick erschwert. Zu Sensoren und Aktoren kommen manchmal noch Logikbausteine, die abhängig von der Tageszeit und anderen Faktoren das Smart Home steuern. Darum sollte die Installation möglichst gut dokumentiert sein. Ein Techniker, der die Anlage nicht selbst montiert hat, verbringt sonst viele Stunden damit, Probleme einzukreisen.

Eine Mischung aus beidem

Sowohl die zentrale Steuerung als auch der dezentrale Aufbau haben Vor- und Nachteile. Darum kombinieren professionelle Installateure gern beide Methoden: Sie erweitern ein dezentrales Bussystem um Bausteine mit zentralen Funktionen. Ein typisches Beispiel dafür sind die sogenannten Homeserver und IP-Gateways für KNX. Es gibt sie als Hutschienen-Modul zum Einbau in den Verteilerkasten oder als externes, PC-ähnliches Gerät mit Stromanschluss. Eine Lan-Buchse stellt die Verbindung zum Router und ins Datennetzwerk her.

Über den Netzwerkanschluss stehen dann Funktionen zur Verfügung, die ein dezentrales System normalerweise nicht bietet:

- **Visualisierung** bringt das Smart Home auf den Bildschirm. Der Server bereitet Hausdaten grafisch auf, sodass sie auf einem Display dargestellt werden können. Als Anzeige dienen spezielle Touchscreens, wie sie zum Beispiel KNX-Anbieter im Programm haben. Alternativ kommt ein Tablet-PC oder Smartphone als Bildschirm infrage – bestückt mit der App des Serverherstellers. Diese Variante ist oft günstiger als ein spezielles Smart-Home-Display.
- **Fernzugriff** macht die Haustechnik übers Internet erreichbar. Typisches Beispiel: Sie können mit der Visualisierungsfunktion des Servers (siehe oben) von unterwegs aus Lichter schalten oder die Heizung regeln. Gehören Tür- und Überwachungskameras zur Installation, erscheinen deren Bilder ebenfalls in der App. Hinzu kommt die Möglichkeit zur Fernwartung: Der Kundendiensttechniker loggt sich bei einer Störung ein und prüft die Lage. Das spart unter Umständen eine kostenpflichtige Anreise.
- **Benachrichtigungen** informieren über bestimmte Ereignisse im Smart Home. So kann das System zum Beispiel eine E-Mail verschicken, wenn die Heizung ausfällt, oder Push-Nachrichten auf die Smartphones der Familie schicken. Entsprechende Hardware vorausgesetzt, ruft der Server auch eine Telefonnummer an und gibt die Statusmeldung per Sprachansage durch.
- **Erweiterte Logik** stattet das System mit zusätzlicher Intelligenz aus. Viele Aufgaben sind in einer dezentralen Installation auch auf der Busebene lösbar, etwa mit Logikbausteinen, die eine Aktion nur dann freigeben, wenn Bedingungen erfüllt sind. Allerdings bedeutet das viel Aufwand. Komplexe Automationen wie eine Anwesenheitssimulation mit Licht und Rollläden, die auch noch Jahreszeit und Wetterlage berücksichtigt, lassen sich ohne zentrale Intelligenz kaum realisieren.

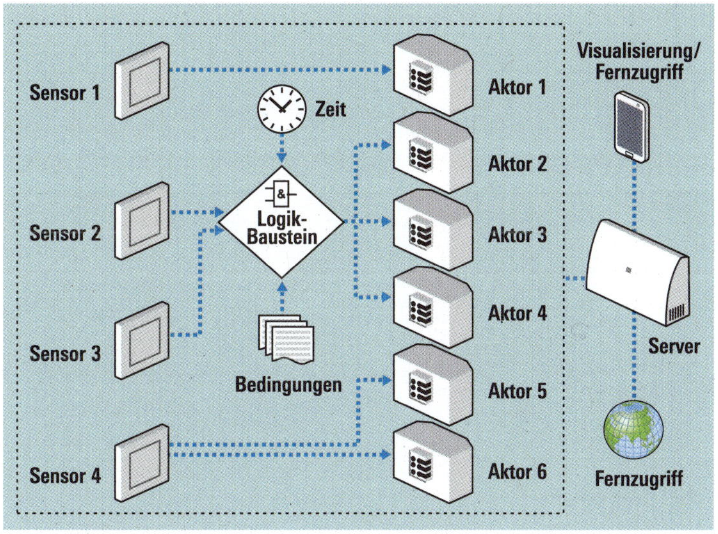

Die Kombination aus dezentraler Installation und einem Server für bestimmte Funktionen ist im Profibereich weit verbreitet.

Die Folge: In der professionellen Gebäudeautomatisierung verschwimmen die Grenzen. Hersteller zentraler, serverbasierter Systeme wie Loxone bauen Schnittstellen zum dezentralen KNX in ihre Steuerung ein. Standards wie EnOcean, KNX, LCN & Co. gehen den umgekehrten Weg. Sie integrierten IP-Server und andere zentrale Steuerlösungen in ihre verteilte Struktur. Unterm Strich gleicht sich der Funktionsumfang an. Damit besteht eine wichtige Aufgabe des Smart-Home-Planers darin, die verschiedenen Systeme und Gateways optimal miteinander zu kombinieren.

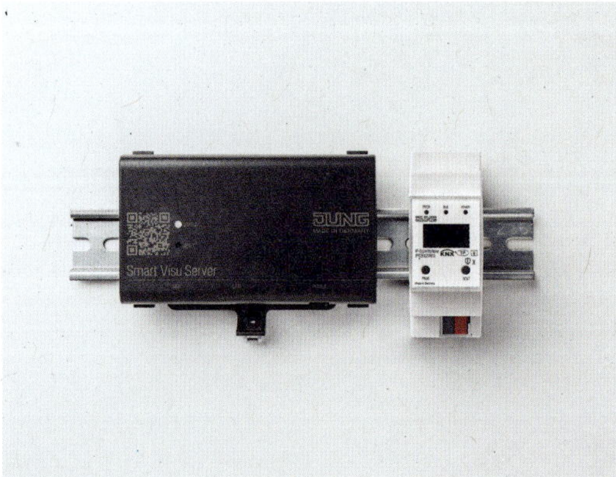

Ein KNX-System stellt per Visualisierungsserver (links) oder IP-Schnittstelle (rechts) auch den Kontakt zum Heimnetzwerk her – Voraussetzung für die Bedienung am Computer oder Smartphone.

Online- und Offlinebetrieb

Wie bereits erwähnt, kann ein zentraler Aufbau die Anschaffungskosten senken, weil er rechenintensive Aufgaben in der Systemzentrale bündelt. Statt mehrerer Minicomputer im Gebäudenetzwerk gibt es nur einen. Damit sind die Einsparpotenziale aber noch nicht ausgeschöpft. Manche Smart-Home-Anbieter reduzieren den Aufwand weiter, indem sie Rechenprozesse von der Zentrale weg auf Server im Internet verlagern. Oft handelt es sich dabei um keinen einzelnen Webserver, sondern um einen Verbund aus Rechnern. Diese können sogar an verschiedenen Orten aufgestellt sein und trotzdem übers Internet eine gemeinsame Plattform bilden. Als Synonym für so einen Datenpool hat sich der englische Begriff Cloud eingebürgert – auf deutsch übersetzt: Wolke –, weil das virtuelle Rechenzentrum wie eine Datenwolke über der realen Welt schwebt. Anbieter wie Amazon, Bosch, Google, Microsoft und die Deutsche Telekom stellen ihre Cloud-Dienste anderen Firmen zur Verfügung. Unternehmen, die selbst keine Server betreiben und warten wollen, können sich die entsprechende Kapazität also auch mieten.

Der Anschluss ans Internet hat mehrere Vorteile. Zum einen benötigt die Station zu Hause weniger Leistung. Günstige Exemplare wie der Access Point von Homematic IP sind für deutlich unter 100 Euro zu haben. Trotzdem können sie mit teureren Lösungen mithalten – auf dem Server des Anbieters steht genügend Rechenleistung zur Verfügung. Zweiter Vorteil: Über die Onlineverbindung sind Sicherheitskopien der Installation ohne Aufwand möglich. Die Home Base von Magenta Smart Home etwa legt über Nacht automatisch Back-ups in der Telekom-Cloud ab. Muss die Basis irgendwann ausgetauscht werden, zieht das Ersatzgerät seine Konfiguration aus dem Internet. Auch die Anwenderinnen und Anwender selbst können ihre Zentrale übers Menü auf einen früheren Zustand zurücksetzen und wiederherstellen: Praktisch, wenn man sich beim Einrichten vergaloppiert hat und die Eingaben des Tages rückgängig machen möchte.

Last not least erleichtert die Internetverbindung den Kontakt zu anderen cloudbasierten Diensten. Ob Sprachsteuerung mit Alexa, Unwetterwarnung oder ein Sicherheitsdienst, der im Alarmfall das Gebäude kontrolliert: Theoretisch lässt sich jeder Service, der online erreichbar ist, in so ein System integrieren. Es muss nur jemand die passende Softwareschnittstelle dafür programmieren (siehe „Vorteile von IoT“, Seite 285).

So viel zu den Vorteilen des Smart-Home-Outsourcings. Die Abhängigkeit von einer Cloud kann aber auch unerwünschte Nebenwirkungen haben. Mal abgesehen davon, dass Systeme, die übers Internet „nach Hause“ telefonieren, nicht jedermanns Sache sind. Um Sicherheit und Datenschutz geht es ausführlich in einem späteren Kapitel (Seite 297). Je nachdem, wie abhängig das System von der Cloud des Anbieters ist, kann auch der Funktionsumfang leiden, wenn das Internet ausfällt. Mitunter streikt dann die App oder programmierte Aktionen werden nicht mehr ausgeführt. Hinzu kommt: Eine cloudbasierte Smart-Home-Lösung macht Sie abhängig von der technischen Infrastruktur des Anbieters. Stellt dieser seinen Geschäftsbetrieb ein oder schaltet den Server ab, kann sich das auf den Funktionsumfang auswirken. Im ungünstigsten Fall wird Ihr System komplett unbrauchbar. Um das Risiko zu minimieren, empfiehlt es sich, auf große, namhafte Anbieter mit vielen installierten Anlagen zu setzen. Hier stehen die Chancen besser, dass bei Geschäftsaufgabe ein anderes Unternehmen die Kundenbasis übernimmt und den Betrieb fortsetzt.

SELBST IST DAS HAUS: DIE AUTOMATISIERUNG

Mit einem Tastendruck das Licht in der ganzen Wohnung ändern oder alle Rollläden schließen mag bequem sein – besonders smart ist es noch nicht. Auch eine Smartphone-App als Fernbedienung wird dem Begriff nur teilweise gerecht. Schließlich müssen Sie damit weiter selbst Hand anlegen, wenn etwas passieren soll. Im Wort Gebäudeautomatisierung steckt jedoch das Versprechen, dass die Technik von allein reagiert. Erst eine Automatisierung macht diesen Komfort komplett.

Das bloße Vorhandensein von Sensoren und Aktoren (siehe: „Sender und Empfänger", Seite 22) reicht dafür häufig nicht aus. Zwischen den Geräten muss jemand vermitteln. Das Smart Home benötigt einen digitalen Hausmeister – eine Signalverarbeitung, die Eingaben oder Sensordaten nimmt und sie bestimmten Regeln unterwirft. Sind alle Bedingungen erfüllt, erhält der zuständige Aktor den Befehl zur Ausführung. Informatiker würden sagen, ein smartes Gebäude arbeitet nach dem Prinzip: Eingabe – Verarbeitung – Ausgabe.

Wo diese Datenverarbeitung stattfindet, spielt für das Ergebnis zunächst keine Rolle. Manche Systeme lagern sie auf Server im Internet aus, andere erledigen den Abgleich zu Hause in einer Zentrale oder direkt in den Sensor- und Aktor-Bausteinen. Auch die Programmierung kann auf unterschiedliche Weise erfolgen. Das Grundprinzip ist aber immer gleich: Jeder Ablauf hat Ursache und Wirkung, dazwischen kann es eine oder mehrere Bedingungen geben. Als Ursache kommen verschiedene Auslöser in Frage:

- **Zeitauslöser** sind die ursprünglichste Form der Hausautomatisierung. Schon die ersten mechanischen Schaltuhren für Steckdosen konnten Geräte zu einer bestimmten Uhrzeit ein- und wieder ausschalten. Moderne Timerfunktionen im Smart Home berücksichtigen darüber hinaus auch Wochentage sowie digitale Urlaubs- und Feiertagskalender.
- **Astronomische Auslöser** richten sich nach dem Sonnenstand am Wohnort. Nach Eingabe der geografischen Daten weiß das Smart-Home-System, wann bei Ihnen zu Hause die Sonne auf- und wieder untergeht – praktisch, um beispielsweise Rollläden oder die Beleuchtung darüber zu steuern.
- **Geräteauslöser** nehmen den Betriebszustand eines Smart-Home-Produkts und

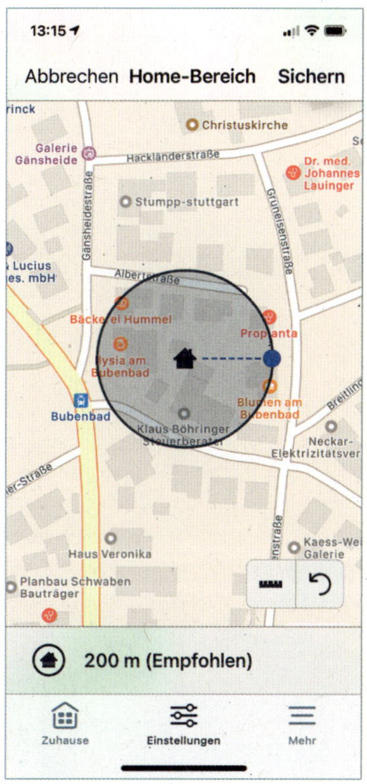

Standortbasierte Auslöser nutzen die GPS-Funktion des Smartphones, um beim Verlassen der Wohnung oder Nachhausekommen eine Aktion zu starten.

steuern andere damit. Bewegungssensoren, Rauchmelder, Tür- und Fensterkontakte sind typische Beispiele dafür. Allerdings ist das Prinzip nicht auf Sensoren beschränkt. Auch Aktoren können als Auslöser dienen – etwa eine vernetzte Steckdose, die beim Abschalten weitere Aktionen nach sich zieht.

- **Standortbasierte Auslöser** machen sich die Ortungsfunktion am Smartphone zunutze. Ist diese aktiviert, erkennt das System, ob jemand das Gebäude verlässt oder nach Hause kommt – bei mehreren Haushaltsmitgliedern auch, um welche Personen es sich dabei handelt. Entsprechend kann das Smart Home dann Szenen starten oder Geräte in den gewünschten Betriebszustand versetzen.

Verknüpfungen und Regeln

Im einfachsten Fall genügt ein Auslöser, um die Automation zu starten. Ihm wird ein Aktor oder eine Gruppe von Aktoren zugewiesen. Auch komplette Szenen (siehe: „Alles hört auf ein Kommando", Seite 25) kommen als Befehlsempfänger infrage. Wie die Geräteverknüpfung genau abläuft, hängt vom Smart-Home-System ab. Sie kann sehr einfach oder hochkomplex sein. Manche Lösungen verlangen spezielle Software oder Programmierkenntnisse. Deshalb sollten Sie sich die Art der Automatisierung ansehen, bevor Sie eine Kaufentscheidung treffen. Sie werden sicher die Einstellungen im Betrieb selbst ändern wollen.

Nicht nötig, meinen Sie? Weil ein Fachbetrieb die Planung und Ausführung übernimmt? Dann kann ein System mit einfacher Bedienoberfläche trotzdem praktisch sein. So müssen Sie später nicht jedes Mal den Experten rufen (und bezahlen), um etwa eine neue Lichtszene einzurichten. Wie häufig solche Modifikationen im Alltag vorkommen – oder ob es überhaupt einen Bedarf dafür gibt – hängt von Ihren Lebensverhältnissen ab. Und natürlich vom persönlichen Spieltrieb: Sind Sie der Typ „Einrichten und vergessen" oder haben Sie Spaß daran, die Technik in Ihrer Umgebung selbst zu konfigurieren? Das sollte auch Einfluss auf die Wahl der Haustechnik haben.

Im Wesentlichen gibt es vier Methoden, um ein Smart Home zu programmieren. Sie unterscheiden sich in der Herangehensweise und im Schwierigkeitsgrad. Manche Systeme nutzen gleich mehrere davon, was den Vorteil hat, dass die Komplexität mit den Aufgaben wächst. Einfache Verknüpfungen sind schnell hergestellt, für aufwendige Abfragen mit vielen Bedienungen stehen aber trotzdem die nötigen Softwarewerkzeuge zur Verfügung.

- **Zuordnung** kommt ohne besondere Regeln aus. Die beteiligten Geräte wissen selbst was zu tun ist. Beispiel: Ein Fensterkontakt sendet beim Lüften ein Signal an den verknüpften Heizkörperthermostat, dass die Temperatur zu drosseln ist. Oder: Ein Wandtaster schaltet alle Lampen, die sich im selben Raum befinden. Die Verknüpfung entsteht automatisch während der Installation – sobald Sensor und Aktor demselben Raum, einem Bereich oder einer Gruppe zugewiesen werden.
- **Auswahlmenüs** erstellen Smart-Home-Regeln nach dem Wenn-dann-Prinzip. Dazu wählt man erst einen Auslöser und legt des-

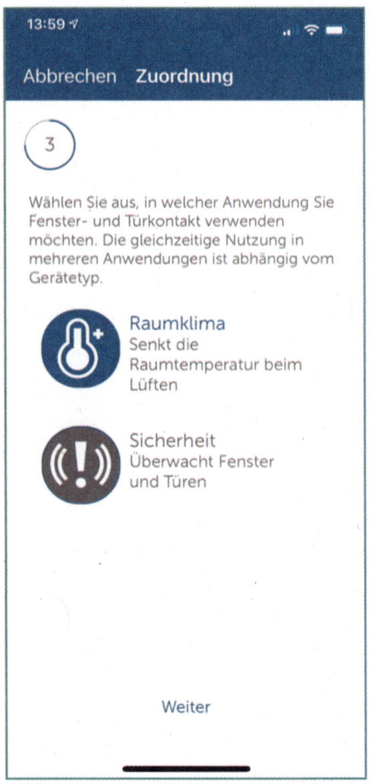

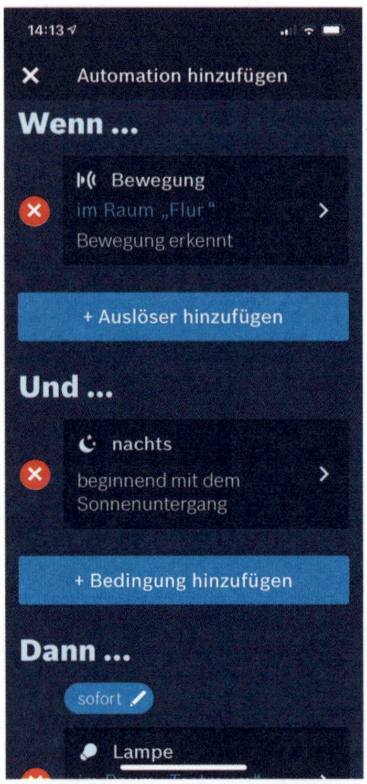

In manchen Systemen genügt die Zuordnung von Aufgaben für eine grundlegende Automatisierung (links). Mehr Möglichkeiten bieten Auswahlmenüs nach dem Wenn-dann-Prinzip (rechts).

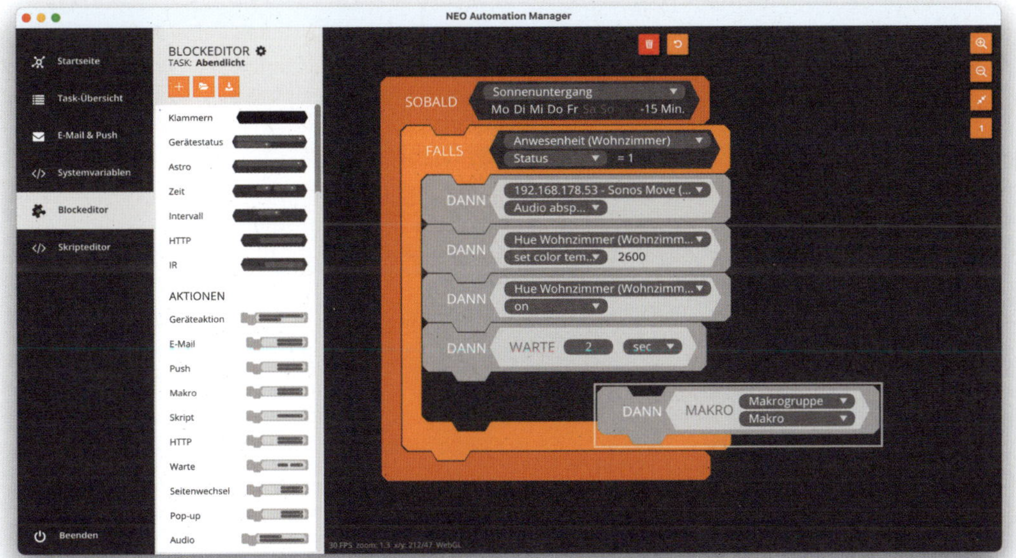

Grafische Editoren wie der von Mediola stellen Elemente einer Regel als Blöcke dar. So lassen sich Abläufe nach dem Baukastenprinzip zusammenstellen.

sen Status fest. Eine zweite Eingabe fügt die gewünschte Reaktion hinzu. Beispiel: Wenn … Infrarotsensor XY eine Bewegung entdeckt, dann … soll Aktor YZ das Licht einschalten. Meist lassen sich Bedingungen ergänzen – damit die Aktion etwa nur zu bestimmten Tageszeiten erfolgt oder wenn niemand zu Hause ist. Sind mehrere Auslöser beteiligt, entscheidet eine und-Verknüpfung, ob alle Voraussetzungen der Regel erfüllt sein müssen. Ist stattdessen oder eingestellt, reicht eine davon.

- **Grafische Editoren** funktionieren nach demselben Grundprinzip wie Auswahlmenüs, stellen ihre Regeln aber als Diagramm dar. Der Programmierer setzt Bausteine aus seiner Smart-Home-Bibliothek am Bildschirm zusammen. Dabei konstruiert er einen Ab-

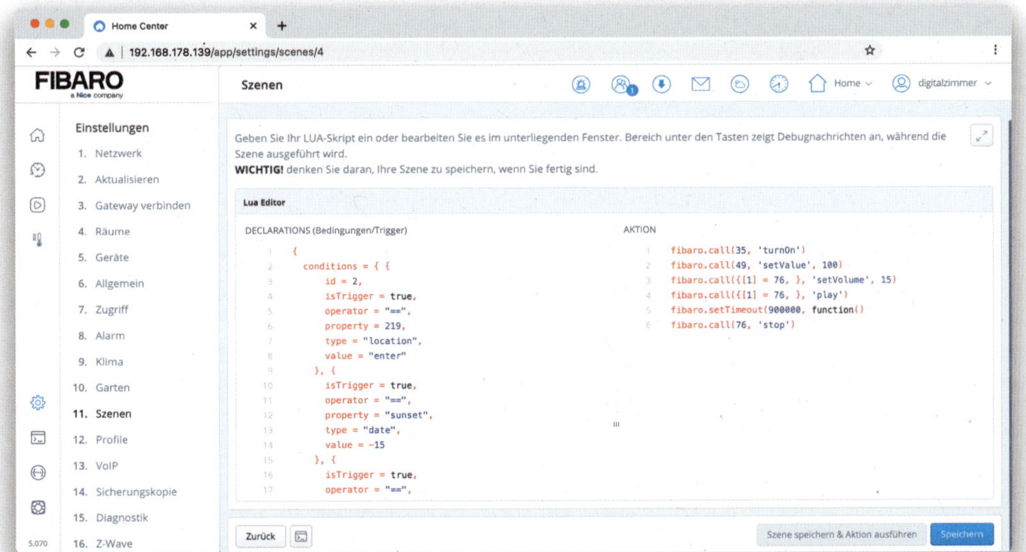

Script-Editoren arbeiten mit einer Programmiersprache, im Beispiel von Fibaro ist es LUA. Die Regeln bestehen aus Textzeilen, was Fachwissen verlangt.

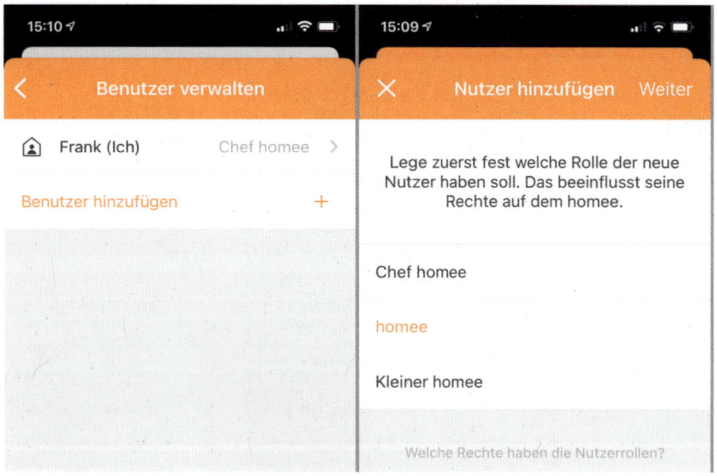

Ein System mit abgestuften Benutzerrechten hat Vorteile. So können etwa Kinder oder Gäste mit ihrem Smartphone nur auf freigegebene Funktionen zugreifen.

lauf, der Auslöser, Bedingungen und Aktoren über Linien oder andere grafische Elemente verbindet. Verknüpfungen mit und/oder stellt die Software ebenfalls im Bild dar. Das erleichtert den Überblick, wenn so ein Ablauf viele Bedingungen enthält. Es verlangt aber auch einiges an logischem Denken. Vor allem dann, wenn die Regel noch mathematische Elemente wie Klammern oder sogenannte Systemvariablen enthält.

- **Script-Editoren** verzichten auf optische Hilfen wie Symbole oder Auswahlmenüs. Sie legen die Programmiersprache des Systems bloß; vergleichbar mit dem HTML-Code einer Webseite: Während andere Methoden der Automatisierung eher einem Homepage-Baukasten ähneln, setzt man im Script-Editor die nackten Textbefehle hintereinander. Dabei kommen IT-Sprachen wie Javascript, Lua oder Perl zum Einsatz, exakte Wortwahl und Interpunktion sind Pflicht. Schon ein vergessenes Komma oder eine fehlende Klammer kann das Script unbrauchbar machen. Dafür bietet so ein Programmcode aber auch mehr Möglichkeiten als vorformulierte Textbausteine.

Software und Zugriffsrechte

Wie zugänglich ein System für Einsteiger ist, hängt also vor allem von der Programmierung ab. Dabei kommt es neben dem reinen Ablauf auch auf die verwendete Software an. Profilösungen wie KNX, LCN und Loxone nutzen eigene Konfigurationsprogramme dafür. Sie basieren auf dem Microsoft-Betriebssystem Windows, lassen sich mit etwas zusätzlichem Aufwand jedoch genauso gut auf dem Mac installieren. Mitunter kann die Software ins Geld gehen. So kostet eine Lizenz bei KNX und LCN bis zu 1 000 Euro. Andere Hersteller wie Loxone bieten ihr Programm gratis zum Download an.

Zusätzliche Softwaregebühren entfallen auch dann, wenn die Konfiguration im Browser stattfindet. Viele Smart-Home-Systeme stellen im heimischen Computernetz eine Bedienoberfläche bereit, an der man sich wie auf einer Internetseite anmelden kann. Die Programmierung klappt dann ohne weitere Softwareinstallation von jedem Gerät mit einem Webbrowser aus. Dritte Möglichkeit: Eine App fürs Smartphone oder Tablet gewährt Zugriff auf die Automatisierungsfunktionen. Weil das Touchscreenmenü an breite Fingerkuppen angepasst sein muss, halten sich die Möglichkeiten dabei oft in Grenzen. Manche Anbieter stufen sie auch ab: Das Konfigurations-Tool am Computer stellt dann alle Funktionen zur Verfügung, während die App nur einfache Änderungen zulässt und ansonsten der Steuerung im Alltag dient.

Unter Umständen ist ein eingeschränkter Zugriff sogar wünschenswert, etwa um Kinder oder Übernachtungsgäste daran zu hindern, irrtümlich Änderungen vorzunehmen. Die Fehlersuche in einer umfangreichen Gebäudeautomatisierung kann aufwendig und zeitraubend sein. Auch Fachbetriebe, die ein Smart Home schlüsselfertig übergeben, riegeln den Kern der Installation häufig ab. Die Programmierkonsole bleibt dann Systemadministratoren vorbehalten, Kunden und Kundinnen erhalten einen Zugang mit eingeschränkten Rechten. Das hat auch mit Fragen der Haftung zu tun. Wer ist verantwortlich, wenn eine fehlerhafte Garagentorautomatik zum Beispiel den Wagen beschädigt oder Rauchmelder und Sirenen in der Nacht ohne erkennbaren Grund Alarm schlagen? Selbermacher sind in solchen Fällen auf sich allein gestellt. Ein Handwerksbetrieb steht für seine geleistete Arbeit aber mit der üblichen Gewährleistungsfrist von vier bis fünf Jahren gerade.

Für viele der Inbegriff von Smart Home: eine App auf dem Tablet oder Mobiltelefon, mit der sich das ganze Haus steuern lässt

DIE BEDIENUNG: ALLES UNTER KONTROLLE

Wie bedient man ein Haus? Diese Frage stellte sich früher gar nicht. Es gab Lichtschalter, Thermostate für die Heizung, vielleicht noch elektrische Rollläden und eine Türsprechanlage mit Videokamera, das war's. Bedienelemente erklärten sich von selbst oder waren auf Anhieb zu verstehen. Geht es nach der Mehrheit der Hausbewohner und -bewohnerinnen, soll das wohl auch so bleiben. Der Mensch ist ein Gewohnheitstier. Allerdings kommen im vernetzten Gebäude viele neue Möglichkeiten hinzu. Für Smartphonebesitzer ist der Griff zum Touchscreen oft naheliegender als ein Taster an der Wand, besonders dann, wenn sie sich gemütlich auf dem Sofa räkeln und sowieso gerade im Web surfen oder mit Freunden chatten.

Laut Smart-Home-Studie der Unternehmungsberatung Deloitte finden durchschnittlich 57 Prozent aller Befragten eine Bedienung per App wichtig oder sehr wichtig. In der Altersklasse zwischen 25 und 34 Jahren ist ihr Anteil mit 76 Prozent am größten, oberhalb von 65 Jahren am niedrigsten (35 Prozent). Mit den Lebensjahren schwindet also die Begeisterung für ein App-gesteuertes Zuhause. Doch nicht nur aus Rücksicht auf Senioren sollte die Bedienung möglichst barrierefrei gestaltet sein. Auch Übernachtungsgäste oder Nachbarn, die während des Urlaubs das Haus versorgen, haben vielleicht keine Lust, ein Programm auf ihrem Smartphone zu installieren. Von hilfreichen Geistern, die putzen, bügeln und die Kinder hüten mal ganz zu schweigen. Darum sollte jedes vernetzte Gebäude über ein Bedienkonzept mit Schaltern verfügen. Es leistet auch dann gute Dienste, wenn das Telefon mal außer Reichweite oder der Akku leer ist. Außerdem muss nicht jedes Mal der Bildschirm entsperrt wer-

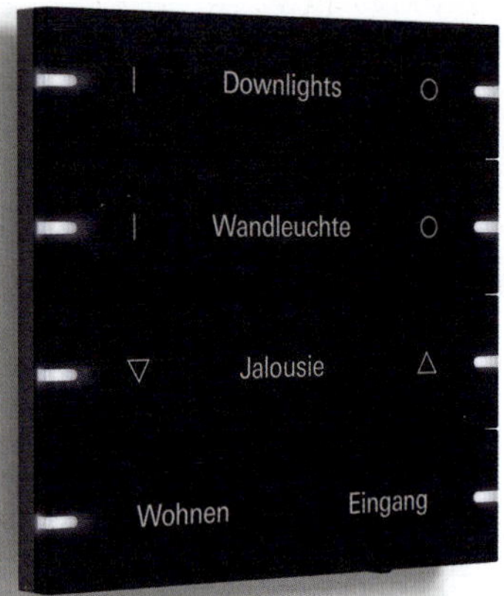

Eine klare Beschriftung ist wichtig, damit auch Gäste und Haushaltshilfen das Smart Home bedienen können.

den, um an die Bedienelemente heranzukommen – ein Aufwand, der im Alltag häufig nervt.

Klassisch: Wandtaster im Smart Home

Damit Lichtschalter beim Betreten eines Zimmers ohne hinzusehen bedient werden können, sind sie normalerweise in Griffhöhe an der Wand angebracht – etwa 100 bis 120 Zentimeter über dem Boden. Das ist der Bereich, in dem die Hand beim Ausholen von selbst landet. Folglich sollte an dieser Stelle auch der wichtigste Smart-Home-Taster sitzen. Er schaltet in der Regel das Raumlicht.

Kommen Wandtaster mit mehreren Wippen zum Einsatz, sollte klar sein, welche davon die Beleuchtung steuert und wofür die anderen zuständig sind. Das lässt sich am besten über Symbole oder eine Beschriftung mit Klartext erreichen. Sensortaster aus Glas oder Metall bieten häufig eine Multitouch-Funktion. Sie führt einen festgelegten Befehl aus, wenn mehrere Sensorfelder gleichzeitig berührt werden. Vorteil: Sie müssen nicht mit dem Finger auf einen Bereich zielen. Es genügt, die Hand irgendwie auf den Taster legen. Das haben auch unerfahrene Gäste schnell raus.

In Smart-Home-Systemen wie KNX, LCN & Co. gibt es Taster mit acht und mehr Schaltflächen, die sich einzeln oder als Wippenpaar mit Befehlen belegen lassen. Wer mehrere dieser Module an der Wand kombiniert, erhält eine ganze Schalterbatterie. Darin können dann Lichtszenen, Musikprogramme oder Voreinstellungen der Jalousie jeweils eigene Tasten bekommen. Ob einem das gefällt, ist die andere Frage. Übersichtlicher und aufgeräumter wirken meist kleine Einheiten mit Display. Sie zeigen die gerade aktive Funktion in Leuchtschrift an, was mehrfach belegte Tasten ermöglicht. Oder Sie verfügen über einen kleinen, berührungsempfindlichen Bildschirm, der seine Anzeige je nach ausgewählter Funktion ändert.

Visualisierung: auf einen Blick

Ein Begriff wird Ihnen im weiteren Verlauf dieses Buches noch öfter begegnen: Visualisierung. Er steht im allgemeinen Sprachgebrauch für optisch aufbereitete Daten. Abstrakte Informationen oder Zusammenhänge werden so dargestellt, dass sie leichter zu erfassen sind. Jedes Torten- oder Balkendiagramm ist so eine Visualisierung. Piktogramme über den Notausgängen im Kino oder Ampelmännchen am Fußgängerüberweg zählen auch dazu.

Wenn Smart-Home-Experten von Visualisierung sprechen, meinen sie aber eine ganz bestimmte Art von Darstellung: die grafische Be-

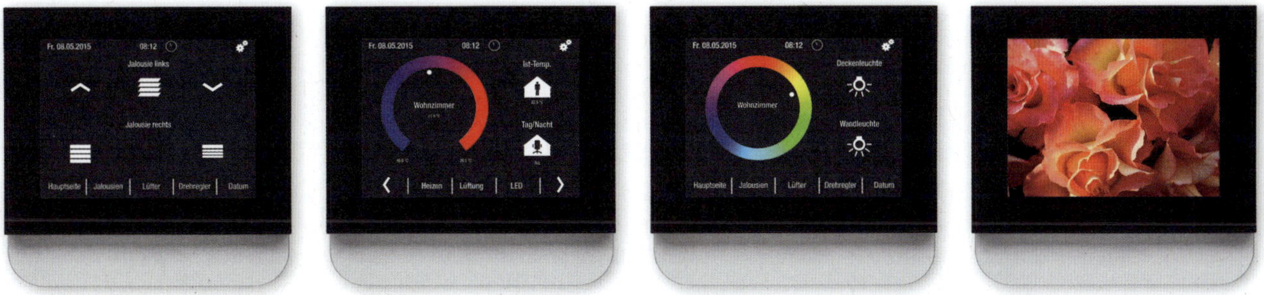

Für KNX gibt es kleine Multifunktionspaneele mit Touchscreen, wie dieses Modell von Berker. Ein Sensor schaltet bei Annäherung den Bildschirm ein.

dienoberfläche eines Gebäudes. Sie ist nicht unbedingt notwendig. Viele Installationen funktionieren wunderbar ohne visuelle Unterstützung, nur mit (Display-)Tastern und Sensoren. Aber manchmal gibt es eben gute Gründe für einen Bildschirm, beispielsweise, um mehr Überblick zu gewinnen: Eine Darstellung der Temperatur in allen Räumen hilft dabei, die Heizung optimal einzustellen. Oder die Anzeige informiert darüber, welche Lampen gerade eingeschaltet sind. Eine Videokamera an der Haustür verlangt nach bildlicher Darstellung. Und Musikfans wissen es zu schätzen, wenn ihr Audiosystem neben Titel- und Albumnamen auch das passende Cover anzeigt. So geht die Suche nach Songs viel schneller vonstatten.

Oft gehört eine Visualisierung bereits zum Smart-Home-System und ist untrennbar mit ihm verbunden. Das gilt unter anderem für Nachrüstlösungen, die per App in Betrieb genommen werden. Das Smartphone oder Tablet dient hier gleichzeitig als Fernbedienung und stellt den Betriebszustand der Geräte am Bildschirm dar. Aussehen und Funktionsumfang sind vom Hersteller vorgegeben, nur die Anordnung der Schaltflächen lässt sich ändern. Damit sinkt der Installationsaufwand, aber auch die Möglichkeit, das Menü den eigenen Wünschen und Vorlieben nach anzupassen. Kommen mehrere solcher Produkte zusammen, leidet die Übersicht, weil jede Lösung ihre eigene App verwendet. Ergebnis: Um das Licht zu dimmen, müssen Sie ein anderes Pro-

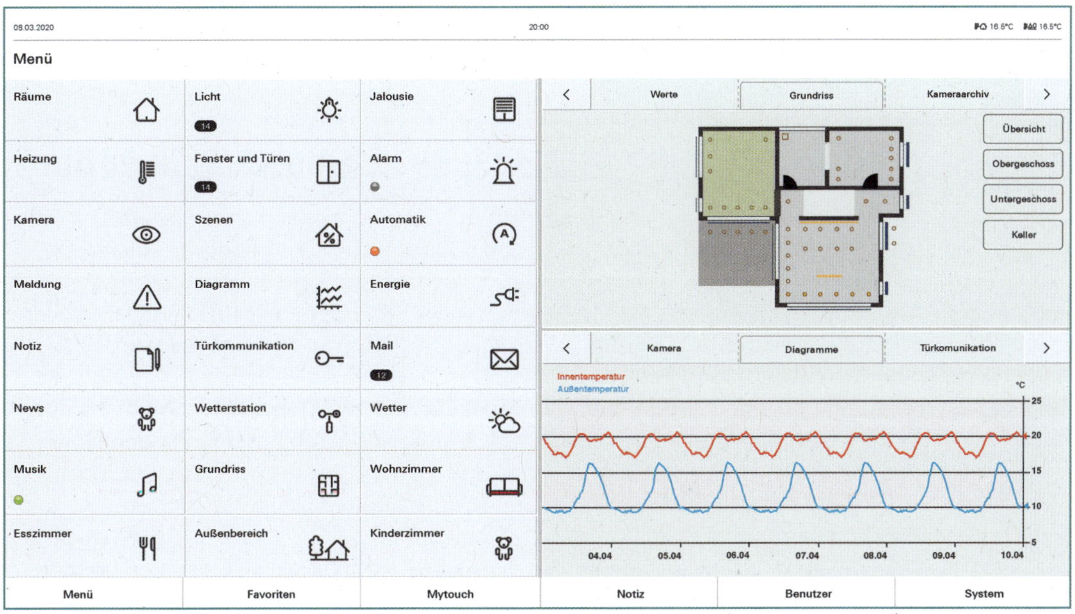

Automatisierungszentralen wie der Gira Homeserver stellen alle erdenklichen Hausdaten am Bildschirm dar. Ihre Visualisierung ist quasi das Armaturenbrett eines KNX-Systems.

gramm starten als für die Musikauswahl oder zum Regeln der Raumtemperatur.

Ein zusätzliches System, das seine eigene Bedienoberfläche über die anderen legt, kann wieder Ordnung auf dem Bildschirm schaffen. Apple verfolgt diesen Ansatz mit HomeKit (siehe Seite 217). Eine HomeKit-zertifizierte App nimmt kompatible Geräte unter ihre Fittiche. Trotzdem bleiben diese wie bisher erreichbar. So lassen sich Hue-Lampen, Tado-Thermostate, Netatmo-Kameras und andere Produkte weiterhin mit ihrem eigenen Programm steuern – oder zentral über die Visualisierung von HomeKit. Wegen der Beschränkung auf Apple-Betriebssysteme bleibt dieser Weg allerdings Kunden des Konzerns vorbehalten. Und die strengen Designrichtlinien von HomeKit setzen dem Gestaltungsspielraum gewisse Grenzen.

Universeller und vielseitiger geht ein System wie Mediola zu Werke (siehe Seite 233). Die Software des gleichnamigen Anbieters aus Deutschland bringt ebenfalls Geräte auf einer Oberfläche zusammen. Allerdings gibt es kein festgelegtes Aussehen. Die Visualisierung lässt sich am Computer frei gestalten. Symbolbaukästen, Icon Sets genannt, geben den Schaltflächen und Anzeigen einen individuellen Look. So leuchtet die Raumtemperatur auf Wunsch futuristisch wie im Head-up-Display eines Sportwagens oder prangt über einem virtuellen, chromglänzenden Drehpotentiometer, das jedem HiFi-Verstärker zur Ehre gereichen würde. Tüftler mit Spaß am Experimentieren sind hier in ihrem Element. Softwareerweiterungen, die sogenannten Plug-ins, stülpen so eine Oberfläche aber auch professionellen Systemen wie Digitalstrom oder KNX über.

Im Profibereich heißt Visualisierung oft: Es entsteht ein zusätzlicher Aufwand, der bezahlt werden muss. Denn nicht alle Automatisierungslösungen bringen Bildschirmmenü und App gleich mit, wie das zum Beispiel bei Loxone der Fall ist. Manchmal genügen die Oberflächen auch nur bescheidenen optischen Ansprüchen. Wer sich für KNX, LCN & Co. entscheidet, hat in der Businstallation zunächst einmal gar keine Visualisierung. Erst ein Homeserver oder anderes IP-Gateway gibt der Haustechnik ihr digitales Gesicht. Mit den gewünschten Funktionen steigen die Kosten. Soll die Bedienung auch Bild- und Tonsignale umfassen, etwa von einer Türkamera oder dem Multiroom-System (siehe „Multiroom-Audio: Musik im ganzen Haus", Seite 123), können maßgeschneiderte Lösungen den Preis in die Höhe treiben. Ein extra Steuerungssystem wie Control 4 oder RTI hilft dann vielleicht, Kosten zu sparen. Die beiden US-Hersteller aus dem Heimatland des Entertainments sind auf solche Aufgaben spezialisiert. Ihre Apps, Controller und Bildschirme nehmen dem Fachbetrieb Arbeit ab. Statt selbst etwas einrichten zu müssen, kann er auf vorgefertigte Oberflächen zurückgreifen. So lässt sich zum Beispiel auch der Fernseher für die Visualisierung nutzen – und das Smart Home mit der TV-Fernbedienung steuern.

Touchscreen an der Wand

Wanddisplays gelten als Aushängeschild luxuriöser Haustechnik – und waren lange Zeit auch Statussymbole. So einen Touchscreen leisteten sich vor allem Villenbesitzer. Der stattliche Preis von einigen Tausend Euro pro Stück sprengte kleinere Budgets. Dank iPad hat sich das geändert. Der Verkaufserfolg des Apple-Tablets und seiner Android-Kollegen machte berührungsempfindliche Bildschirme erschwinglich. Als Kommandozentrale steuern sie mittlerweile in vielen Häusern die Gebäudetechnik und zeigen Messdaten wie Temperatur oder Energieverbrauch an.

Besonders einfach geht das in einer Funkinstallation mit Smart-Home-Zentrale. Hier benötigen Tablets nur die App des Herstellers, um sich per WLan zu verbinden. Die hauptsächliche Arbeit besteht darin, den Touchscreen samt Stromversorgung an der Wand festzumachen. Dafür gibt es Halterungen in allen Preisklassen, vom einfachen Plastikrahmen mit Aussparung für das serienmäßige Ladekabel bis hin zum edlen Aluminium-Dock, das Strom und Netzwerk über Unterputzleitungen ans Display heranführt. Eine hochwertig verarbeitete Halterung aus Metall kann mehrere Hundert Euro kosten, unter Umständen mehr als das Tablet selbst.

Angesichts fallender Preise werden da auch Displays der Smart-Home-Hersteller wieder interessant. Anbieter wie Busch-Jaeger, Elsner, Gira und Jung haben Modelle für KNX-Installationen im Programm. Nicht vergessen: Zum Touchscreen kommt in Bussystemen häufig noch die Technik für eine Visualisierung hinzu. Sie wandelt die Sensordaten oder Schaltfunktionen der Anlage in grafische Symbole um und ist für die Bedienoberfläche zuständig. Im günstigsten Fall kostet die Kombination aus beidem nur wenig mehr als das neueste iPad plus Wandhalterung. Mit dem Unterschied, dass so ein Bildschirm für die Haussteuerung reserviert ist und keine anderen Funktionen erfüllt. Es können weder iOS- noch Android-Apps darauf laufen.

Dafür entfallen aber auch die permanenten Softwareupdates, und zur Montage genügt eine Unterputzdose in Sichthöhe an der Wand. Die Verbindung zum Smart Home stellt Funk oder ein Netzwerkkabel mit integrierter Stromversorgung her (siehe Seite 169).

Alternative zum Tablet: Touchscreens für das Smart Home wie der G1 von Gira, in ähnlicher Form auch von anderen Herstellern erhältlich

Digitale Assistenten

Sprachsteuerung zählt in Smart-Home-Systemen schon fast zum guten Ton. Vor allem Hersteller von Nachrüstlösungen werben damit, dass ihre Geräte aufs Wort hören.

Sie bedienen sich dafür häufig der Dienste von Amazon, Apple oder Google. Alle drei US-Konzerne haben digitale Sprachassistenten entwickelt, besser bekannt unter den Rufnamen Alexa, Siri und Google Assistant. Das Grundprinzip ist immer gleich: Mikrofone nehmen zu Hause ein Sprachkommando auf und übertragen es als Audiodatei ins Internet. Der Clip landet auf einem Server des digitalen Assistenten, wo Künstliche Intelligenz (KI) den Inhalt analysiert und das passende Steuersignal zurück ins Smart Home schickt. Das Ganze läuft in drei Phasen ab:

Lautsprecher mit digitalen Assistenten steuern auf Zuruf. Manche unterstützen dabei mehrere Sprachdienste, die Modelle der Telekom etwa Alexa und die hauseigene Assistenz „Hallo Magenta".

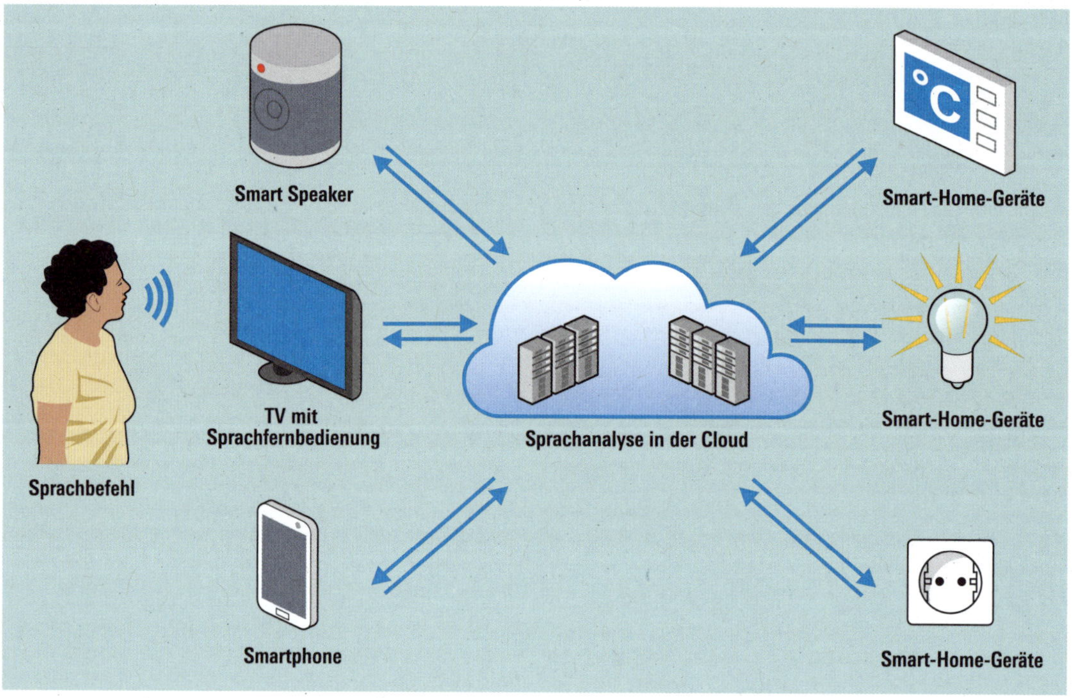

Die Spracherkennung digitaler Assistenten findet überwiegend im Internet statt. Empfangsgeräte mit Mikrofon leiten Audioclips an einen Cloud-Server weiter.

- **Eingabe:** Ein Sprachempfänger in der Wohnung nimmt den Befehl entgegen. Dabei kann es sich um das Mobiltelefon, die Sprachfernbedienung des Fernsehers oder andere Eingabegeräte handeln. Beliebt sind aktuelle Smart Speaker: WLan-Lautsprecher mit integrierten Mikrofonen. Sie reagieren auf Zuruf: Ein festgelegtes Aktivierungswort wie „Alexa" oder „Hey Siri" setzt die Spracherkennung in Gang. Auf anderen Geräten muss teilweise eine Taste dafür gedrückt werden.
- **Verarbeitung:** Weil digitale Assistenten vielseitig begabt sind, findet die Signalverarbeitung weitgehend im Internet statt. Ausnahmen bestätigen die Regel: So lässt zum Beispiel Apple einen Teil der Aufgaben von Siri lokal auf modernen iPhones und iPads erledigen (siehe „Apple Siri", Seite 291). Im Internet steht den Künstlichen Intelligenzen (KI) allerdings viel mehr Rechenleistung zur Verfügung, weshalb die Onlineübertragung immer noch üblich ist. Die Geräte sind dabei aufs Internet angewiesen. Ohne Kontakt zu einem externen Server funktioniert ihre Sprachsteuerung nicht.
- **Ausgabe:** Hat die Sprach-KI das Kommando richtig interpretiert, schickt sie den gewünschten Befehl an das Zielgerät zu Hause – wieder übers Internet. Die Ausführung wird per Sprachansage bestätigt. Geräte mit Display geben außerdem ein visuelles Feedback. Kommt es zu Verständigungsproblemen, teilt der digitale Assistent das normalerweise auf demselben Weg mit.

Egal, welche Assistenz zum Einsatz kommt, die Sprachbefehle ähneln sich. Sie beginnen stets mit einem Aktivierungswort, gefolgt von der gewünschten Aktion: „Alexa … schalte das Licht ein!" „Hey Siri … mach lauter!" „OK Google … schließe die Rollläden!" Auch Fragen nach der Temperatur im Bad oder ob das Dachfenster geschlossen ist, beantwortet die KI auf Zuruf – entsprechende Sensoren vorausgesetzt. Weil in der Haussteuerung viele generische Begriffe wie Licht und Heizung oder Raumnamen vorkommen, klappt die Erkennung normalerweise gut. Sollen Geräte gezielt angesprochen werden, empfiehlt es sich, ihnen unverwechselbare Namen zu vergeben. Sonst weiß der Assistent zum Beispiel nicht, welche der vielen vernetzten Lampen im Wohnzimmer gerade gemeint ist.

Damit der Befehl sein Ziel erreicht, muss das Empfangsgerät außerdem ans Internet angeschlossen sein. Bei IoT-Produkten (siehe „Ein Wort zum Internet der Dinge", Seite 283) wie WLan-Steckdosen ist das ohnehin der Fall. Auch Hausgeräte oder Smart-Home-Systeme mit Fernzugriff per App verfügen theoretisch über die nötigen Voraussetzungen. Zusätzlich muss der Hersteller aber eine Verbindung zur Cloud von Amazon, Apple oder Google vorsehen. Profilösungen wie KNX benötigen eventuell ein zusätzliches Gateway auf der Hutschiene im Verteilerkasten, sofern der IP-Server für die Visualisierung diese Aufgabe nicht miterledigt.

Sprachsteuerung ohne Internet

Digitale Assistenten, die ohne Internetverbindung auskommen, sind technisch möglich. Für KNX etwa gibt es professionelle Lösungen, die Sprachbefehle daheim im Netzwerk verarbeiten. Sie nutzen unter anderem Technologie des Unternehmens Snips, das mittlerweile zum Lautsprecherhersteller Sonos gehört. Entsprechend lautet das Rufwort dann „Hey Snips". Ein Unterputzmodul an der Wand übernimmt die Rolle des Smart Speakers. Es enthält Lautsprecher und Mikrofon sowie die komplette Elektronik. Die Kommunikation mit KNX findet über Lan-Kabel und die IP-Schnittstelle des Hausbussystems statt.

Derselbe Hersteller, ProKNX, bietet auch eine Nachrüstlösung für das Smart-Home-System von Ikea an. Sie besteht aus einer kleinen, runden Lautsprecherbox, die an denselben Router angeschlossen wird wie das Ikea-Gateway. Auf den Ruf „Hey Snips" hin beginnt sie mit der Sprachanalyse. Auch die Befehle klingen ähnlich wie bei Onlineassistenten – nur dass die Erkennung nicht im Internet, sondern auf dem Gerät stattfindet. Weil keine Audiomitschnitte das Haus verlassen, bleiben private Gespräche auf jeden Fall privat.

Für viele Menschen ist das wichtig. Sie fühlen sich von Onlineassistenten belauscht und haben ein mulmiges Gefühl bei der Sache. So kommt es vor, dass der Smart Speaker irrtümlich anspringt. Wenn in einem Gespräch Begriffe fallen, die wie das Aktivierungswort klingen,

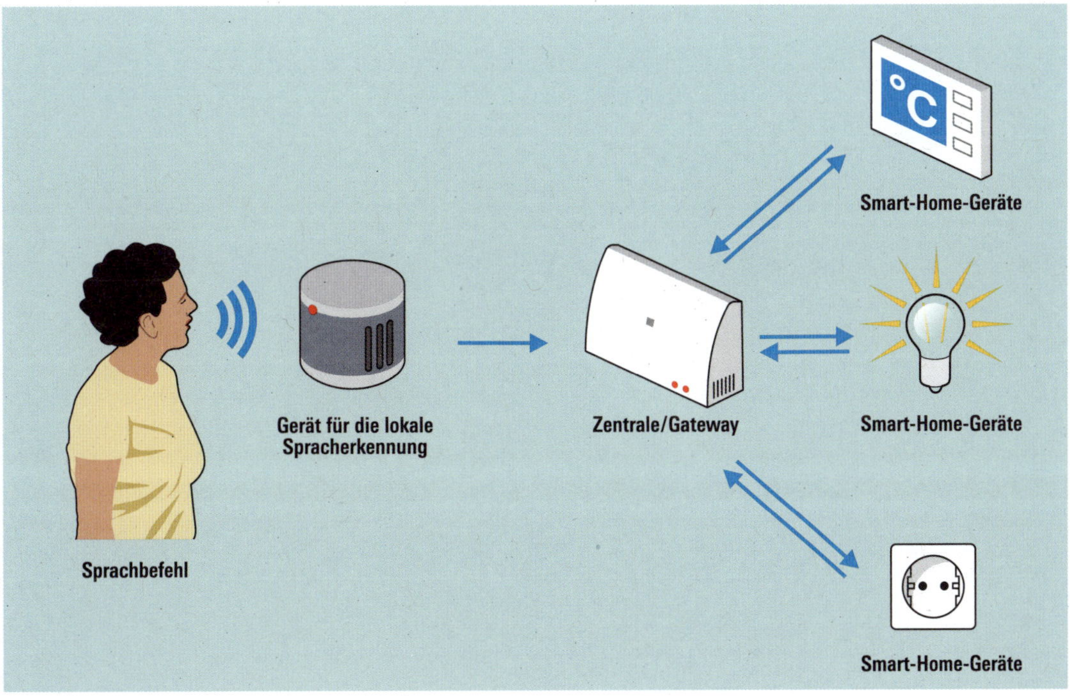

Offline-Sprachassistenten analysieren das Mikrofonsignal daheim auf einem Gerät. Falls nötig, verlassen nur Steuerbefehle das Haus, die Sprachaufnahme selbst bleibt privat.

kann das schon mal passieren. Typisches Beispiel: Alexa reagiert auf „Alexander“ und „Alexandra“ genauso wie auf ihren Rufnamen. Doch selbst wenn der Smart Speaker wirklich nur reagiert, wenn er das auch soll, landen Aufnahmen aus dem Alltag in der Cloud. Zwar haben Anbieter wie Amazon und Apple begonnen, einen Teil der Sprachanalyse direkt auf den Geräten auszuführen. Ihre digitalen Assistenten bleiben aber vorerst noch aufs Internet angewiesen.

Automatisierung: Das Haus kontrolliert sich selbst

Ob Schalter oder Sprachkommando: Im Idealfall benötigt ein Smart Home viel weniger Bedienung als traditionelle Gebäude. Es reagiert automatisch. So aktivieren Bewegungsmelder das Licht im Haus und Helligkeitssensoren setzen die Jalousien in Bewegung. Eine Regel sorgt dafür, dass dies nur im Sommer geschieht, wenn die Wohnung aufzuheizen droht. Im Winter bleibt die Beschattung oben, weil jeder Sonnenstrahl durchs Fenster erwünscht ist, um Heizenergie zu sparen. Einmal begonnen, finden sich schnell weitere Ideen für die Gebäudeautomatisierung. Und nach kurzer Zeit werden Sie kaum noch wissen, wie es war, für jede Kleinigkeit einen Schalter betätigen zu müssen oder bei der Heimkehr festzustellen, dass dieser Handgriff leider unterblieben ist, weil der Dunstabzug in der Küche noch immer eingeschaltet war.

KOMPATIBILITÄT: EINE FRAGE DES STANDARDS

Normen und technische Standards garantieren, dass Geräte im Haushalt zusammenpassen. Sie definieren das Gewinde am Waschmaschinenanschluss genauso wie die Schuko-Steckdose oder die HDMI-Buchse am Fernseher. Auch Verbindungen im Heimnetzwerk sind standardisiert. Man stelle sich vor, jeder PC-Hersteller würde eigene Lan-Anschlüsse verwenden oder das Smartphone würde nur im WLan eines ganz bestimmten Routers funktionieren. Die Produkte hätten es wohl deutlich schwerer gehabt, sich am Markt durchzusetzen.

In der Gebäudeautomatisierung gibt es ebenfalls Standards. Allerdings existieren hier verschiedene Technologien nebeneinander. Das ist einerseits historisch bedingt: Viele Anbieter haben unabhängig voneinander eigene Lösungen entwickelt. Zum anderen ist es den besonderen Anforderungen an die Kommunikation im Smart Home geschuldet. Sie läuft auf mehreren Ebenen ab. Schließlich geht es nicht nur darum, physikalisch eine Verbindung herzustellen, die Geräte müssen sich auch verstehen und Informationen austauschen. Grob gesagt betrifft das drei Bereiche:

- **Das Übertragungsmedium** ist auf der untersten Ebene für den Transport der Daten zuständig. Dabei kommen Kabel (Lan, Bus, Powerline) oder Funksignale zum Einsatz, je nach System und Art der Installation auch eine Kombination davon.

- **Das Protokoll** legt die Einzelheiten der Datenübertragung fest. Welche (Funk-)Frequenzen kommen zum Einsatz? Wie ist das Netzwerk organisiert und wie treten neue Geräte dem Smart Home bei ihrer Installation bei?
- **Die Anwendung** bestimmt, welche Funktionen zur Verfügung stehen. Sie stattet das Gebäude mit Intelligenz aus und macht die Automatisierung möglich. Nur wenn der Austausch auch hier klappt, arbeiten die Geräte ohne Einschränkung zusammen.

Herstellerstandards

Eine Möglichkeit, das reibungslose Zusammenspiel zu gewährleisten, sind Standards, die sich im Besitz des Anbieters befinden. Vom lateinischen Adjektiv proprius (jemandem gehören) hergeleitet heißen sie proprietär. Vorteil: Weil der Gerätehersteller alle technischen Details kontrolliert, kann er seine Produkte gut aufeinander abstimmen. Apple ist mit diesem Prinzip groß geworden. Vom Gerät über das Betriebssystem und Software bis hin zur Cloud-Lösung kommt alles aus einer Hand. Sogar die Mikroprozessoren, die das iPhone, die Apple Watch oder den neuesten Mac-Computer antreiben, stammen mittlerweile aus eigener Fertigung. Doch selbst Apple kann nicht alle Komponenten eines intelligenten Gebäudes selbst

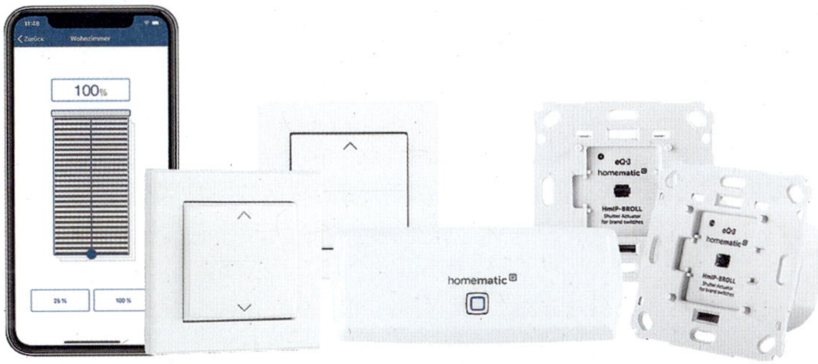

Homematic-Produkte nutzen ihre eigene Übertragungstechnik. Allein der Hersteller EQ-3 bietet Sensoren und Aktoren dafür an.

produzieren und hat deshalb seine HomeKit-Schnittstelle erfunden. Doch dazu später mehr.

Zu den bekanntesten proprietären Smart-Home-Standards gehört die Homematic-Familie, bestehend aus Homematic, Homematic IP und Homematic IP wired (Seite 226, 247). Hersteller EQ-3 hat die ersten Homematic-Produkte schon 2007 auf den Markt gebracht und zählt nach eigener Aussage heute zu den größten Smart-Home-Anbietern Europas. Das zugrunde liegende Funkprotokoll Bidcos kommt auch in Systemen von Bosch, Livisi (früher Innogy) und der Deutschen Telekom zum Einsatz. Es wurde dort teilweise abgewandelt, sodass sich nur bestimmte Produkte an der Zentrale anmelden lassen. Die Auswahl ist damit wieder proprietär, weil vom Anbieter abhängig.

Ausschließlich im Profibereich beheimatet sind Loxone vom gleichnamigen Hersteller aus

Das System von RWE hat seit dem Start 2011 einige Male den Namen und auch den Besitzer gewechselt. Was aus dem heutigen Livisi Smarthome wird, ist ungewiss.

Österreich und LCN (Local Control Network) von der Issendorf KG im niedersächsischen Sarstedt. Auch Digitalstrom aus der Schweiz nutzt proprietäre Technik, genauso wie eNet von Jung und Gira oder Busch free@home aus dem Haus Busch-Jaeger. Was nicht heißen soll, dass solche Systeme immer abgeschottet sind. Oft gibt es die Möglichkeit, andere Geräte zu integrieren. Ein extra Gateway oder ein Cloud-Service im Internet stellt die Verbindung her. Allerdings kann das zusätzlichen Aufwand bedeuten. Und es verwässert den prinzipiellen Vorteil geschlossener Systeme. Durch externe Komponenten können Fehlerquellen entstehen, die Installation wird unübersichtlicher, die Wartung umständlicher.

Eine Stärke proprietärer Standards liegt gerade darin, dass nichts dem Zufall überlassen bleibt. Wer Produkte des Systemanbieters miteinander kombiniert, kann davon ausgehen, dass alles funktioniert. Auch gibt es nur einen Hersteller – und damit Ansprechpartner –, falls die Technik doch einmal Probleme bereiten sollte. Andererseits macht man sich abhängig von diesem Lieferanten. Stellt er die Produktion ein, sind Ersatzteile womöglich schwer zu beschaffen. EQ-3 sichert deshalb die Verfügbarkeit bis mindestens 31.12.2030 zu. So lange sollen Produkte für Homematic IP auf jeden Fall erhältlich sein – entweder von EQ-3 selbst oder einem Dritten. Auch langjährige Geschäftspraxis verspricht eine gewisse Sicherheit. Issendorf etwa produziert seinen LCN-Bus seit 1993 und kann auf viele Tausend Installationen verweisen. Das lässt auf fortgesetzte Systempflege auch in Zukunft hoffen. Andererseits zeigt das Beispiel Livisi, wo die Gefahren liegen: Das ehemals vom Energieversorger RWE ins Leben gerufene Smart-Home-System ging bereits durch mehrere Hände. Seit Ende 2020 ist unklar, ob und wie es mit ihm weitergeht.

Smart-Home-Funkprotokolle

Mehr Unabhängigkeit versprechen herstellerübergreifende Standards. Ähnlich wie im Supermarkt können Heimvernetzer die Zutaten für ihr Smart-Home-Menü individuell zusammenstellen. Man nehme: eine Funkzentrale von Anbieter A, Sensoren von B und C und Aktoren aus dem Hause D. Der Standard sorgt dafür, dass alle Bestandteile sich verbinden und ein präsentables Gericht dabei herauskommt.

Viele drahtlose Systeme zum Nachrüsten arbeiten nach diesem Rezept. Sie setzen auf

Herstellerübergreifende Funkprotokolle im Überblick

Name	Bluetooth LE / 5.0	DECT ULE	EnOcean	KNX RF
Frequenzbereich	2 400 MHz	1 900 MHz	868 MHz	868 MHz
Maximale Datenübertragungsrate	2 000 kbps	1 152 kbps	125 kbps	16,4 kbps
Energiebedarf	Gering	Sehr gering	Sehr gering	Gering
Belastung des Frequenzbands	Hoch	Gering	Gering	Gering
Typische Reichweite in Gebäuden	10–20 m	30–50 m	20–30 m	10–30 m
Mesh-Funktion	Ja, aber selten genutzt	Nein	Nein, aber Repeater-Funktion	Nein
Smart-Home-Verbreitung	Mittel	Gering	Mittel	Gering
Lizenzgeber / Zertifizierung	Bluetooth Special Interest Group (SIG)	ULE Alliance	EnOcean Alliance	KNX Association
Internetadresse	www.bluetooth.com	www.ulealliance.org	www.enocean-alliance.org	https://www.knx.org

ein Funkprotokoll, das von mehreren Anbietern unterstützt und getragen wird (siehe Tabelle „Herstellerübergreifende Funkprotokolle ..." unten). Meist gibt es einen Firmenzusammenschluss, auch Allianz (engl. Alliance) genannt, der die Entwicklung vorantreibt und Spezifikationen vorgibt. Hersteller, die Produkte anbieten wollen, können eine Lizenz erwerben und ihre Geräte zertifizieren lassen. In der Regel landet dann ein offizielles Logo auf der Verpackung, das dem Käufer signalisiert: Dieses Produkt ist mit dem Funkstandard kompatibel.

So weit die Theorie – und in vielen Fällen gelingt die Umsetzung nach Rezept. Wie im richtigen Leben kann das Ergebnis aber auch hinter der Vorlage im Kochbuch zurückbleiben. Denn die gängigen, herstellerübergreifenden Smart-Home-Standards definieren nur zwei von drei Zutaten: das Übertragungsmedium und das Protokoll.

Die Anwendung, also was mit den Geräten im Alltag möglich ist, hängt von der Systemsoftware ab. Und hier legen die Anbieter fest, welche Funktionen sie unterstützen. So kann es passieren, dass ein Zwischenstecker zwar Messwerte zum Energieverbrauch liefert, die Zentrale diese Daten aber gar nicht auswertet und folglich auch nicht anzeigt. Oder ein prinzipiell bidirektional arbeitender Aktor (siehe „Das spricht für Funk", Seite 170) gibt plötzlich keine Rückmeldung mehr, ob er ein- oder ausgeschaltet ist. Das muss kein böser Wille der beteiligten Hersteller sein. Bei vielen Hundert oder gar Tausenden Produkten in manchen Standards wäre es vom Anbieter der Zentrale viel verlangt, alle Optionen in seiner Software abzubilden. Deshalb sind manche Firmen dazu übergegangen, sogenannte Kompatibilitätslisten zu pflegen. Sie enthalten Geräte, die erfolgreich im Betrieb mit der Zentrale getestet wurden und zumindest die grundlegenden Funktionen unterstützen.

Neben der Kompatibilität gibt es weitere Kriterien, die für oder gegen bestimmte Standards im Gebäude sprechen. Reichweite ist ein wichtiges Thema. Sie hängt unter anderem von der Funkfrequenz ab. Je langwelliger ein Signal, also je kleiner seine Frequenz, desto besser kann es bei gleicher Leistung die Wände durchdringen. Eine Frequenz von 868 Megahertz – was 34,5 Zentimetern Wellenlänge entspricht – ist gegenüber 2,4 Gigahertz (12 cm) im Vorteil. Sie durchdringt Baustoffe besser und „biegt leichter um Ecken". Dafür kann sie weniger Daten transportieren, ihre Übertragungskapazität ist geringer.

Thread	Z-Wave	Zigbee (868 MHz)	Zigbee (2,4 GHz)	WLan (2,4 GHz)
2400 MHz	868 MHz	868 MHz	2400 MHz	2400 MHz
250 kbps	100 Kbps	20 kbps	250 kbps	1200 kbps
Gering	Gering	Gering	Gering	Hoch
Hoch	Gering	Gering	Hoch	Hoch
20–30 m	20–40 m	20–30 m	10–20 m	Router-abhängig
Ja	Ja	Ja	Ja	Ja, aber nur mit speziellen Routern
Gering	Hoch	Gering	Hoch	Hoch
Thread Group	Z-Wave Alliance	Connectivity Standards Alliance	Connectivity Standards Alliance	WiFi Alliance
www.threadgroup.org/	z-wavealliance.org/	csa-iot.org/	csa-iot.org/	www.wi-fi.org

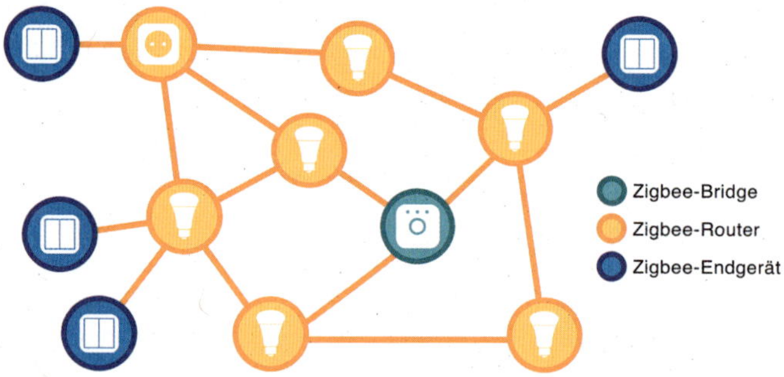

Ein Mesh-Netzwerk am Beispiel des Lichtsystems Philips Hue: Installierte Lampen und Steckdosen verstärken das Funksignal und versorgen damit Endgeräte wie zum Beispiel Taster.

Andererseits lässt sich die Reichweite im drahtlosen Netzwerk auch technisch vergrößern. Der Trick ist aus dem heimischen WLan bekannt: Funkverstärker, auch Repeater genannt, fangen Signale auf, verstärken sie und senden sie weiter. Etliche Smart-Home-Systeme machen sich dieses Prinzip zunutze, indem sie installierte Geräte als Verstärker einsetzen. Jeder ans Stromnetz angeschlossene Sensor oder Aktor dient dabei als Multiplikator. Der Steuerbefehl springt von einer Station zur nächsten, bis er sein Ziel erreicht. Weil die Funkstationen wie Maschen eines Gewebes ineinandergreifen, heißt so ein Wellengitter auch Mesh-Netzwerk (engl. Mesh = Geflecht). Es knüpft aus 10 bis 30 Metern Funkdistanz, die jedes einzelne Smart-Home-Gerät überbrückt, ein flächendeckendes Netz. Im Unterschied zu einfachen WLan-Repeatern verfügen viele Mesh-Systeme über eigene Intelligenz. Die Signale wählen einen Weg, der sie bestmöglich ans Ziel bringt. Fällt auf dem Weg ein Mesh-Knoten aus, berechnet die Elektronik alternative Routen, ähnlich dem Navigationssystem im Auto. Der Repeater verstärkt dagegen nur, was er empfängt, egal woher das Signal kommt und wo es hin soll. Das ist weniger effizient.

Als Hürde kann sich der allgemeine Datenverkehr erweisen. Die Zahl funkender Geräte im Haushalt nimmt stetig zu. Davon sind vor allem Bluetooth und WLan betroffen aber auch Zigbee und Thread im Bereich um 2,4 Gigahertz müssen sich die Funkfrequenz mit vielen anderen teilen. Im lizenzfreien 2,4-GHz-Band nehmen Computer, Drucker & Co. den Smart-Home-Geräten Übertragungsbandbreite weg. Hohe Funkdichte, etwa im Mehrfamilienhaus, verlangsamt die Übertragung und sorgt schlimmstenfalls dafür, dass Datenpakete ihr Ziel nicht mehr erreichen. In einem reservierten Frequenzband, wie es Dect ULE verwendet (1,9 GHz), kann das nicht so leicht passieren. Auch der Bereich um 868 Megahertz ist weniger anfällig für Datenkollision. Zwar dürfen die Sender hier lizenzfrei funken, doch die Dauer ihrer Impulse ist zeitlich begrenzt. Drahtloses Dauerfeuer wie beim Surfen oder Streamen von Musik und Videos findet nicht statt.

Zu guter Letzt spielt die bauliche Situation eine Rolle. Das Material der Wände und der Installationsort nehmen großen Einfluss darauf, wie gut die Funkwellen sich ausbreiten (siehe „Mögliche Hindernisse", Seite 173).

Bluetooth LE / 5.0

Der Kurzstreckenfunk ist von Smartphones, Kopfhörern und Bluetooth-Lautsprechern bekannt. Seit Version 4.0 des Standards gibt es eine stromsparende Erweiterung des Protokolls mit der Bezeichnung Low Energy (LE). Die Erweiterung im Namen fiel mit Bluetooth 5.0 weg, die Technologie ist aber nach wie vor enthalten. Sie ermöglicht es batteriebetriebenen Geräten wie Fitnesstrackern und Armbanduhren, länger mit dem Smartphone verbunden zu sein. Außerdem kommt sie in Smart-Home-Systemen zum Einsatz. Geräte für Apple HomeKit arbeiten damit, elektronische Türschlösser – technisch: Smartlocks – ebenfalls. Hersteller wie Casambi, Eglo, Occhio, Paulmann und Signify nutzen die Technik, um Lampen drahtlos zu steuern. Dabei handelt es sich jedoch meist um proprietäre Lösungen, die nur innerhalb der eigenen Produktfamilie funktionieren. Gleiches gilt für den Mesh-Betrieb. Wichtig: Das Bluetooth-Logo allein reicht also nicht als Orientierungshilfe, wenn es um Hausautomatisierung geht. Neben dem Funkstandard müssen die Geräte noch weitere Voraussetzungen erfüllen.

Verwendet von: Apple (HomeKit), Casambi, Eglo, Eve Systems, Frogblue, Occhio, Paulmann, Signify (Philips Hue), Yeelight u. a.

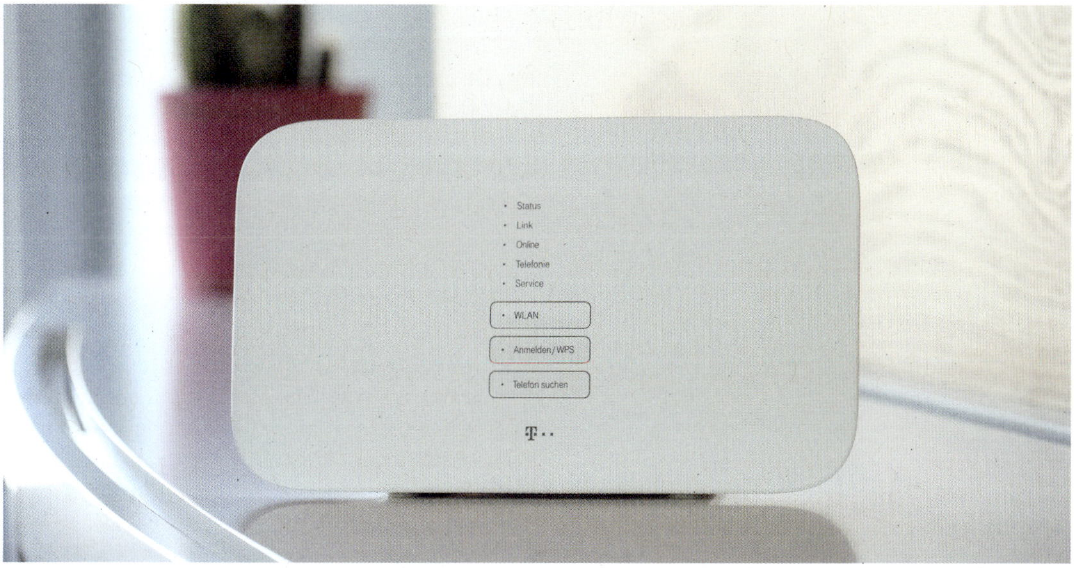

Dect ULE kann im Router integriert sein. Die Telekom Deutschland (Bild) und Fritzbox-Hersteller AVM bieten entsprechende Modelle an, die gleichzeitig als Smart-Home-Zentrale dienen.

Dect ULE

Im Schnurlostelefon für das Festnetz machte Dect (Digital Enhanced Cordless Telecommunications) zuerst Karriere. Der Funkstandard existiert seit 2013. Im Jahr 2013 kam die energiesparende Variante ULE dazu, das Kürzel steht für Ultra Low Energy. Eine Ergänzung namens HAN FUN (Home Area Network FUNctional protocol) definiert die Kommunikation im Smart Home. Sie wird von der ULE-Allianz entwickelt und vorangetrieben, einem Zusammenschluss von mehr als 140 Dect-Anbietern, dem auch AVM, die Deutsche Telekom und Panasonic angehören. Auf Herstellerseite lässt die Unterstützung von HAN FUN bislang zu wünschen übrig. Dass ein Smart-Home-Produkt Dect ULE benutzt, heißt noch nicht, dass es mit allen Funkzentralen des Standards kompatibel ist. Zum Teil werden Sensoren und Aktoren anderer Marken nicht erkannt oder lassen sich nur eingeschränkt nutzen. Geräte von Gigaset Elements sind beispielsweise inkompatibel zu Magenta Smart Home und umgekehrt. Für die drahtlose Technik spricht, dass Anbieter wie AVM und die Deutsche Telekom sie in WLan-Router integrieren. Um Heizkörperthermostate, Lampen oder Steckdosen zu steuern, ist dann keine extra Funkzentrale nötig. Kritiker wenden ein, dass die Art, wie Dect seine Signale als kurze Impulse überträgt, eine höhere Strahlenbelastung darstellt als bei anderen Gebäudefunksystemen. Einfache Dect-Zentralen senden permanent Impulse aus, damit die schnurlosen Telefonhörer jederzeit die Verbindungsqualität überprüfen und sich einwählen können. In einer Anlage mit „Eco"-Betriebsart sinkt die Sendeleistung oder geht auf null zurück, wenn nicht telefoniert wird. Allerdings verlängert der Eco-Mode den Verbindungsaufbau und lässt den Hörer mehr Energie verbrauchen. Beides ist im Smart Home unerwünscht. Funksensoren würden damit verzögert reagieren und ihre Batterien wären zu schnell leer. Deshalb steht die Eco-Funktion in der Regel nicht zur Verfügung, wenn eine Dect-Basis gleichzeitig als Smart-Home-Zentrale arbeitet.

Verwendet von: AVM (Fritzbox), Deutsche Telekom (Magenta Smart Home), Gigaset (Elements) u. a.

EnOcean

Die Funktechnologie EnOcean ist für batterielose Geräte bekannt. Sensoren und Aktoren erzeugen ihre Energie im täglichen Betrieb häufig selbst. So verwandelt zum Beispiel eine Art Mini-Dynamo im Lichtschalter den Tastendruck in elektrischen Strom. Solarzellen am Sensor oder Thermoelemente am Heizkörperstellantrieb er-

Ein batterieloser Fensterkontakt mit EnOcean-Technologie. Solarzellen im Gehäuse liefern die Energie zum Betrieb.

füllen denselben Zweck. Das Prinzip heißt „Energy Harvesting", weil die Geräte den Strom quasi aus der Umgebung ernten (engl. Harvest = Ernte). Ein effizientes Protokoll geht sparsam mit der Energie um und reduziert die Funksignale aufs Allernötigste, wodurch EnOcean insgesamt als „grüne Technologie" gilt. Urheber ist die 2001 gegründete EnOcean GmbH in Oberhaching bei München, die gleichzeitig als Zulieferer der Funkmodule auftritt. Für die Weiterentwicklung des Standards ist seit 2008 aber die EnOcean-Allianz mit Sitz in Kalifornien zuständig. Rund 400 Unternehmen arbeiten darin zusammen und legen Richtlinien für die Zertifizierung fest. Seit 2018 müssen alle Produkte, die ein offizielles Siegel bekommen sollen, die Zertifizierungsstufe 3.0 erfüllen. Sie sorgt für bessere Kompatibilität. Ein Unterschied zu Standards wie Z-Wave oder Zigbee: EnOcean-Komponenten bilden kein Mesh-Netzwerk. Um den Funk in weiter entfernte Räume zu bringen, gibt es Repeater – als eigenständige Geräte oder integriert in Aktoren, die mit dem 230-Volt-Netz verbunden sind. So ein Verstärker empfängt jedes EnOcean-Signal, das ihm begegnet, und schickt es weiter. Maximal zwei Repeater kann das Signal auf seinem Weg passieren. Hat es sein Ziel dann noch nicht erreicht, geht die Information verloren. Dieser Fall dürfte in Wohngebäuden aber kaum vorkommen. Wichtig: Die Funkfrequenzen variieren von Region zu Region. Produkte für den europäischen Markt (868 MHz) sind daher nicht in Japan (928 MHz) oder Nordamerika (902 MHz) verwendbar und umgekehrt.

Verwendet von: Afriso, Eltako, Homee, Hoppe, Jäger Direct, Nodon, Permundo, Siemens, Wibutler u. a.

Die Coviva Smartbox von Hager macht eine KNX-Funkinstallation übers heimische Netzwerk, etwa per Smartphone, steuerbar.

KNX RF

Die Funkvariante des Bussystems KNX heißt KNX RF – wobei RF für Radiofrequenz steht (Radio Frequency). Als drahtlose Technologie ergänzt sie häufig verkabelte KNX-Installationen, etwa dort, wo batteriebetriebene Funktaster oder eine tragbare Fernbedienung gewünscht sind. Vom Prinzip her eignet sie sich aber auch für eigenständige Installationen. So lassen sich mit ihr zum Beispiel Lampen, Steckdosen oder Rollläden im Altbau steuern, ohne extra Busleitungen legen zu müssen. Als Teil der KNX-Familie handelt es sich um einen herstellerübergreifenden Standard, getragen von der internationalen KNX Association. Allerdings verwenden die Hersteller teilweise abweichende Bezeichnungen wie KNX RF1.RS und KNX RF+. Eine neue Version des Protokolls heißt RF Multi und wird nur von der jüngsten KNX-Software ETS 6 (siehe Seite 254) unterstützt. Das sorgt selbst bei Experten für

Verwirrung und hat vielleicht dazu beigetragen, dass KNX RF bislang weniger stark verbreitet ist als die Kabelversion KNX TP (Twisted Pair).

Verwendet von: Elsner, Gira, Hager, MDT, Theben, Weinzierl u. a.

Thread

Das englische Wort für Faden – Thread – bezeichnet ein Funkprotokoll, das auf den amerikanischen Hersteller Nest zurückgeht. Nest wurde 2014 von Google übernommen und gründete im selben Jahr mit anderen Unternehmen eine Arbeitsgruppe. Ziel dieser Thread-Group war es, einen stromsparenden Funkstandard für IoT-Geräte (siehe „Ein Wort zum Internet der Dinge", Seite 283) zu entwickeln. Mittlerweile arbeiten mehr als 100 Unternehmen an der Initiative mit. Thread baut auf derselben, energiesparenden Technologie wie Zigbee auf und bildet ebenfalls ein Mesh-Netzwerk. Allerdings nutzt es das Internet-Protokoll (IP) für die Kommunikation, was den Kontakt zu IP-Netzwerken wie dem WLan und zum Internet vereinfacht. Aus diesem Grund wird Thread auch gern als Protokoll für das „Internet der Dinge" (IoT) bezeichnet. Besondere Bedeutung kommt ihm im neuen übergreifenden Smart-Home-Standard Matter zu, den Apple, Amazon, Google und die Connectivity Standards Alliance (siehe Zigbee) gemeinsam entwickelt haben. Hier dient Thread neben WLan und Lan als dritter Übertragungsweg. Experten rechnen deshalb in den kommenden Jahren mit einer zunehmenden Verbreitung.

Verwendet von: Amazon, Apple (HomeKit), Eve Systems, Google (Nest), Nanoleaf u. a.

Z-Wave

Mit mehr als 3000 zertifizierten Produkten weltweit gehört Z-Wave zu den großen und etablierten Funkstandards im Smart Home. Rund 700 Firmen sind in der gleichnamigen Allianz organisiert und bieten Geräte oder Software dafür an. Von Anfang an gab es aber nur einen Hersteller von Funkchips. Er hat seit 2001 zweimal den Besitzer gewechselt und ist heute Teil des US-Unternehmens Silicon Labs.

Die Auswahl an Z-Wave-Sensoren ist groß. Neben Devolo (Bild) bieten auch viele andere Hersteller solche Öffnungskontakte für Türen und Fenster an.

Jeder Z-Wave-Anbieter bezieht seine Funktechnik von dort. Das erleichtert die Entwicklung kompatibler Produkte. Allerdings nutzt der Standard in verschiedenen Teilen der Welt unterschiedliche Frequenzen. In den USA gekaufte Produkte dürfen hierzulande nicht verwendet werden, weil sie in einem Bereich funken, der für GSM-Mobilfunk reserviert ist (908 MHz). Europaversionen verwenden stattdessen das 868-MHz-Band. Hinzu kommen verschiedene Chipgenerationen: Neben den Funkmodulen der Serie 300 gibt es die neueren Serien 500 und 700 – offiziell am Logo „Z-Wave-Plus" zu erkennen. Sie bieten unter anderem mehr Leistung und eine größere Reichweite. Mussten Z-Wave-Geräte früher im Gebäude nur 25 Meter weit funken können, wurde diese Grenze für Plus-Produkte auf 40 Meter angehoben. Die jüngste Serie 700 soll die Funkleistung weiter verbessern und den Energieverbrauch senken. Im Gespräch sind Batterielebenszeiten von zehn Jahren mit einer Knopfzelle. Ein Mischbetrieb der Chipgenerationen ist möglich: Die jüngeren Versionen sind mit ihren Vorgängern kompatibel.

Verwendet von: Aeotec, Danfoss, Eurotronic, Fibaro, D-Link, Devolo, Popp, Nodon, Somfy, Steinel, Technisat, Zipato u. a.

Zigbee

Der Name Zigbee soll angeblich an Bienen erinnern (engl. Bee), die im Zickzackkurs von Blüte zu Blüte schwirren. Ähnlich suchen sich auch die Daten im Zigbee-Netzwerk ihren Weg. Der Standard setzt – genau wie Thread und Z-Wave – auf das Mesh-Prinzip: Ein sich selbst organisierendes Netzwerk reicht Funksignale von Gerät zu Gerät weiter, damit sie in entlegene Ecken des Gebäudes vordringen können. Weil Batterien in der Regel zu wenig Energie liefern, dienen ausschließlich netzbetriebene Geräte als Mesh-Knoten. Sehr gut funktioniert das mit Lampen, weshalb Philips Hue, Ikea Trådfri und andere drahtlose Lichtsysteme den Zigbee-Standard verwenden. Die Anwendung ist aber nicht aufs Licht beschränkt. Der Herstellerverbund CSA (Connectivity Standards Alliance) hat seit seiner Gründung als Zigbee-Allianz im Jahr 2002 viele Tausend Produkte zertifiziert. Nur ein Teil davon ist in Deutschland erhältlich. Und weil es verschiedene Funkprofile gibt, sind auch nicht alle miteinander kompatibel. Lampen etwa verwendeten früher vor allem Zigbee Light Link (ZLL), während andere Smart-Home-Produkte auf Zigbee Home Automation (ZHA) setzten. Im Standard Zigbee 3.0 hat die Allianz beide Profile zusammengeführt und damit die Basis für eine übergreifende Steuerung geschaffen. Seither stieg die Zahl unterstützter Produkte deutlich an. Außerdem ist die neue Version abwärtskompatibel. Das heißt: An einer Funkzentrale mit Zigbee 3.0 lassen sich auch Geräte mit den bisherigen Profilen anmelden und nutzen.

Verwendet von: Amazon, Busch-Jaeger, Danalock, Danfoss, Ikea, Ledvance, Sengled, Signify (Philips Hue), Rademacher, Somfy, u. a.

WLan

Kein anderer Funkstandard ist so verbreitet wie das Wireless Lan. Fast jeder Haushalt mit einem Internetzugang verfügt über einen WLan-Router. Dieser verbindet auch sogenannte IoT-Produkte (Internet of Things) wie Lampen und Überwachungskameras mit der Cloud. WLan-Lautsprecher und Smart-TVs nutzen das drahtlose Netz des Routers ebenfalls. Hinzu kommt eine wachsende Zahl an Geräten, die über Onlineassistenten wie Alexa, Siri oder den Google Assistant gesteuert werden. In professionellen Systemen für die Gebäudeautomatisierung spielt der Standard keine große Rolle. Das hängt unter anderem mit seinem Energiebedarf zusammen. Ein WLan-Signal zu senden benötigt vergleichsweise viel elektrischen Strom. Batteriesensoren oder -aktoren, die Wireless Lan verwenden, hätten deshalb gegenüber Thread, Z-Wave, Zigbee & Co. eine deutlich kürzere Betriebszeit. Neue, energiesparende Funkchips sollen das ändern. Bislang ist WLan-Technik aber fast nur in 230-Volt-Geräten zu finden – zum Beispiel LED-Lampen, Unterputzaktoren und Zwischensteckern. Weiterer Unterschied zu reinen Gebäudefunkstandards: Die üblichen WLan-Spezifikationen (802.11n/ac/ax) sehen keinen Mesh-Betrieb vor. Installierte Produkte können deshalb nicht selbst als Repeater dienen. Sie sind auf externe Verstärker angewiesen, die das Routernetzwerk vergrößern. Auch hier gibt es Lösungen, die aus mehreren Stationen ein vermaschtes Funknetz bilden. So ein WLan-Mesh verteuert jedoch die Installation und ist für die Übertragung kurzer Smart-Home-Befehle im Grunde überdimensioniert.

Verwendet von: Amazon, Eve Systems, Google (Nest), Koogeek, Legrand (Netatmo), Lifx, Meross, Shelly, Signify (Wiz), Sonos, TP-Link u. a.

Multistandard-Zentralen

Fast jeder Funkstandard hat eigene Stärken und Schwächen. Beispiele gefällig? Mit EnOcean erübrigt sich häufig der Batteriewechsel an Geräten, dafür klaffen Lücken im Sortiment. Entsprechende Leuchtmittel etwa sind bislang nicht zu kaufen. Zigbee ist auf diesem Gebiet gut bestückt, hat in Gegenwart vieler WLan-Netze aber manchmal mit Funkproblemen zu kämpfen – weil es dasselbe Frequenzband nutzt (2,4 GHz). Z-Wave kann mit seiner direkten Verknüpfung (Assoziation) von Sensoren und Aktoren den Ausfall der Funkzentrale überbrücken. Dafür erlaubt sein Mesh-Netzwerk nur vier Sprünge – sogenannte Hops

Multistandard-Zentralen wie der SmartThings-Hub (links) und die Home Base der Telekom (rechts) vereinen mehrere Funkprotokolle in einem Gehäuse.

– von Gerät zu Gerät. Ist das Signal dann noch nicht am Ziel, läuft der Befehl ins Leere.

Abhängig von der Installation und vom Einsatzzweck kann ein Standard also mehr oder weniger gut geeignet sein. Womit wir wieder bei der Auswahl wären. Denn wenn herstellerübergreifende Funkstandards so etwas wie Supermärkte der Heimvernetzung sind, dann gibt es noch eine Kategorie darüber: das Einkaufszentrum mit vielen Selbstbedienungsläden unter einem Dach. Übertragen aufs Smart Home heißt so etwas dann Multistandard-Funkzentrale. Sie vereint zwei, drei oder mehr Funkprotokolle in einer Basisstation. Vorteil: Anwenderinnen und Anwender müssen sich nicht mehr auf einen Standard festlegen, sie haben die Wahl unter mehreren Sortimenten.

Die Qivicon Home Base der Deutschen Telekom gehört in diese Kategorie (siehe Seite 236). Sie unterstützt neben Zigbee und Dect ULE auch die proprietären Homematic-Versionen. Wibutler aus dem Hause Viessmann arbeitet mit WLan-, EnOcean-, Z-Wave- und Zigbee-Funk (Seite 262). Coqon (Seite 242) und Samsung SmartThings (Seite 235) haben ihren Boxen ebenfalls mehrere Protokolle spendiert, Homey aus den Niederlanden gleich sechs – ergänzt um einen Infrarotsignalgeber für klassisch fernbedienbare Geräte. Nicht zu vergessen: modulare Systeme wie Homee und Zipato. Ihre Basisstationen sind nach dem Baukastenprinzip erweiterbar. Fehlt ein Funkstandard im Smart Home, dockt er als Baustein an die Basisstation an. Das geht auch später noch, Monate oder Jahre nach der Inbetriebnahme.

So viel Flexibilität hat Vorteile. Ein Multistandard-System wächst mit den Ansprüchen und nimmt Einsteigern die Angst, von vorneherein aufs falsche Pferd zu setzen. Ganz so unkompliziert wie sie auf den ersten Blick scheinen, sind die Alleskönner aber nicht. Das hängt zum einen mit der Arbeitsweise mancher Funkstandards zusammen. Um ein lückenloses Mesh-Netzwerk aufzuspannen, müssen etwa Zigbee-Lampen gleichmäßig im Haus verteilt sein. Ein Z-Wave- oder EnOcean-Aktor dazwischen bringt als Repeater nichts, weil er nur Funksignale seinesgleichen verstärkt. Hinzu kommt, dass die Multitalente ähnlichen Einschränkungen unterliegen wie Single-Standard-Zentralen. Soll heißen: Um Sensoren und Aktoren vollständig nutzbar zu machen, muss der Systementwickler ihre Eigenschaften in seiner Software abbilden. Unterbleibt das, funktioniert das Gerät eingeschränkt, wenn überhaupt. Simple Ein-/Ausschalter wie in Zwischensteckern bereiten gewöhnlich wenig Probleme. Eine Messfunktion oder komplexe Sensordaten können schon eher auf der Strecke bleiben.

Außerdem ist nicht gesagt, dass die Komponenten über eine Multistandard-Zentrale auch Softwareupdates erhalten. Funkprotokolle können Sicherheitslücken aufweisen, die einem Angreifer von außen den Zugriff auf Geräte oder schlimmstenfalls aufs ganze Netzwerk erlauben. Bei Z-Wave und Zigbee etwa wurden solche Sicherheitsprobleme in der Vergangenheit bereits festgestellt und per Update behoben. Leuchtmittelhersteller wie Philips Hue aktualisieren die Produkte dann über ihre eigene Funkzentrale, in diesem Fall die Hue-Bridge. Sind Geräte an einer fremden Zentrale angemeldet, bleibt der Hinweis auf verfügbare Updates häufig aus. Um Lampen zu aktualisieren, wäre dann ein Wechsel auf das Original-Gateway nötig – mit abmelden, zurücksetzen und neu anmelden. Ein Aufwand, den kaum jemand betreibt.

Schließlich erhöht die Zahl der unterstützten Funkprotokolle den Programmieraufwand. Immerhin haben es die Anbieter von Multi-Zentralen mit einer größeren Anzahl an Produkten zu tun. Oder anders ausgedrückt: Wenn es schon Z-Wave und Zigbee-Systemen nicht gelingt, sämtliche Geräte ihres eigenen Standards zu unterstützen, wie soll es dann eine Kombizentrale schaffen? Der Blick in die Kompatibilitätsliste des Systemanbieters hilft auf jeden Fall weiter. Eventuell stellt sich dabei heraus, dass die Produktauswahl trotz vieler Funkstandards geringer ist als angenommen. Vielleicht passt der Gerätemix aber auch perfekt zu den persönlichen Anforderungen.

HomeKit & Co.

Für Smart-Home-Einsteiger ist das Angebot an Funkstandards und Zentralen sehr verwirrend. Sie stehen häufig überwältigt da, wie Supermarktkunden vor einem prall gefüllten Kühlregal – unschlüssig, welchen Joghurt sie nehmen sollen. Diese Unsicherheit haben Amazon, Apple und Google erkannt. Alle drei Konzerne treten quasi als Einkaufsberater für Smart-Home-Produkte auf. Sie haben eigene Zertifizierungsprogramme ins Leben gerufen. Im Mittelpunkt stehen natürlich die Lösungen der drei Unternehmen. Amazon baut Hausautomatisierung um seine Sprachassistentin Alexa herum auf, Google tut dasselbe mit dem Google Assistant. Bei Apple heißt die Softwareplattform HomeKit, die Sprachsteuerung bekanntlich Siri.

Das Prinzip: Jeder Hardwarehersteller kann seine Produkte von den US-Konzernen zertifizieren lassen. Deren Mitarbeiter oder externe Testlabore prüfen, ob das Gerät mit der jeweiligen Plattform kompatibel ist. Besonders weitgehend sind dabei die Richtlinien von Apple. Der iPhone-Erfinder gibt sogar den Onboarding-Prozess vor. So heißt der Ablauf beim Hinzufügen neuer Produkte zum System. Jedes HomeKit-Gerät muss sich auf dieselbe Art und Weise mit dem iPhone oder iPad in Betrieb nehmen lassen.

Nach erfolgreicher Prüfung dürfen zertifizierte Geräte einen Hinweis auf der Verpackung tragen. Die offiziellen Siegel

- Works with Alexa
- Works with Apple HomeKit
- Works with Hey Google

garantieren einen reibungslosen Betrieb, und zwar unabhängig davon, welche Technologie die Verbindung herstellt. Oft handelt es sich um IoT-Geräte, die ohnehin ans Internet angeschlossen sind. Dann läuft die Steuerung übers WLan oder über ein Lan-Kabel. Aber auch Smart-Home-Lösungen mit eigener Zentrale können so ein Siegel bekommen. Damit gelangen dann Funkstandards wie EnOcean, Thread, Z-Wave oder Zigbee quasi durch die Hintertür ins Haus. Manche Hersteller zertifizieren ihre Produkte auch für zwei oder alle drei Plattformen, um möglichst viele potenzielle Kunden zu erreichen. So müssen Käufer nur aufs Logo achten und können ihre Geräte ganz einfach selbst zusammenstellen.

Die Betonung liegt auf „einfach“ und „selbst“. Denn Haussteuerung mit den Bordmitteln von Alexa & Co. ist vor allem ein Do-it-

Yourself-Projekt. Sie macht aus einzelnen, zertifizierten Produkten ein zusammenhängendes System. Typisches Beispiel: Fernbedienbare Lampen von Hersteller A und Funksteckdosen aus dem Hause B lassen sich verbinden und gemeinsam als Gruppe steuern. Ein Befehl schaltet dann im ganzen Raum das Licht ein.

Als vollwertige Gebäudeautomatisierung taugt so eine Installation aber nur bedingt. Dafür sind vor allem die Regelfunktionen von Amazon und Google zu eingeschränkt. Besser erfüllt HomeKit diesen Zweck (siehe Seite 217). Unabhängig davon eignen sich Alexa, Siri und der Google Assistant natürlich als reine Sprachsteuerung. Sie nehmen dann lediglich Befehle entgegen, für die Ausführung sind andere Systeme zuständig (siehe „Digitale Assistenten", Seite 39).

Der Über-Standard Matter

Für einiges Aufsehen sorgten die drei US-Konzerne Ende 2019 mit ihrer Ankündigung, einen herstellerübergreifenden Smart-Home-Standard zu entwickeln. Zusammen mit der damaligen Zigbee-Allianz – heute die Connectivity Standards Alliance (CSA) – und anderen Herstellern riefen sie das Projekt Connected Home over IP (CHIP) ins Leben. Inzwischen beteiligen sich weltweit mehr als 200 Unternehmen an der Initiative und der Standard hat einen neuen Namen bekommen: Matter, was auf Englisch so viel bedeutet wie Materie, Grundstoff oder Substanz. Substanziell soll auch sein Beitrag zur Vernetzung sein. Das Ziel ist ein digitales Ökosystem, in dem zertifizierte Lampen, Thermostate, Hausgeräte und andere IoT-Produkte mit jeder Steuerung funktionieren, die Matter unterstützt. Für Konsumenten bedeutet das, ihr gekauftes Zubehör lässt sich mit Amazon Alexa, Apple HomeKit, dem Google Assistant oder einem anderen System aus der Reihe der Unterstützer verbinden. Gerätehersteller könnten sich die Anpassung an verschiedene Steuerungen sparen und müssten ihr Produkt nur noch einmal zertifizieren lassen. Matter definiert dazu alle möglichen Eigenschaften, vom Funkstandard über Sicherheit und Einrichtung bis zur lokalen Verbindung daheim im Netzwerk. Ob's klappt, wissen wir frühestens Mitte 2022. Dann sollen die ersten Produkte auf den Markt kommen. Sollte Matter Erfolg haben, könnte gelingen, was bislang nur KNX geschafft hat – einen universellen Standard für smarte Gebäude zu etablieren.

Musterbeispiel KNX

Dass eine Harmonisierung über viele Hersteller und konkurrierende Anbieter hinweg möglich ist, zeigt der Installationsbus KNX. Er geht auf drei Verbände zurück, die sich Ende der 1990er-Jahre zu einer großen Allianz zusammengeschlossen haben. Dabei sind auch drei Gebäudestandards miteinander verschmolzen:

- der Europäische Installationsbus (EIB) aus Deutschland
- der BatiBus aus Frankreich und der Schweiz
- das niederländische European Home Systems Protokoll (EHS)

Die neu entstandene Gemeinschaft gab sich den Namen Konnex, nach dem lateinischen Wort für Verbindung (connexio). Später ist daraus die Kurzform KNX entstanden. Weil KNX mit dem deutschen Vorgänger EIB kompatibel ist, verwenden hierzulande einige Installateure noch das alte Kürzel, meinen aber dasselbe.

In Fachkreisen wird KNX gerne als Goldstandard für die Gebäudeautomatisierung bezeichnet. Das lässt sich doppelt deuten: als Qualitätsmerkmal und als Hinweis auf den Preis. Denn wer sein Haus mit KNX vernetzt, hat fast unbegrenzte Möglichkeiten, muss mitunter aber etwas tiefer in die Tasche greifen als für andere Lösungen. Böse Zungen übersetzen das Kürzel früher auch mit „Knox" – nach dem US-Militärstützpunkt Fort Knox, in dem Legenden zufolge die Goldreserven der Vereinigten Staaten lagern sollen. Allerdings geht mit den erhöhten Ausgaben ein besonderer Investitionsschutz einher. KNX (siehe Seite 253) exis-

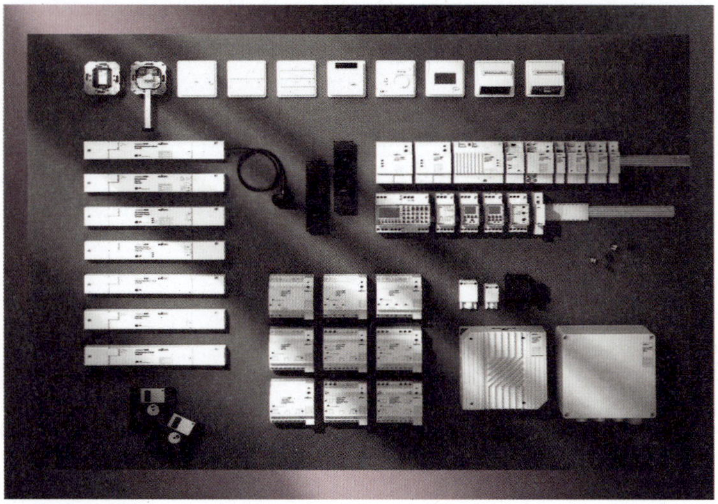

Produkte für den Installationsbus EIB, später KNX, gibt es seit den 1990ern. So wie dieses frühe Sortiment von Gira.

tiert seit über 30 Jahren und wird von vielen namhaften Anbietern unterstützt. In Deutschland zählt praktisch die gesamte Elektroinstallationsbranche dazu – von Berker über Busch-Jaeger, Gira, Jung und Merten bis hin zu Siemens. Knapp 500 Mitglieder zählt die KNX-Allianz weltweit. Sie stellen laut eigener Aussage rund 8000 Produkte her. Damit dürfte es genügend Alternativen geben, sollte ein Fabrikat irgendwann vom Markt verschwinden.

Flexibilität bietet auch die Technik selbst. Der Datenbus ist nicht auf ein Übertragungsmedium festgelegt, er kann verschiedene Wege nehmen. Am gebräuchlichsten sind Busleitungen aus verdrillten Kupferadern (KNX TP). Wenn es die Situation erfordert, stehen dem Installateur aber auch Komponenten mit Funk (KNX RF), Powerline (KNX PL) oder Netzwerkanschluss (KNX IP) zur Verfügung. Hinzu kommen KNX-Gateways. Als Bausteine innerhalb oder außerhalb des Sicherungskastens bringen sie weitere Standards ins Spiel. So finden etwa herstellereigene Protokolle wie Homematic, Loxone und LCN Anschluss an das System. Lichtstandards wie DALI oder DMX (siehe „Netzwerke fürs Licht", Seite 67) lassen sich auf dieselbe Weise integrieren. Hue-Lampen oder Sonos-Lautsprecher sollen mitgesteuert werden? Die Beschattung von Somfy oder Warema verlangt nach einer Integration? Mit KNX ist das alles möglich.

DER UNTERHALT: LAUFENDE KOSTEN

Einbauen und vergessen: So läuft das normalerweise in der Gebäudetechnik. Elektroinstallationen haben eine Lebensdauer von 30 bis 40 Jahren, während der sie kaum Kosten verursachen. Am ehesten bekommen noch die Schalter und Steckdosen neue Blenden, um sie an den wechselnden Zeitgeschmack anzupassen. Für ein vernetztes Haus gilt im Prinzip dasselbe. Es gibt EIB/KNX-Systeme aus den 1990er-Jahren, in denen noch immer die erste Generation Bauteile ihren Dienst verrichtet.

Allerdings kann der laufende Betrieb auch Geld kosten, ohne dass es groß auffällt. Da wäre zum Beispiel der Energiebedarf elektronischer Komponenten. Anders als mechanische Lichtschalter oder Heizkörperthermostate haben smarte Produkte eine Stromversorgung – von wenigen Ausnahmen mit der EnOcean-

Technologie einmal abgesehen. Die meisten Sensoren, Aktoren und andere Bauteile stehen ständig unter Spannung, um bei Bedarf sofort reagieren zu können. Dabei gönnen sie sich Energie aus dem Niedervolt-Installationsbus, aus Batterien oder dem 230-Volt-Netz.

Energiekosten

Der einzelne Verbrauch fällt gering aus. So benötigen KNX-Produkte in der Regel höchstens 0,3 Watt, Zigbee-Funklampen normalerweise unter 0,4 Watt und aktuelle WLan-Leuchtmittel geringfügig mehr (maximal 0,5 Watt). Bei Dimmern liegt die Leistungsaufnahme in der Regel höher (3–4 Watt). Auch Wandtaster mit LEDs oder Statusanzeigen können mehr verbrauchen. Hinzu kommen vernetzte Hausgeräte, deren Energieaufnahme laut Ökodesignrichtlinie bis vor Kurzem noch maximal 2 Watt betragen durfte. Wer sogenannte Multiroom-Lautsprecher installiert, die ein eigenes Funknetz aufbauen, landet auch darüber. Da solche Geräte wie der WLan-Router als Netzwerkinfrastruktur gelten, müssen sie sich nicht an den Grenzwert halten. Das kann sich summieren: In einem vernetzten Einfamilienhaus kommen so schnell 50 bis 100 Watt für den Unterhalt des Gebäudenetzwerks zusammen. Bei einem typischen Strompreis von 33 Cent pro Kilowattstunde (kWh) entspricht das 130 bis 260 Euro auf der jährlichen Stromrechnung.

Diesem Betrag stehen jedoch größere Einsparpotenziale gegenüber – vor allem was die Heizenergie angeht. Eine Studie des Öko-Instituts im Auftrag der Verbraucherzentrale NRW kam 2019 zu dem Ergebnis, dass eine intelligente Steuerung von Heizanlage und Rollläden den Mehrverbrauch an Strom mehr als aufwiegt. Im Vergleich zum Referenzhaushalt im Einfamilienhaus benötigte die Gebäudeautomatik zwar 3 Prozent mehr elektrische Energie. Gleichzeitig sank der Bedarf an thermischer Energie jedoch um 14 Prozent. Unterm Strich ergab sich daraus eine jährliche Kostenersparnis von 7 Prozent. Selbst mit smarten Extras wie Überwachungskameras, Lautsprechern, Mähroboter und Gartenbewässerung blieb die Gesamtbilanz noch knapp unter dem Vergleichshaus. Mit anderen Worten: Den Komfort und die Sicherheit eines smarten Heims gab es ohne Mehrpreis dazu.

Natürlich ist das nur eine Beispielrechnung für den laufenden Betrieb, die Installations- und Anschaffungskosten der smarten Produkte wurden nicht berücksichtigt. Außerdem hängt der tatsächliche Energiebedarf von der Ausstattung und der Größe des Gebäudes ab. Und dann spielt der Gerätetyp eine Rolle: Batteriebetriebene Heizkörperregler etwa benötigen spätestens alle ein bis zwei Jahre neue Zellen. Akkus scheiden als Alternative meist aus, weil sich ihr Spannungsverlauf beim Entladen zu stark von der Kurve einer Wegwerfbatterie unterscheidet. Die Thermostate funktionieren dann nicht richtig oder liefern Fehlermeldungen. Bleibt als Lösung der regelmäßige Zellenwechsel. Er kostet weniger als einen Euro pro

Stand-by-Verbrauch vernetzter Smart-Home-Produkte

	Stand-by-Verbrauch	Verbrauch pro Jahr	Stromkosten pro Jahr*
Funklampen Zigbee	0,3 W bis 0,5 W	2,63 kWh bis 4,38 kWh	0,87 Euro bis 1,45 Euro
Funklampen Wlan	0,4 W bis 1,0 W	3,49 kWh bis 8,76 kWh	1,16 Euro bis 2,89 Euro
Vernetzte Hausgeräte	0,5 W bis 2,0 W	4,38 kWh bis 17,52 kWh	1,45 Euro bis 5,78 Euro
Überwachungskameras	1,5 W bis 5,9 W	13,14 kWh bis 51,68 kWh	4,34 Euro bis 17,06 Euro
WLan-Lautsprecher	1,0 W bis 6,0 W	8,76 kWh bis 52,56 kWh	2,89 Euro bis 17,34 Euro
Smart-Home-Funkzentralen	0,6 W bis 13,0 W	5,26 kWh bis 113,88 kWh	1,73 Euro bis 37,58 Euro

*24 Stunden Betrieb, Kilowattpreis: 0,33 €

Zusätzlicher Stromverbrauch für die Empfangsbereitschaft vernetzter Haushaltsgeräte

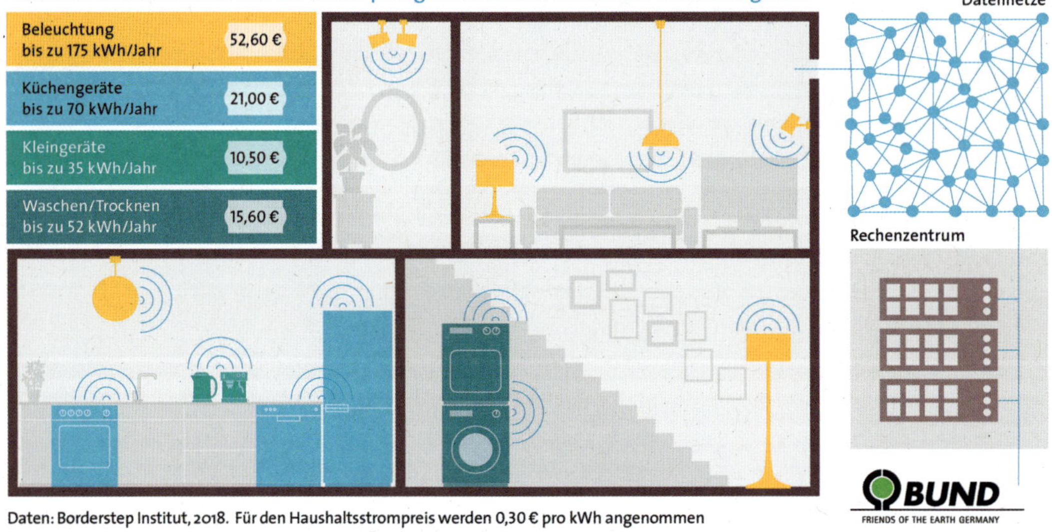

Daten: Borderstep Institut, 2018. Für den Haushaltsstrompreis werden 0,30 € pro kWh angenommen

Laut einer Untersuchung des BUND können vernetzte Geräte im Haushalt leicht Stand-by-Kosten von 100 Euro im Jahr verursachen.

Jahr, sofern es sich um Alkalibatterien vom Typ AA oder AAA handelt. Lithiumzellen, wie sie in Sensoren Verwendung finden, haben aber teilweise höhere Preise. Soll die Steuerung batteriebetrieben arbeiten, kann eine Überschlagsrechnung der jährlich benötigten Stromspender also nicht schaden.

Softwareupdates

Ein manchmal unterschätzter Kostenfaktor sind Softwareupdates oder Ausgaben, die indirekt damit zusammenhängen. Je vernetzter ein Gebäude ist, desto mehr unterliegt es dem Wandel der IT-Technik. Besonders gilt das für Lösungen, die Apps und Cloud-Dienste verwenden. Neue Android- und iOS-Versionen machen Updates der Steuerprogramme nötig. Die aktualisierten Apps laufen dann vielleicht nicht mehr auf älteren Geräten, weil deren Unterstützung für den Smart-Home-Hersteller zu aufwendig wäre – oder weil der Betriebssystemanbieter etwas grundlegend an seinem Code geändert hat. Beispiel: Mit dem Wechsel auf iOS 10 erweiterte Apple seine HomeKit-Schnittstelle so stark, dass iPhones mit iOS 8 und 9 viele Funktionen nicht nutzen konnten.

In solchen Fällen passiert dann dasselbe wie bei Einführung der Corona-Warn-App in Deutschland: Besitzer alter, im Grunde noch funktionsfähiger Hardware, müssen auf modernere Geräte umsteigen, wenn sie die neue Software installieren wollen. Auch Technologien wie die verbesserte WLan-Verschlüsselung WPA 3 (Wi-Fi Protected Access 3) können ähnliche Effekte haben: Das Tablet an der Wand – vor einigen Jahren gekauft – kommt nach dem Routerwechsel nicht mehr ins Funknetz, weil ihm die Unterstützung für ein bestimmtes Sicherheitsmerkmal (PMF) fehlt. In Haushalten mit vielen Smartphones entsteht so womöglich eine Update-Lawine, weil jeder die neue Software auf seinem Gerät haben muss. Das heißt: Wer auf Android- oder iOS-basierte Smart-Home-Lösungen setzt, kalkuliert die regelmäßige Anschaffung neuer Hardware am besten gleich mit ein.

Gebäudenetzwerke, die unabhängig vom Smartphone oder Router funktionieren, sind weniger beeinflusst von Produktzyklen. Eine Steuerung mit Hausbussystem und Tastern an der Wand kommt ohne regelmäßige digitale Renovierung aus. Sie arbeitet praktisch wartungsfrei. Es empfiehlt sich lediglich, Sensoren hin und wieder zu überprüfen. Wind- und Regenmesser etwa verschmutzen und altern mit der Zeit. Dasselbe gilt für Rauchmelder und Alarmsysteme. Übernimmt ein Fachmann diese Arbeiten, stellt er den Aufwand in Rechnung. Auch die Programmierung neuer Regeln und Szenen kostet Geld. Gut, wenn es für solche Fälle einen Fernzugriff auf das System übers Internet gibt. Das spart Anfahrtskosten, die der Techniker sonst meist in Rechnung stellt. Wie überall am Bau gilt: Eigenleistung hilft sparen. Deshalb lohnt es sich, kleine Änderungen an der Programmierung selbst vorzunehmen. Viele professionelle Lösungen bieten die Möglichkeit dazu. In Do-it-Yourself-Installationen bleibt die Systempflege sowieso dem Eigentümer überlassen (siehe „Welcher Smart-Home-Typ sind Sie?", Seite 156).

Die Batterien in smarten Heizkörperreglern und anderen Komponenten sind ein wiederkehrender Kostenfaktor.

Smart Home im Abo

Mitunter entstehen laufende Kosten auch, weil der Betrieb des Systems selbst Geld kostet. Lösungen wie Magenta Smarthome von der Telekom arbeiten nach dem Abo-Prinzip: Ein Teil der Funktionen ist kostenlos, doch wer alle Möglichkeiten ausschöpfen will, bezahlt monatlich einen einstelligen Eurobetrag. Andere Anbieter verlangen jährliche Gebühren für den Fernzugriff übers Internet oder für die Anwesenheitserkennung der Heizung. Bei Überwachungskameras mit Cloud-Speicher bestimmt das Abopaket, wie viele Tage sich die Videoaufnahmen zurückverfolgen lassen. Oder der Hersteller bietet, wie Smartfrog, seine Kamera zur Miete an. Im monatlich kündbaren Vertrag ist der Cloud-Service dann enthalten. Nicht zu vergessen: Alarmsysteme mit einem Sicherheitsdienst, der notfalls nach dem Rechten sieht. Auch solche Extras kosten regelmäßig.

Abomodelle erfreuen sich großer Beliebtheit, wenn es um das Streaming von Musik und Videos geht. Onlinedienste wie Spotify und Netflix haben Millionen Kundinnen und Kunden. Office-Pakete für den PC, Spiele und andere Computerprogramme werden ebenfalls gemie-

Batteriekosten im Smart Home

Anzahl Batterien	Batterietyp	Stückpreis Euro	Summe Kosten	Monate Betriebszeit	Kosten pro Jahr
12 Heizkörperthermostate					
24	AA	0,40 €	9,60 €	18	6,40 €
14 Tür-/Fensterkontakte					
28	AAA	0,25 €	7,00 €	24	3,50 €
4 Bewegungsmelder					
4	CR123a	1,80 €	7,20 €	24	3,60 €
2 Wassermelder					
1	CR123a	1,80 €	1,80 €	24	0,90 €
				Summe	**14,40 €**

tet. Im Smart Home konnte sich die Methode bislang dagegen kaum durchsetzen, von den erwähnten Beispielen abgesehen. Das hängt mit der Gebäudetechnik zusammen, die traditionell aus Hardware besteht. Lichtschalter oder Rollläden haben normalerweise keine Folgekosten. Und fest montierte Sensoren oder Aktoren sind nicht so leicht zu wechseln, wie ein Streaming-Abo, falls der Anbieter seine Gebühren erhöht. Das lässt viele Heimvernetzer vor wiederkehrenden Zahlungen zurückschrecken.

Ein automatisiertes Haus basiert inzwischen aber auch auf einiger Software. Die zunehmende Vernetzung – von der Abzugshaube bis zur Waschmaschine – erhöht den Entwicklungsaufwand. Selbst Jahre nach dem Kauf, wenn das Gerät beim Kunden steht, können Sicherheitsupdates und App-Aktualisierungen nötig werden. Solange der Hersteller seine Entwicklungskosten über den Verkauf neuer Produkte gegenfinanzieren kann, ist alles in Ordnung. Gelingt das nicht mehr, müssen die Kundinnen und Kunden für den Unterhalt aufkommen; sei es per Wartungsvertrag, Softwareabo oder bezahlte Upgrades, die neue Funktionen versprechen. Selbst scheinbar kostenlose Dienste wie Alexa oder der Google Assistant gibt es nicht umsonst. Wer sie verwendet, bezahlt dafür mit seinen Daten.

In unserem Rechenbeispiel stattet eine Wohngemeinschaft ihr Zuhause mit smarter Technik aus.

Rechenbeispiel: günstiges Smart Home in der WG

Die Ausgangssituation: Eine vierköpfige Wohngemeinschaft möchte ihre Räume energiesparend ausstatten. Smart-Home-Produkte sollen verhindern, dass die Heizung bei gekippten Fenstern weiterläuft. Auch vergessen die Wohnenden gelegentlich, das Licht und andere elektrische Verbraucher auszuschalten. Da es sich um keine Luxus-WG handelt, steht nur ein begrenztes Budget zur Verfügung.

Die Aufgabe: Jedes der vier Wohn-/Schlafzimmer soll einen Heizkörperregler mit Fensterkontakt bekommen – außerdem ein fernbedienbares Verdunkelungsrollo und eine schaltbare Steckdose. LED-Streifen am Bett und ein dimmbares Raumlicht sorgen für individuelle Beleuchtung. Das Licht- und Heizungskonzept setzt sich in der gemeinsamen Wohnküche fort. Außerdem sind Funktaster neben der Tür und an zentralen Stellen geplant, die „Alles aus" schalten oder programmierbare Szenen starten. **Die Lösung:** Das preiswerte Funksystem Ikea Home Smart (siehe Seite 231) erfüllt einen Großteil der Voraussetzungen. Seine Zentrale, das Trådfri-Gateway, steuert drahtlos Leuchtmittel, Zwischenstecker und die akkubetriebenen Rollos der Serie Fyrtur. Mit den Rollos liefert Ikea eine batteriebetriebene Funkwippe, die bereits gekoppelt ist. Sie muss für die Integration zurücksetzt werden, was den Installationsaufwand erhöht. Danach lässt sich die Beschattung aber sowohl individuell per Fernbedienung als auch zentral über das Trådfri-Gateway steuern. Zum Schalten und Dimmen des Lichts gibt es weitere Funkfernbedienungen in den Räumen. Da Ikea bislang keine Heizungsregelung fürs Home Smart anbietet, übernimmt ein zweites System diese Aufgabe: Homematic IP von EQ-3 (siehe Seite 227). Im

Das bezahlt die Wohngemeinschaft

	Anzahl	Einheit		Einzepreis	Netto	Brutto
Basisinstallation	1	Stk.	Ikea Trådfri Gateway	16,81	16,81	20
	1	Stk.	Homematic IP Starter Set Raumklima	83,99	83,99	100
Zentralfunktionen	4	Stk.	Ikea Szenen-Taster	5,04	20,16	24
	2	Stk.	Ikea Bewegungsmelder	8,40	16,80	20
	6	Stk.	Ikea Fernbedienung	8,40	50,40	60
Beleuchtung	8	Stk.	Ikea E27-Lampe warmweiß	10,92	87,36	104
	5	Stk.	Ikea LED-Streifen warmweiß	16,80	84,00	100
	6	Stk.	Ikea GU10-Lampe warmweiß	6,72	40,29	48
Beschattung	4	Stk.	Ikea Rollo Fyrtur, 1m breit	108,40	433,60	516
Steckdosen	4	Stk.	Ikea Zwischenstecker	8,40	33,60	40
Heizung	5	Stk.	Homematic IP Heizkörperthermostat	33,53	167,65	200
	5	Stk.	Homematic IP Tür-/Fensterkontakt	20,97	104,85	125
			Summe		1 139,51	
			MwSt. 19 %		216,51	
			Materialkosten		1 356,02	**1 356 €**
Installation	10	Std.	Eigenleistung		0,00	0
			Installationskosten		0,00	0 €
			Gesamtkosten			**1 356 €**
Option Audio	2	Stk.	Google Nest mini	49,58	99,16	118
	4	Stk.	Ikea Symfonisk Lautsprecher	83,19	332,76	396
			Summe		431,92	
			MwSt. 19 %		82,06	
			Aufpreis für Lautsprecher		513,98	**514 €**

Funkgesteuerte Rollos von Ikea verdunkeln den Raum (links). Warmweiße LED-Streifen setzen Lichtakzente in der Wohngemeinschaft.

Raumklima-Startpaket sind neben der Funkzentrale (Access Point) bereits ein Heizkörperregler und ein magnetischer Öffnungskontakt enthalten. Zugekaufte Komponenten erhöhen die Gesamtmenge auf sechs. Damit lässt sich eine automatische Heizungssteuerung einrichten – inklusive Fernbedienung von unterwegs aus. Im Prinzip könnte der Access Point von Homematic IP auch Steckdosen und Beschattung steuern. Allerdings kommt diese Lösung teurer als mit Ikea-Produkten, weshalb die WG beide Varianten kombiniert. Damit handelt es sich aber auch streng genommen um kein integriertes Smart Home mehr – eher um eine Wohnung mit smarten Geräten.

Die Funktionen: In dieser Preisklasse gibt es keine Möglichkeit, vorhandene Wandschalter intelligent zu machen. Die Ikea-Produkte werden über ihre eigenen Funkfernbedienungen gesteuert. Alle Mitbewohner erhalten zwei Exemplare – fürs LED-Licht und das Rollo in ihrem Zimmer. Weitere Funksender im Koch-/Essbereich und im Bad machen dort die Beleuchtung steuerbar. Zwei Bewegungsmelder aktivieren die Deckenlampen im Flur und WC. Hinzu kommen Shortcut-Buttons für zentrale Aufgaben. So heißen bei Ikea spezielle Batterietaster, die mit jeweils einer Smart-Home-Szene belegt sein können. Ein Exemplar neben der Tür schaltet beim Gehen alles ab. Nach dem Motto: Der Letzte macht das Licht aus. Drei weitere Buttons in der Küche, im Bad und am Esstisch aktivieren programmierbare Lichtstimmungen. Darüber hinaus steht allen WG-Mitgliedern die Ikea-App auf ihrem Smartphone zur Verfügung. Bei einem Mietwechsel können die Verbleibenden das Ex-Mitglied vom Gateway löschen. Damit entfallen auch dessen Zugriffsrechte. Mit Heizplänen arbeiten die Homematic-Thermostate weitgehend autark. Sie lassen sich in keine Szene mit den Ikea-Produkten einbinden. Über die App des EQ-3-Systems ist die Temperatur aber jederzeit individuell programmier- und regelbar.

Die Optionen: Symfonisk-Lautsprecher von Ikea bringen Musik in den WG-Alltag. Die WLan-Lautsprecher basieren auf dem Multiroom-Audiosystem von Sonos (siehe Seite 213) und werden automatisch vom Trådfri-Gateway erkannt. Damit können sie auch Teil einer Smart-Home-Szene werden und etwa auf Knopfdruck die bevorzugte Spotify-Playliste spielen. Mit dem Google Nest mini oder anderen sprachgesteuerten Smart Speakern funktioniert die Wiedergabe außerdem auf Zuruf.

Die Berechnungsgrundlage: Die Gerätekosten basieren auf handelsüblichen Produktpreisen der Hersteller (Stand: 2021). Im Rahmen von Sonderangeboten oder Verkaufsaktionen können sie niedriger liegen. Der Zeitaufwand für die Montage beruht auf Erfahrungswerten. Abweichungen nach oben oder unten sind auch hier möglich. Das kommt auf die persönlichen Fertigkeiten an.

WAS GEHT ÜBERHAUPT?

LICHT: MEHR ALS NUR BELEUCHTUNG

Automatisiertes Licht gab es schon, als von smarten Gebäuden noch gar nicht die Rede war. Typisches Beispiel: die Außenlaterne mit Bewegungsmelder. Ihr Infrarotsensor erkennt, wenn sich jemand nähert und schaltet für eine gewisse Zeit das Licht ein. Auch Zwischenstecker mit Zeitschaltuhr gehören in diese Kategorie. Sie lösen individuelle, zweckgebundene Aufgaben. Das kann die Versorgung der Lichterkette am Weihnachtsbaum sein oder das An- und Ausknipsen einer Lampe während des Urlaubs. Ob diese recht simple Anwesenheitssimulation heutzutage noch Diebe abschreckt, steht auf einem anderen Blatt. Umständlicher als eine zentrale Steuerung sind einzelne Timer auf jeden Fall.

Der große Vorteil vernetzter Leuchtmittel besteht in ihrer Vielseitigkeit. Dieselben Lampen erfüllen je nach Situation einen anderen Zweck. Beim Arbeiten oder Putzen tauchen sie den Raum in helles Licht, am Abend ist gemütliche Stimmung angesagt und in der Nacht weist nur ein sanfter Schein den Weg zur Toilette. Im Falle eines Rauchalarms gehen alle Lampen an, um Fluchtwege auszuleuchten. Etwas Ähnliches passiert, wenn Unbefugte einzudringen versuchen: Das Haus empfängt sie mit hektischem Blinken, was Einbrechern die

Funkgesteuerte Leuchtmittel mit LED-Filament sehen wie traditionelle Glühlampen aus.

Ruhe nimmt und Aufsehen in der Nachbarschaft erregt. In einigen Smart-Home-Systemen sind solche Szenarien bereits fertig hinterlegt. Ansonsten lassen sie sich als Regeln nachträglich programmieren.

Anwesenheit simulieren

Besonders gut sind smarte Lösungen darin, ein bewohntes Haus vorzugaukeln. Durch automatische Lichtwechsel, teilweise mehrmals am Abend, sieht es für Beobachter so aus, als wäre jemand daheim und würde von Raum zu Raum gehen. Je nach System kommen verschiedene Methoden zum Einsatz. Am bekanntesten ist das Zufallsprinzip: Eine Auswahl an Lampen schaltet sich innerhalb vorgegebener Zeitfenster ein und wieder aus. Manche Smart-Home-Lösungen bieten eine Haushüterfunktion, die per Tastendruck aktiviert wird (siehe Bild rechts unten). Sie steuert Lampen im Rhythmus des üblichen Tagesablaufs. Das heißt, auch mitten in der Nacht geht mal das Licht im Bad an. Es könnte ja sein, dass ein Familienmitglied zur Toilette muss. Die dritte Variante zeichnet minutiös den Alltag der Familie auf. In einer mehrtägigen Trainingsphase lernt das System, zu welcher Zeit normalerweise Lampen brennen und welche das sind. Später, während der Abwesenheit, spielt es seine Aufzeichnung ab. Das Ergebnis ist für Außenstehende nicht als Täuschung zu erkennen.

Zentralschalter

Ein Taster, der in keinem Smart Home fehlen sollte, sitzt normalerweise innen neben der Eingangstür. Er löscht beim Gehen überall das Licht, kann aber noch mit weiteren Funktionen belegt werden. So verhindert er, dass Lampen aus Versehen eingeschaltet bleiben, der Kontrollgang durch die Räume entfällt. Ist eine Anwesenheitssimulation programmiert, schaltet er diese am besten gleich mit ein. Auch Alarmsysteme oder Videokameras für die Überwachung lassen sich an so einen Zentralschalter koppeln.

Beim Nachhausekommen hat der Tastendruck den gegenteiligen Effekt: Im Flur und in den angrenzenden Räumen geht überall das Licht an. Statt schwer bepackt mit Einkaufstüten von einem Lichtschalter zum nächsten zu manövrieren, marschieren Heimkehrer direkt von der Garage in die Küche. Das ist bequem und gibt in leeren, großen Häusern ein zusätzliches Gefühl von Sicherheit. Denselben Effekt machen sich auch Paniktaster zunutze. Gut erreichbar platziert – etwa im Schlafzimmer neben dem Bett – aktivieren sie die komplette Beleuchtung. So vergehen im Ernstfall keine wertvollen Sekunden. Und sollten Einbrecher bereits in der Wohnung stehen, suchen sie von sich aus das Weite, nachdem die Bewohner offensichtlich wach geworden sind.

Stimmung auf Knopfdruck

Der faszinierendste Aspekt einer smarten Beleuchtung hat mit dem Licht selbst zu tun. Gab es früher nur „ein" und „aus", im besten Fall noch einen Dimmer, kommt mit vernetzten Lampen ein neues Gestaltungselement hinzu: die Lichtszene. Auf Knopfdruck ändern Räume ihr Aussehen, und zwar umso stärker, je mehr Lichtquellen beteiligt sind. Tisch- und Steh-

Die Haushüter-Funktion von Magenta SmartHome täuscht mit automatisiertem Licht ein bewohntes Gebäude vor.

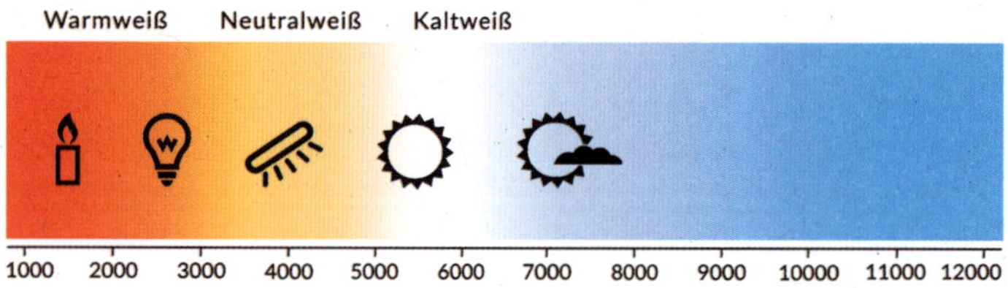

Die Farbtemperatur von Licht wird in Kelvin (K) gemessen und reicht von sehr warmen 1 000 K bis hin zu kühlem Tageslicht mit mehr als 6 000 K.

leuchten, Downlights oder Deckenstrahler werden zu einem Teil der Innenarchitektur.

Wer sich mit dem Thema beschäftigt, merkt schnell: Hell allein genügt nicht. Viele Räume vertragen mehr als eine Lichtstimmung. Da wäre zunächst die allgemeine Raumbeleuchtung, häufig über Deckenlampen realisiert oder mit Strahlern, die ihren Schein nach oben zur Decke richten. Weil er von dort recht weich und diffus zurückkommt, empfiehlt sich zusätzlich ein blendfreies Arbeits- oder Leselicht. Pendelleuchten über dem Esstisch gehören ebenfalls in diese Kategorie. Für dekorative Akzente sorgt dann das sogenannte Stimmungslicht. Es setzt Einrichtungsgegenstände in Szene oder inszeniert sich selbst als indirekte Beleuchtung. LED-Leuchtmittel eignen sich gut für diesen Zweck – ob als Filamentlampe mit einem Leuchtfaden, der an historische Glühkolben erinnert (siehe Seite 62), oder als meterlanger Leuchtstreifen hinter Möbeln.

Eine besonders stimmungsfördernde Produktkategorie hat die moderne LED-Technik überhaupt erst möglich gemacht: Lampen, die ihre Lichtfarbe nach Bedarf ändern können. Damit simulieren sie zum Beispiel das Verhalten einer Glühlampe, die beim Dimmen wärmer erscheint, weil sie mehr langwelliges rotes Licht aussendet. Genauso gut lässt sich das Spektrum aber auch ans andere Ende der Skala verschieben, wo Blau und Violett liegen. Dazwischen stehen dann alle Schattierungen des Regenbogens zur Wahl.

Abhängig vom Modell und den verwendeten Leuchtdioden ist die Farbe mehr oder weniger variabel. Das Angebot vernetzter LEDs lässt sich grob in drei Gruppen einteilen. Dabei spielt auch die Farbtemperatur des weißen Lichts eine Rolle. Sie wird von den Herstellern in der Maßeinheit Kelvin angegeben. Je höher die Zahl, desto kühler und bläulicher erscheint die Lichtquelle. Niedrige Werte stehen für eine warme, gemütliche Tönung.

- **Reinweiße Lampen** sind fest auf eine bestimmte Farbtemperatur eingestellt. Meist handelt es sich um einen Wert zwischen 2 700 Kelvin und 3 000 Kelvin. Dieser Bereich wird auch als Warmweiß bezeichnet.
- **Lampen mit abstimmbarem Weiß** (Tunable White) können die Tönung ihres Lichts verändern. Üblich ist ein Regelbereich zwischen 2 700 und 6 500 Kelvin. In einigen Fällen beginnt das Warmweiß auch schon bei sehr gemütlichen 2 200 K.
- **Farbfähige Lampen** mischen ihr Licht aus bunten LEDs zusammen. So lassen sich viele Millionen Farbtöne erreichen. Einige Modelle nutzen die Technik außerdem, um ein extra warmes, kerzenähnliches Weiß (2 000 K) zu erzeugen.

Für die erste Gruppe, also weiße LEDs mit fester Farbtemperatur, spricht vor allem der Preis. Sie sind vergleichsweise günstig in der Anschaffung. Fernbedienbare Lampen mit E27-Gewinde gibt es bereits für weniger als zehn Euro pro Stück. In Smart-Home-Szenen mit gedimmtem Licht, machen sie aber nur bedingt Freude. Das menschliche Auge ist von Glüh- und Halogenlampen daran gewöhnt, dass mit abnehmender Helligkeit das Licht wärmer wird. LED-Leuchtmitteln geht diese Rotverschiebung prinzipiell ab und Modelle mit fester Farbtemperatur bieten keine Möglichkeit, die Tönung manuell anzupassen. Sie wirken in gedimmtem Zustand daher unnatürlich fahl. An Farblampen oder Tunable-White-Modellen sind die Kelvin-Werte unabhängig von der Helligkeit einstellbar. Das macht die Farbkorrektur leicht: Beim Programmieren einer gedimmten Lichtszene einfach wärmere Weißtöne einstellen und schon stimmt der optische Eindruck wieder.

Biologisch wirksames Licht

Wie warm oder kalt das Licht im Haus erscheint, sollte nicht nur eine Geschmacksfrage sein. Über die Farbtemperatur kann ein Gebäu-

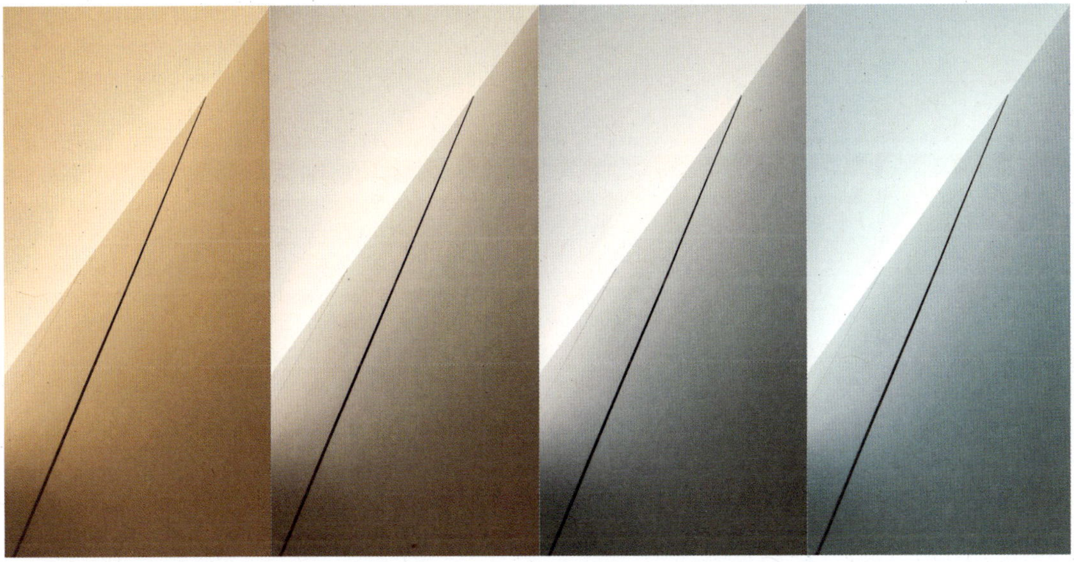

LED-Leuchtmittel mit abstimmbarem Weiß ändern nach Bedarf die Farbtemperatur ihres Lichts – von warm (links) bis kalt (rechts).

de auch Einfluss auf das Wohlbefinden nehmen. Das hängt mit der inneren Uhr des Menschen zusammen, die dem Wechsel von Tag und Nacht folgt.

Im menschlichen Körper laufen viele Stoffwechselprozesse ab, die einem 24-Stunden-Rhythmus unterliegen. Dabei schwankt auch der Hormonspiegel. In der Nacht erreicht der Botenstoff Melatonin seinen Höhepunkt. Er macht müde, senkt die Körpertemperatur und setzt den Körper auf Sparflamme. Am Morgen übernimmt das Stresshormon Cortisol die Kontrolle und fährt die Körperfunktionen wieder hoch. Beeinflusst wird diese innere Uhr vom Tageslicht. Spezielle Zellen auf der Netzhaut im Auge reagieren darauf, ohne direkt am Sehen beteiligt zu sein. Nach aktuellem Stand der Wissenschaft beeinflussen sie den Hormonhaushalt und verhindern, dass größere Mengen Melatonin tagsüber ins Blut gelangen. Ihre Empfindlichkeit ist für blaue Wellenlängen am größten, wie sie zum Beispiel tagsüber im Sonnenlicht vorkommen.

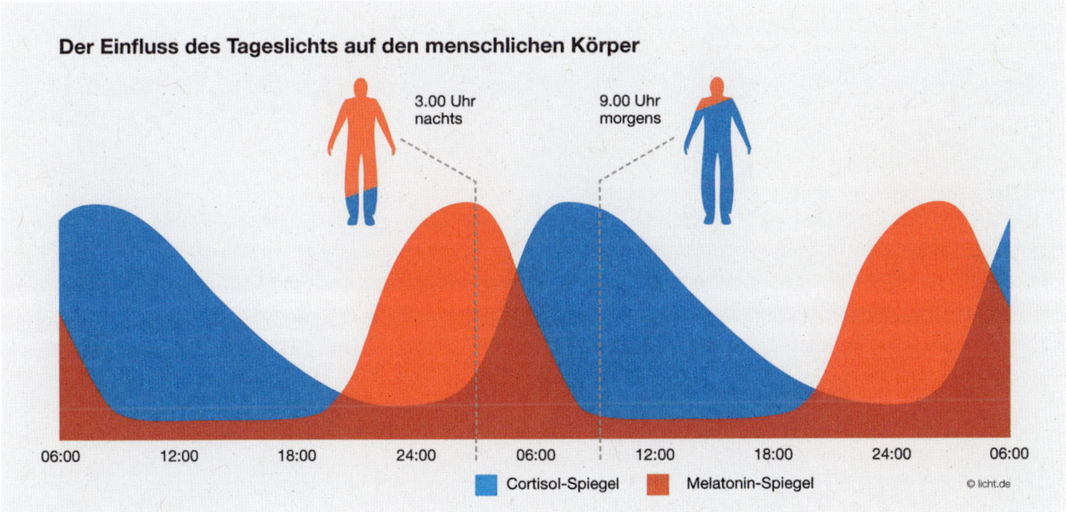

Im Wechsel von Tag und Nacht schwankt auch der menschliche Hormonspiegel.

Ein LED-Lichtsystem wie Wiz von Signify passt die Lichtfarbe automatisch an den Tagesverlauf an.

Diese biologische Wirkung lässt sich im Smart Home gezielt einsetzen. Da weißes Licht mit hoher Farbtemperatur viele Blauanteile enthält, eignet es sich gut als Muntermacher am Morgen. Auch mittags und am frühen Nachmittag kann kühlweißes Licht die Aufmerksamkeit und Konzentration steigern, weshalb professionelle Lichtplaner 5300 Kelvin und mehr in Büros einsetzen. Seit 2013 gibt es eine Empfehlung des Deutschen Instituts für Normung (DIN) dafür, die DIN SPEC 67600.

Zum Abend hin sollte der Blauanteil in der Beleuchtung dann aber kontinuierlich abnehmen. Dasselbe gilt für die Helligkeit im Raum. Gedämpftes, warmweißes Licht mit 3000 Kelvin oder weniger stimmt den Körper auf die Nacht ein. Falls Sie das Zähneputzen im Bad also regelmäßig wieder munter macht, kann das auch an einer ungünstigen kaltweißen Beleuchtung über dem Waschbecken liegen.

Lampen mit abstimmbarem Weiß oder farbfähige (RGB-)Leuchtmittel passen ihre Farbtemperatur an den Tagesverlauf an. Am einfachsten geht das mit Smart-Home-Szenen für morgens, mittags und abends. Wer die passende Lichtstimmung nicht extra von Hand auswählen will, kann ihren Einsatz auch automatisieren – zum Beispiel über Regeln, die eine Uhrzeit als Bedingung setzen. Dann aktivieren Lichtschalter und Bewegungsmelder je nach Tageszeit eine andere Szene.

Manche Funklampen bieten von sich aus einen circadianen Rhythmus. So nennen Biologen den 24-stündigen Schlaf-Wach-Zyklus des Menschen (circa = ringsum, umher; dies = Tag). In der App des Lichtsystems ist dann einstellbar, welche Farbtemperatur zu welcher Tageszeit gelten soll (Bild links). Oder der Wechsel geht vollautomatisch: Apple hat ab dem Betriebssystem iOS 14 eine entsprechende Funktion in seine HomeKit-Steuerung integriert. Sie heißt dort Adaptives Licht und wechselt über den Tag hinweg unmerklich den Ton von Warmweiß zu Kaltweiß und zurück. Voraussetzung sind Lampen oder LED-Streifen, die das Farbspiel unterstützen. Solche Modelle haben etwa Philips Hue, Eve Systems und Nanoleaf im Programm.

Intelligente Auslöser

Es gibt viele Methoden, das Licht im Smart Home zu steuern. Der Wandtaster ist nur eine von ihnen – und beileibe nicht die smarteste. Bewegungsmelder bieten mehr Komfort und sparen außerdem Energie, weil sie Lampen nach Bedarf ein und wieder ausschalten. Das gilt besonders für Modelle mit einem integrierten Helligkeitssensor. Er sorgt dafür, dass der Melder nur im Dunkeln anspricht oder wenn die Beleuchtungsstärke einen bestimmten Wert unterschreitet. Sind keine Kombimodelle für das Smart-Home-System der Wahl lieferbar, erfüllen zwei getrennte Sensoren denselben Zweck. Die Arbeitsteilung erhöht dann allerdings den Installationsaufwand und manchmal auch die Kosten.

Eine besondere Form des Bewegungsmelders stellen sogenannte Präsenzmelder dar. Auch sie erkennen, wenn sich etwas tut und berücksichtigen dabei die Helligkeit in ihrer Umgebung. Allerdings gibt es einen wichtigen Unterschied: Wenn Bewegungsmelder auslösen, startet normalerweise ein Timer. Ist die eingestellte Zeit abgelaufen, geht das Licht wieder aus, sofern der Sensor keine weitere Bewegung erkennt. In diesem Fall beginnt der Timer einfach von vorn. Präsenzmelder arbeiten präziser. Sie stellen kleinste Veränderungen fest, bis hin zur Körperbewegung eines Menschen am Schreibtisch. Dazu teilen sie den Raum in Hunderte von Zonen ein oder überwachen ihn aktiv mit Ultraschall und Hochfrequenz-Radiowellen (HF/RF). Optische Systeme mit Kamerasensoren erkennen direkt, ob Personen anwesend sind und wenn ja, wie viele. Damit erübrigt sich der Timer, Präsenzmelder schalten das Licht prompt und ohne Nachlaufzeit.

Hinzu kommt eine permanente Helligkeitsmessung. Klassische Bewegungsmelder ermitteln den Wert nur einmalig beim Auslösen. Finden regelmäßig Bewegungen statt, bleibt das Licht eingeschaltet, auch wenn zwischenzeitlich die Sonne aufgegangen ist. Ein Präsenzmelder mit Konstantlichtregelung dagegen analysiert fortlaufend die Helligkeit im Raum. Er kann dabei sogar zwischen Kunst- und Tageslicht unterscheiden – damit die Lampen nicht länger brennen als unbedingt nötig. Solche aufwendigen Systeme kommen vor allem in Bürogebäuden, Schulen und Fabrikhallen zum Einsatz, wo sich die Energiekosten schnell summieren. Im Smart Home reicht meist auch eine einfachere Lösung.

Viele Automationen benötigen gar keine physikalischen Geräte als Sensoren, weil sie rein auf Daten basieren. Da ist zum Beispiel die Astro-Funktion. Sie greift auf einen digitalen Kalender zu, der für jeden Tag des Jahres den Zeitpunkt des Sonnenauf- und -untergangs enthält. Eine komfortable Möglichkeit, immer pünktlich zur Dämmerung das Licht einzuschalten. Programmierbare Lichtwecker dimmen am Morgen die Schlafzimmerbeleuchtung auf … so lange, bis die Helligkeit selbst Morgenmuffel aus dem Bett treibt. Wer die Ortungsfunktion seines Smartphones mit der Haussteuerung verknüpft, kann in einigen Systemen auch Geofencing nutzen. Das Telefon teilt der Steuerung dann mit, wenn die Trägerin oder der Träger einen bestimmten Radius rund um das Gebäude betritt oder verlässt (Fence = englisch für Zaun). Entsprechend gehen die Lichter an oder aus.

Bewegungsmelder fürs Licht zählen in einem smarten Gebäude zur Grundausstattung.

Netzwerke fürs Licht

Lichtquellen finden auf zwei Wegen Anschluss an das Smart Home. Der eine führt direkt bis zum Leuchtmittel, der andere endet vorher an einem Schalt- oder Dimmaktor. Dieser Aktor kann am Lichtschalter (siehe Bild Seite 68), an einer Steckdose (siehe Seite 75) oder im Verteilerkasten installiert sein. Von dort läuft eine gewöhnliche Elektroleitung zur Lampe. Vorteil dieser Variante: Sie verlangt keine speziell ausgestatteten Leuchtmittel. Die Steuerung funk-

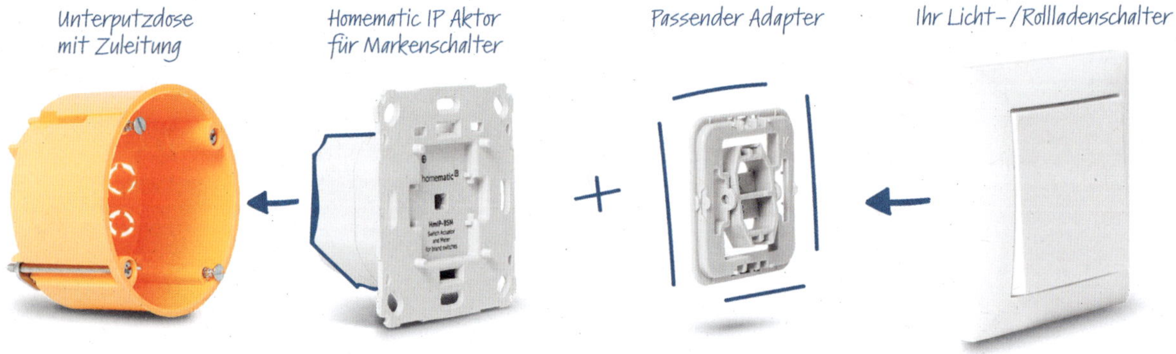

Ein Unterputz-Schaltaktor ersetzt den traditionellen Lichtschalter.

tioniert mit jeder Lichtquelle, die elektrisch schaltbar ist. Selbst Bauhausleuchten aus den 1930er-Jahren und Halogen-Seilsysteme aus den 80ern lassen sich auf diese Weise integrieren. Entweder es fließt Strom, dann ist das Licht an, oder eben nicht, dann herrscht Dunkelheit.

Auf welche Weise der Aktor seine Befehle erhält, hängt vom System ab. Kabelgebundene Installationen verwenden Busleitungen dafür, Funksysteme übertragen ihr Signal kabellos. Die verwendeten Leuchtmittel spielen keine Rolle, solange es nur ums Schalten geht (ein/aus). Bis zum Siegeszug der Leuchtdioden vor einigen Jahren war auch Dimmen kein Thema.

Lichtsteuerung mit DALI

Eine DALI-Installation ist traditionell kabelgebunden. Die Schalt- und Dimmbefehle gelangen über eine zweiadrige Busleitung zu den Leuchtmitteln (siehe Illustration rechts). Zum Nachrüsten in Bestandsbauten gibt es aber auch Steuermodule mit Funk, die drahtlos eine Verbindung herstellen.

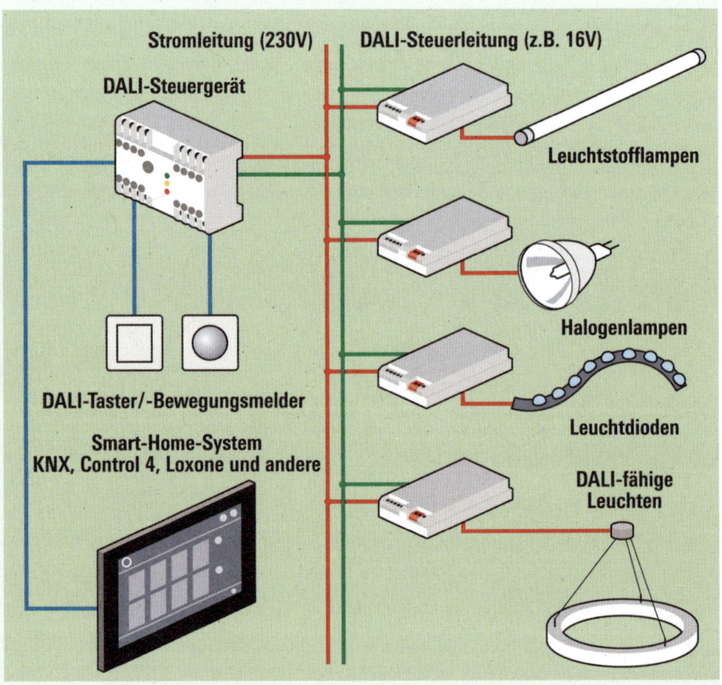

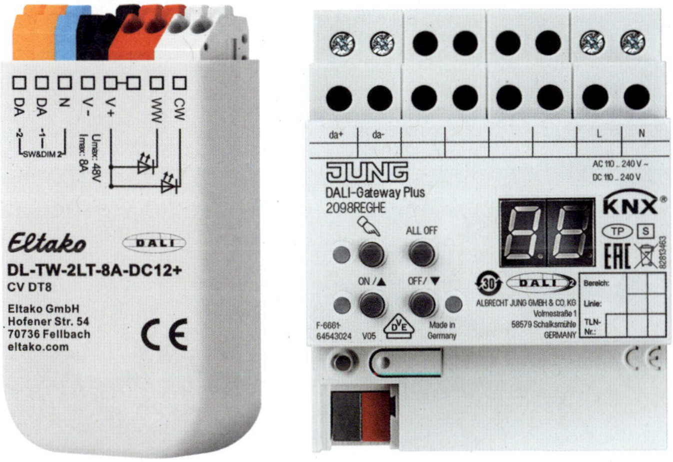

Vom Unterputz-Dimmer (links) bis zum Gateway für KNX-Installationen (rechts) hält der DALI-Standard zahllose Komponenten bereit.

Glüh- oder Halogenlampen sind vergleichsweise einfach regelbar. Ihre heutigen Nachfolger mit LED-Technik stellen da schon höhere Ansprüche. Längst nicht alle Modelle sind dimmbar – und wenn, dann häufig nur mit bestimmten Vorschaltgeräten. Außerdem verhalten sich Produkte verschiedener Anbieter oft unterschiedlich, was den Helligkeitsverlauf und die Farben angeht. Das erschwert den gemeinsamen Einsatz in Lichtszenen. Die Beleuchtungsindustrie hat deshalb eine digitale Schnittstelle für die Lichtsteuerung entwickelt. Sie heißt DALI (Digital Addressable Lighting Interface) und kommt herstellerübergreifend zum Einsatz.

Eine zweiadrige Busleitung steuert Geräte, die sich einzeln oder in Gruppen schalten lassen. Dabei kann es sich um Hänge-, Wand- oder Deckenleuchten handeln, die DALI-Technik ab Werk integriert haben, oder um Vorschaltgeräte und Dimmer für andere Leuchtmittel. Die Kommunikation kann über die normale Elektroinstallation laufen, sofern fünfadrige Mantelleitungen (NYM) im Haus verlegt sind. Die beiden zusätzlichen Adern transportieren dann das DALI-Signal (siehe Bild unten).

Alternativ gibt es Funkmodule, die Standards wie EnOcean, eNet (siehe Seite 251) oder ein anderes, proprietäres Protokoll verwenden. So wird das Nachrüsten auch in Bestandsgebäuden ohne Verkabelung möglich. Mit DALI lassen sich Leuchtgruppen bilden sowie Einstellungen für Farbe und Helligkeit vornehmen. Außerdem ist das Dimmverhalten definiert, damit es keine Helligkeitssprünge zwischen verschiedenen Fabrikaten gibt. Von Profis wird DALI gern als sogenanntes Subsystem für die Beleuchtung verwendet. Eine Gebäudeautomatisierung wie eNet Smart Home, KNX oder Loxone übernimmt dann die Kontrolle und steuert alle Lampen fern. Die Verbindung zwischen dem Lichtnetzwerk und der übergeordneten Gebäudesteuerung stellt ein Gateway im Verteilerschrank her (siehe oben).

Dasselbe gilt übrigens auch für DMX (Digital Multiplex), ein anderes weit verbreitetes Protokoll zur Lichtsteuerung. Es stammt aus der Veranstaltungstechnik und zeichnet sich durch kurze Reaktionszeiten aus, wie sie für Lichteffekte auf der Bühne nötig sind. Wer nicht gerade eine Kellerdisco plant oder seinen Aufgang als Showtreppe mit Lauflichtern inszenieren will, wird diesen Tempovorteil in der Praxis aber kaum bemerken.

Hue, Trådfri & Co.

Eine Alternative zu Profiinstallationen wie DALI und DMX sind drahtlose Lichtsysteme. Vor allem solche mit Zigbee-Funk (siehe Seite 50) erfreuen sich großer Beliebtheit. Ihr Erfolg ist Nachrüstprodukten wie Ikea Trådfri und Philips Hue zu verdanken. Sie haben die Methode populär gemacht, vorhandene Glühlampen gegen funkfähige LED-Modelle auszutauschen. So wird die Beleuchtung quasi im Handumdrehen smart: Altes E27-Leuchtmittel herausschrauben und eine Zigbee-Variante reindrehen. Auch für das kleine E14-Gewinde, den Hochvolt-Halogensockel GU10 und die Niedervolt-Fassung

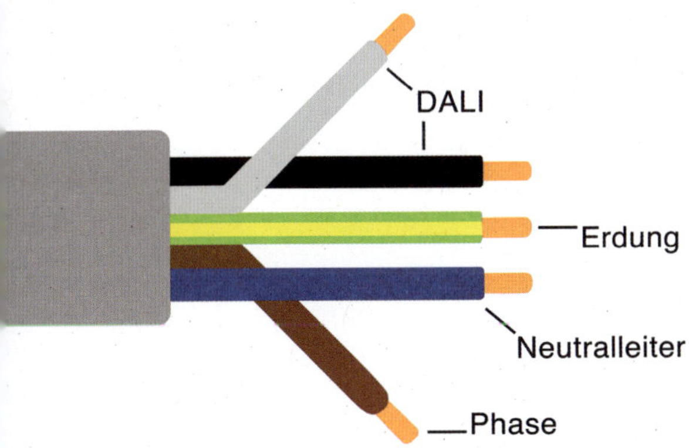

Schematische Kabeldarstellung links: Über zwei vorher ungenutzte Adern einer Elektromantelleitung lassen sich DALI-Befehle übertragen.

G 5.3 gibt es Retrofit-Lampen, die traditionelle Leuchtmittel ersetzen können. Außerdem bieten die Hersteller fernbedienbare LED-Streifen, Lichttransformatoren und montagefertige Leuchten mit Zigbee an.

Der gemeinsame Funkstandard macht sie kompatibel. Allerdings gibt es Unterschiede, was Lichtqualität, Zuverlässigkeit und Reaktionsgeschwindigkeit angeht. Auch gehen manche Systeme im Funktionsumfang über die Zigbee-Befehle hinaus. Extras wie bunte Lightshows mit einem dynamischen Farbwechsel, der zum laufenden TV-Programm passt, stehen dann nur innerhalb der jeweiligen Produktfamilie zur Verfügung. Mehr dazu bei den Systembeschreibungen (siehe „Philips Hue", Seite 211).

Das Signal zum Ein- und Ausschalten bekommen Zigbee-Leuchtmittel per Funk. Genauso ändern sie ihre Helligkeit und je nach Modell auch Farbe und Weißton. Im Unterschied zu WLan-Lampen benötigen sie dafür eine zusätzliche Basisstation. Diese Bridge, auch Gateway genannt, verbindet das drahtlose Lichtnetzwerk mit dem IP-Netzwerk des Routers. Theoretisch ginge es auch ohne diesen Vermittler – Zigbee-Fernbedienungen und Taster können bis zu zehn Leuchtmittel direkt steuern – allerdings fehlt dann eine Verbindung zum Rest des Gebäudes. Über ihre Bridge kommunizieren die Leuchtmittel mit anderen Geräten wie dem Smartphone; sie hören auf Sprachassistenten und Systeme für die Hausautomatisierung. Selbst Profisysteme wie KNX oder Loxone können eine Hue-Bridge in ihre Steuerung integrieren.

Wie die Zigbee-Zentrale aussieht, hängt vom Lichtsystem ab. Ikea Trådfri und Philips Hue verwenden eine separate Basis, die per Lan-Kabel am Router hängt. Amazon baut sie direkt in einige seiner Echo-Lautsprecher ein. Smart-Home-Zentralen mit mehreren Funkstandards (siehe „Multistandard-Zentralen", Seite 50) haben Zigbee häufig ebenfalls integriert. Und wer seine Steuerung lieber selbst programmiert, bekommt USB-Sticks für den Anschluss an einen PC oder den Mini-Computer Raspberry Pi (siehe Seite 269).

Lichtsteuerung mit Zigbee

Zigbee-Funk eignet sich gut zum Nachrüsten. Leuchten und andere Empfänger benötigen nur einen Stromanschluss, weil sie ihre Befehle zum Schalten und Dimmen drahtlos bekommen. Über die Zigbee-Bridge lassen sich Systeme wie Philips Hue auch in eine Haussteuerung integrieren.

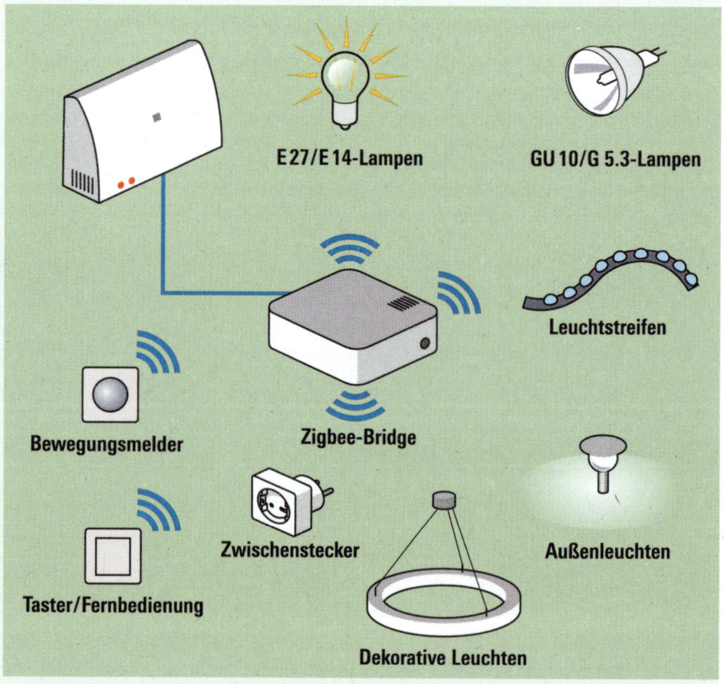

Licht mit Entertainmentfaktor: Lampen von Philips Hue können passend zum Filmprogramm oder im Rhythmus laufender Musik ihre Farbe ändern.

Egal, auf welchem Weg die Leuchtmittel ihre Befehle erhalten: Um das Funksignal empfangen zu können, müssen sie mit Energie versorgt sein – und zwar auch dann, wenn das Licht aus ist. In der Praxis heißt das: Finger weg vom normalen Lichtschalter. Weil er beim Ausschalten den Stromkreis unterbricht, verlieren die Lampen ihre Verbindung zur Basis.

Wer sein Licht auf Zigbee-Funk umrüstet, überbrückt also am besten die vorhandenen Schalter. Dann kann niemand aus Versehen darauf drücken und die Steuerung lahmlegen. Die Macht der Gewohnheit lässt sich nur schwer besiegen. Vor allem in der ersten Zeit geht der Griff ganz instinktiv zur Wand. Komfortable Lösung: Zigbee-Taster oder Smart-Home-Schalter an dieselbe Stelle setzen. Für Philips Hue etwa gibt es Modelle, die zu gängigen Schalterprogrammen von Busch-Jaeger, Gira oder Jung passen. In Komplettsystemen für die Haussteuerung, die Zigbee verwenden, gehören Wandschalter ohnehin zum Sortiment. So eine Wippe an der Wand ist nebenbei auch besucherfreundlich. Denn die Gäste müssen nicht wissen, welche Technik sie bedienen. Hauptsache, beim Tastendruck geht das Licht an.

Funklampen ohne Bridge

Außer Lichtsystemen, die Zigbee verwenden, gibt es auch Lampen mit Bluetooth, Thread, WLan oder Dect ULE. Sie kommen ohne Bridge aus, was die Installation vereinfacht. Bei Dect ULE übernimmt meist ein Internetrouter mit Dect-Funktion die Kontrolle. Ansonsten werden Einstellungen wie Timer auch direkt auf den Leuchtmitteln oder in der Cloud gespeichert. Manche Hersteller bieten Zubehör wie Bewegungsmelder und Fernbedienung an, damit die Steuerung ohne Smartphone funktioniert. Zwischenstecker machen vorhandene Tisch- und Stehleuchten schaltbar.

Solche Systeme bieten sich an, wenn es vorrangig um die Beleuchtung geht. Eine Integration in andere Gebäudenetzwerke ist nicht immer möglich. Deshalb sollten Sie beim Kauf unbedingt darauf achten, ob entsprechende Schnittstellen vorhanden sind.

STECKDOSEN: SCHALTEN UND MESSEN

Es heißt, Einsicht sei der erste Schritt zur Besserung. Im übertragenen Sinne gilt das auch für Häuser, denn mit Einsicht in die Verbrauchswerte lässt sich die Energiebilanz des Gebäudes erst so richtig verbessern. Doch wer weiß schon, wie viel Strom zu jeder Zeit durch seine Elektrogeräte fließt? Und wo im Haushalt die größten Verbraucher lauern? Die jährliche Abrechnung des Energieversorgers gibt darüber keinen Aufschluss.

Eine Steckdose mit Messfunktion liefert solche Informationen. Sie dokumentiert fortlaufend die abgegebene Leistung. Eine zugehörige Smartphone-App oder andere Art der Visualisierung stellt das Ergebnis am Bildschirm dar. Gleichzeitig können die Messdaten im Hintergrund als Auslöser für Automationen dienen. So bekommt das Smart Home zum Beispiel mit, wenn der Verbrauch der Waschmaschine unter einen bestimmten Wert fällt – untrügliches Zeichen für das Programmende. Nachrichten auf dem Smartphone oder blinkende Lampen in der Wohnung teilen den Bewohnerinnen und Bewohner dann mit, dass es Zeit wird, die Trommel zu leeren. Vorteil dieser Lösung: Sie funktioniert mit jedem Waschautomaten, egal wie alt er ist und ob das Gerät bereits selbst über smarte Funktionen verfügt oder nicht.

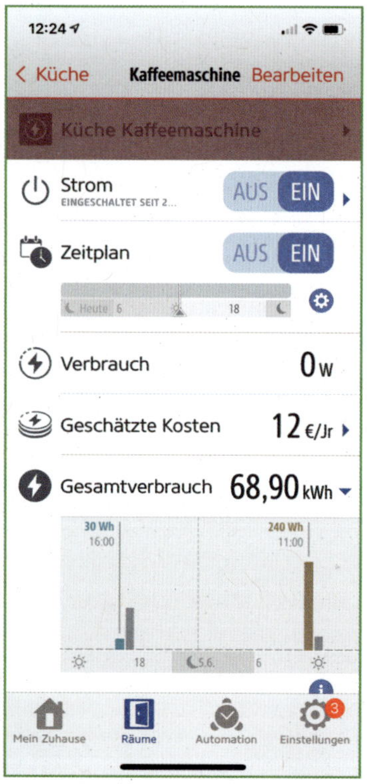

Smarte Steckdosen zeigen nicht selten den Energieverbrauch in ihrer App an. So wie dieses HomeKit-Modell von Eve-Systems.

Auf dieselbe Weise lassen sich Kühl- und Gefriergeräte überwachen, die höchstwahrscheinlich kaputt sind, wenn ihr Verbrauch auf null sinkt. Oder das Smart Home warnt vor einem Bügeleisen, das unbeaufsichtigt im Hauswirtschaftsraum vor sich hin heizt. Bewährt hat sich außerdem das Master-Slave-Prinzip, wenn auch der Name längst ins Arsenal historisch überlebter Ausdrücke gehört. Bis heute ist es nicht gelungen, ein besseres Wortpaar als Meister und Sklave dafür zu prägen. Es beschreibt ein Abhängigkeitsverhältnis zwischen Steckdosen: Die Master-Dose gibt den Befehl und andere folgen. So trennt zum Beispiel der Fernseher beim Ausschalten alle Heimkinogeräte vom Netz. Als Auslöser dient dabei der niedrigere Verbrauch des TV im Stand-by.

Viele smarte Funktionen setzen nicht einmal Messungen voraus, die Steckdosen müssen nur schaltbar sein. Bestes Beispiel: der zentrale Ausschalter neben der Wohnungstür (siehe „Zentralschalter", Seite 63). Er kontrolliert idea-

Hilfreich am Arbeitsplatz: Smarte Steckdosenleiste mit individuell schaltbaren Steckplätzen

lerweise nicht nur das Licht, sondern schaltet beim Verlassen der Wohnung auch unnötige Verbraucher und Gefahrenquellen aus – wie das besagte Bügeleisen.

Stand-by-Stopp

Dass scheinbar ausgeschaltete Geräte weiterhin Energie verbrauchen, hat sich herumgesprochen. Dank Ökodesign-Richtlinie der EU sind die Stand-by-Werte nicht mehr so hoch wie früher, allerdings gibt es nach wie vor Unterschiede. Im Test von Smart-TVs ermittelte die Stiftung Warentest zum Beispiel Fernsehermodelle, die im Durchschnitt 2,4 Watt konsumieren, wenn sie auf Einschaltbefehle aus dem Netzwerk warten. Die Funktion „Wake on Lan" oder WoL (auf Deutsche etwa: aufwachen übers Netz) benötigt technisch bedingt mehr Energie als ein unvernetzter Ruhezustand. Es gibt aber auch TV-Geräte, die sich in dieser Betriebsart nur 0,3 Watt gönnen. Aufs Jahr gerechnet macht das bei 22 Stunden Stand-by am Tag eine Ersparnis von rund 5,50 Euro aus (0,33 €/kWh), mal abgesehen von der Umweltbilanz, die um fast 17 Kilowattstunden besser ausfällt.

Nun sollten Fernseher nicht bei jeder Gelegenheit stromlos geschaltet werden, weil sie im Stand-by ihre Senderlisten aktualisieren und Softwareupdates aus dem Internet beziehen. Bei anderen Geräten bringt die Netztrennung nach Gebrauch aber durchaus etwas – vor allem, wenn sie schon älter sind. Ein oder zwei Watt pro Radio, Subwoofer, Handyladegerät, elektrische Zahnbürste, Reinigungsstation für den Rasierer oder Kaffeemaschine summieren sich. Espressovollautomaten können deutlich mehr verbrauchen, wenn sie über keine richtige Abschaltautomatik verfügen. Manche Modelle gehen nach einer gewissen Zeit zwar in den Stand-by-Betrieb, lassen ihren Tassenwärmer aber eingeschaltet und versorgen den Boiler oder Durchlauferhitzer weiter mit Strom – damit das Aufheizen bei Bedarf schneller geht. In all diesen Fällen helfen Schaltsteckdosen, den Energieverbrauch zu senken.

Das ist freilich kein Grund, wahllos alle Steckdosen im Haushalt zu vernetzen. Man kann es mit der Jagd auf Stand-by-Sünder auch übertreiben. Da jede Elektronik selbst Energie benötigt, gönnen sich smarte Steckdosen einen gewissen Eigenverbrauch. Bei Zwischensteckern liegt er in eingeschaltetem Zustand oft höher, als wenn die Steckdose aus ist. Dieser Wert kommt auf den Verbrauch angeschlossener Geräte dann noch hinzu. Mit sparsamen Geräten und kurzen Stand-by-Zeiten hebt sich so der positive Effekt teilweise

Ein Funkzwischenstecker macht normale 230-Volt-Steckdosen schaltbar.

wieder auf. Am Komfort, den eine fernbedienbare Steckdose im Alltag bringt, ändert das natürlich nichts.

Zwischenstecker

Die bekannteste Form einer schaltbaren Steckdose ist der Zwischenstecker. Ein Plug-and-Play-Produkt im wahren Wortsinn, denn gleich nach dem Einstecken (Englisch: to plug) kann es losgehen mit dem Herumspielen (to play). Die Steuerung geschieht per Funk. WLan-Steckdosen werden dazu mit dem Router verbunden, andere Modelle verwenden Standards wie Dect ULE, Homematic, Z-Wave oder Zigbee. So gut wie jeder Hersteller eines funkbasierten Smart-Home-Systems hat Zwischenstecker im Programm. Es gibt reine Schaltsteckdosen und Exemplare mit Messfunktion, die gleichzeitig den Energieverbrauch erfassen.

Unterschiede bestehen – außer im Design und im Funktionsumfang – in der Anschlussleistung. Sie gibt an, wie viel Watt ein verbundenes Gerät maximal haben darf. Kompakte Funkstecker sind auf 2000 bis 2500 Watt ausgelegt, leistungsstarke Modelle schaffen 3600 Watt. Das entspricht haushaltsüblichen Werten: Ein Stromkreis mit 10-Ampere-Sicherung hat bei 230 Volt eine Leistung von 2300 Watt. Mit 16 Ampere sind es 3680 Watt. Allerdings verteilt sich dieser Maximalwert immer auf alle Verbraucher im Stromkreis oder Raum. Um die Elektroinstallation nicht zu überlasten, sollten Geräte mit mehr als 2000 Watt deshalb immer einzeln abgesichert sein. Dazu gehören beispielsweise Backöfen, Geschirrspüler, Waschmaschinen und Wäschetrockner.

Aus demselben Grund warnen Elektriker davor, die Zahl der Anschlüsse im Raum im Nachhinein beliebig zu vermehren, etwa durch Hintereinanderschalten von Steckdosenleisten. Zu viele Geräte mit hoher Leistungsaufnahme können den Stromkreis überlasten. Wer mehrere schaltbare Steckdosen benötigt, zum Beispiel für einen Arbeitsplatz mit Computer, Drucker und externen Festplatten, bekommt auch solche Mehrfachsteckdosen mit Funk. Meist sind die einzelnen Zapfstellen der Stromtankstellen dann individuell schaltbar. Zusammen übersteigt ihre Leistung aber nie die 3680 Watt einer 16-Ampere-Sicherung.

Eine Sonderrolle spielen übrigens Zwischenstecker mit Dimmfunktion. Diese seltenen Exemplare können angeschlossene Leuchten nicht nur schalten, sondern auch in der Helligkeit regeln. Ihre Anschlussleistung ist stark begrenzt. Maximalwerte von 80 bis 200 Watt reichen aber trotzdem, um einzelne Lampen zu bedienen. Wichtig ist nur das Dimmverfahren: Je nach verwendetem Leuchtmittel muss es sich um einen Phasenanschnitt- oder Phasenabschnittdimmer handeln.

Wandsteckdosen

Für Zwischenstecker spricht ihre Flexibilität. Bei Bedarf ziehen sie schnell von einem Einsatzort zum nächsten um. Unter optischen Gesichtspunkten sind die größeren Modelle aber eine Herausforderung. Außerdem passen ihre mehrere Zentimeter tiefen Gehäuse nur selten hinter Möbel. Eleganter, weil unsichtbar, arbeiten Unterputzaktoren in der Wand. Meist befinden sie sich nicht direkt in der Steckdose, sondern werden als eigenes Modul dahinter gesetzt. Dazu muss die Installationsdose eine gewisse Tiefe haben. Gängige Schalterdosen ragen 40 bis 45 Millimeter ins Mauerwerk oder in den Trockenbau hinein. Für zusätzliche Schalt- oder Dimmaktoren ist das zu wenig.

Die Bausteine passen besser in sogenannte Gerätedosen von 60 bis 68 Millimetern Tiefe. War am Montageort bereits ein konventioneller Dimmer, eine Netzwerk- oder Antennendose installiert, stehen die Chancen gut, dass es sich um eine tiefe Dose handelt. Andernfalls muss nachgearbeitet werden, um mehr Platz für den Aktor zu schaffen. Massives Mauerwerk oder Betonwände erschweren solche Maßnahmen.

Eine Alternative zu Unterputzmodulen sind Aktoren im Verteilerkasten. Sie sitzen dort auf einer genormten Blechschiene, deren Profil an einen flachen Hut mir Krempe erinnert. Daher kommt auch der Fachbegriff für diesen Träger. Elektriker und Installateure nennen ihn Hutschiene. Ein Hutschienenaktor oder Reiheneinbaugerät (REG) kontrolliert den Stromfluss nicht am Verbraucher – also an der Steckdose – sondern zentral im Schaltschrank. Vorteil: Die Installation wird einfacher und übersichtlicher. Aktoren mit mehreren Kanälen können zwei, vier, acht und mehr Stromkreise unabhängig voneinander schalten. Das spart unterm Strich Geld, weil die Kosten pro Kanal sinken. Es reagieren aber immer alle Steckdosen im Stromkreis gemeinsam. Sollen einzelne Anschlüsse schaltbar sein, müssen Adern zu den jeweiligen Steckdosen führen. Darum kann im Einzelfall eine Kombination von Hutschienen- und Unterputzaktoren sinnvoll sein. Mit einem Funkmodul an der Steckdose oder einem Aktor, der seine Befehle über die vorhandene Stromleitung empfängt, erübrigt sich das nachträgliche Schlitzeschlagen im Altbau.

Moderne Steckdosen sind nicht nur schaltbar, sie verfügen auch über USB-Anschlüsse zum Laden von Geräten.

Aktoren zum Schalten elektrischer Verbraucher

- **Zwischenstecker**
  Schaltaktoren für die Steckdose sind immer funkgesteuert. Sie eignen sich gut zum Nachrüsten und verlangen keine Fachkenntnisse für die Installation. Bei einem Umzug lassen sie sich abziehen und mitnehmen. Ihr 230-Volt-Anschluss steuert einen Verbraucher oder eine Steckerleiste mit Geräten. Der Fachmann spricht deshalb auch von einem 1-Kanal-Aktor.

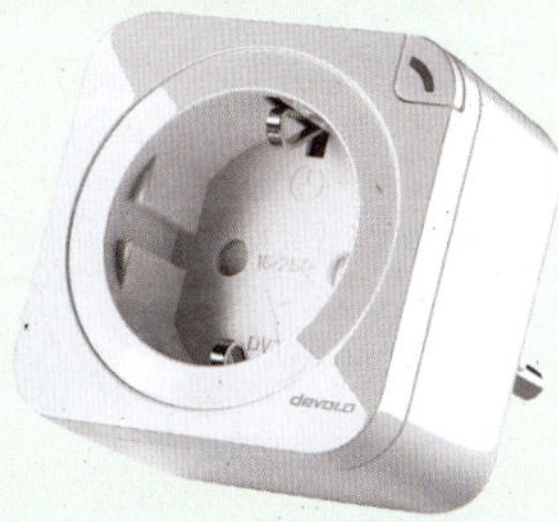

- **Unterputzaktor**
  Aktoren für den Wandeinbau kommen hinter die vorhandene Schukosteckdose oder werden in Verteilerdosen installiert. Das geht nur in tiefen Dosen, die genügend Platz für solch ein Modul bieten. Ihre Schaltbefehle erhalten sie per Funk oder in Bussystemen auch über eine Steuerleitung. Es gibt Aktoren mit bis zu vier Kanälen. So lassen sich mehrere Steckdosen oder elektrische Verbraucher unabhängig voneinander schalten.

- **Hutschienenaktor**
  Aktoren für die Hutschiene werden auch **Reiheneinbaugeräte** genannt (REG), weil sie nebeneinander im Verteilerkasten auf der Tragschiene sitzen. Meist handelt es sich um Mehrfach-Aktoren mit bis zu 32 Kanälen. Anschluss an die Haussteuerung erhalten sie per Funk oder über eine Busleitung.

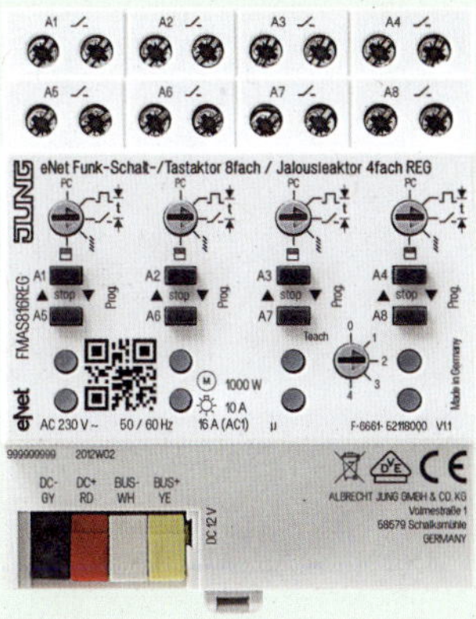

BESCHATTUNG: SICHT- UND SONNENSCHUTZ

Elektrische Jalousien und Rollläden gehören in vielen Neubauten zum Standard. Aus gutem Grund: Die Bedienung per Tastendruck erleichtert nicht nur älteren und in ihrer Bewegung eingeschränkten Menschen das Leben. Sie spart auch zeitraubendes Gekurbel oder das allmorgendliche Ziehen am Gurt. Mit einer smarten Steuerung legt der Komfort noch einmal deutlich zu – die automatisierte Hülle erfüllt dann mehrere Aufgaben gleichzeitig.

Beschattung ist nur eine davon, obwohl das Wort als Sammelbegriff für jede Art von Sonnenschutz dient. Oft ist auch von Verschattung die Rede, wobei dieser Begriff etwas anderes meint. Er bezeichnet Schatten, die benachbarte Häuser oder Bäume von außen aufs Gebäude werfen. Das kann unerwünscht sein, etwa wenn die Photovoltaikanlage auf dem Dach zu wenig Sonne abbekommt. Auch lässt sich diese Verdunkelung nicht regulieren – vom Einebnen des Geländes einmal abgesehen. Eine elektrische Beschattung dagegen reagiert ganz nach Wunsch und Bedarf.

- **Sonnenschutz**. Im Sommer halten außen liegende Jalousien oder Rollläden am effektivsten die Wärmestrahlung draußen. Der Raum heizt sich weniger auf, was eine Klimaanlage häufig überflüssig macht. Sind Kühlaggregate installiert, müssen sie weni-

Smarte Jalousien und Rollläden, sind nicht nur komfortabel, sie dienen auch der Sicherheit.

ger arbeiten. Das spart Energie. Helligkeitssensoren und eine Astrofunktion, die den Sonnenstand berücksichtigt, können die Beschattung so steuern, dass sie sich automatisch öffnet und schließt.

- **Kälteschutz**. Im Winter läuft es umgekehrt: Tagsüber sollten die Rollläden möglichst lange offenbleiben, um die Energie des Sonnenlichts zu nutzen. Am Abend werden sie dann dicht geschlossen. Die Luft zwischen Fenster und Außenhaut bildet einen isolierenden Puffer, der die Wärme im Gebäude hält und damit Heizkosten spart. Der Effekt ist umso größer, je älter und schlechter isoliert die Fenster sind.
- **Sichtschutz**. Wenn bei Sonnenuntergang die Lichter im Haus angehen, sitzen alle auf dem Präsentierteller. Automatisch schließende Rollläden und Rollos schirmen dann neugierige Blicke ab. Besonders elegant gelingt das mit Jalousien, die den Neigungswinkel ihrer Lamellen stufenlos ändern können. So fällt möglichst lange Tageslicht in den Raum und spart elektrische Beleuchtung, ehe die Hülle am Abend blickdicht wird.
- **Einbruchschutz**. Rollläden aus massivem Material, die noch dazu gegen Hochschieben geschützt sind, erschweren Einbrechern den Zugang. Aber auch leichte Jalousien tragen im Rahmen einer Anwesenheitssimulation zur Abschreckung bei. Ein Haus, das bewohnt aussieht, weil sich die Beschattung im natürlichen Tagesverlauf öffnet und schließt, wirkt nicht besonders anziehend auf Langfinger.
- **Selbstschutz**. Eine wettergeführte Beschattung reagiert auf Sturm und Niederschlag. Rollläden fahren herunter, um die Fenster zu schützen. Eine Jalousie bringt sich dagegen selbst in Sicherheit: Sie fährt ganz nach oben, um dem Wind mit ihren Lamellen keine Angriffsfläche zu bieten. Dasselbe gilt für Markisen oder Sonnensegel mit einer smarten Steuerung.

Elektrische Antriebe

Keine Steuerung ohne Motor: Damit das Smart Home die Beschattung automatisieren kann,

Rohmotoren mit Funksteuerung machen Rollläden smart. Sie werden in die vorhandene Antriebswelle geschoben.

muss es mit einem elektrischen Antrieb ausgestattet sein. Meist sitzt dieser im Rollladenkasten oder in einem anderen Gehäuse am Tür- beziehungsweise Fenstersturz. Für traditionelle Rollläden mit einem Kunststoff- oder Aluminiumpanzer gibt es auch Rohrmotoren zum Nachrüsten. Sie werden in die vorhandene achtkantige Welle geschoben und treiben diese direkt an. Dazu sollte möglichst ein Stromanschluss in der Nähe des Rollladenkastens vorhanden sein. Akkusysteme mit Solarzelle, die unabhängig vom Stromnetz arbeiten, lassen sich nicht immer in eine Haussteuerung integrieren.

Scheidet die Montage im Rollladenkasten aus, weil sie zu aufwendig oder schmutzig wäre, kommen elektrische Gurtwickler in Betracht. Sie ersetzen den handbetriebenen Wickler am Fensterrahmen durch ein Exemplar mit Motor. Zwei Bauformen stehen zur Wahl: Unterputzwickler sind für den Einsatz im Mauerwerk gedacht und schließen mehr oder weniger bündig mit der Wand ab. Schwenkwickler haben ein geschlossenes Gehäuse und nehmen innen auf dem Fensterrahmen Platz. Ihren Strom erhalten sie über ein Netzkabel, das zur nächstgelegenen Steckdose führt.

Ob Lamellenjalousie oder Stoffrollo, ob innen oder außen liegend: Der Fachhandel bietet für fast jeden Fenstervorhang eine passende Antriebslösung an. Hinzu kommen elektrische Markisen und andere Schattenspender. Viele

Auch Gurtwickler gibt es mit Funkfernbedienung (links), ein Wettersensor am Haus automatisiert die Beschattung (rechts).

Systeme sind von Haus aus fernbedienbar. Die Hersteller haben Funksender dafür im Programm. Dann ist bei der Installation nur noch zu klären, wie der Antrieb seine Befehle vom Smart Home erhält. Rademacher, Schellenberg, Somfy, Warema & Co. haben eigene Funkprotokolle entwickelt – oder bieten gleich Komplettlösungen an, die neben der Beschattung auch das Licht und die Heizung kontrollieren. Umgekehrt gibt es Antriebe, die für den Anschluss an Systeme wie KNX oder Loxone vorbereitet sind. Motoren mit integrierter Aktorik haben dabei den Vorteil, dass sie Informationen über den Öffnungszustand oder technische Probleme zurückmelden. Blockiert ein Hindernis die Lamellen, bekommt das Smart Home dies mit. So arbeitet der Antrieb zum Beispiel im Winter nicht unnötig gegen den Widerstand eines festgefrorenen Rollladens an.

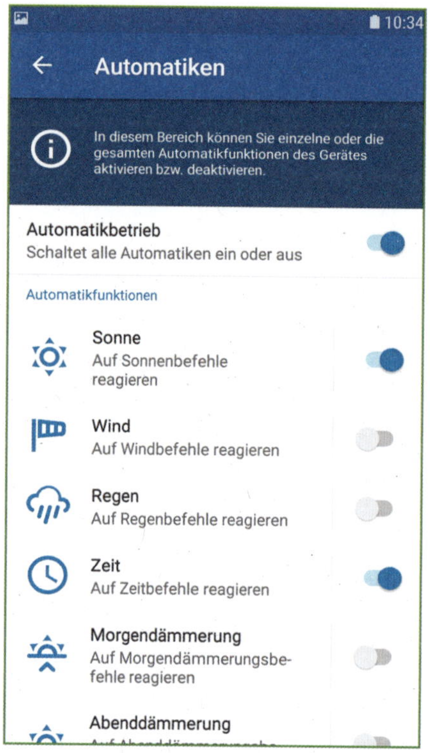

Anbieter wie Rademacher sehen umfangreiche Automatikfunktionen in ihrer App vor.

Im einfachsten Fall geht es nur darum, die bestehende Aufwärts-/Abwärts-Wippe an der Wand smart zu machen. Das funktioniert genauso wie mit Steckdosen und der Beleuchtung: Ein Aktor setzt Signale des Smart-Home-Systems in Fahrbefehle für den Antrieb um. Jalousieaktoren wechseln dabei nicht nur die Fahrtrichtung, sie ändern auch den Einstellwinkel der Lamellen. So dient die Sonne am Morgen als Lichtwecker, weil ihre Strahlen direkt aufs Bett fallen – ehe das System sie wieder aussperrt, damit es im Schlafzimmer tagsüber nicht zu warm wird.

Intelligente Automatik

Professionelle Beschattungslösungen bringen oft ihre eigene Sensorik mit. Typisches Beispiel: ein rotierendes Schaufelrädchen, auf dem Hausdach. Es misst die Windgeschwindigkeit, damit die Markise rechtzeitig einfahren kann, ehe ein Sturm losbricht. Auch Jalousien, die dank Helligkeitsmessung selbst erkennen, wann die Sonne scheint, gehören in diese Kategorie. Nicht selten handelt es sich dabei um geschlossene Systeme. Das heißt: Der Sensor hat nur einen Zweck – eben jenen, die Beschattung zu steuern.

Man könnte das auch eine Verschwendung von Ressourcen nennen, denn in der Praxis lässt sich mit solchen Umweltsensoren noch viel mehr anfangen. Warum sollte ein Regenmesser nur die Markise in Sicherheit bringen, wenn es zu tröpfeln beginnt? Er kann auch gleich den Mähroboter zurückrufen, damit dieser auf feuchtem, abschüssigem Gelände nicht ins Rutschen kommt. Der Rasensprenger muss kein Wasser verschwenden, wenn Mutter Natur ihre Schleusen öffnet. Und ein gekipptes Dachfenster verliert seine Schrecken, weil das Smart Home bei einsetzendem Niederschlag von selbst die Luken dicht macht. Zumindest schickt es eine Kurznachricht aufs Mobiltelefon, die die Familienmitglieder daran erinnert, die offenen Fenster zu schließen.

Umgekehrt profitiert eine smarte Beschattungslösung von allen Daten, die in einem vernetzten Gebäude ohnehin anfallen. So kann die Temperatur im Raum als Anhaltspunkt dienen, ob es sich lohnt, die Jalousien zu öffnen und die Wintersonne hereinzulassen. Vor allem Fenster auf der Südseite wärmen so das Haus und sparen Heizkosten. Der Energieeintrag pro Quadratmeter Fensterfläche und Heizperiode kann 100 Kilowattstunden und mehr erreichen. Wird die Helligkeit nicht nur draußen, sondern auch drinnen im Gebäude gemessen, lässt sich verhindern, dass pralles Sonnenlicht auf Einrichtungsgegenstände fällt. Empfindliche Bilder, Möbel und Teppiche bleichen weniger leicht aus.

Nicht zuletzt kann der Sonnen- oder Sichtschutz auf Bewohner reagieren. Das macht sich immer dann positiv bemerkbar, wenn die Situation im Alltag vom programmierten Zeitablauf abweicht. Sind beispielsweise die Rollläden so eingestellt, dass sie bei Sonnenuntergang automatisch herunterfahren, kann ein Öffnungskontakt an der Terrassen- oder Balkontür den Timer überschreiben. Steht die Tür offen, befinden sich wahrscheinlich noch Personen draußen. Die Automatik wird dann außer Kraft gesetzt, bis der Sensor wieder Kontakt hat. So sperrt der einbruchhemmende Rollladen niemanden aus. Und da ein alarmgesichertes Smart Home meist sowieso über Türkontakte verfügt, hält sich der Aufwand in Grenzen. Die vorhandenen Sensoren erhalten einfach eine zusätzliche Aufgabe.

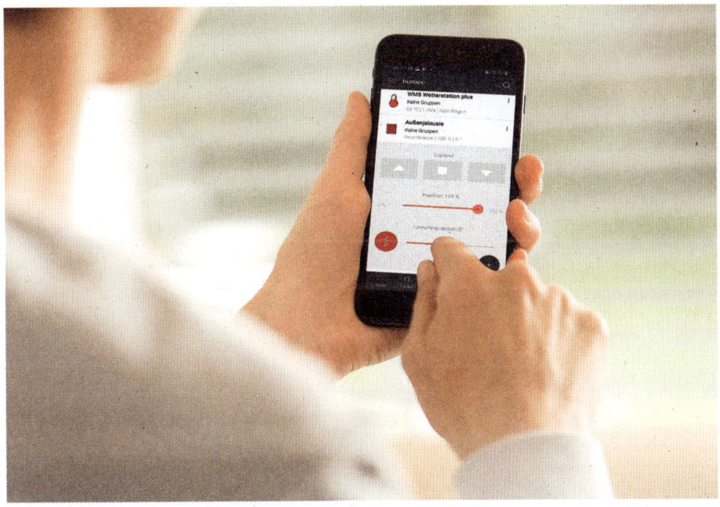

Beschattungslösungen von Warema lassen sich über das hauseigene WMS-System und über Homee (Seite 229) steuern.

Dasselbe gilt für Präsenzmelder oder die Ortungsfunktion am Smartphone. Beide teilen dem Gebäude mit, ob sich Menschen im Haus befinden, beziehungsweise wo sich diese aufhalten. Entsprechend wechselt die Beschattung vom Normalbetrieb in die Anwesenheitssimulation und zurück. Im Prinzip treffen alle Argumente für smartes Licht (siehe „Licht: mehr als nur Beleuchtung", Seite 62) auch auf die Beschattung zu. Tageslicht lässt sich ähnlich dosieren und in Szene setzen wie elektrische Beleuchtung. Sei es als Muntermacher am Morgen oder gedämpft, wenn sonntagnachmittags der Videobeamer ein klares Bild der Formel 1 liefern soll.

Alles, was sich bewegt

Aktoren, die einen Rollladen kontrollieren, lassen sich häufig auch für andere Zwecke nutzen. Voraussetzung: Der angesteuerte Motor verfügt über getrennte Eingänge für auf und

Automatische Poolabdeckung, gesteuert über einen Rollladen-aktor

ab. Ob die Bewegung am Ende vertikal oder horizontal verläuft, ist egal. So findet zum Beispiel auch die Poolabdeckung Anschluss an ein Smart Home. Das private Freibad öffnet auf Knopfdruck oder – sensorgesteuert – wenn das Wetter danach ist. Ob elektrische Dachfenster, Flügeltore oder Garagentorantriebe: Eine Menge Geräte lassen sich auf diese Weise smart machen. Es kommt nur auf den richtigen Aktor an. Manche Modelle schalten direkt 230 Volt, andere haben einen potentialfreien Ausgang. Das heißt: Ihr Steuerstromkreis und der Arbeitsstromkreis sind voneinander getrennt. Eine niedrige Spannung von 12 bis 48 Volt kontrolliert so zum Beispiel ein Relais, das die eigentliche Arbeit im 230-Volt-Netz vollbringt.

KLIMA: RICHTIG HEIZEN, KÜHLEN, LÜFTEN

Nirgendwo sonst im Haushalt lässt sich mit vergleichsweise wenig Aufwand so viel Energie sparen wie in der Heizungssteuerung. Bestimmte Maßnahmen sind im Gebäudeenergiegesetzt (GEG) deshalb gesetzlich vorgeschrieben. So muss eine Warmwasserzentralheizung ihre Leistung zum Beispiel abhängig von der Außentemperatur und der Tageszeit regulieren können, um nachts oder bei schönem Wetter keine Energie zu verschwenden. In den einzelnen Zimmern sollen sich Thermostate befinden, damit nicht überall im Haus dieselbe Temperatur herrschen muss. Küche, Flur und Schlafräume dürfen ruhig ein paar Grad weniger haben – die Einzelraumregelung macht es möglich. Nur Warmwasserfußbodenheizungen in sehr kleinen Räumen (weniger als sechs Quadratmeter Nutzfläche) sind von dieser Vorschrift ausgenommen.

Intelligent heizen

Das GEG gilt für Neubauten und bestehende Immobilien gleichermaßen. Fehlt eine entsprechende Regelungstechnik, müssen Eigentümer nachrüsten. Diese Gelegenheit lässt sich nutzen, um die Heizung noch ein wenig smarter zu machen. Der Trick: Sensoren oder Apps greifen in die Steuerung ein und passen sie dynamisch an das Alltagsgeschehen an. Folgende Szenarien kommen dabei – einzeln und in Kombination – zum Einsatz.

- **Fernbedienung von unterwegs**. Ein Anschluss ans Internet macht die Heizung per

Smartphone erreichbar. So lässt sich zum Beispiel die Temperatur auf dem Nachhauseweg schon hochdrehen, um die Wohnung vorzuwärmen. Wer bei der Abreise in den Winterurlaub vergisst, seine Regler auf Sparflamme zu setzen, kann dies im Auto oder Zug noch nachholen.

- **Heizen nur bei Anwesenheit**. Präsenzmelder signalisieren dem Heizsystem, wenn jemand zu Hause ist. Entsprechend regelt es die Temperatur hoch und beim Verlassen der Wohnung auch wieder herunter. Eine App mit Ortungsfunktion am Smartphone erfüllt denselben Zweck. Allerdings müssen dann alle Familienmitglieder diese App installiert haben und das Mobiltelefon auch mitnehmen, wenn sie das Gebäude verlassen. Sonst funktioniert die automatische Anwesenheitserkennung nicht.
- **Unterbrechung beim Lüften**. Intelligente Heizkörperstellantriebe drehen beim Öffnen des Fensters das Ventil zu. In der einfachen Version erkennt der Thermostatkopf den plötzlichen Temperaturabfall, der durch kalte Luft von draußen entsteht. Die Wärmezufuhr wird dann für eine festgelegte Dauer unterbrochen. Genauer und zuverlässiger arbeiten Regler, die an einen Fensterkontakt gekoppelt sind. Sie beenden die Heizpause erst dann, wenn das Lüften beendet und das Fenster wieder zu ist.

Der kleine Magnetkontakt am gekippten Fensterflügel fällt kaum auf, verhindert aber unnötiges Heizen.

Die intelligente Heizungsregelung von Tado (siehe auch Seite 215) ortet Bewohner über ihr Smartphone. Entfernen sie sich von zu Hause, senkt das System die Temperatur.

- **Lernfähiges System**. Bausubstanz und Isolierung haben großen Einfluss darauf, wie lange ein Raum zum Aufheizen braucht. Die Steuerung ermittelt im laufenden Betrieb diese Zeit bis zum Erreichen der Zieltemperatur und bezieht sie in ihre Heizpläne mit ein. Das System beginnt so entsprechend früher mit dem Aufheizen, damit es zur gewünschten Uhrzeit bereits warm ist.
- **Alternative Zeitpläne**. Ein einziger Heizplan mit Vorgaben für Wochentage und das Wochenende genügt häufig nicht. Schichtarbeiter oder Familien mit schulpflichtigen Kindern, deren Stundenpläne wechseln, müssen es zu unterschiedlichen Zeiten warm haben. Mit Szenarien im Smart Home kein Problem: Die programmierten Temperaturverläufe warten abrufbereit im System. Ein Handgriff genügt, und die Heizung schaltet beispielsweise vom Tagschicht- auf den Nachtschichtbetrieb um.
- **Vorhandene Wärme nutzen**. Jede Heizung besitzt eine gewisse Trägheit. Regelt der Thermostat herunter, dauert es eine Weile,

Viele Heizungshersteller bieten mittlerweile eine smarte Steuerung für ihre Wärmeerzeuger an.

bis die Temperatur sinkt. Wärmequellen wie Sonneneinstrahlung, Personen im Raum oder Geräte mit starker Abwärme können so zu einer Überhitzung des Raumes führen. Eine Steuerung mit Sensoren bezieht diese Faktoren mit ein und drosselt die Heizung frühzeitig. Mit Wetterdaten aus dem Internet lässt sich verhindern, dass eine träge Fußbodenheizung noch aufheizt, während die Warmfront am Horizont bereits heraufzieht.

- **Fernwartung bei Problemen**. Über den Internetzugang der Heizung kann – nach Freigabe durch den Besitzer – ein Servicetechniker auf das System zugreifen und Fehlercodes auslesen. Das spart zusätzlich Anfahrten, weil der Monteur die benötigten Ersatzteile idealerweise mitbringt. Noch besser: Es kommt gar nicht erst zum Heizungsanfall, weil sich die Anlage im Betrieb selbst kontrolliert und bei abweichenden Werten eine Warnmeldung schickt.

Vernetzung ab Werk

Für die Auswahl der Steuerung ist entscheidend, wie die Heizanlage funktioniert. Bezieht sie ihre Energie aus Fernwärme oder befindet sich der Heizkessel direkt im Gebäude? Verfeuert er fossile Brennstoffe oder sind bereits erneuerbare Energien im Spiel? Eine Photovoltaikanlage mit angeschlossener Wärmepumpe benötigt andere Lösungen als die typische Gastherme einer Etagenwohnung.

Im Neubau oder während einer Sanierung sollte das Thema Smart Home deshalb gleich mitgedacht werden. Fast alle Heizungshersteller bieten vernetzbare Geräte an. Sie verfügen über ein internes oder externes Kommunikationsmodul, das die Verbindung zum heimischen Netzwerk herstellt. Meist geschieht dies über WLan oder ein Lan-Kabel. Die Heizung ist dann nicht nur per App erreichbar, sie kann auch Daten mit dem Smart Home austauschen. Vorteil so einer Lösung: Weil der Wärmeerzeuger in die Steuerung mit einbezogen ist, arbeitet er besonders effektiv. Er ändert zum Beispiel die Vorlauftemperatur des Heizkreislaufs abhängig davon, wie viel Wärme die einzelnen Räume benötigen. Eine traditionelle Regelung arbeitet witterungsabhängig und nutzt höchstens einen Sensor im sogenannten Führungsraum. Ist dort die Zieltemperatur erreicht, reduziert der Kessel seine Leistung, obwohl im Bad vielleicht noch Wärme gewünscht wird. Daran ändert auch ein Thermostatventil am Badheizkörper nichts, weil die Vorlauftemperatur in diesem Fall ja nicht mehr hergibt.

Einzelraumregler, die mit dem Erzeuger in Verbindung stehen, lösen dieses Problem: Fordert ein Thermostat Wärme an, dreht der Kes-

Moderne Systeme beziehen auch alternative Heizquellen wie eine Wärmepumpe in ihre Steuerung mit ein.

sel auf. In Räumen ohne Bedarf bleiben die Ventile geschlossen, es wird also nur so viel Heizwasser erwärmt, wie für den Zielraum nötig ist. Manche Hersteller realisieren diesen Informationsaustausch innerhalb ihres eigenen Systems. Vaillant und Viessmann etwa bieten batteriebetriebene Heizkörperregler an, die über Funk mit der Internetschnittstelle im Wärmeerzeuger kommunizieren. Bosch und das Tochterunternehmen Buderus nutzen die Regler des hauseigenen Smart-Home-Systems.

Ansonsten kommt eine Vielzahl von Lösungen für die Automatisierung in Betracht. KNX ist fast immer dabei, aber auch andere bus- und funkbasierte Systeme wie Homematic IP können Heizungsanlagen integrieren. Die jeweils beste Variante ist mit dem Fachbetrieb zu klären, der die Heizung installiert. Denn nicht alle Anlagen sprechen dieselbe Sprache und für manche Hersteller sind Übersetzer vom Heizungsvokabular in den Gebäudewortschatz leichter zu bekommen als für andere. Hier rächt sich, dass die Firmen der Heizungsbranche jahrelang versucht haben, ihre eigenen Steuerprotokolle zu etablieren. Herstellerübergreifende Standards wie OpenTherm hatten in Deutschland keine Chance.

Für den sinnvollen Einsatz erneuerbarer Energien aus Sonnenlicht, aus der Luft oder aus dem Erdreich wäre aber genau so etwas wünschenswert: eine Schnittstelle, die Heizung und Energiegewinnung koppelt. EEBus soll diese Aufgabe übernehmen. Der herstellerübergreifende Kommunikationsstandard verbindet unter anderem Wärmepumpen mit einer Photovoltaikanlage auf dem Dach. So kann das Energiemanagement des Gebäudes (siehe „Energie: Intelligentes Management“, Seite 90) den selbst gewonnenen Strom optimal nutzen. Steht an sonnigen Tagen viel davon zur Verfügung, fließt der Überschuss zum Beispiel in den Warmwasserspeicher. Er heizt sich über die eigentlich nötige Temperatur hinaus auf und kann seine gespeicherte Energie später bei Bedarf wieder abgeben. Vorteil: Das Nachheizen mit teurem Netzstrom in der Nacht fällt weg – oder zumindest deutlich kürzer aus.

Smarte Regler nachrüsten

Soll eine vorhandene Heizung smart werden, entscheiden zwei Faktoren: Wo kommt die Wärme her und wo sind die Regler installiert? In einer Wohnung mit Fernwärme haben Sie normalerweise keinen Einfluss auf die Energiequelle. Das Heizkraftwerk liegt oft kilometerweit entfernt. Nicht viel anders sieht es in einem Mehrfamilienhaus mit Zentralheizung im Keller aus. Hier trennen zwar nur Stockwerke die Verbraucher vom Erzeuger, es gibt aber

Funkgesteuerte Heizkörperventile sind ideal zum Nachrüsten.

trotzdem keine Möglichkeit, die Wärmequelle selbst zu regulieren. Deshalb wird in beiden Fällen die Temperatur am Heizkörper eingestellt. Thermostatventile, die nach Bedarf öffnen und schließen, steuern den Warmwasserdurchfluss. Die ganze Nachrüstung besteht aus dem Austausch dieser Regler gegen smarte, motorbetriebene Exemplare – meist mit Funk und Batterieversorgung.

Eine Basisstation übernimmt die Kontrolle der Thermostatventile und stellt einen Kontakt zum Internet her. Manche Router sind auch selbst in der Lage, solche Regler per Funk zu steuern. Dann entfällt die Zentrale – der schnellste und einfachste Weg zur fernbedienbaren Heizungsregelung.

Etwas anders sieht es in Einfamilienhäusern oder Wohnungen mit eigenem Wärmeerzeuger aus – wenn ein Ölbrenner, eine Gastherme, Pelletheizung oder elektrische Wärmepumpe den Wasserkreislauf temperiert. Hier sind smarte Heizkörperthermostate allein keine Lösung. Der Kessel oder die Therme sollen ja zurückschalten, sobald die gewünschte Gradzahl erreicht ist. Den Befehl dazu erhalten sie traditionell von einem Raumthermostat an der Wand. Deshalb setzen smarte Heizsysteme zum Nachrüsten hier an: Ein vernetzter Thermostat übernimmt die Aufgabe dieses zentralen Reglers und verschafft sich so einen Zugang zur Anlage. Er steuert wie bisher den Brenner, bietet aber zusätzlich alle Vorteile der Fernbedienung. Soll heißen: Zugriff von unterwegs, intelligente Zeitpläne, Anwesenheitserkennung per Smartphone-App und mehr. Oft lässt sich der vernetzte Raumthermostat noch um Exemplare an den Heizkörpern erweitern. Ergebnis ist dann eine Einzelraumregelung wie zuvor beschrieben. Jede Temperaturzone verbraucht nur so viel Energie wie unbedingt nötig.

Und wenn es keine Heizkörper gibt, weil eine Fußbodenheizung das warme Wasser in die Räume bringt? Dann steuern Temperaturfühler stattdessen die Stellantriebe im Heizkreisverteiler. Die Ventile werden elektrisch bewegt, der bestehende Wandregler erhält ein Upgrade als smarter Thermostat. Er muss lediglich auf die Spannung des Systems abgestimmt sein. Es gibt Stellantriebe, die mit 230 Volt arbeiten und welche, die nur 24 Volt vertragen. So lassen sich fast alle wasserführenden Systeme vernetzen. Im Prinzip geht das auch mit elektrischen Fußbodenheizungen, nur dass diese keine Ventile haben. Ihre Heizelemente sind aber elektrische Verbraucher wie andere auch. Das heißt: Sie lassen sich genauso per Smart-Home-Aktor ein- und ausschalten wie ein Stromkreis mit Steckdosen oder die Beleuchtung.

Ob so eine Regelung der Fußbodenheizung sinnvoll ist, hängt auch vom Gebäude ab. Mit ihrer großen Masse reagieren Böden langsamer auf Temperaturänderungen als vergleichsweise kleine Heizkörper. Hoch- und Runterregeln während kurzer Abwesenheit lohnt sich nicht. Schon gar nicht in Effizienzhäusern mit geringem Wärmebedarf. Andererseits kann eine intelligente Steuerung die prinzipielle Trägheit auch ausgleichen. Sie rückt dem Problem

Bei einer Fußbodenheizung sitzen die vernetzten Regler im zentralen Heizkreisverteiler.

Vernetzte Heizungsregler

- **Heizkörperthermostat**
  Ein funkgesteuerter Motor öffnet und schließt das Ventil direkt am Heizkörper. Die Energie zum Betrieb liefern meist Batterien oder Akkus. Vereinzelt gibt es auch Regler mit EnOcean-Technologie, die batterielos arbeiten. Sie nutzen die Temperaturdifferenz zwischen Heizkörper und dem kühleren Raum, um mit einem Thermogenerator elektrischen Strom daraus zu erzeugen.
- **Raumthermostat**
  Der zentrale Regler kann verschiedene Aufgaben haben. Je nach Heizsystem und Installation dient er als Wandthermostat oder zusätzlicher Temperaturfühler im Raum (Bild oben), etwa für Heizkörperregler. Entsprechend variiert auch die Anbindung: Modelle, die einen konventionellen Raumthermostat ersetzen, werden über ihren Kabelanschluss mit 12 bis 230 Volt versorgt. Funksensoren mit Batterie kommunizieren drahtlos.
- **Stellantrieb**
  In einer Fußbodenheizung regulieren elektrische Stellantriebe die Menge an Warmwasser, die den Heizkreislauf durchströmt. Wie am Heizkörper geschieht dies über Ventilbewegungen. Dabei kommen neben Motoren auch elektrothermische Antriebe zum Einsatz: Ihr integriertes Heizelement dehnt sich aus, sobald eine Spannung anliegt, und bewegt so das Ventil. Es gibt Stellantriebe mit 24-Volt- und mit 230-Volt-Anschluss.
- **Kesselsteuerung**
  In einem System mit verkabelten Wandthermostaten regeln diese auch den Wärmeerzeuger. Gastherme, Pelletkessel, Wärmepumpe & Co. erhalten so die Information, wann es Zeit zum Heizen ist. Fehlt der Wandanschluss, können drahtlose Temperaturfühler die Kontrolle übernehmen. Als Gegenstück an der Heizung dient dann eine Anschlussbox, die den Wärmeerzeuger mit der drahtlosen Steuerung verbindet.

vieler Fußbodenheizungen zu Leibe: Es ist entweder zu warm oder zu kalt im Raum, weil der Thermostat erst dann gegensteuert, wenn die eingestellte Gradzahl bereits erreicht ist. Deshalb messen manche Anlagen zusätzlich über Sensoren die Temperatur des zurückfließenden Heizwassers. Aus der Differenz beider Werte lässt sich ableiten, wie viel Wärme der Boden bereits aufgenommen hat. Ein Algorithmus regelt quasi vorausschauend herunter und vermeidet, dass die Temperatur im Raum übers Ziel hinausschießt. Obendrein können Wetterprognosen in die Kalkulation einfließen. Den angekündigten Temperatursturz oder eine aufziehende Warmfront rechnet das System dann gleich mit ein. Es heizt entsprechend mehr oder weniger.

Kühlen nach Bedarf

Angesichts heißer Sommer und langer Hitzeperioden gewinnen Kühlsysteme für Wohngebäude in Deutschland an Bedeutung. Laut Statistischem Bundesamt stiegen die Importe von Klimageräten in den vergangenen zehn Jahren um 40 Prozent. Besonders stark ist der Zuwachs bei Anlagen, die in Gebäuden installiert oder als Standgeräte verwendet werden. Hier betrug das Umsatzplus seit 2010 sogar 72 Prozent. Die beliebten Monoblock-Modelle mit Abluftschlauch verbrauchen vergleichsweise viel Energie. Tests der Stiftung Warentest ergaben für ein Schlaf- oder Arbeitszimmer Stromkosten von teilweise mehr als 1400 Euro über eine Betriebsdauer von zehn Jahren (test 6/2021).

Splitgeräte arbeiten effektiver. Ihre Kühleinheit im Innenraum ist von der außen liegenden Kondensatoreinheit getrennt, es gibt keine Öffnung, durch die warme Luft von draußen nachströmt. Das senkt den Energiebedarf gegenüber Monoblöcken um gut die Hälfte.

Eine intelligente Regelung im Smart Home schadet aber trotzdem nicht. So muss die Klimaanlage nicht durchlaufen, wenn alle das Haus verlassen haben. Fernsteuerung per App bringt die Räume rechtzeitig wieder auf Temperatur. Automatische Jalousien und Rollläden (siehe „Beschattung: Sicht- und Sonnenschutz", Seite 76) sperren an heißen Tagen die Sonne aus – ein paar Grad weniger, gegen die das Kühlaggregat ankämpfen muss. Und Fensterkontakte verhindern, dass während des Lüftens der Kompressor läuft. Im Prinzip kommen alle Smart-Home-Funktionen, die eine Heizung effizienter und komfortabler machen, auch der Klimaanlage zugute.

Da Monoblock- und Splitgeräte häufig über eine Infrarotfernbedienung verfügen, bietet sich dieser Weg für die Steuerung an: Ein sogenannter IR-Transmitter schaltet das Gerät ein und wieder aus. Der Sender kann in einen smarten Raumthermostat integriert sein, wie das bei Sensibo und Tado der Fall ist. Alternativ kommen auch Steuerzentralen wie die AIO-Gateways von Mediola (siehe Seite 233) als Signalgeber infrage. Teilweise funktionieren solche Verbindungen nur als Einbahnstraße. Das Klimagerät gibt dann keine Rückmeldung, in welchem Betriebszustand es sich befindet. Mit speziellen Transmittern – etwa von Intensis aus Schweden – und dem passenden Smart-Home-System klappt das aber sehr wohl. Klimaanlagen vieler namhafter Marken lassen sich außerdem mit WLan-Modulen steuern oder per Gateway in ein Bussystem wie KNX integrieren.

In Heizsystemen mit Wärmepumpe gibt es noch eine dritte Möglichkeit: Bei richtiger Auslegung kann der Heizkreislauf die Wohnung nicht nur wärmen, sondern auch kühlen. Es strömt dann kaltes Wasser durch die Rohre und senkt die Raumtemperatur. Elektrische Wärmepumpen arbeiten bekanntlich nach dem Kühlschrankprinzip: In einem geschlossenen Kreislauf verdampft flüssiges Kältemittel und entzieht seiner Umgebung Wärme. Ein Kompressor verdichtet und verflüssigt das Gas, wobei die zuvor aufgenommene Energie wieder frei wird. So transportiert die Pumpe normalerweise Wärme aus der Umwelt – etwa aus dem Erdreich oder der Luft – ins Gebäude hinein. Schaltet das System seine Arbeitsrichtung um, befördert es überschüssige Wärmeenergie hinaus. Besonders effektiv geht das mit Erdwärmepumpen, weil in 50 Metern Tiefe ganzjährig eine gleichbleibende Temperatur von rund 10

Heizen und Kühlen mit einer Sole-Wasser-Wärmepumpe

Mithilfe von Erdwärmesonden in etwa 100 Metern

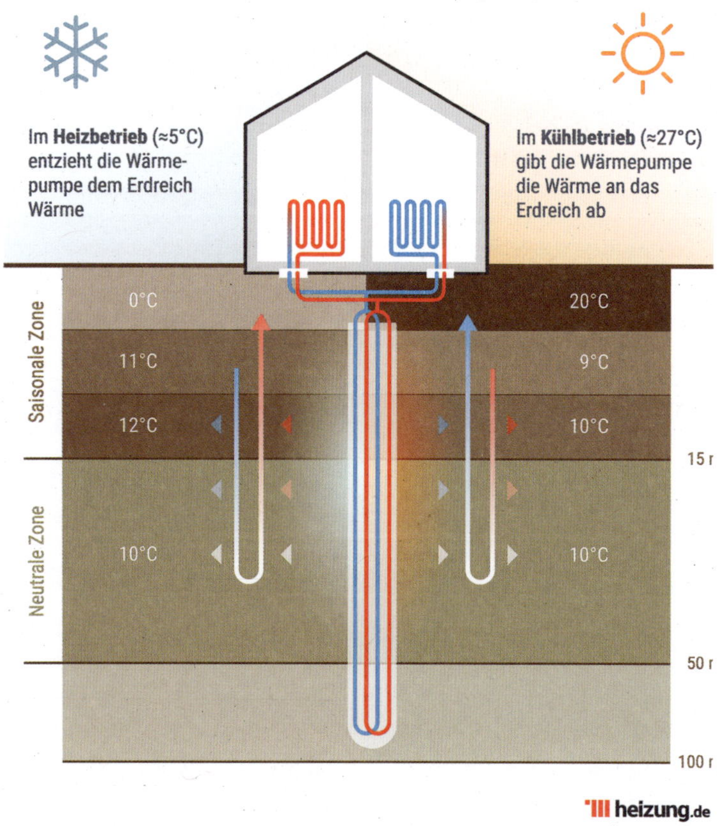

Smarte Systeme können vor schlechter Luftqualität warnen (links). Mit einer vernetzten Lüftungsanlage ergreifen sie auch gleich Gegenmaßnahmen (rechts).

Grad herrscht (siehe Abbildung links). Die Kühlung im Gebäude können dann Gebläse, eine Fußbodenheizung oder andere wasserdurchströmte Flächen an der Wand und Decke übernehmen. Traditionelle Heizkörper sind von ihrer Konstruktion her ungeeignet. Vor allem aber nutzt so ein System ganzjährig dieselben Messsensoren. Ist die Heizung im Winter smart, gilt das für die Kühlfunktion im Sommer genauso.

Automatisch frische Luft

Neben der Raumtemperatur entscheidet die Qualität der Luft über unser Wohlbefinden. Ist die Luftfeuchtigkeit im Zimmer zu gering, was vor allem im Winter mit laufender Heizung passiert, drohen Atemwegsinfekte. Liegt sie zu hoch, steigt die Gefahr von Schimmel im Gebäude. Mehr als 12 000 Liter Luft atmet der Mensch pro Tag ein und aus – im Ruhezustand wohlgemerkt, ohne sich anzustrengen. Dabei entstehen Wasserdampf und Kohlendioxid, ein Gas, das schläfrig macht und die Konzentration beeinträchtigt. Hinzu kommen andere flüchtige organische Verbindungen, sogenannte VOCs = Volatile Organic Compounds, die aus Lösungsmitteln, Lacken, Möbeln oder Kunststoffen ausdünsten. In hoher Konzentration können sie zu Reizungen der Augen oder der Schleimhaut von Nase und Rachen führen. Auch Kopfschmerzen und Schwindel wurden als Symptome schon beobachtet.

Langer Rede, kurzer Sinn: Lüften tut Not. Das war bereits vor der Corona-Pandemie so, aber infektiöse Aerosole liefern ein weiteres Argument für den Durchzug. In modernen Gebäuden mit Vollwärmeschutz und gut abgedichteten Fenstern kann mangelnder Luftaustausch zum Problem werden. Sie stehen im Ruf, Schimmel zu begünstigen. Allerdings liegt das nicht an der Isolierung selbst – richtig gedämmte Wände neigen sogar weniger zum „Schwitzen" als ungedämmte – sondern am hermetischen Abschluss. In einem unsanierten Altbau zieht es immer irgendwo. Undichte Fenster oder Ritzen in der Außenhülle sorgen dafür. Diese Zwangsbelüftung fehlt in energieeffizienten Gebäuden, sie sind dicht wie eine Thermoskanne. Bewohner müssten deshalb eigentlich mehrmals am Tag die Fenster öffnen und stoß-

Eine Lüftungsanlage sorgt in energieeffizienten Neubauten für den nötigen Luftaustausch – und kann aus der Abluft Wärme zurückgewinnen.

lüften. Keine leichte Aufgabe in einem Haushalt mit Berufstätigen, die viel außer Haus sind.

Wer ein energieeffizientes Haus errichtet, plant die Lüftungsanlage deshalb am besten gleich mit ein. Für Neubauten und viele Sanierungen ist ein Lüftungskonzept nach DIN 1946–6 ohnehin vorgeschrieben. Es prüft unter anderem, ob die natürliche Belüftung für den Feuchteschutz ausreicht. Eine Wärmerückgewinnung verhindert, dass teure Heizenergie verpufft und ins Freie geblasen wird. Ein spezieller Wärmetauscher nimmt Wärme aus der Abluft auf und führt sie der frischen Luft von draußen wieder zu. Gegenüber einer traditionellen Fensterlüftung sollen sich damit 20 bis 30 Prozent Energie sparen lassen, versprechen die Hersteller. Allerdings steigen auch die Kosten: Eine Wärmerückgewinnung verteuert die Lüftungsanlage ungefähr ums Doppelte. Für ein Einfamilienhaus sind zwischen 5 000 und 8 000 Euro zu veranschlagen. Beim nachträglichen Einbau hängt der Preis nicht zuletzt vom Sanierungsaufwand ab: Wie viel haben Maurer, Elektriker und Maler zu tun, bis alles wieder schön aussieht?

Es gibt zentrale und dezentrale Ventilatoren, ins Dachfenster integrierte Lüfter und Systeme mit Filter, die vor Pollen oder Luftschadstoffen schützen. Eine detaillierte Beschreibung würde den Rahmen dieses Buches sprengen. Laut DIN 1946–6 muss der Mindestluftwechsel für den Feuchteschutz auch ohne Zutun der Hausbewohner sichergestellt sein. Schon der ganz normale Alltag mit Kochen und Freunden zu Besuch erfordert aber zusätzliches Lüften. Das kann klassisch durch Öffnen der Fenster geschehen oder über eine Steuerung der Belüftungsanlage. In beiden Fällen kommt das Smart Home mit seinen Sensoren zu Hilfe. Verschiedene Arten von Messfühlern kontrollieren die Luftqualität im Raum:

- **CO-Sensoren** warnen vor hochgiftigem Kohlenstoffmonoxid. Das geruch- und geschmacklose Gas entsteht bei unvollständiger Verbrennung von Kohlenstoff (C) – etwa im Kamin, in Grills oder anderen offenen Feuerstellen. Auch Heizkessel und Gasthermen können Kohlenmonoxid produzieren, wenn bei der Verbrennung nicht genügend Sauerstoff (O_2) zur Verfügung steht. Das unfertig oxidierte Molekül bindet sich beim Einatmen an das körpereigene Protein Hämoglobin und blockiert so den Sauerstofftransport im Blut. Eine Vergiftung kann zum Tod durch Ersticken führen, in niedriger Konzentration verursacht Kohlenstoffmonoxid Symptome wie Schwindel oder Kopfschmerzen.
- **CO_2-Sensoren** messen den Kohlenstoffdioxidgehalt der Raumluft. Die Einheit dafür heißt ppm oder parts per million (Teile pro Million). Sie gibt an, wie viele Teile Kohlendioxid auf eine Million Luftmoleküle kommen. Der natürliche Wert liegt bei etwa 410, also hat Atemluft normalerweise einen CO_2-Gehalt von 410 ppm. Lange Zeit galt die Empfehlung, 1 000 ppm in Räumen nicht zu überschreiten. Der Münchner Chemieprofessor und Hygieniker Max von Pettenkofer hat diesen Grenzwert 1858 in seinem Buch „Über den Luftwechsel in Wohngebäuden" aufgestellt. Er wurde 2008 vom Bundesumweltamt präzisiert und erweitert. Kohlenstoffdioxidkonzentrationen unter 1 000 ppm gelten heute als „hygienisch unbedenklich", Werte zwischen 1 000 und 2 000 ppm als „auffällig" und darüber als „inakzeptabel". Spätestens dann sollte also gelüftet werden. Mit Auftauchen des Sars-CoV-2-Virus im Jahr 2020 bekamen CO_2-Sensoren noch ei-

ne weitere Bedeutung: Das Gas kann indirekt als Indikator für Aerosole dienen, weil Infizierte es zusammen mit den winzigen Tröpfchen ausatmen. Je mehr Kohlendioxid in der Luft, desto größer auch die Gefahr einer Infektion durch Aerosole.

- **VOC-Sensoren** reagieren auf flüchtige organische Verbindungen (volatile organic compounds). Der Begriff fasst verschiedene Substanzen zusammen, von Kohlenwasserstoffen über Alkohole bis hin zu organischen Säuren. Sie kommen praktisch in jeder Raumluft vor und entstehen beispielsweise, wenn Lösungsmittel verdunsten. Fußbodenbeläge, Wand- und Deckenmaterialien können VOCs abgeben, Möbel und die Kunststoffgehäuse moderner Elektrogeräte ebenfalls. Eine weitere Quelle sind Reinigungsmittel und Pflegeprodukte, Tabakrauch und sogar der menschliche Körper. Normalerweise ist die Konzentration sehr gering und gesundheitlich unbedenklich. In höherer Dosierung können neben Geruchsbelästigung aber auch Unwohlsein und Reizungen der Augen oder Atemwege entstehen.
- **Luftfeuchtesensoren** helfen, ein optimales Raumklima herzustellen. Sie messen den Wasserdampf in der Luft. Dabei kommt es nicht auf die Menge in Gramm pro Kubikmeter an, das wäre der absolute Wert, sondern auf die relative Luftfeuchtigkeit in Prozent. Denn die Aufnahmefähigkeit schwankt mit der Temperatur. Warme Luft kann mehr Wasser speichern als kalte. 50 Prozent relative Feuchte bedeuten, dass sich die Hälfte des möglichen Wasserdampfgehalts in der Luft befindet. Trifft eine mit Dampf gesättigte wärmere Luft auf kalte Flächen, etwa eine schlecht gedämmte Außenwand im Winter, kühlt sie ab und das Wasser kondensiert schlimmstenfalls an der Innenseite der Wand. Um Schimmel zu vermeiden, sollte die relative Luftfeuchte möglichst unter 65 Prozent liegen. Für Wohnräumen gelten 40 bis 60 Prozent als optimal.
- **Feinstaubsensoren** zeigen vor allem Stadtbewohnern an stark befahrenen Straßen, wie hoch die Belastung ihrer Atemluft ist. Die winzigen Partikel (zwischen 0,1 und 10 Mikrometer Durchmesser) haben während der Dieseldebatte einige Bekanntheit erlangt. Sie entstehen nicht nur bei der Verbrennung in Motoren, Heizungs- und Industrieanlagen. Auch Bremsen- und Reifenabrieb und aufgewirbelter Staub von der Straßenoberfläche tragen zur Feinstaubbelastung bei. Eine Messung hilft zu entscheiden, wann der beste Zeitpunkt zum Lüften ist und wann die Fenster besser geschlossen bleiben. Übersteigt die Konzentration im Innenraum bestimmte Werte, können Luftreiniger den Staubpartikeln entgegenwirken.
- **Radonsensoren** gehören zu den eher ungewöhnlichen Messgeräten im Smart Home. Sie spüren das radioaktive Gas Radon auf, das je nach Region unterschiedlich stark aus dem Erdreich aufsteigt. Über den Keller kann es ins Gebäude gelangen und sich dort anreichern, wenn nicht genügend Luftaustausch stattfindet. Atmet man Radon und seine Zerfallsprodukte wie Polonium, Wismut und Blei über längere Zeit in höherer Konzentration ein, steigt die Gefahr, an Lungenkrebs zu erkranken. Als Gegenmaßnahme empfiehlt sich in betroffenen Gegenden das gründliche Abdichten von Türen, Heizungs- und Wasserleitungen zum Keller – und natürlich regelmäßiges Lüften.

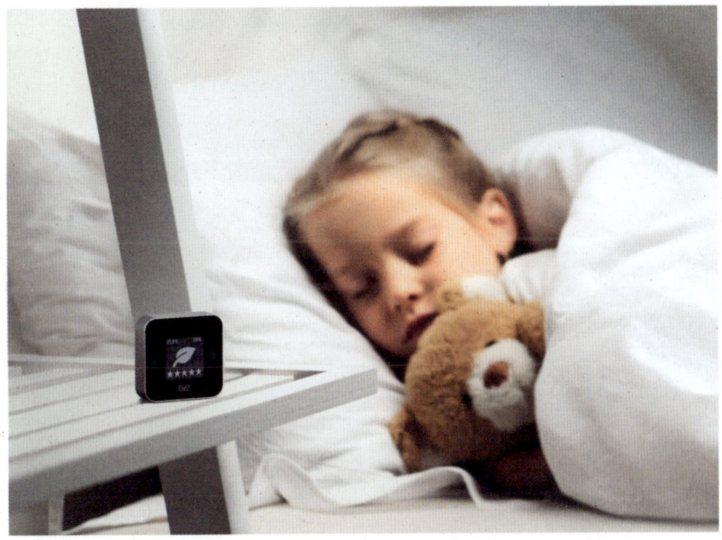

Batterbetriebene Luftsensoren sind beweglich und lassen sich dort aufstellen, wo sie benötigt werden.

ENERGIE: INTELLIGENTES MANAGEMENT

Das Kommunikationsmodul mit Netzwerkanschluss (links) verwandelt den digitalen Stromzähler (rechts) in ein intelligentes Messystem (iMSys).

Ob Smart Home oder nicht: In den nächsten Jahren bekommen alle Haushalte in Deutschland einen digitalen Stromzähler. Das Gesetz zur Digitalisierung der Energiewende (GDEW) sieht den flächendeckenden Austausch bis spätestens 2032 vor. Im Neubau und bei umfangreichen Renovierungsmaßnahmen müssen Messstellenbetreiber sofort einen digitalen Zähler einbauen. Der Stromkunde kann sich nicht dagegen wehren, er bezahlt aber für den Betrieb eine jährliche Gebühr.

Wie hoch die Kosten sind, hängt unter anderem vom Zählertyp ab. Es gibt zwei Kategorien: reine Stromzähler, im Gesetz moderne Messeinrichtung (mMe) genannt, und die vernetzte Variante, das intelligente Messsystem (iMSys). Für Modelle der ersten Gruppe dürfen die Betreiber maximal 20 Euro im Jahr verlangen, und zwar unabhängig vom Verbrauch. Der Höchstbetrag ist gesetzlich festgelegt. Bei intelligenten Messsystemen gibt es ebenfalls Obergrenzen, allerdings gestaffelt. Sie richten sich nach dem Stromverbrauch, der Leistung einer installierten Solaranlage und anderen Faktoren. Die Spanne reicht dabei von 23 bis über 100 Euro.

Wichtig: Wer den Zählereinbau freiwillig selbst beauftragt oder einen anderen als seinen zuständigen Messstellenbetreiber wählt, bezahlt unter Umständen deutlich mehr. Denn in so einem Fall ist das Unternehmen an keine Obergrenzen gebunden.

Was ist ein Smart Meter?

Digitale Zähler bringen für die Gebäudeautomatisierung zunächst einmal nichts. In ihrer einfachen Ausführung als moderne Messeinrichtung sammeln sie zwar Verbrauchsdaten und speichern diese bis zu zwei Jahre lang im Gerät. Die Werte bleiben aber dort gefangen und müssen wie bei einem herkömmlichen, analogen Stromzähler abgelesen werden. Erst ein Kommunikationsmodul verwandelt den Zähler in ein intelligentes Messsystem, besser bekannt als Smart Meter.

Das Kommunikationsmodul heißt Smart Meter Gateway (SMG) und verbindet den Messpunkt zu Hause im Zählerschrank mit einem Datennetzwerk. Nicht selten stellt ein Lan-Kabel den Kontakt zum heimischen Router her. Es gibt aber auch Gateways, die Mobilfunk (GPRS/LTE) oder Powerline-Technik (PLC) verwenden. Der Stromzähler sendet und empfängt damit Daten in beide Richtungen. Er überträgt zum Beispiel Verbrauchswerte an den Energieversorger und erhält von dort Informationen zu den Kosten. Über ein Onlineportal oder eine App des Stromanbieters lassen sich die Daten einsehen. Alle Übertragungen finden

Für Haushalte mit einer Wallbox zum Laden von Elektroautos ist ein Smart Meter verpflichtend.

verschlüsselt statt und die Technik muss vom Bundesamt für Sicherheit in der Informationstechnik (BSI) zertifiziert sein. Das soll Horrorszenarien ausschließen, wie sie der österreichische Autor Marc Elsberg in seinem Technik-Thriller „Blackout" (2012) beschrieben hat. Intelligente Zähler spielen darin eine Hauptrolle: Von Hackern manipuliert, bringen sie das europäische Stromnetz zum Absturz.

Anders als digitale Zähler, sind Smart Meter nicht für alle Haushalte vorgeschrieben. Eine Verpflichtung besteht nur

- wenn der Jahresstromverbrauch 6 000 kWh und mehr beträgt.
- wenn der Haushalt verringerte Netzentgelte für eine steuerbare Verbrauchseinrichtung vereinbart hat. Darunter fallen zum Beispiel Wärmepumpen oder Wallboxen für Elektroautos.
- wenn im Haushalt ein eigener Stromerzeuger, also etwa eine Photovoltaikanlage, mit mindestens 7 Kilowatt Leistung installiert ist.

Allerdings gibt das Gesetz dem Messstellenbetreiber weitgehende Freiheiten, über den Einbau selbst zu entscheiden. So kann er auch bei niedrigerem Jahresverbrauch oder einer kleineren Solaranlage die Installation anordnen. In solchen Fällen ist die Entscheidung für den Stromkunden bindend. Er muss sie akzeptieren.

Vorteile vernetzter Zähler

Was bringt nun ein Smart Meter in der Praxis – außer höheren Betriebskosten? Die gestiegene Grundgebühr müssen Haushalte ja erst wieder hereinsparen. Darum geht es im Gesetz zur Digitalisierung der Energiewende aber nur in zweiter Linie. Zunächst einmal bildet es die Grundlage für eine neue Energiepolitik. Kohle- und Atomausstieg sind beschlossene Sache, erneuerbare Energien treten an ihre Stelle. Das funktioniert mit den bisherigen Stromnetzen nicht. Sie kennen nur eine Richtung: vom Erzeuger zum Verbraucher. Ähnlich wie eine Wasserleitung transportieren sie elektrische Energie in die Haushalte. Konventionelle Kohle- oder Gaskraftwerke sorgen dafür, dass immer genug Druck auf der Leistung ist. Bei steigendem Bedarf, etwa am Morgen oder Abend, regeln sie entsprechend nach.

Erneuerbare Energien lassen sich aber nicht dosieren wie ein fossiler Brennstoff. Sie fließen

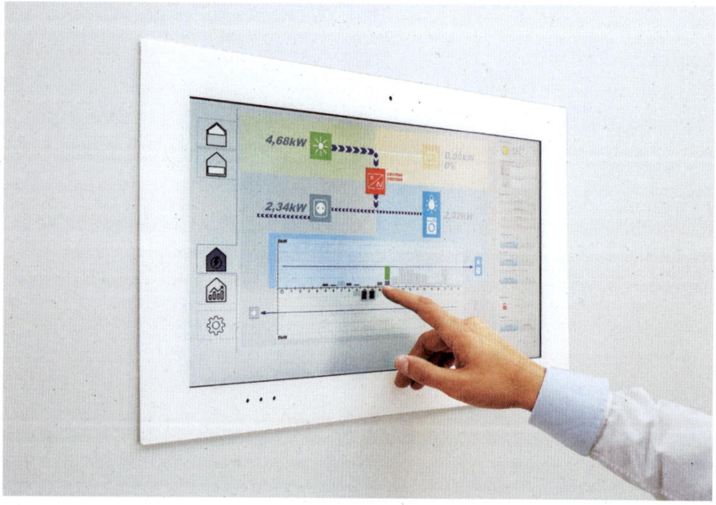

Gebäude mit Solaranlage sind prädestiniert für ein Energiemanagement. Fertighausanbieter wie Weber bieten solche Lösungen auch schlüsselfertig an.

dann, wenn der Wind weht oder die Sonne scheint. Nachts und bei Flaute steht weniger zur Verfügung als unter optimalen Bedingungen. Dumm, wenn gerade dann die Bürger anfangen, Wäsche zu waschen oder ihre Elektroautos zu laden. Die Lösung ist ein intelligentes Netz, in dem alle Teilnehmer – Stromerzeuger, Stromspeicher und Stromverbraucher – miteinander kommunizieren. Smart Grid heißt dieses Gitter (engl. Grid) und Smart Meter sind ein wesentlicher Bestandteil davon. Mit ihrer Hilfe soll es künftig möglich sein, überschüssige Energie in den Akkus von Elektrofahrzeugen zu parken, bis sie abgerufen wird. Oder der Warmwasserspeicher legt tagsüber ein paar Grad zu, um nachts weniger heizen zu müssen.

Hersteller wie Miele bieten Hausgeräte an, die mit Smart-Start-Funktion automatisch loslegen, wenn der Strom günstig ist.

Das Ziel: Netzbetreiber und Energieversorger sollen ihre Infrastruktur besser auslasten können. Das Smart Grid hilft, Überlastungen und Engpässe zu vermeiden.

Was Verbraucher davon haben? Wenn alles kommt wie geplant, sollen sie auf verschiedene Weise profitieren. Zuallererst sorgt ein Smart Meter für mehr Kostentransparenz. Die Stromrechnung ist kein Überraschungspaket mehr, das nur einmal pro Jahr geöffnet wird. Wer mag, kann seinen Verbrauch pro Woche, Tag oder Stunde nachvollziehen. Manche Analyseprogramme zeigen ihn auf die Minuten genau an. Apps oder Onlineportale stellen die Daten in Diagrammform dar. Algorithmen können Geräte wie den Kühlschrank oder die Waschmaschine anhand ihrer Verbrauchsmuster identifizieren und einzeln ausgeben. So lassen sich Stromfresser auch ohne zusätzliche Messgeräte an der Steckdose erkennen. Im Idealfall genügt ein Blick in die App, um unterwegs zu sehen, ob der Backofen noch an ist.

Smarte Stromzähler sind eine Möglichkeit, vergünstigte Stromtarife, etwa zum Laden von Elektroautos, zu bekommen. Die Ladestation erhält dabei ihren eigenen Zähler und wird als „steuerbare Verbrauchseinrichtung" behandelt. Das heißt: Der Netzbetreiber kann die Stromzufuhr zur Wallbox unterbrechen, wenn es der Netzstabilität dient. Vormittags oder am frühen Abend, wenn der allgemeine Verbrauch sowieso ansteigt, ist dann zum Beispiel kein Laden möglich. Theoretisch geht das auch mit Wärmepumpen und Batteriespeichern. Solche Verbraucher können laut Energiewirtschaftsgesetz (EnWG, §14a) ebenfalls „netzdienlich" sein; das heißt, mit entsprechender Steuerung die alltäglichen Schwankungen im Stromnetz ausgleichen.

Ein weiterer Vorteil, der bis dato an der Technik scheiterte, sind variable Stromtarife. Die Preise am Energiemarkt schwanken bekanntlich stark. Scheint die Sonne und weht der Wind kräftig, können sie an der Leipziger Strombörse, wo Energie aus Deutschland, Österreich und Frankreich gehandelt wird, auch mal in den negativen Bereich fallen. Private Stromkunden profitieren davon in der Regel nicht, weil sie feste Kilowattpreise in ihren Verträgen stehen haben. Mit einer stundengenauen Abrechnung per Smart Meter bezahlt man dagegen nur so viel wie nötig. Erste Anbieter wie Awattar bieten solche variablen Tarife an. Ein Guthaben ist damit aber trotzdem nicht zu erwarten. Der deutsche Strompreis setzt sich aus mehreren Einzelbeträgen zusammen: Zum Kilowattpreis von der Strombörse kommen noch Kosten wie Grundgebühren, Netzentgelte und die Ökostromzulage. Das schränkt den variablen Anteil stark ein, unterm Strich kann die Summe niemals null werden.

Ob am Ende eine Ersparnis herauskommt – und wie hoch diese ausfällt – hängt vom Verbrauchsverhalten ab. Gelingt es, energieintensive Tätigkeiten im Haushalt auf Zeiten zu verschieben, in denen der Strom günstig ist? Sogenannte Day-ahead-Preise helfen dabei. Mit ihnen teilt der Energieversorger seinen Kunden den zu zahlenden Strompreis bereits einen Tag vor Lieferung mit (a day ahead). So können diese ihre elektrischen Verbraucher entsprechend programmieren. Das ist vergleichbar mit einer Waschmaschine, die mit billigem Nachtstrom läuft, nur, dass der Sparbetrieb eben zu ganz unterschiedlichen Tageszeiten stattfindet.

Spätestens hier kommt die Gebäudetechnik ins Spiel. Vernetzte Hausgeräte sind für solche Aufgaben prädestiniert, weil ihnen die Fernsteuerung quasi in die Wiege gelegt ist. „Smart Start"-fähige Modelle eignen sich besonders, weil sie nicht nur auf Timer reagieren, die von Hand eingestellt werden müssen. Geschirrspüler, Waschmaschinen oder Trockner mit der Funktion legen automatisch los, wenn etwa die Photovoltaik-Anlage auf dem Dach genügend Energie liefert. Ziel der Aktion: den Eigenverbrauch zu steigern. Damit kein selbst produzierter Strom ins öffentliche Netz fließt, der später teuer zurückgekauft werden muss. Denn während die öffentliche Kilowattstunde aktuell etwa 30 Cent kostet, bekommen Selbstversorger fürs Einspeisen weniger als 8 Cent (Stand: Mai 2021). Jeder Rückkauf bedeutet also über 20 Cent Verlust. Aus demselben Grund sollte eine E-Auto-Ladestation ebenfalls in das System integriert werden – und zuerst die Energie vom Dach verbrauchen, ehe sie das öffentliche Netz anzapft. Im Ein- oder Zweifami-

Ein Energiemanager überwacht zum Beispiel die Ladefunktion des Batteriespeichers – wie diese Software von My-Gekko.

lienhaus entsteht so ein privates, kleines Smart Grid, das Angebot und Nachfrage unter den beteiligten Geräten aushandelt.

Gestatten: Energiemanager

Die Kontrolle im privaten Stromnetz übernimmt ein Energiemanager. Damit ist jedoch kein neuer Ausbildungsberuf für Elektroingenieure gemeint. Auch Familienmitglieder müssen keine Schulung absolvieren, um das heimische Kraftwerk zu bedienen. Der Energiemanager ist ein Stück Hardware oder Software, das den Stromfluss überwacht und in die gewünschten Bahnen lenkt.

Je nach Anbieter und Lösung erfüllt er diese Aufgabe von verschiedenen Positionen aus. Es gibt Energiemanager in Form von Hutschienen-Modulen für den Verteilerkasten. Andere Hersteller lassen ihn als Software auf einer Smart-Home-Zentrale laufen. Seine Hauptaufgabe besteht in der Priorisierung: Wohin mit dem überschüssigen Strom, wenn die PV-Anlage zu viel davon produziert? In einem möglichen Szenario wären vielleicht zunächst die Hausgeräte dran. Sind sie versorgt, fließt der Strom in die Wärmepumpe. Und wenn dann immer noch genügend übrig ist, befüllt er zu guter Letzt den Batteriespeicher. Clevere Lösungen berücksichtigen außerdem Terminwünsche der Bewohnerinnen und Bewohner. Soll die Wäsche zu einer bestimmten Uhrzeit fertig

Ein Balkonkraftwerk liefert Solarenergie auch ohne Photovoltaikanlage auf dem Dach. Hersteller wie EET bieten solche Module an.

sein, kalkuliert der Energiemanager die Programmdauer mit ein und startet die Maschine automatisch mit der Energiequelle, die zum entsprechenden Zeitpunkt am günstigsten ist.

So eine Installation gibt es nicht von der Stange. Wie die Solaranlage oder Wärmepumpe muss das Energiemanagement individuell geplant werden. Der Fachmann kümmert sich dabei auch um die Schnittstellen. Mit EEBus steht ein Protokoll für die übergreifende Steuerung zur Verfügung. Es kann theoretisch alle Bereiche kontrollieren, die an der Energieerzeugung, der Speicherung und am Verbrauch beteiligt sind – von der Solaranlage über Hausgeräte bis zur Wallbox für Elektroautos. Der EEBus wird zudem von namhaften Elektrizitätsversorgern und Verbänden der Energiewirtschaft unterstützt. Schnittstellen zu professionellen Gebäudesystemen wie KNX und Loxone gibt es ebenfalls. Allerdings sprechen nicht alle Geräte die EEBUS-Sprache. Viele Wärmepumpenhersteller und Anbieter von Batteriespeichern etwa arbeiten noch mit dem etablierten Modbus – Details, die der Fachhandwerker kennt und bei seiner Planung berücksichtigen muss.

Sonderfall Balkonkraftwerk

Steckerfertige PV-Anlagen, auch Mini-Solaranlage oder Balkonkraftwerk genannt, haben in den vergangenen Jahren einen kleinen Boom erlebt. Europaweit dürften mehrere Hunderttausend davon im Einsatz sein. Sie stellen eine einfache und preisgünstige Möglichkeit dar, tagsüber einen Teil des Grundbedarfs zu decken, der durch Internetrouter, Heizungspumpen und Stand-by-Geräte entsteht. Bei entsprechender Ausrichtung – idealerweise nach Süden – und gutem Licht können einige Hundert Watt zusammenkommen. Genug, um Handys und Notebooks zu laden oder die Smart-Home-Zentrale zu betreiben. Dem Ertrag stehen Anschaffungskosten ab etwa 400 Euro gegenüber. Für viele Balkonkraftwerker macht sich dieser Betrag aber schon dadurch bezahlt, dass sie selbst einen Beitrag zur Energiewende leisten.

Wie viele Kilowattstunden im Jahr voraussichtlich zusammenkommen, lässt sich mit Onlinetools wie PV*SOL von Valentin-Software bereits vor der Installation ausrechnen. Die Ausbeute hängt unter anderem vom geografischen Breitengrad, dem Winkel der PV-Module und der Verschattung am Installationsort ab. 300 bis 500 kWh sind in Deutschland aber durchaus möglich – macht bei 100 Prozent Eigenverbrauch etwa 100 bis 150 Euro weniger auf der jährlichen Stromrechnung.

Das Grundprinzip solcher Anlagen: Ein Solarpaneel am Balkon, an der Hauswand oder auf dem Garagendach erzeugt Strom, der über ein 230-Volt-Kabel mit Stecker direkt ins heimische Netz fließt. Früher wurde dafür die normale Schukosteckdose verwendet. Problem: Liegen die beiden Metallstifte des Steckers nicht sehr eng an der Einsteckbuchse an, können Funken fliegen und Lichtbögen mit hohen Temperaturen entstehen. Im schlimmsten Fall kommt es zum Brand. Deshalb gibt es mittlerweile eine VDE-Norm, die besondere Energiestecker vorsieht. Ihre abgeschirmten Kontakte minimieren die Gefahr von Stromschlägen und Bränden. Bislang ist nur ein Modell der Firma Wieland zertifiziert, weitere sollen folgen. Es gibt noch mehr zu beachten: So müssen PV-Anlagen in Deutschland beim zuständigen Netzbetreiber und im Marktstammdatenregister für den Strom- und Gasmarkt angemeldet werden. Solange die Leistung unter 600 Watt liegt, können Sie das selbst erledigen.

Zusätzliche Vorgabe: Der Zähler darf unter keinen Umständen rückwärts laufen, sollte ein Stromüberschuss von daheim ins öffentliche Netz geraten. Wer trotzdem einen nicht-rücklaufgesperrten Stromzähler einsetzt, verstößt gegen die Stromnetzzugangsverordnung (StromNZV), die Niederspannungsanschlussverordnung (NAV) und das Steuerrecht. Eventuell wird also ein Zählertausch fällig, der zusätzliche Kosten verursacht. Und damit die Hausleitung im Falle eines Kurzschlusses nicht überlastet wird, sind manchmal auch noch die Sicherungen anzupassen. In der Regel sollte also ohnehin ein Elektriker kommen, um alles zu überprüfen.

Wie Besitzer solcher Minikraftwerke berichten, hat ihre Installation einen überraschend disziplinierenden Effekt. Die Selbstversorger befällt ein besonderer Ehrgeiz bei dem Versuch, den gewonnenen Strom möglichst effektiv zu nutzen. Kein Watt soll verschwendet, der Stand-by-Verbrauch des Hauses weitestgehend gesenkt werden. Dabei kommen schaltbare Steckdosen und andere Smart-Home-Tricks zum Einsatz (siehe „Steckdosen: schalten und messen", Seite 72). Der direkte Anschluss an eine Gebäudesteuerung ist oft nur mit Hilfsmitteln möglich. So können etwa Zangen-Amperemeter den Energiefluss am Kabel des Balkonkraftwerks messen. Liefert die Anlage Strom, schaltet das Smart Home den Luftreiniger oder die Ladesteckdose fürs Notebook ein.

Energiemesser zum Nachrüsten

Auch ohne Zählertausch lässt sich der Energieverbrauch im Haushalt erfassen – um die Daten auf einem Display anzuzeigen oder als Auslöser in Smart-Home-Automationen zu verwenden. Energiezähler für den Verteilerkasten machen es möglich. Drei Messmethoden stehen zur Wahl:

- **Energiezähler für die Hutschiene** werden vom Fachmann im Verteilerkasten installiert. Sie sind dem eigentlichen Stromzähler nachgeschaltet und messen den Verbrauch im Haus. Es gibt Modelle mit einer integrierten Bus-Schnittstelle zu KNX oder anderen Standards wie M-Bus oder Modbus. Über diesen Anschluss ist so ein Energiemesser dann auch in andere Gebäudesysteme wie zum Beispiel Loxone integrierbar.

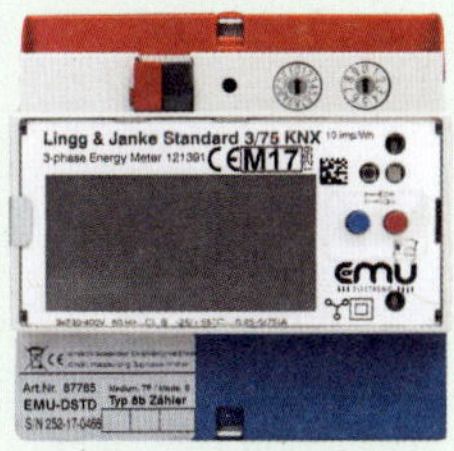

- **Kontaktlose Strommesser** umschließen die 230-Volt-Leitung, ohne elektrisch eine Verbindung herzustellen. Sie sind wie eine Zange geformt (Zangen-Amperemeter) oder als Ring ausgeführt, der die Leitung umgibt (Rogowski-Spule). Das Funktionsprinzip ist in beiden Fällen ähnlich: Fließt Strom durch die Leitung, entsteht ein magnetischer Fluss beziehungsweise eine Spannung im Messgerät. Daraus lässt sich der Verbrauch in Watt und Kilowattstunden errechnen.

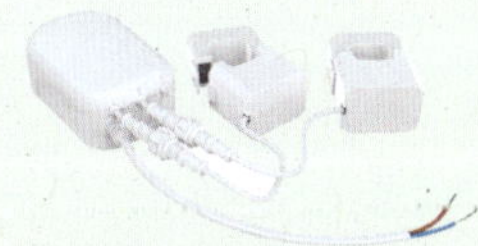

- **Optische Sensoren** lesen den Verbrauch direkt am Zähler ab. Digitale Stromzähler verfügen über eine Infrarotschnittstelle, die unsichtbare Lichtblitze aussendet. Darin enthalten sind komplette Datensätze, die neben dem Zählerstand noch weitere Informationen wie Spannung und Strom für jede Phase liefern können. Ein Optokopf nimmt diese Daten von der Info-DSS-Schnittstelle ab und übermittelt sie an das Smart Home – oder an einen Cloud-Dienst im Internet.

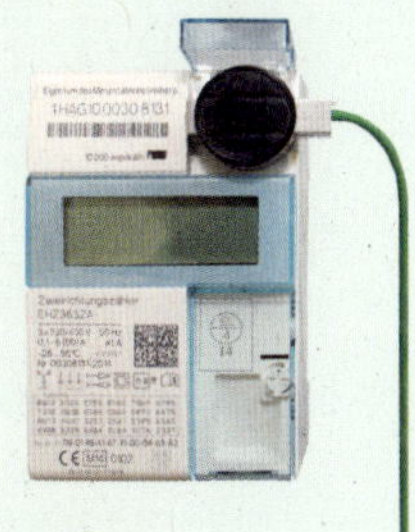

BAD UND SANITÄR: VERNETZTES WASSER

Wenn vom smarten Badezimmer die Rede ist, dann kommt früher oder später die Sprache aufs WC. High-Tech-Toiletten sind so etwas wie die Technologieträger im Nassbereich. Ausgestattet mit Sitzheizung, Luftfilter, Fernbedienung und indirekter Beleuchtung erinnern manche Modelle eher ans Cockpit einer Luxuslimousine als an das stille Örtchen von einst. Und die Hersteller arbeiten bereits an neuen Extras. Wenn es nach ihnen geht, soll das vernetzte Klo der Zukunft automatisch die Hinterlassenschaften seiner Besitzer analysieren. Glukosegehalt, Leukozytenzahl, PH-Wert, Bilirubin, Protein und andere Daten geben dann Auskunft über den Gesundheitszustand. Technisch ist das schon lange machbar. Doch selbst in Japan, wo Dusch-WCs oder Washlets eine lange Tradition haben, zögert die Branche noch mit der Massenfertigung. WCs gehören nun einmal zu den Orten, an denen sich Menschen lieber unbeobachtet fühlen.

Dusch-WCs, auch Washlet genannt, bringen High-Tech in die Toilette.

An anderer Stelle macht die Überwachung schneller Fortschritte. So bieten mehrere Armaturenhersteller Lösungen an, die Wasserschäden verhindern sollen. Ein Sensor misst Druck und Durchfluss in der Hauptwasserleitung. Stellt er Abweichungen vom Normalzustand fest, die auf ein Leck hindeuten, warnt das System die Anwenderinnen und Anwender in seiner App. Gleichzeitig schließt das zentrale Wasserventil am Hausanschluss. Zusätzliche Funksensoren, etwa unter der Küchenspüle oder im Bereich der Badewanne, erkennen, wenn dort Wasser austritt und geben ebenfalls Rückmeldung an den Absperrhahn. Anders als mit reinen Alarmsensoren wird das Problem so nicht nur erkannt, sondern auch gleich bekämpft. Das Prinzip erinnert an den Wasserstopp moderner Waschmaschinen und Geschirrspüler, nur eben intelligenter und fürs ganze Haus. Lösungen wie Pontos von Hansgrohe warten nebenbei mit einer App auf, die Informationen zum Wasserverbrauch liefert. Und über die Verbindung zum IoT-Dienst Home Connect Plus (siehe Seite 294), warnen Lampen und Lautsprecher in der Wohnung gleich mit, wenn irgendwo Wasser austritt.

Elektronische Armaturen

Am Funktionsprinzip des Wasserhahns hat sich in den letzten 100 Jahren nicht viel geändert – abgesehen von der Erfindung des Einhebelmischers 1947. Wir haben sie dem amerikanischen Werkzeugmacher Alfred Moen zu verdanken, der sich an Zweigriffarmaturen nicht länger die Finger verbrühen wollte. Seither erfüllen die meisten Waschtischgarnituren drei Aufgaben auf einmal: Bedienen, Mischen und Wasser spenden. Für die Dusche und Badewanne gilt das genauso, nur dass der Auslauf hier an eine andere Stelle verlegt ist. Im Smart Home sind solche analogen Armaturen keine große Hilfe. Denn wie soll die Steuerung ein Bad einlassen, wenn jemand von Hand den Hahn aufdrehen muss?

Kurz nach der Jahrtausendwende bahnt sich eine Lösung an. Hersteller wie Gerloff, Dornbracht und Grohe kommen auf die Idee, die Funktionsbereiche zu trennen. Sie entwickeln erste digitale Armaturen. Diese bestehen aus drei Teilen. An Position eins steht die Bedienung, oft in Form eines Touchdisplays oder Drehreglers mit Beleuchtung. Das Kontrollelement steuert eine zweite Funktionsgruppe: elektronische Ventile, die kaltes und warmes Wasser nach Bedarf mischen. Vom Ventil fließt das temperierte Wasser durch eine normale Leitung zur dritten Baugruppe, dem Auslass. Alle drei Teile können nebeneinander montiert sein – etwa am Waschtisch – oder auch räumlich voneinander getrennt. Da die elektronischen Ventile mit einer ungefährlichen Kleinspannung (12 Volt) arbeiten, darf ihr Steuerkabel durch den Nassbereich verlaufen. Und sollte der Strom einmal ausfallen, schließen sie von selbst – damit im Falle eines Kontrollverlusts nicht die Wanne überläuft.

Vorteil solch einer digitalen Steuerung: Sie macht das Wasser programmierbar wie Licht und Heizung. Familienmitglieder können ihre Wunschtemperatur einstellen und mit einem Tastendruck abrufen. Die Ventile mischen dann entsprechend hoch oder runter. Ein Blick aufs Display zeigt vor dem Betreten der Dusche, ob das Wasser schon warm genug ist. Genauso lässt sich die Füllung der Wanne personalisieren: randvoll für Erwachsene oder entsprechend niedriger, wenn die Kinder baden sollen.

Gleichzeitig entstehen neue Möglichkeiten der Steuerung. Mit einem IP-Anschluss ans heimische Netzwerk sind elektronische Ventile quasi von überall aus bedienbar. Außer dem Regler des Herstellers kommen auch Wandtaster, Bewegungsmelder und natürlich das

Ein elektronisches Absperrventil in der Hauptwasserleitung unterbricht bei einem Rohrbruch im Haus den Zufluss.

Smartphone als Auslöser infrage. Dornbracht ermöglicht über eine Softwareschnittstelle den Kontakt zu professionellen Hausbussystemen wie Digitalstrom oder KNX. So lässt die Wanne sprachgesteuert das Bad ein. Oder der Wasserhahn reagiert auf eine Lichtschranke unterm Waschtisch: Wie der Kofferraumdeckel moder-

Die App des Leckage-Wächters (oben) warnt bei einem Zwischenfall und weist auf das Problem hin.

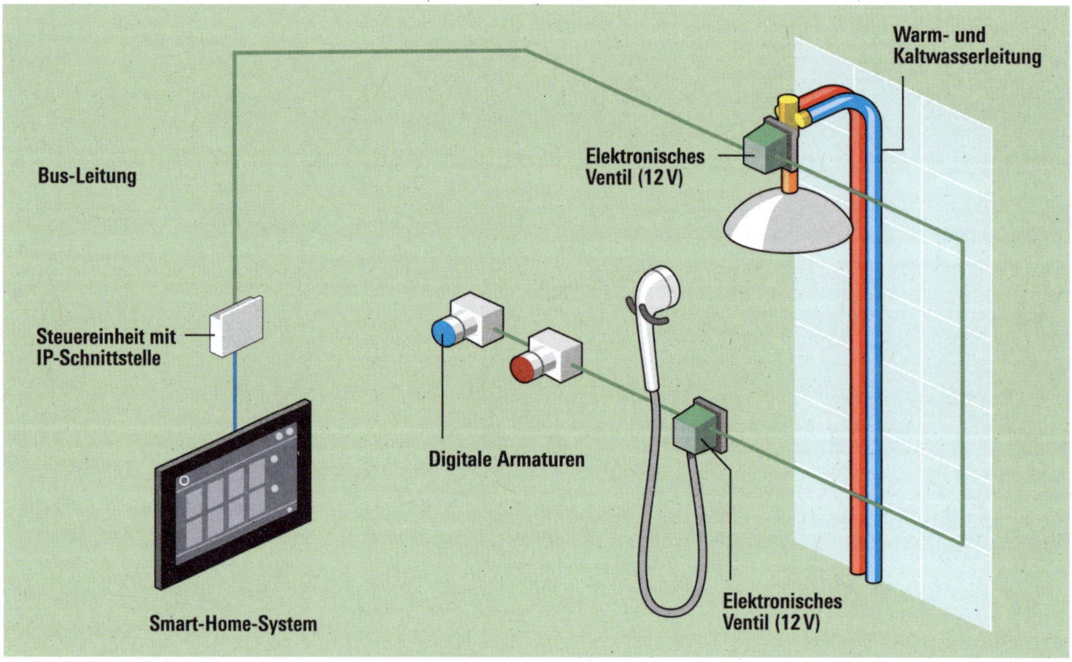

In einer smarten Wasserinstallation sind Steuer- und Wasserleitungen getrennt. Digitale Instrumente und elektronische Ventile übernehmen die Kontrolle.

ner SUVs, der sich automatisch hebt, öffnet auch das Ventil, sobald jemand mit dem Fuß wedelt. Für ältere Menschen oder Personen mit körperlichen Einschränkungen kann das ein Schritt hin zu mehr Unabhängigkeit sein.

Allerdings bringt dieser Zugewinn an Komfort zusätzlichen Installationsaufwand mit sich. Elektronische Ventile und die nötigen Leitungen unter Putz zu legen, empfiehlt sich nur im Rohbau oder bei einer Badsanierung, wenn die Fliesen abgeschlagen werden. Selbst dann liegen die Preise für ein smartes System noch deutlich über denen konventioneller Technik, was auch an fehlender Infrastruktur liegt. Stromanschlüsse unweit der Dusche und Netzwerkkabel sind in Bädern normalerweise nicht vorhanden, sie müssen extra verlegt werden. Obwohl die Zahl elektrischer Verbraucher im Badezimmer kontinuierlich steigt, sind 230-Volt-Auslässe häufig Mangelware. So kämpfen elektrische Zahnbürsten, Mundduschen und sprachgesteuerte Lautsprecher mit vernetzten WCs und Handtuchwärmern um Steckdosen. Hinzu kommt der Aufpreis für smarte Armaturen und Steuerungstechnik. Das digitale Duschsystem RainTunes von Hansgrohe (Bild links) beginnt bei etwa 5 000 Euro, kann in der Vollausstattung aber auch fünfstellig kosten. Und zwar dann, wenn der optionale, zwei Meter hohe Flachbildschirm hinter Sicherheitsglas ein Naturschauspiel in der Brause veranstaltet – und Philips-Hue-Lampen (siehe Seite 211) die Lichtstimmung dazu liefern. Verschiedene Duschszenarien kombinieren Was-

Duschsysteme wie RainTunes von Hansgrohe inszenieren das Wasserspiel mit Licht, Duft und einem riesigen Bildschirm.

Saunahersteller statten ihre privaten Schwitzkabinen zunehmend mit einer digitalen Steuerung aus.

ser, Farben, Töne und Videosequenzen zu einem multisensorischen Ereignis.

Solche High-Tech-Brausen verwandeln die Nasszelle in ein begehbares Spa oder wie bei Dornbracht auch in eine Liegedusche mit beheizter Steinbank für horizontale Kneipp-Anwendungen. Duschprogramme inszenieren den Guss mit verschiedenen Strahlstärken und -formen. Dampf, Duft und farbiges Licht erinnern an tropischen Regen oder den Aufenthalt in einem orientalischen Badehaus. Der Übergang zur Hydrotherapie ist buchstäblich fließend. Und platinbelegte Deckenauslässe treiben auf Wunsch den Preis in ungeahnte Höhen. Da schadet es nicht, wenn neben dem Wasser- auch der Geldhahn sprudelt.

Sauna und Dampfbad

Schwitzkultur mit digitalem Touch? Für einige Saunafans ist das bereits Alltag. Anbieter wie Klafs statten ihre Heißluftbäder bei Bedarf mit einer WLan-fähigen Steuerung, App und Alexa aus. Steuergeräte von Eos, Huum und anderen Herstellern machen den Zugriff von unterwegs ebenfalls möglich. So lässt sich der heimische Schwitzkasten auf dem Nachhauseweg schon einmal vorheizen. Was wie ein Feature für Ungeduldige klingt, kann in der Praxis die Wirkung des Saunagangs verbessern. Denn während sich die Luft in der Kabine relativ schnell erwärmt, brauchen Wände, Decken und Bänke mindestens zwei bis drei Stunden. Erst dann geben sie so viel langwellige Infrarotstrahlung ab, dass sich ein Hitzegefühl wie in der Hotelsauna oder in einem öffentlichen Schwitzbad einstellt. Infrarotstrahler imitieren den Effekt, können ihn aber nicht ganz ersetzen.

Gleichzeitig ist die Bedienung aus der Ferne mit einem gewissen Risiko verbunden. Hat ein Familienmitglied sein Saunatuch über den Ofen gelegt und dort vergessen, kommt es womöglich zum Brand. Kinder oder Haustiere, die sich unbemerkt in der Kabine befinden, können in gefährliche Situationen geraten. Die Sensorik vernetzter Gebäude hilft, solche Zwischenfälle zu verhindern. So unterbricht zum Beispiel ein Öffnungskontakt an der Saunatür oder ein Bewegungsmelder im Vorraum den Fernzugriff. Das Bild einer Überwachungskamera zeigt, ob alles in Ordnung ist.

Als digitaler Bade- oder Saunameister leisten Smart-Home-Installationen aber noch mehr. Besonders, wenn neben der Wärme weitere

Das Betriebssystem Mirr.OS von Glancr ermöglicht Bastlern den Selbstbau smarter Spiegel mit Digitalanzeige.

Sinnesreize ins Spiel kommen. Dampf, Licht und Musik bieten sich als Ergänzung an. Über Temperatur- und Feuchtefühler an der Sitzbank können Saunabesucher ihre Schwitzkur auf das persönliche Empfinden abstimmen. LED-Streifen in der Kabine dienen als Timer: Sie wechseln ihre Farbe, wenn es Zeit für einen Aufguss wird oder signalisieren das Ende der eingestellten 15 Minuten. Hitzefeste Einbaulautsprecher in der Decke begleiten das Ganze mit Musik. Klar, dass so ein automatisiertes Dampf- oder Heißluftbad nach professioneller Planung verlangt. Es wird in der Regel mit Hausbussystemen wie KNX oder Loxone realisiert.

Smarte Spiegel

Noch mehr Hightech im Bad gefällig? Dann wäre der Smart Mirror einen Blick wert. Die alternative Bezeichnung Magic Mirror – auf Deutsch: Zauberspiegel – sagt deutlicher, worum es geht. Ein Flüssigkristalldisplay (LCD) zeigt Informationen auf dem Badezimmerspiegel an. Es ist nur sichtbar, solange es leuchtet. Erlischt die Anzeige, verschwindet sie buchstäblich von der Bildfläche. Regelmäßige Gäste in Luxushotels wie dem Waldorf Astoria oder dem Ritz Carlton kennen den optischen Trick aus ihrer Suite. In öffentlichen Bereichen wie Fahrstühlen oder Fitnesscentern kommen Mirror-Displays ebenfalls zum Einsatz. Sie bestehen aus einem Einwegspiegel, auch Venezianischer oder Spionspiegel genannt. Das Glas ist von der Rückseite durchsichtig, die Front reflektiert wie gewöhnliche Badezimmerspiegel.

Hinter der Scheibe ist eine Art Notebookbildschirm montiert – und ein Mini-PC, der die leuchtenden Pixel ansteuert. So lassen sich alle möglichen Informationen darstellen, vom Wetterbericht über die Termine des Tages bis zur aktuellen Verkehrslage. Manche Modelle spielen YouTube-Videos und Musik-Playlisten ab oder empfangen Livefernsehprogramme. Bedient wird das Ganze über Sensortasten am Rahmen beziehungsweise eine Infrarotfernbedienung, wenn nicht das Smart Home die Kontrolle übernimmt – denn bei entsprechender Programmierung klinkt sich der magische Spiegel ins heimische Netzwerk ein. Er zeigt dann etwa Inhalte, die ihm ein KNX-Server zuspielt, reagiert auf Sprachbefehle oder dient als Anzeige für Sonos-Lautsprecher und Hue-Lampen. Besonders elegant: Ein Bewegungs- oder Präsenzsensor schaltet das Display automatisch ein, wenn jemand davor tritt. So wirkt der Zauberspiegel noch magischer.

Hersteller wie Ad Notam, Mues-Tec und Dirror bieten fertig montierte Mirror-Displays an. Mit frei erhältlichen Betriebssystemen wie MagicMirror2 oder Mirr.OS können Bastler die Anzeige aber auch selbst bauen. Anleitungen dafür gibt es im Internet. Alle Zutaten wie der LCD-Schirm, der Mini-Computer RasberryPi und die Frontscheibe sind ebenfalls online erhältlich. Ab etwa 300 Euro ist man dabei. Bei größeren Formaten schlägt zunehmend der Preis für das Spiegelglas zu Buche. 200 Euro pro Quadratmeter sind keine Seltenheit. Hinzu kommen die Arbeitszeit und einiger Aufwand fürs Abdichten der Elektronik. Sonst bereitet die Luftfeuchtigkeit im Bad dem Zauber rasch ein Ende. Aber natürlich ist ein solches smartes Display nicht nur in Feuchträumen einsetzbar. Es eignet sich für jeden Ort im Haus, wo normalerweise ein Spiegel hängt, also etwa den Flur, die Ankleide oder das Schlafzimmer.

Was kostet das Nachrüsten eines Eigenheims mit Do-it-Yourself-Produkten? Unser Rechenbeispiel zeigt es.

Rechenbeispiel: die junge Familie

Die Ausgangssituation: Das zweigeschossige Eigenheim einer Familie war aus Kostengründen konventionell geplant worden. Elektrisch angetriebene Rollläden sind vorhanden, allerdings werden diese manuell über Wandtaster bedient. Mit neuem Budget wollen die Bewohner die Vernetzung nachholen und auf rund 140 Quadratmetern ein Smart Home einrichten. Um die Ausgaben zu begrenzen, möchten sie möglichst viel selbst machen. Nur vereinzelte Elektroarbeiten unter Putz soll der Profi erledigen.

Die Aufgabe: Die Eltern und ihre beiden Kinder im Teenageralter sind technisch interessiert und haben eine lange Wunschliste. Sie reicht von automatisierter Beschattung und Heizung über Alarmfunktionen bis hin zu bunten Lichtstimmungen. Das Lichtsystem Philips Hue (Seite 211) hat es ihnen angetan, weshalb farbige LED-Streifen den Wohn-/Essbereich und die beiden Jugendzimmer illuminieren sollen. Für eine spätere, zweite Ausbaustufe sind WLan-Lautsprecher als drahtloses Musiksystem geplant. Es soll die vorhandene Heimkinoanlage mit Denon-AV-Receiver ergänzen. Da die Erwachsenen über iPhones verfügen, ist außerdem eine Integration ins Apple HomeKit (Seite 217) gewünscht.

Die Lösung: Für die schnelle und einfache Kombination von Philips Hue mit einer Haussteuerung bietet sich ein System wie Bosch Smart Home an (Seite 222). Beide Lösungen unterstützen Apple HomeKit und erfüllen damit eine weitere Anforderung. In dieser Kombination ist das funkbasierte Bosch-System für Alarmfunktionen und die Automatisierung zuständig. Philips Hue übernimmt die Farbstimmungen und steuert mit eigenen Bewegungsmeldern in Nebenräumen wie dem Gäste-WC das Licht. So lassen sich einige der teureren Bosch-Bewegungsmelder einsparen – mit der Einschränkung, dass die Hue-Melder nicht in das Bosch-System integrierbar sind. Die Kreisläufe der Fußbodenheizung steuern Wandregler von Bosch, vier Heizkörperthermostate steuern die zusätzlichen Flächenheizkörper im

Gästebad und Hauptbadezimmer. Da nicht überall Hue-Leuchtmittel zum Einsatz kommen, gibt es weiterhin konventionelle Beleuchtung. Um sie zu steuern, erhalten die vorhandenen Wandtaster ein Upgrade: Ihre Mechanik wird gegen elektronische Einsätze von Bosch getauscht. Obendrauf kommen mit einem Adapter die Wippen und Rahmen des bisherigen Schalterprogramms. Dasselbe gilt für die Taster der Rollläden. Im Alarmbetrieb sind Flur, Treppenhaus und Wohnbereich über Bewegungsmelder abgesichert. Außerdem verfügen alle Fenster und Türen im Erdgeschoss über magnetische Öffnungskontakte. Zwei Außenkameras mit integrierter LED-Beleuchtung überwachen die Haustür und die Terrasse, eine weitere im Innern den Wohn-Essbereich. Da es sich weitgehend um Do-it-Yourself-Produkte handelt, ist bei der Montage keine fremde Hilfe nötig. Einzige Ausnahme: die Module für Licht- und Rollladensteuerung. Für sie bietet Bosch in Zusammenarbeit mit dem Dienstleister Mila (www.mila.com) einen Installationsservice an. **Die Funktionen:** Der Bosch-Smart-Home-Controller verfügt über Alarmszenarien, die bei einem Einbruch, Rauchalarm oder Wasserschaden aktiv werden – wobei er Philips Hue für seine Zwecke einspannt. Beim Einbruchalarm blinken die vernetzten Lampen rot; schlägt ein Rauchmelder an, geht im ganzen Haus das Licht an und die Rollläden öffnen sich. Eine Anwesenheitssimulation schaltet das Licht in fixen Zeitrahmen per Zufall. Die Rollladensteuerung und allgemeine Beleuchtungsszenen werden in der Bosch-App angelegt. Für farbige Lichteffekte und Partyfeeling kommt die Hue-App zum Einsatz, weil sie mehr Möglichkeiten bietet. Zudem können die Eltern ihre iPhones verwenden, um übergreifende Szenen anzulegen, die andere HomeKit-Geräte und AirPlay-Lautsprecher einbeziehen (Seite 217). Dass die erweiterten Einstellungen über mehrere Apps

Das bezahlt die junge Familie mit Eigenleistung

	Anzahl	Einheit		Einzelpreis	Netto	Brutto
Basisinstallation	1	Stk.	Bosch Smart Home Controller	83,99	83,99	100
	1	Stk.	Philips Hue Bridge	50,38	50,38	60
Zentralfunktionen	5	Stk.	Bosch Funk-Universalschalter	41,97	209,85	250
	3	Stk.	Bosch Bewegungsmelder	67,18	201,54	240
	4	Stk.	Philips Hue Bewegungsmelder	33,57	134,28	160
	9	Stk.	Bosch Öffnungskontakte	33,57	302,13	360
Beleuchtung	6	Stk.	Bosch Lichtsteuerung Unterputz	54,58	327,48	390
	6	Stk.	Bosch Adapter für vorhandene Schalter	1,95	11,70	14
	7	Stk.	Philips Hue LED-Streifen	67,22	470,54	560
	4	Stk.	Philips Hue LED-Streifen, Verlängerung	21,00	84,00	100
	6	Stk.	Philips Hue GU10-Lampen, bunt	42,01	252,06	300
	4	Stk.	Philips Hue E27-Lampen, bunt	42,01	168,04	200
	6	Stk.	Philips Hue E27-Lampen, warmweiß	12,57	75,42	90
Beschattung	9	Stk.	Bosch Rollladensteuerung Unterputz	58,78	529,02	630
	9	Stk.	Bosch Adapter für vorhandene Schalter	1,95	17,55	21

	Anzahl	Einheit		Einzelpreis	Netto	Brutto
Steckdosen	5	Stk.	Bosch Funkzwischenstecker	50,38	251,90	300
Heizung	5	Stk.	Bosch Raumthermostat Fußbodenheizung	100,80	504,00	600
	4	Stk.	Bosch Heizkörperthermostat	50,38	201,52	240
Sicherheit	2	Stk.	Bosch Außenkamera mit Licht	294,08	588,16	700
	1	Stk.	Bosch Innenkamera	210,04	210,04	250
	6	Stk.	Bosch Rauchwarnmelder	67,18	403,08	480
			Summe		5076,68	
			MwSt. 19 %		964,57	
			Materialkosten		6041,25	**6041 €**
Installation	4.5	Std.	Unterputzinstallation durch Mila		318,49	379
	25	Std.	Eigenleistung			0
			Summe		318,49	
			MwSt. 19 %		60,51	
			Installationskosten		379,00	**379 €**
			Gesamtkosten		6420,25	**6420 €**

Option Audio	1	Stk.	Denon Home 250	419,33	419,33	499
	3	Stk.	Denon Home 150	209,25	627,74	747
	2	Stk.	Apple HomePod mini	83,19	166,38	198
			Summe		585,71	
			MwSt. 19 %		111,28	
			Aufpreis		696,99	**1444 €**

Option Zutritt	1	Stk.	Nuki Smartlock 3.0 Pro	209,24	209,24	249
	1	Stk.	Nuki Zifferntastatur	66,39	66,39	79
	2	Stk.	Nuki Schlüsselanhänger	32,77	65,54	78
			Summe		274,78	
			MwSt. 19 %		52,21	
			Aufpreis		326,99	**406 €**

Öffnungskontakte (links) und Heizungsregler (rechts) kommen in diesem Rechenbeispiel von Bosch.

verteilt werden, ist ein Kompromiss, den solche Systemkombinationen mit sich bringen.

Die Optionen: Für Multiroom-Musik bieten sich WLan-Lautsprecher der Serie Denon Home an. Sie lassen sich mit dem vorhandenen AV-Receiver im Wohnzimmer verbinden und über die Heos-App von Denon steuern. Außerdem unterstützen sie Apple Airplay und eignen sich damit für die Automatisierung via HomeKit. Aus diesem Grund werden zusätzlich zwei HomePod mini von Apple installiert – als HomeKit-Zentralen und für die Sprachsteuerung mit Siri. Ein Großteil der installierten Bosch- sowie alle Hue- und HomeKit-Geräte lassen sich darüber bedienen. Soll außerdem die Haustüre smart werden, kann ein Nuki Smartlock (siehe Seite 210) die Aufgabe übernehmen. Prinzipiell eigenen sich dafür aber auch andere Türschlossantriebe, etwa von Danalock, Tedee oder Yale.

Die Berechnungsgrundlage: Die Gerätekosten basieren auf handelsüblichen Produktpreisen der Hersteller (Stand: 2021). Im Rahmen von Sonderangeboten oder Verkaufsaktionen können sie niedriger liegen. Der Zeitaufwand für die Montage beruht auf Erfahrungswerten. Beim Installationspreis für die Unterputzmodule von Mila handelt es sich um einen Paketpreis. Die Höhe der Pauschale richtet sich nach Art und Anzahl der montierten Produkte.

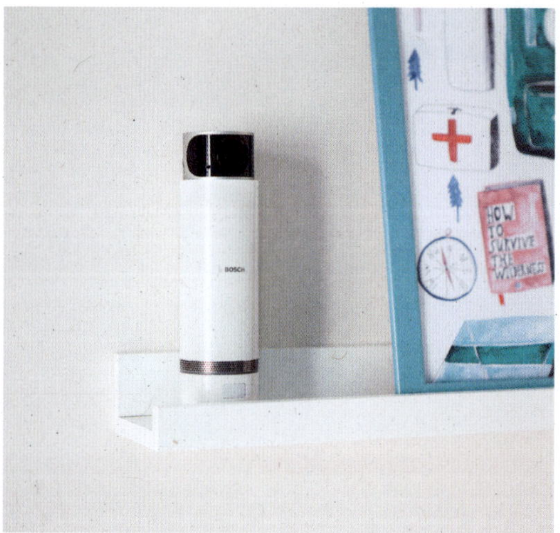

Kameras von Bosch behalten das Haus im Blick (links), Philips Hue steuert Leuchtmittel bei (Mitte) und Denon die Lautsprecher (rechts).

GARTEN: IM GRÜNEN BEREICH

Erst die Arbeit, dann das Vergnügen. Diese Devise gilt besonders für Gärten. Ein Grundstück mit Rasen, Blumen und Beeten will schließlich gepflegt sein. Auf viele Menschen wirkt das Outdoor-Programm ja entspannend. Wer nicht zu diesen glücklichen Zeitgenossen gehört, empfindet Gartenarbeit aber eher als Pflicht. In Zeiten zunehmender Hitzeperioden artet das Gießen und Mähen außerdem in Stress aus. Und Pollenallergiker sehen dem Aufenthalt im Freien zur Heuschnupfensaison ohnehin mit gemischten Gefühlen entgegen. Da kommen Mähroboter und automatisch gesteuerte Wassersprinkler gerade recht.

Mähroboter

So ein elektrisches Schaf ist normalerweise ein recht unabhängiger Hausgenosse. Es erledigt seine Aufgabe ohne Steuerung von außen. Ein Begrenzungskabel in der Grasnabe umgibt das zu mähende Gebiet wie ein unsichtbarer Zaun. Innerhalb dieser Grenzen wählt der Roboter seine Bahnen selbst. Das funktioniert nach Erfahrung der Stiftung Warentest ziemlich gut, wenn nicht gerade kleine Kinder auf dem Rasen spielen (siehe test 4/2020). Bei manchen Modellen besteht dann akute Verletzungsgefahr. Im Prinzip empfehlen alle Hersteller, keine Kleinkinder oder Haustiere gemeinsam mit dem Mähroboter auf die Wiese zu lassen.

Die Integration in ein Smart-Home-System hilft, solche Unfälle zu vermeiden. Der Trick: Bewegungsmelder oder Überwachungskameras teilen der Haussteuerung mit, wann die Bahn frei ist. Erst nach dieser Bestätigung beginnt der Mähroboter mit seinem Zeitprogramm. Umgekehrt fährt er in die Parkposition

Mähroboter verrichten auch ohne Kontakt zum Smart Home ihren Dienst. Die Integration hat aber Vorteile.

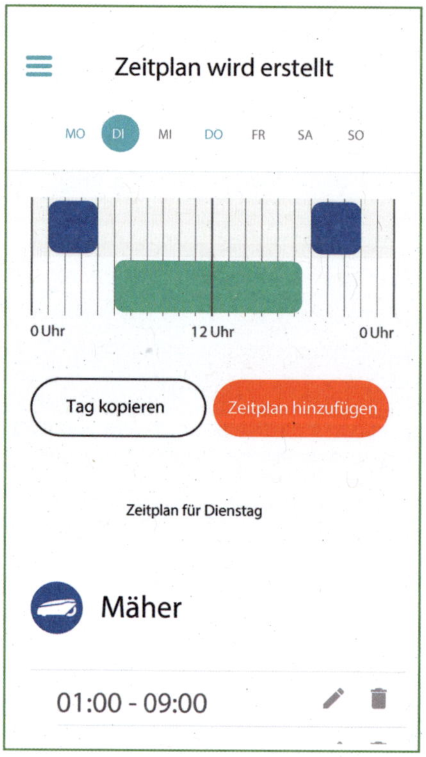

Das Smart-Garden-System von Gardena verfügt über eine eigene App zum Programmieren und Einrichten.

zurück, sobald jemand den Rasen betritt. Alternativ könnte auch eine Türkamera mit Gesichtserkennung melden, dass die Kinder aus der Schule zurück sind (siehe „Videoüberwachung", Seite 111). Droht Sturm, schickt die Wetterwarnung aus dem Internet den Mäher ebenfalls ins Depot. Gleiches gilt für Starkregen, denn wenn auch viele Exemplare als wetterfest gelten, gelingt ein sauberer Rasenschnitt bei Wolkenbruch nur bedingt.

Sie erzeugen Ihren Regen per Sprinkleranlage im Garten selbst? Dann kann eine intelligente Steuerung es so arrangieren, dass beide Systeme sich nicht gegenseitig ins Gehege kommen. Und dann wäre da noch die Möglichkeit zur Sprachsteuerung. Eine wachsende Zahl an Mährobotern hört auf Amazon Alexa oder den Google Assistant. Auf Zuruf beginnen und beenden sie ihre Arbeit, nehmen Aufträge für bestimmte Tageszeiten entgegen oder teilen den aktuellen Ladezustand ihres Akkus mit.

Voraussetzung ist in jedem Fall ein Mähroboter mit Vernetzungsfunktion. Modelle, die ihre Befehle per Bluetooth direkt von einer Smartphone-App empfangen, eignen sich nicht. Es muss schon eine Funkverbindung über größere Distanz sein. Dafür kommen verschiedene Technologien infrage. Manche Hersteller nutzen WLan, was aber eine gute Netzabdeckung rund ums Haus verlangt. Schafft es das Funksignal des Routers nicht bis in den Garten, können Repeater oder ein sogenanntes WLan-Mesh-System die Reichweite vergrößern. Vorteil: Davon profitiert nicht nur der Mäher. Auch das Notebook oder Tablet bekommt plötzlich Internet, wo vorher keines war.

Andere Hersteller verwenden eigene Funkstandards, die teilweise mehrere Hundert Meter weit senden können – zu erkennen an einer Basisstation, die per Lan-Kabel an den Router kommt. Dritte Möglichkeit: Im Mähergehäuse sitzt ein Mobilfunkmodul mit SIM-Karte. Wenn man so will, hat der Roboter sein persönliches Handy. Er funkt damit ins Internet, wo ein Cloudserver des Herstellers den Kontakt zu anderen Geräten herstellt. Durch die SIM-Karte und den Datentarif können laufende Kosten entstehen. Nicht selten ist die Gebühr für mehrere Jahre im Kaufpreis aber schon enthalten. Außerdem bieten solche Modelle noch Zusatzfunktionen wie GPS-Tracking. Die Geräteposition lässt sich damit anhand von Satellitensignalen auf wenige Meter genau orten. Verschwindet der Roboter vom Grundstück, löst die Hersteller-App Alarm aus. Das soll Langfinger davon abhalten, den kostspieligen Gartenhelfer einfach wegzutragen. Trotzdem schadet es nicht, ihn bei der Hausratversicherung anzumelden – damit diese im Falle eines Diebstahls den Schaden ersetzt.

Wie bereits erwähnt, läuft die Kommunikation zwischen Smart Home und Roboter häufig übers Internet. Die Cloud des Herstellers tauscht so zum Beispiel Daten mit Amazon Alexa aus. Onlinedienste wie IFTTT (siehe „Ein Wort zum Internet der Dinge (IoT)", Seite 283) nehmen denselben Weg, um Mäher von Al-ko, Bosch, Gardena und Husqvarna zu steuern. Manche Smart-Home-Systeme erlauben auch den direkten Anschluss ausgewählter Modelle. So funktionieren Bosch-Rasenmäher zum Beispiel an einer Zentrale von Hornbach, Livisi (früher Innogy) arbeitete mit Al-ko zusammen. Kooperationen dieser Art haben jedoch Seltenheitswert. Fast immer bedeutet die Integration in ein Gebäudenetzwerk zusätzlichen Aufwand. Der Mäher muss an die Haustechnik angebunden werden und von dort Befehle empfangen können. Soll heißen: Das elektrische Schaf bekommt eine drahtlose Leine und einen digitalen Schäferhund, der darauf aufpasst.

Der schleswig-holsteinische Hersteller Robonect bietet für diesen Zweck spezielle WLan-Module an. Sie verbinden Geräte des Herstellers Husqvarna und seiner Untermarken (Gardena, Flymo, McCulloch) mit dem heimischen Funknetz. Gleichzeitig stellen sie eine IP-Schnittstelle zur Verfügung, über die das Gebäude mit dem Mäher kommunizieren kann. So lässt sich praktisch jedes Smart-Home-System, das IP-Befehle beherrscht, für die Steuerung verwenden. Von Homematic über KNX bis hin zu reinen Selbstbaulösungen wie FHEM und OpenHab reicht die Auswahl. Ja selbst HomeKit lernt mit etwas Tüftelei elektrische Schafe zu hüten, obwohl Apple in seiner Smart-Home-Schnittstelle bislang noch gar keine Rasenmäher vorgesehen hat.

Bewässerung

Fürs automatische Gießen gilt dasselbe wie für den Rasenschnitt. Es gibt betriebsfertige Systeme, die leicht zu installieren sind, und individuelle Lösungen, die aus Einzelkomponenten verschiedener Anbieter zusammengestellt werden. Letzteres ist aufwendiger, bietet dafür aber mehr Freiheiten. Denn technisch gesehen handelt es sich bei Magnetventilen für die Wasserversorgung auch nur um Aktoren. Ob sie einen Heizkreislauf oder die Sprinkler im Garten regulieren, ist aus Sicht der Steuerung zunächst einmal egal.

Vorteil fix und fertiger Beregnungslösungen: Sie verlangen keine Vorbereitung. „Plug and

Der Onlinedienst IFTTT kann Mäher von Al-ko, Bosch (Bild), Husqvarna und anderen Herstellern übers Internet steuern.

Über ein fernbedienbares Ventil am Hahn lassen sich handelsübliche Schlauchsysteme für die Gartenbewässerung steuern.

Funksensoren messen die Feuchtigkeit im Erdreich und signalisieren, wann es Zeit zum Gießen ist.

play" oder besser „Plug and spray" lautet die Devise: Anschließen und Wasser marsch! Die einfache Ausführung erinnert an batteriebetriebene Bewässerungscomputer, wie es sie schon seit Jahrzehnten gibt: Ein Kästchen am Hahn öffnet nach Bedarf das Ventil. Wasser fließt in den Gartenschlauch und versorgt alle Geräte, die daran angeschlossen sind: Rasensprenger, Versenkregner, Tropfschläuche und mehr. Auch unvernetzt können solche Computer eine gewisse Intelligenz besitzen. Manche Hersteller statten sie mit Funksensoren für die Bodenfeuchtigkeit aus. Erdspieße messen den Wassergehalt und teilen der Zentrale mit, wann es Zeit zum Gießen ist.

Mehr Komfort kommt mit einer zusätzlichen Basisstation ins Spiel. Sie verbindet das Bewässerungssystem mit dem Router und einem Clouddienst des Herstellers. So lassen sich Zeitpläne am Smartphone einstellen – oder verschieben, wenn der Wetterbericht plötzlich Regen vorhersagt. Marktführer Gardena bündelt seine vernetzten Geräte in einer App. Regler, Bodensensoren, Mähroboter und Pumpen des Herstellers sind darin zentral erreichbar.

Auch eine Beregnungsanlage mit fest installierten, unterirdischen Leitungen lässt sich auf diese Weise kontrollieren. Die Anschlussbox, Irrigation Controller genannt, steuert gängige 24-Volt-Ventile fern. Allerdings sind Sie mit so einer Lösung auf das Entwicklungstempo des Herstellers angewiesen. Funktionen, die er nicht integriert, lassen sich nur auf Umwegen nachrüsten – wenn überhaupt. So verweist Gardena für wetterabhängige Steuerung auf den Onlinedienst IFTTT. Eine weitergehende Automatisierung setzt Partnersysteme wie Apple HomeKit und Magenta SmartHome voraus.

Solche Einschränkungen gibt es in einer individuell geplanten Steuerung nicht. Hier hängt die Intelligenz nur von den verwendeten Sensoren und den Programmierkenntnissen des Installateurs ab. Da Ventile leichter zu dirigieren sind als Mähroboter – sie kennen nur zwei Richtungen: auf und zu –, stellen sie keine besondere Herausforderung für die Gebäudetechnik dar. Meist lohnt es sich, bei dieser Gelegenheit gleich Leitungen unter der Erde zu verlegen und Wassersteckdosen im Boden vorzusehen. So muss später nicht vor jedem Einsatz des Mähroboters der Schlauch weggeräumt werden. Etwas Zeit für die Planung im Vorfeld ist gut angelegt. Denn falsch dimensionierte Regner und Rohrquerschnitte bereiten ebenso Verdruss wie ein zu kleiner Mähroboter. Der nachträgliche Austausch ist aber mit erheblich mehr Aufwand verbunden.

Licht und Sensoren

Über Gartenbeleuchtung müssen hier nicht viele Worte verloren werden. Prinzipiell gilt alles, was im Kapitel Licht zu Indoor-Lampen gesagt wird auch für den Außenbereich (siehe „Licht: mehr als nur Beleuchtung", Seite 63). Mit dem Unterschied vielleicht, dass der Funkreichweite im Garten besondere Bedeutung zukommt. Wer Thread-, Z-Wave- oder Zigbee-Leuchtmittel auf einem großen Grundstück einsetzt, sollte auf ihre gleichmäßige Verteilung achten, oder genügend andere Mesh-Repeater einplanen, die das Signal verstärken. Sonst bleiben einzelne Lampen dunkel oder reagieren nicht auf Bewegungsmelder, weil sie im Funkloch stecken. Gleiches gilt für Funkaktoren. Die Außensteckdose am Gartenhaus, der Heizstrahler oder die traditionelle Außenlaterne wollen schließlich auch versorgt sein.

In kabelgebundenen Hausbussystemen können Leitungen, die ins Freie führen, eine An-

Fernbedienbare LEDs, etwa als flexibler, wetterfester Lichtschlauch, setzen farbige Akzente im Garten.

griffsfläche für Kriminelle bieten. Das Szenario gehört zu den Klassikern deutscher Fernsehunterhaltung, wenn es um Smart-Home-Sicherheit geht: Hacker zapfen vor laufender Kamera einen Sensor am Gebäude an und übernehmen die gesamte Steuerung. Mit richtiger Planung lässt sich das verhindern. Zum Beispiel sollten Bewegungsmelder so hoch montiert sein, dass sie außer Reichweite liegen. Kein Einbrecher wird eine Leiter an die Hauswand stellen, um am diebstahlsicher verschraubten Gehäuse herumzudoktern. Ebenso unwahrscheinlich ist es, dass er den Garten umgräbt und dabei Busleitungen findet. Wenn doch, verhindert eine Trennung der äußeren Buslinien vom Rest des Netzwerks, dass er Zugriff auf das ganze Gebäude erlangt. Zu guter Letzt sollte der Datenverkehr im Netzwerk gut verschlüsselt sein. Dann können Unbefugte selbst dann keinen Schaden anrichten, wenn es ihnen gelingt, einzelne Datenpakete aufzuschnappen. Sichere Passwörter und aktivierte Verschlüsselung gehören ohnehin zum kleinen Einmaleins jeder Smart-Home-Installation. Mehr im Abschnitt „Wie sicher ist die smarte Technik", Seite 297.

Musik im Freien

Der Rasen ist automatisch gemäht und bewässert, vernetzte Lampen tauchen den Garten in stimmungsvolles Licht. Was fehlt jetzt noch zu einem gemütlichen Abend im Freien? Richtig: die passende Musik. Ein Smart Home kann damit ebenfalls dienen. Aus Sicht der Gebäudetechnik sind Gärten nichts weiter als ein zusätzlicher Raum – auch zwei oder drei davon, wenn es mehrere Hörzonen geben soll. Am Liegestuhl und auf der Terrasse kann so zum Beispiel unabhängig voneinander Musik spielen. Das macht den Außenbereich zum Einsatzgebiet für ein Multiroom-Audiosystem (siehe „Multiroom-Audio", Seite 123). Je nach Situation bieten sich unterschiedliche Lautsprechertypen dafür an.

- **Funklautsprecher** bringen den Ton besonders leicht in den Garten. Akkubetriebene Modelle können mit einem Handgriff nach draußen umziehen. Ansonsten ist eine 230-Volt-Steckdose für den Betrieb nötig. Gibt es eine zentrale Musiksteuerung, empfangen Funkboxen ihr Signal meist per WLan. Das Multiroom-Audiosystem von Sonos (Seite 213) baut alternativ ein eigenes Netzwerk auf. Darin arbeiten die Geräte als Repeater und vergrößern selbst die Funkreichweite. Prinzipiell gilt: Drahtlose Lautsprecher sind nicht für den ganzjährigen Einsatz unter freiem Himmel gedacht – eher als temporäre Lösung am Tisch oder Liegestuhl. Immer unter der Voraussetzung, dass die Funkversorgung bis zur gewünschten Stelle im Garten reicht.

WLan-Lautsprecher mit Akku funktionieren auch auf dem Balkon oder der Terrasse, wenn das Funknetz so weit reicht.

- **Niederohm-Gartenlautsprecher** arbeiten ähnlich wie HiFi-Boxen im Wohnzimmer. Das heißt: Es gibt einen Verstärker, der sie per Kabel mit Musik versorgt. Der Verstärker ist an ein Multiroom-Audiosystem angeschlossen und damit fernbedienbar. So lässt sich das Musikprogramm im Garten genauso wählen wie in der Wohnung. Ein Vorteil dieser Methode ist ihr hohes Klangpotenzial. Mit guten Geräten kommen auch Musikliebhaber auf ihre Kosten. Getrennte Kanäle für Stereobetrieb sowie ein Subwoofer, der tiefe Töne wiedergibt, können die Wiedergabequalität weiter verbessern. Dem steht eine vergleichsweise aufwendige Installation mit vielen Kabeln gegenüber. Außerdem sind die elektrischen Widerstände der Lautsprecher zu berücksichtigen.
- **100-Volt-Lautsprecher** stammen aus der professionellen Beschallungstechnik. Kaufhäuser, Kirchen, Fußballstadien aber auch Gaststätten und Hotels arbeiten damit. Das Prinzip: Ein Transformator im Verstärker erhöht die Spannung vor der Übertragung auf 100 Volt – oder auch 70 Volt, wenn das Produkt aus den USA kommt. Ein Gegenstück im Lautsprecher transformiert sie wieder herunter. Das hat den Vorteil, dass der Leitungswiderstand praktisch keine Rolle mehr spielt, das Lautsprecherkabel kann einige Hundert Meter lang sein. Gleichzeitig sinkt der Installationsaufwand, weil viele Lautsprecher parallel an eine zentrale oder ringförmige Leistung angeschlossen werden. Es hat jedoch seinen Grund, warum nicht alle Audiosysteme mit dieser Technik arbeiten: 100-Volt-Anlagen übertragen nur Mono-Signale und schaffen keine echte HiFi-Qualität. Als Hintergrundmusik im Garten genügt sie aber.

Spezielle Gartenlautsprecher wie dieses Modell von Sonance verschwinden zum Teil im Erdreich.

Für die Aufstellung von Lautsprechern im Garten gelten andere Regeln als im Haus. Das fängt beim Wetterschutz an: Ein Schallwandler, der ganzjährig im Freien bleiben soll, muss wirklich wasserfest sein. Die IP-Schutzart, oft auch Schutzklasse genannt, gibt Aufschluss darüber. Sie besteht aus einer zweistelligen Zahl. Die erste Ziffer steht für den Schutz vor Fremdkörpern, die zweite zeigt, wie widerstandsfähig das System gegenüber Feuchtigkeit ist. Ein Lautsprecher der Schutzart IP 66 gilt als rundum staubdicht und hält starkes Strahlwasser aus. Mit IP 68 können ihm selbst Hochdruckreiniger nichts anhaben. Solche Modelle sind dann auch für den Einsatz unter Wasser, etwa im Pool, geeignet.

Geht es um gleichmäßige Beschallung, will außerdem die Anzahl und Position der Lautsprecher gut überlegt sein. Im Freien gibt es keine Wände oder Decken, die den Schall reflektieren können. Es zählt nur das, was der Hörer direkt abbekommt. Gleichzeitig sinkt mit jeder Verdoppelung der Entfernung zum Lautsprecher der Schallpegel um 6 Dezibel (dB). Das ist eine Menge, denn 10 dB weniger werden vom Menschen als nur noch halb so laut empfunden. Wenn man bedenkt, dass selbst in ruhigen Wohnstraßen tagsüber zwischen 40 und 50 Dezibel herrschen, darf der Abstand zum einzelnen Lautsprecher also nicht zu groß sein. Auf einer begrenzten Terrasse bereitet das kaum Probleme. Soll die Musik aber im ganzen Garten erklingen, muss die Schallverteilung ähnlich wie eine Bewässerung geplant werden. Damit später niemand akustisch auf dem Trockenen sitzt.

Je höher der Klanganspruch, desto größer der Aufwand. Es gibt Outdoor-Lautsprecher, die gerichtet auf einen Punkt abstrahlen und omnidirektionale Modelle, die ihren Sound quasi kugelförmig wie mit der Gießkanne verteilen. Wer auf ein Stereopanorama wie im Wohnzimmer Wert legt, muss überlegen, wo im Garten sein bevorzugter Hörplatz ist. Danach richtet sich die Position der Lautsprecher für den rechten und linken Kanal. Soll Partysound mit vollem Bass erklingen, kommt wahrscheinlich noch ein Subwoofer hinzu. Die Tieftonbox lässt sich im Boden versenken und damit gut verstecken. Allerdings sind solche großen Installationen dann eher ein Fall für den Fachmann. Genauer gesagt: für Unternehmen, die sich auf Outdoor-Akustik spezialisiert haben.

VIDEOÜBERWACHUNG: VOLL IM BILD

Kameras im und am Gebäude können verschiedene Aufgaben übernehmen. Zuallererst dienen sie der Überwachung. Dann steigern Videoaufnahmen nach einem Einbruch die Chancen, den Täter oder die Täterin zu überführen. Oft stehen auch Hund und Katze im Mittelpunkt des Interesses. Wer sein Haustier gelegentlich allein lassen muss, ist froh, wenn er von unterwegs aus nachschauen kann, ob es dem vierbeinigen Liebling gut geht.

In Kombination mit einem Alarmsystem liefert das Kamerabild wertvolle Zusatzinformationen: Hat der Rauchmelder wirklich ausgelöst, weil gerade ein Brand entsteht, oder reagiert er nur auf die Schwaden einer Küchenschlacht mit brutzelndem Fett in der Pfanne? Kameras mit einer Bewegungserkennung eignen sich außerdem als Sensor im klassischen Sinne. Sie schalten zum Beispiel das Licht ein, wenn jemand durchs Bild läuft oder lösen Alarm aus. Moderne Systeme mit Bildanalyse unterscheiden dabei zwischen Menschen, Tieren und Fahrzeugen. Manche erkennen sogar bekannte Personen am Gesicht. So kann das Smart Home eine Push-Nachricht an die Smartphones der Eltern schicken, wenn ihre Kinder von der Schule nach Hause kommen.

Den einen gruselt bei dieser Vorstellung. Der andere freut sich über personalisierte Smart-Home-Szenen. Sie starten von selbst, sobald er das Haus betritt. Licht, Temperatur und Musik stellen sich auf seine Wünsche ein – ohne Tastendruck oder Sprachbefehl. Ob die Inszenierung klappt, hängt vom Kameratyp ab.

Kameras mit Gesichtserkennung wie dieses Modell von Netatmo können bekannte von unbekannten Personen unterscheiden.

Und davon, welche Technik sonst noch an der Automatisierung beteiligt ist. Grob lassen sich die Bilderfassungssysteme für zu Hause in zwei Gruppen einteilen: Kameras mit eigener Signalverarbeitung im Gerät und solche, die ihre Aufnahmen von einem Clouddienst im Internet analysieren lassen.

Etliche Smart-Home-Systeme können die Livestreams von IP-Kameras abrufen und in ihrer App darstellen.

IP-Kameras

Klassische Überwachungskameras sind so intelligent wie ein Türspion, also eigentlich gar nicht. Sie fangen ein, was ihnen vor die Linse kommt – egal, ob jemand zuschaut oder nicht. Aufnahmen landen meist auf einem externen Speichergerät. Früher war das ein Videorekorder mit Bandkassetten, heute übernehmen Festplatten oder Computer diese Aufgabe. Auch die Art der Übertragung hat sich gewandelt. An die Stelle analoger Signale ist digitale Technik getreten. Genauer gesagt: das Internet-Protokoll (IP).

IP-Kameras senden ihre Bilder als Datenstrom über ein Lan-Kabel oder das WLan des Routers. Zum Ansehen gibt es eine Smartphone-App oder ein Computerprogramm. Oft reicht auch der Internetbrowser: Nach Eingabe der IP-Adresse zeigt er das Livebild der Kamera an. Bei entsprechender Freigabe funktioniert das von jedem Ort der Welt aus. In solchen Fällen muss der Zugriff auf das Kamerabild allerdings unbedingt mit einem sicheren Passwort geschützt sein. Unerfahrene Nutzer und Nutzerinnen vergessen das gelegentlich. Dann kann es passieren, dass ihr Videostream in einer spezialisierten Internetsuchmaschine wie shodan.io auftaucht und unfreiwillige Einblicke ins Privatleben gewährt. Aufnahmen von schlafenden Babys im Kinderbett sorgten hier schon öfter für Aufsehen. Darum sind verantwortungsbewusste Hersteller dazu übergegangen, gleich während der Kamerainstallation die Vergabe eines sicheren Passworts zu verlangen. Je länger und zufälliger diese Kombination aus Buchstaben, Zahlen und Sonderzeichen, desto unwahrscheinlicher wird es, dass Hacker den Code knacken. Mehr dazu in „Wie sicher ist die smarte Technik?“, Seite 297.

Vorteil von IP-Kameras: Sie lassen sich mit überschaubarem Aufwand in ein Gebäudenetzwerk integrieren. Das Livebild ist schließlich per IP-Adresse abrufbar. Mit dieser Ziffernfolge können Smart-Home-Lösungen das Videobild auf einem Display anzeigen oder in die eigene App holen. Systeme wie RTI und Control 4 bringen eine Vielzahl von Treiberprogrammen mit, die Überwachungskameras auf ihren Bedienoberflächen einblenden. Eine Herstellerinitiative namens ONVIF (Open Network Video Interface Forum) hat es sich außerdem zur Aufgabe gemacht, die Kommunikation zu standardisieren. Über das ONVIF-Protokoll lassen sich Kameras und Aufnahmegeräte steuern sowie Bildinhalte auswerten. Allerdings sind die Funktionen auf mehrere Softwareprofile verteilt. Die Fähigkeit zum Streamen etwa steckt im Basisprofil S, für Bildeinstellungen und Bewegungserkennung ist das Profil T zuständig. Medienspeicher verwenden G, M enthält Metadaten für die Bildanalyse, Q soll die Einrichtung erleichtern. Das Etikett ONVIF-kompatibel heißt also nicht, dass ein Gerät alle Dienste unterstützt. Und da ONVIF zwar den Standard zur Verfügung stellt, seine Umsetzung aber nicht überwacht, gibt es keine hundertprozentige Funktionsgarantie. Smart-Home-Anbieter wie Rademacher oder Wibutler unterstützen deshalb gezielt bestimmte Hersteller. Andere vertrauen lieber auf ihre eigenen Kameras und ein geschlossenes System. Oder sie beziehen lediglich Bild und den Ton von der Kamera, die Automatisierung übernehmen dann Bewegungsmelder und Sensoren im Smart Home.

Der Effekt bleibt allerdings derselbe: Im Alarmfall startet automatisch die Aufnahme und eine Regel schaltet zum Beispiel das Licht im Raum ein, um die Bildqualität zu verbessern.

Cloud-Kameras

Technisch gesehen handelt es sich bei Cloud-Modellen ebenfalls um IP-Kameras. Mit einem Unterschied: Der Videostream läuft über Server im Internet. Egal ob zu Hause oder unterwegs – ein Clouddienst des Herstellers dient als Vermittler zwischen Kamera und beispielsweise der Smartphone-App. Das macht die Einrichtung und Handhabung besonders einfach. Es

Typische Kamera-Bauformen

- **Dome-Kameras** haben eine Kuppel (engl. Dome) aus transparentem Kunststoff, die sie vor Vandalismus schützt. Ist die Hülle getönt, erschwert dies Einbrechern zu erkennen, wohin das Objektiv zeigt, also in welche Richtung die Kamera filmt.

- **PTZ-Kameras** können ihr Objektiv mit einem Motor schwenken (pan), neigen (tilt) und zoomen. Mit dem Finger am Smartphonebildschirm oder einem kleinen Joystick wie beim Computerspielen lässt sich so der Bildausschnitt ändern.

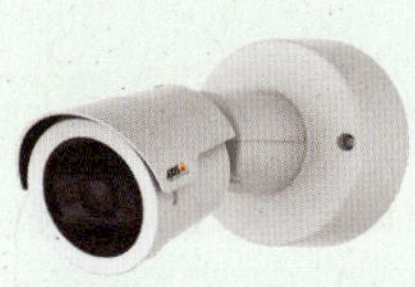

- **Bullet-Kameras** heißen so, weil ihr länglicher, zylinderförmiger Korpus manchmal an eine Pistolenkugel oder die Trommel eines Revolvers erinnert. Sie werden mit ihrem Fuß an der Wand oder Decke befestigt und nach Wunsch ausgerichtet.

Videoüberwachung: Was ist erlaubt, was verboten?

Für eine Videoüberwachung gelten strenge Regeln. Jede Aufnahme greift in das Recht der betroffenen Menschen ein, über die Verwendung ihrer personenbezogenen Daten selbst zu bestimmen. Denn im Sinne des Gesetzes sind Bilder nichts anderes als zum Beispiel Name, Geburtsdatum, Geschlecht und Alter. Eigene Grundstücke oder Gebäude zu überwachen, ist prinzipiell erlaubt. Es zählt zur Wahrnehmung des Hausrechts. Der Einsatz von Kameras sollte aber verhältnismäßig sein. Im Streitfall geht es vielleicht darum, ob die Sicherung des Eigentums nicht auch auf andere Weise möglich gewesen wäre – etwa durch Installation einer Alarmanlage. Um Konflikte zu vermeiden, empfiehlt es sich, ein paar Grundsätze zu beachten.

- **Keine öffentlichen Bereiche filmen.** Das Nachbargrundstück, der Gehweg, aber auch der Treppenaufgang im Mehrfamilienhaus sind normalerweise tabu. Kameras sollten am besten fest installiert und keine schwenkbaren Modelle verwendet werden – damit gar nicht erst der Eindruck entsteht, sie würden gezielt auf Menschen gerichtet. In Ausnahmefällen und aus triftigem Grund können Aufnahmen öffentlicher Bereiche erlaubt sein, etwa wenn es wiederholt zu Einbrüchen oder Vandalismus gekommen ist. Die Kamera sollte dann aber so montiert sein, dass ihr Anblick gleichzeitig zur Abschreckung taugt – also gut sichtbar am Gebäude und nicht versteckt.
- **Auf die Überwachung hinweisen.** An öffentlichen Plätzen müssen Schilder über installierte Videokameras informieren. So etwas empfiehlt sich auch auf privatem Grund. Damit Besucher die Wahl haben, ob sie einen überwachten Bereich betreten wollen oder nicht.

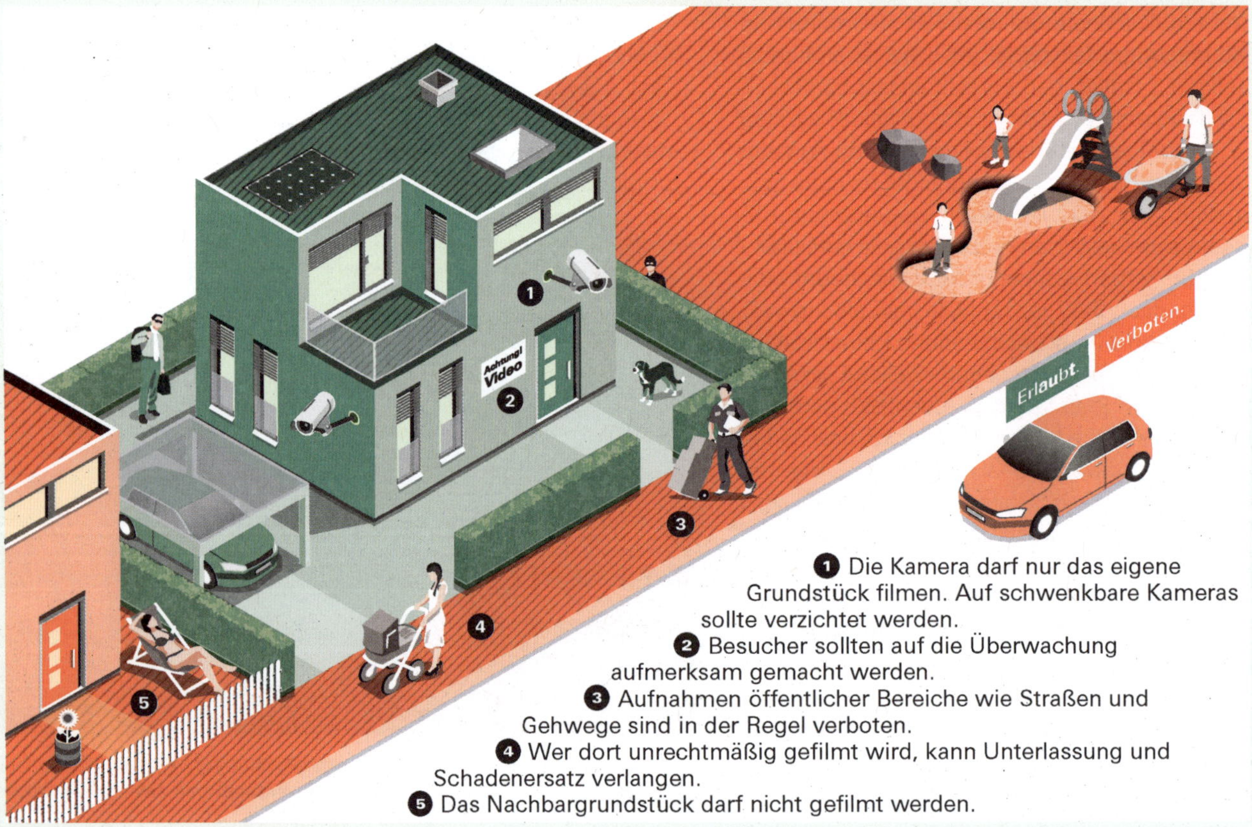

❶ Die Kamera darf nur das eigene Grundstück filmen. Auf schwenkbare Kameras sollte verzichtet werden.
❷ Besucher sollten auf die Überwachung aufmerksam gemacht werden.
❸ Aufnahmen öffentlicher Bereiche wie Straßen und Gehwege sind in der Regel verboten.
❹ Wer dort unrechtmäßig gefilmt wird, kann Unterlassung und Schadenersatz verlangen.
❺ Das Nachbargrundstück darf nicht gefilmt werden.

Gäste in der Wohnung, der Babysitter oder die Haushaltshilfe sollten nicht einfach aufgenommen, sondern zunächst nach ihrer Zustimmung gefragt werden. Ist das nicht möglich, bieten viele Smart-Home-Systeme die Möglichkeit, Kameras automatisch erst dann zu aktivieren, wenn alle aus dem Haus sind.

- **Unnötige Aufnahmen vermeiden.** Das gilt besonders für Türkameras, die Menschen quasi im Vorbeigehen erfassen. Nach Aussage der Datenschutzbeauftragten in mehreren Bundesländern sollten Türkameras nur anlassbezogen, das heißt beim Klingeln, aktiviert werden und sich danach wieder abschalten. Vollautomatische Aufnahmen und ihre Speicherung, etwa per Bewegungserkennung, sind kritisch zu sehen. Dasselbe gilt für Videos mit Ton, weil laut Strafgesetzbuch der Mitschnitt nicht öffentlich gesprochener Worte untersagt ist (§201, Verletzung der Vertraulichkeit des Wortes). Wie die Gerichte urteilen, hängt, wie immer in solchen Dingen, vom Einzelfall ab.

müssen keine Einstellungen am Router vorgenommen oder Treiber installiert werden, damit das Bild auch außerhalb des heimischen Netzwerks zu sehen ist.

Und weil der Server ohnehin dazwischen hängt, kann er gleichzeitig als Onlinevideorekorder dienen. Zu vielen Cloud-Kameras gibt es Abonnements, die Aufnahmen mehrere Tage bis Wochen lang im Internet aufbewahren. Die Rückschau auf vergangene Ereignisse ist so ohne weiteres Aufzeichnungsgerät möglich. Allerdings entstehen durch den Service nicht selten laufende Kosten. Wie hoch diese letztlich ausfallen, variiert von Anbieter zu Anbieter und hängt von der Speicherdauer ab. Üblich sind Abopreise zwischen 5 und 10 Euro im Monat. Bei jährlicher Zahlung gewähren manche Firmen Rabatt. Ausnahmen bestätigen übrigens die Regel: Einige wenige Kamerahersteller verzichten auf Abogebühren oder speichern Aufnahmen im Gerät, etwa auf einer SD-Karte. Eine derartige lokale Aufnahmefunktion empfiehlt sich besonders dann, wenn die Internetverbindung schwächelt. Für ruckelfreie Aufnahmen in guter Bildqualität ist ein Breitbandanschluss mit hoher Datenrate nötig. Auch beide Varianten zusammen in einem Gerät sind möglich. Dann legt die Kamera automatisch Sicherheitskopien ihrer lokalen Aufnahmen im Internet ab – für den Fall, dass Einbrecher sich auskennen und die SD-Karte oder gleich die komplette Kamera mit allen Beweisen mitgehen lassen.

Was die Smart-Home-Integration betrifft, gelten für Cloud-Kameras besondere Regeln. Hardware, Software und der Internetserver des Anbieters bilden ein geschlossenes System. Direkter Zugriff auf das Audio- und Videosignal ist nur über eine Programmierschnittstelle möglich, sofern der Kamerahersteller solch ein API (Application Programming Interface) bereitstellt. Er kooperiert dann meist mit ausgewählten Smart-Home-Anbietern. In deren Software ist die Verbindung zum Server bereits vorgesehen. Andere lassen sich, wenn überhaupt, nur auf Umwegen und mit einem Internetdienst wie IFTTT erreichen (siehe „Ein Wort zum Internet der Dinge (IoT)“, Seite 283). Damit passen Cloud-Kameras gut zum Plug-and-Play-Konzept vieler Nachrüstlösungen. Installation und Bedienung per App gehen recht leicht von der Hand. Wer selbst programmiert – egal ob Profi oder Laie – greift eher zu einer klassischen IP-Kamera.

Türkameras

Onlineshopping ist mittlerweile so selbstverständlich wie der Einkauf im Ladengeschäft vor Ort. Paketboten gehen in vielen Haushalten ein und aus. Das schafft einen Bedarf für vernetzte Türkameras. Im Unterschied zu traditionellen Videotürsprechanlagen übertragen sie ihr Bild nicht auf einen Monitor im Haus – oder zumindest nicht allein. Beim Klingeln meldet sich automatisch das Smartphone und öffnet ein Vi-

Eine Videotürklingel erweitert die Sprechanlage bis zum Smartphone. So entgeht Ihnen keine Paketsendung mehr.

deofenster mit der Kameraperspektive. Das Bild zeigt ein bekanntes Gesicht oder den angekündigten Kurier von DPD, DHL, UPS & Co.? Dann können Empfänger mit dem Kurier sprechen und ihm sagen, was mit der Sendung geschehen soll. Das Schloss an der Tür ist außerdem fernbedienbar (siehe „Tür & Co: Zugang unter Kontrolle", Seite 139)? Umso besser, dann genügt ein Tastendruck, um ihn hereinzulassen. Er stellt sein Paket – eventuell beobachtet von einer zweiten Kamera im Flur – drinnen ab und zieht beim Gehen die Tür wieder zu.

Vorteil: Weil Türkamera und Smartphone übers Internet kommunizieren, funktioniert dieser Trick praktisch überall, wo eine ausreichend schnelle Datenverbindung besteht. Besucher an der Haustür wissen nicht, ob ihr Gesprächspartner im Büro sitzt oder gerade in einem Hotel am Strand von Palma de Mallorca weilt. Es gibt verschiedene Möglichkeiten, einen entsprechenden digitalen Portier zu installieren. Hier sind die gängigsten:

- **Videotürsprechanlage mit IP-Gateway**. Hersteller wie Busch-Jaeger, Gira und Siedle bieten zu ihren Türsprechanlagen ein sogenanntes IP-Gateway an. Es verbindet die Außenstation mit einem Internetserver. Die App des Herstellers greift auf diesen Server zu und empfängt über ihn auch Bilder der Türkamera. Gleichzeitig stellt das Gateway im Verteilerkasten den Kontakt zu Hausbussystemen wie KNX her. So lässt sich die Türkommunikation ins Gebäudenetzwerk integrieren und beispielsweise beim Klingeln automatisch die Musikwiedergabe stoppen. Ebenfalls beliebt in solchen Installationen: Ein Wanddisplay des Smart-Home-Systems dient gleichzeitig als Innenstation und zeigt das Bild der Türkamera an.
- **IP-Videosprechanlagen**. Wer den Einbau einer neuen Türsprechstation plant, kann auch ein IP-fähiges Modell wählen. Hersteller wie Balter, Doorbird und Legrand haben solche Systeme im Programm. Sie finden per Lan-Kabel oder WLan Anschluss an den heimischen Router und damit ans Internet. Die vorhandene Klingelinstallation, etwa ein Zweidraht-Bus, stellt weiterhin die Verbindung zum Türgong oder Türöffner her. Wichtig: Für die Integration in ein Smart-Home-System muss der Hersteller passende Schnittstellen anbieten. Das ist nicht immer der Fall. Einige Produkte arbeiten nur mit bestimmten Lösungen zusammen. So lassen sich Videosprechanlagen von Legrand etwa mit Überwachungskameras der Konzerntochter Netatmo kombinieren. Doorbird dagegen versteht sich mit Control 4, Digitalstrom, KNX, RTI und vielen anderen Systemen.

- **Videoklingeln zum Nachrüsten.** Wenn es schnell und einfach gehen soll, bieten sich WLan-Klingeln von Marken wie Arlo, Eufy, Ring & Co. an. Sie ersetzen häufig die vorhandene Türklingel, werden manchmal aber auch zusätzlich daneben montiert. Ein Akku versorgt sie dort mit Strom. Exemplare mit Festanschluss kommen an den vorhandenen Klingeldraht und beziehen ihre Energie vom Transformator des Türgongs. In beiden Fällen lässt sich die Vorrichtung beim Wohnungswechsel abmontieren und mitnehmen, was die Lösung auch für Mieter interessant macht. Gut zu wissen: Nachrüstklingeln verfügen in der Regel über keine Innenstation mit Monitor. Um nachzuschauen, wer klingelt, sollte ein Smartphone oder Tablet griffbereit sein. Akkumodelle nutzen das Telefon auch für den Klingelton, wenn kein extra WLan-Gong installiert ist. Die Integrationsfähigkeit hängt vom Produkt ab. Manche Videoklingeln arbeiten mit Apple HomeKit zusammen, andere mit Alexa, Google Assistant oder Samsung SmartThings. Ein direkter Anschluss an verkabelte Hausbussysteme ist normalerweise nicht vorgesehen.

ALARM: AUF NUMMER SICHER

Die Zahl der Einbrüche in Deutschland geht zurück. Seit einigen Jahren schon. In der Corona-Pandemie besonders stark (–13,9 %), weil mehr Menschen zu Hause waren und Langfingern das Geschäft erschwerten. Mit rund 75 000 Fällen im Jahr 2020 zählt der Wohnungseinbruchdiebstahl aber immer noch zu den festen Größen in der Polizeilichen Kriminalstatistik. Hierzu kommt: Die Aufklärungsquote ist mit 17,6 Prozent nicht übertrieben hoch. Autodiebe etwa werden deutlich häufiger erwischt (33,8 %). Allerdings stimmt auch: Rund 45 Prozent der Einbruchsdelikte scheitern bereits im Versuchsstadium, weil es Dieben nicht gelingt, ins Gebäude einzudringen. Die Polizei betont daher regelmäßig, wie wichtig mechanische Sicherungsmaßnahmen sind. Die meisten Altbaufenster, Balkon- und Terrassentüren bieten keinerlei Schutz vor Einbrechern. Auch minderbegabte Täter ohne Erfahrung können sie in wenigen Sekunden aufhebeln. Zur Installation einer Alarmanlage sollten deshalb immer konstruktive Maßnahmen kommen. Einbruchhemmende Fenster und Türen, abschließbare Griffe sowie Rollläden, die vor dem Hochschieben geschützt sind, erschweren Ganoven das Handwerk. Und sind sie dann bereits gereizt vom unerwarteten Widerstand, den das Gebäude entgegensetzt, gibt ihnen ein Smart Home mit Sirene den Rest.

Was ist eine Alarmanlage?

Wenn umgangssprachlich von Alarmanlagen die Rede ist, sind meistens Einbruchmeldeanlagen (EMA) gemeint. So heißen offiziell Systeme, die auf einen Einbruchsversuch hinweisen – sei es mit stillem oder lautem Alarm. EMA zählen zur Gruppe der Gefahrenmeldeanlagen, in die auch Installationen für Feuer, Wasser

Sensoren am Fenster oder an der Tür erkennen, wenn sich jemand unbefugt Zutritt verschafft.

und Überfall gehören. Private Alarmanlagen kombinieren allerdings häufig mehrere Funktionen. Dann arbeitet das System gleichzeitig als Brandmeldeanlage oder warnt zum Beispiel vor Wasserschäden.

Die Installation besteht immer aus einer Meldezentrale, verschiedenen Sensoren und einer Vorrichtung zum Scharf- und Unscharfschalten der Alarmfunktion. Dieser Aufbau erinnert an Smart-Home-Systeme. Auch in einem vernetzten Haus gibt es Fensterkontakte und Bewegungssensoren, die ihren Zustand an eine Zentrale melden. Da liegt die Idee nahe, beides für den Alarm zu nutzen. Allerdings hält nicht jede Gebäudeinstallation den Anforderungen an eine Einbruchmeldeanlage stand. Das gilt vor allem, wenn die Versicherung ein Wörtchen mitzureden hat.

Sind hohe Werte abzusichern, machen die Gesellschaften ihren Kunden bestimmte Auflagen, um das Schadensrisiko zu begrenzen. Dazu gehört nicht selten eine Alarmanlage mit VdS-Siegel. Die VdS Schadenverhütung GmbH ist ein Tochterunternehmen des Gesamtverbands der Deutschen Versicherungswirtschaft. Sie prüft und zertifiziert Sicherungsanlagen. Dabei werden die Produkte in Risikoklassen von A bis C eingeteilt. Klasse A bietet normalen Schutz für Personen und Wohnobjekte, B und C eignen sich auch bei höherer und hoher Gefährdung, etwa in Gewerbeimmobilien. Speziell für Privatanwender gibt es die Internetseite www.vds-home.de.

Die VdS kontrolliert aber nicht nur Geräte, auch Firmen können sich von ihr begutachten lassen. Streng genommen gilt eine Alarmanlage erst dann als VdS-zertifiziert, wenn sie von einem geprüften Sicherheitsunternehmen geplant, montiert und gewartet wird. Das soll eine zuverlässige und dauerhafte Funktion gewährleisten. Im Gegenzug kann sich die Installation so einer zertifizierten Anlage positiv auf den Versicherungsbeitrag auswirken. Viele Schadensregulierer gewähren ihren Kunden Rabatt, weil die Anlage das Einbruchsrisiko senkt. Das muss jedoch im Einzelfall mit der Versicherung geklärt werden.

Im benachbarten Ausland gibt es ähnliche Kennzeichen, etwa vom Verband der Sicherheitsunternehmen Österreichs (VSÖ) und vom Verband Schweizerischer Errichter von Sicherheitsanlagen (SES). Außerdem existiert eine europäische Norm, die ebenfalls Anforderungen festlegt. Sie unterteilt das Risiko in vier Grade – von 1 für niedrig bis 4 für hoch. Die VdS-Klassen A, B und C lassen sich den Stufen 2 bis 4 dieser EU-Norm zuordnen:

VdS-Klasse	Grad nach EN 50131
	1
A	2
B	3
C	4

Zertifizierte Anlagen sind in der Regel teurer als Systeme ohne Brief und Siegel. Das liegt auch an den Kosten fürs Prüfinstitut, die der Anbieter auf den Preis draufschlägt. Produkte ohne VdS-Klasse oder Schutzgrad müssen nicht unbedingt schlechter sein. Wer von der Versicherung keine entsprechenden Auflagen bekommen hat, kann mit ihnen Geld sparen. Ausnahme: Für Investitionszuschüsse der Förderbank KfW ist ein Zertifikat zwingend erforderlich. Die KfW unterstützt Maßnahmen zum Einbruchschutz in bestehenden Immobilien mit bis zu 1 600 Euro (Stand: 2021). Das gilt auch für Alarmanlagen – allerdings nur, wenn sie bestimmte Normen erfüllen (siehe Seite 190).

Technische Eigenschaften

Einbruchmeldeanlagen zeichnen sich durch Funktionen aus, die ein Smart-Home-System normalerweise nicht bietet. Diese Extras sorgen dafür, dass in jedem Fall Alarm ausgelöst wird, auch wenn zu Hause mal der Strom ausfällt oder der Internetanschluss streikt.

- **Notstromversorgung**. Batterien oder Akkus halten den Betrieb aufrecht, falls das Netz versagt. Sie können Stromausfälle von mindestens zwölf Stunden überbrücken. Systeme der VdS-Klassen B und C beziehungsweise der Grade 3 und 4 schaffen bis zu 60 Stunden. Die Anlage erkennt den Netzausfall als Störung und informiert den Betreiber oder eine Meldezentrale.
- **Zweiter Alarmweg**. Benachrichtigungen per App gibt es nur mit funktionierender Datenverbindung. Fällt der heimische Internetanschluss aus, nutzen entsprechend ausgestattete Anlagen ein zweites Kommunikationsnetz als Ersatz. Meist handelt es sich dabei um Mobilfunk (GSM). Automatisierte Anrufe übers Festnetz sind im Zeitalter IP-basierter Telefonanschlüsse (Voice over IP) keine ausreichende Alternative. Denn auch VoIP-Gespräche laufen über den normalen Internetanschluss.
- **Aufschaltung**. Die beste Alarmanlage bringt nichts, wenn ihre Meldungen ins Leere laufen, weil niemand sie mitbekommt. Eine Aufschaltung verhindert das: Sie benachrichtigt automatisch eine rund um die Uhr besetzte Leitstelle oder Einsatzzentrale. Mitarbeiter dort versuchen, sich ein Bild von der Lage zu verschaffen. Sie rufen etwa den Besitzer der Anlage an oder schicken einen örtlichen Wachdienst vorbei, um nach dem Rechten zu sehen. Bei Bedarf wird die Polizei oder Feuerwehr verständigt.
- **Sabotageschutz**. Einbruchmeldeanlagen erkennen, wenn sich jemand an ihnen zu schaffen macht. Drahtlose Alarmsensoren etwa verfügen über Sabotagekontakte, die reagieren, sobald das Gehäuse geöffnet wird oder wenn jemand den Sensor von seinem Montageort entfernt. Bei kabelgebundenen Geräten führt die Manipulation der Leitung unweigerlich zum Alarm.

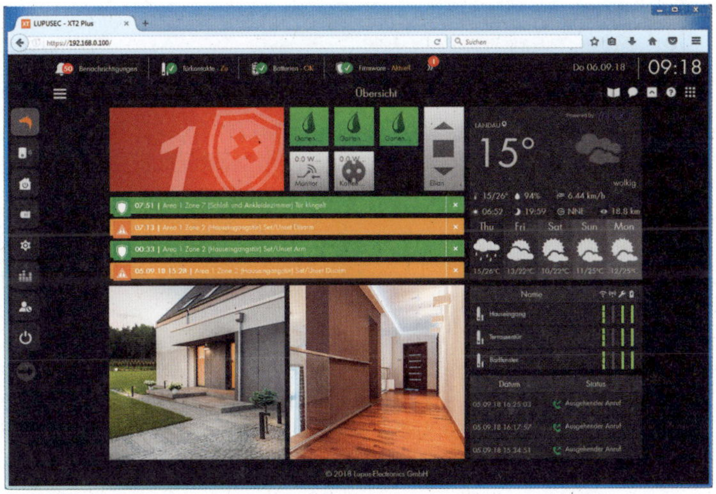

Anbieter wie Lupus Electronics kombinieren ihre Alarmanlagen mit zusätzlichen Smart-Home-Funktionen.

Eine Außensirene verleiht dem Alarm Nachdruck und dient zusätzlich der Abschreckung.

- **Zwangsläufigkeit**. Um Fehlalarme zu vermeiden, erfüllen professionelle Alarmsysteme zwei Bedingungen. Erstens: Die Anlage lässt sich nur scharfschalten, wenn alle Zugänge verschlossen sind und die Sensoren ordnungsgemäß arbeiten. Zweitens: Beim normalen Betreten des Gebäudes deaktiviert sich der Alarm automatisch, damit niemand aus Versehen in einen überwachten Bereich hineinläuft. Diese sogenannte Zwangsläufigkeit ist in Anlagen mit Aufschaltung (siehe Seite 119) besonders wichtig – weil durch den unnötigen Einsatz der Notrufzentrale Kosten entstehen können.

Smart-Home-Integration

Die vorangegangene Aufstellung zeigt: Nicht jedes Smart-Home-System mit einer Alarmfunktion taugt auch wirklich zur Alarmanlage. Tests der Stiftung Warentest stellen Lösungen unter diesem Gesichtspunkt kein gutes Zeugnis aus (test 08/2018). Das gilt besonders für preiswerte Funksysteme. Do-it-Yourself-Produkte bieten in der Regel weder Zwangsläufigkeit noch Sabotageschutz. Und von einer Notstromversorgung kann schon gar nicht die Rede sein. Teilweise ist die Steuerzentrale auch abhängig vom Cloudserver des Anbieters, sodass ohne Internet gar nichts mehr geht. Wenn also Sicherheit auf der Prioritätenliste sehr weit oben steht, sollte das bei der Planung berücksichtigt werden.

Als Anhaltspunkt gibt es seit Ende 2019 eine weitere Norm, die DIN VDE V 0826–1. Sie stellt Mindestanforderungen an Smart-Home-Lösungen, die der klassischen Sicherheitstechnik entsprechen. Um normgerecht zu sein, müssen sie zum Beispiel über hinreichende Verschlüsselung und einen Sabotageschutz verfügen. Vom Fachbetrieb verlangt die Norm entsprechende Qualifikationen und die genaue Dokumentation der Arbeiten.

Einige Hersteller, die aus dem klassischen Einbruchschutz kommen, haben ihre Systeme um Smart-Home-Funktionen erweitert. So bietet Lupus Electronics zu seinen Alarmanlagen etwa Zubehör wie Funksteckdosen, Heizkörperregler und Schaltaktoren für Licht und Rollläden an. Je nach gewünschter Sicherheit gibt es einfache Lösungen auch zur Eigenmontage, etwa von Abus, Egardia, Gigaset und Lupus. Umgekehrt übernehmen Smart-Home-Anbieter wie Bosch und EQ-3 Funktionen aus der Sicherheitsbranche. Ein Beispiel sind die Betriebsarten Vollschutz und Hüllschutz. Ist der Vollschutz aktiv, beteiligen sich alle installierten Sensoren an der Überwachung, innen wie außen. Der Hüllschutz kontrolliert dagegen nur die Außenhülle des Gebäudes, also potenzielle Einbruchstellen wie Türen, Fenster und Oberlichter. Das geschieht normalerweise mithilfe von Öffnungskontakten und Glasbruchsensoren. Bewegungsmelder in den Räumen bleiben ausgeschaltet, damit sich Personen und Tiere im Haus frei bewegen können.

Richtig geplant und ausgeführt, kommen professionelle Smart-Home-Systeme einer zertifizierten Alarmanlage sehr nahe. Sicherheitsmodule, etwa für KNX, überwachen Sensorleitungen auf Manipulation und können Sabotage erkennen. Allerdings sind die Chancen gering, eine VdS-Zulassung oder ein vergleichbares Zertifikat für solche Installationen zu bekommen. Der Versicherung wird es im Zweifelsfall egal sein, ob ihr Kunde selbst etwas zusammenschraubt oder einen Fachbetrieb damit beauftragt hat. Der umgekehrte Weg führt schon eher ans Ziel: Über ein KNX-Modul lassen sich

Typische Alarmsensoren

- **Öffnungssensoren** registrieren, wenn eine Tür oder ein Fenster aufgemacht wird. Meist handelt es sich um Magnetkontakte, auch Reed-Schalter genannt. Manche Modelle arbeiten stattdessen optisch mit einer Infrarotlichtschranke oder nutzen die Funktechnik RFID (Radio Frequency IDentification).
- **Glasbruchsensoren** reagieren auf eingeschlagene Scheiben. Aktive Melder bestehen aus einem Ultraschallsender, der die Glasfläche in Schwingungen versetzt, und einem Empfänger, der diese Vibrationen auswertet. Bei einem Bruch ändert sich das Schwingungsverhalten und der Sensor löst Alarm aus. Passive Melder erkennen stattdessen die typischen Erschütterungen brechenden Glases. Akustische Sensoren sind auf das Klirren splitternder Scheiben spezialisiert.
- **Rauchwarnmelder** arbeiten normalerweise mit Lichtschranken: Der Strahl einer Infrarot-LED durchquert eine Messkammer und trifft auf eine Fotodiode. Rauchpartikel in der Luft streuen das Licht und lösen Alarm aus. In Europa seltener anzutreffen sind Ionisationsrauchmelder. Sie messen die Leitfähigkeit der Luft mit einem radioaktiven Element. Der strahlende Stoff ist Sondermüll, was seine Entsorgung aufwendiger macht.
- **Wärmemelder** erfassen steigende Raumtemperaturen mit einem Heißleiter. Der Fühler ändert unter Hitzeeinfluss seinen elektrischen Widerstand. Um Feuer im Haushalt festzustellen, reagiert er zu träge. Es gibt aber Kombigeräte, die Heißleiter mit einem Rauchsensor kombinieren. Solche Brandmelder eignen sich auch für Küche und Bad, wo Dampf oder Qualm sonst leicht zu Fehlalarmen führt.
- **Wassermelder** stellen fest, wenn irgendwo Feuchtigkeit austritt. Meist geschieht das über Metallkontakte, die vom Wasser kurzgeschlossen werden. Die Kontakte befinden sich entweder am Melder selbst, dann liegt er auf dem Boden (Abbildung unten), oder am Ende einer längeren Sensorleitung. Einige wenige Modelle arbeiten auch mechanisch mit einem Quellmittel. Es dehnt sich bei der Berührung mit Wasser aus und schließt den elektrischen Kontakt.

Rauchwarnmelder gehören in jedes moderne Smart-Home- und Alarmsystem.

zertifizierte Anlagen von Herstellern wie Abus und Satel mit der Gebäudetechnik verbinden. Das Alarmsystem dient dann als Auslöser und schaltet bei Einbrüchen das Licht ein. Alarmsensoren können weitere Aufgaben übernehmen, etwa als Bewegungsmelder für die Gartenbeleuchtung. Bei voller Integration empfängt die Alarmzentrale auch Rückmeldungen aus dem Gebäude und zeigt den Status von Licht, Heizung oder Klimaanlage an.

Es kommt in so einer Kombination nur darauf an, dass die Steuerung unidirektional erfolgt, also in eine Richtung. Soll heißen: Die Alarmanlage kontrolliert das Smart Home, nicht umgekehrt. Wandtaster und Displays aus der Hausinstallation dürfen das Alarmsystem nicht scharf oder unscharf schalten. Das wäre nicht rückwirkungsfrei, wie die Sicherheitsexperten sagen. Ganz nebenbei hat die Trennung in zwei elektrisch getrennte Teile den Vorteil, dass bei einem Stromausfall die Alarmanlage weiter funktioniert – während die Lichtschalter im Haus ihre Funktion verlieren.

Zertifiziert oder nicht?

Im Einzelfall heißt es abzuwägen, wie wichtig verbriefte Sicherheit ist. Der Verzicht auf zertifizierte Technik vergrößert die Produktauswahl. Statt zugelassener Rauchwarnmelder kommen vielleicht andere „Heulbojen“ infrage, die günstiger sind und optisch besser zum Interieur passen. Touchscreens oder ein Tablet mit Smart-Home-App können die Aufgabe der Alarmzentrale übernehmen. Das sieht eleganter aus als gängige Zifferntastaturen. Für viele Anbieter von Sicherheitstechnik ist Design immer noch ein Fremdwort. Ein weiteres Argument: Existiert nur ein zentrales Steuersystem im Gebäude, fällt es leichter, die Bedienung wie aus einem Guss zu gestalten. Die einzelnen Gewerke können leichter zusammenspielen. Oft genanntes Beispiel: Bei einem Rauchalarm schaltet sich automatisch das Licht ein, Rollläden fahren nach oben, um Fluchtwege freizugeben und die installierten Lautsprecher geben eine Warnmeldung aus. Von so einer audiovisuellen Unterstützung profitieren nicht nur Senioren, die mit zunehmendem Alter das Piepen von Rauchmeldern immer schlechter wahrnehmen. Auch Kinder überhören Rauchwarnmelder leicht im Schlaf, wie eine Studie der schottischen Universität Dundee gezeigt hat. Vermutlich, weil ihr Pfeifen in der Evolution des Menschen Jahrtausende lang keine Rolle gespielt hat. Das Gehirn lernt wohl erst mit der Zeit, solche künstlichen Signale als ein Zeichen von Gefahr zu erkennen.

Andererseits trifft man bestimmte Entscheidungen nur einmal im Leben – während der Bauphase. Das gilt unter anderem für die Auswahl von Fenstern, Balkon- oder Terrassentüren. Hier kann es sich lohnen, von vorneherein auf integrierte, kabelgebundene Sensoren zu setzen. Reed-Kontakte im Rahmen zum Beispiel sind unsichtbar, melden aber über eine dünne Leitung ihren Öffnungszustand ans Smart Home. Das hilft später bei der Heizungssteuerung (siehe „Klima: richtig heizen, kühlen, lüften“, Seite 80) und erleichtert Alarmfunktionen. Ausgefuchste Modelle können zwischen offen, gekippt und verriegelt unterscheiden. Vor allem aber: Es gibt diese Sensoren auch mit VdS-Zertifikat – wenn es sein muss, bis hinauf zur höchsten Klasse. Damit ist das Gebäude für alle Eventualitäten gerüstet. Und der Einbau einer Alarmanlage kann auch noch Jahre später ohne großen Aufwand erfolgen.

MULTIROOM-AUDIO: MUSIK IM GANZEN HAUS

Niemand denkt heute noch ernsthaft darüber nach, ob er Lampen und Steckdosen in jedem Raum benötigt. Auch Heizkörper oder eine Fußbodenheizung sind selbstverständlich. Für Lautsprecher gelten dagegen andere Regeln. Ein Audiosystem, das die ganze Wohnung versorgt, klingt nach Luxus. Dabei gibt es gute Gründe, möglichst viele Zimmer damit auszustatten. In einem Smart Home machen sich Lautsprecher auf verschiedene Weise nützlich.

- **Musikwiedergabe**. Mit Lautsprechern überall im Haus kommt die Musik zu den Menschen, nicht umgekehrt. Natürlich könnte man stattdessen auch die Stereoanlage im Wohnzimmer so weit aufdrehen, dass ihr Sound bis ins Bad zu hören ist – oder ein Smartphone mit Bluetooth-Lausprecher an den Wannenrand legen. Ein zentrales Audiosystem ist aber flexibler. Es bespielt die Räume individuell mit eigenem Programm oder fasst mehrere Zimmer in Hörzonen zusammen. So kommen Partys schneller in Gang. Wer Hörbücher und Podcasts wiedergibt, kann durch die Wohnung wandern, ohne etwas Wichtiges zu verpassen.
- **Heimkinoton**. Die Tonspur vieler Spielfilme und TV-Serien enthält Surround-Informationen für einen raumfüllenden Klangeindruck. Im Kino werden diese Signale über Lautsprecher an den Wänden und

Die meisten AV-Receiver können über Lautsprecherkabel mehrere Räume versorgen. Oft lassen sie sich mit Funkboxen des Herstellers zu einem Multiroom-Audiosystem erweitern.

an der Decke wiedergegeben. Das geht zu Hause genauso. Vorteil eines fest installierten Systems: Mit Einbaulautsprechern fallen die zusätzlichen Schallquellen kaum auf und es stehen keine Boxen im Weg herum. Gleichzeitig bringt Vernetzung den TV-Ton in andere Bereiche der Wohnung. So lässt sich zum Beispiel der Livekommentar eines Fußballspiels auf dem Weg zur Toilette weiterverfolgen. Wenn ein Tor fällt, ist das gleichzeitig in der Küche und auf der Terrasse zu hören.

- **Hintergrundbeschallung**. Der Begriff Klangtapete hat etwas Abschätziges, beschreibt den Effekt aber ziemlich gut: Hintergrundmusik gibt einem Raum Atmosphäre. Sie lässt ihn beruhigend oder anregend wirken, abhängig vom gerade laufenden Programm. Davon machen nicht nur Hotels und Einkaufszentren Gebrauch, die Wirkung lässt sich auch zu Hause nutzen. Ein Audiosystem sorgt mit vorbereiteten Wiedergabelisten für Stimmung. Dabei muss es nicht immer Musik sein. Auch Umweltgeräusche entfalten eine Wirkung. Typisches Beispiel: Vogelgezwitscher weckt morgens auf natürliche Weise. Meeresbrandung hat auf manche Menschen eine beruhigende und schlaffördernde Wirkung.
- **Türgong**. Ein Klingelton, der über vernetzte Lautsprecher im Haus zu hören ist, dringt besser durch. Außerdem lässt er sich nach Wunsch leicht ändern: Statt Ding-Dong soll „Hells Bells" von AC/DC erklingen? An Weihnachten steht der Sinn nach „Jingle Bells"? Ein Wechsel der Audiodatei macht's möglich. Wenn es sein muss, unterbricht das Audiosystem auch eine laufende Musikwiedergabe, damit sie das Klingeln an der Tür nicht übertönt.
- **Durchsagen**. Alexa & Co. sind bekannt für ihr Sprachtalent. Mit vernetzten Lautsprechern klappt die verbale Kommunikation aber auch ohne digitale Assistenten. Fast jedes Audiosystem kann vorbereitete Durchsagen abspielen. Es ruft sie – ähnlich wie Musikdateien – von einem Speicher ab. Besonders raffinierte Lösungen verfügen über eine eigene Stimmsynthese. Ihre Software übersetzt geschriebenen Text in gesprochene Worte. Damit sagt das Smart Home dann zum Beispiel die aktuelle Zeit an oder liest Wetterprognosen vor.
- **Alarm**. Lautsprecher verleihen einer Sirene oder den Rauchmeldern mehr Nachdruck. Wenn alle zusammen losheulen, ist der Lärm nicht zu überhören. Außerdem liefern sie wichtige Zusatzinformationen – sei es durch unterschiedliche Signaltöne oder Sprachansagen. So wissen Bewohner, die nachts vom Alarm geweckt werden, sofort was los ist und können entsprechend reagieren. Hinzu kommt eine abschreckende Wirkung: Auf frischer Tat ertappte Einbrecher hören so vielleicht eine Warnung, dass ihr Treiben gerade auf Video festgehalten wird.

Multiroom-Audiosysteme

Im Unterschied zum klassischen Stereoverstärker mit HiFi-Boxen versorgen die Anlagen, um die es hier geht, mehrere Räume auf einmal. Deshalb heißen sie auch Multiroom-Audiosystem (multi = mehrfach, room = Raum). Die Bezeichnung allein verrät noch nicht, wie sie das anstellen. Es gibt verschiedene Arten von Multiroom-Systemen – und entsprechend viele Möglichkeiten, das Audiosignal im Haus zu verteilen (siehe Abbildungen rechts).

Die traditionelle Methode: Am Fernseher im Hauptraum ist ein AV-Receiver angeschlossen. Solche Heimkinoschaltzentralen haben mehrere Verstärkerkanäle und Lautsprecherausgänge, von denen einige normalerweise die Surroundboxen antreiben. Nicht immer werden alle benötigt. Dann können unbenutzte Ausgänge die Nebenräume beschallen. Es müssen lediglich Lautsprecherkabel dorthin gelegt werden. Verfügt der Receiver über WLan oder einen Lan-Anschluss, klappt auch die Fernbedienung. Eine Smartphone-App kann das Gerät einschalten, den Eingang wählen und einen Raum festlegen, in dem Musik spielen soll. Lauter und leiser regeln geht genauso. Da die Zahl der Hörzonen begrenzt ist – in der Regel auf maximal drei – eignet sich eine derartige Lösung eher für kleine Installationen.

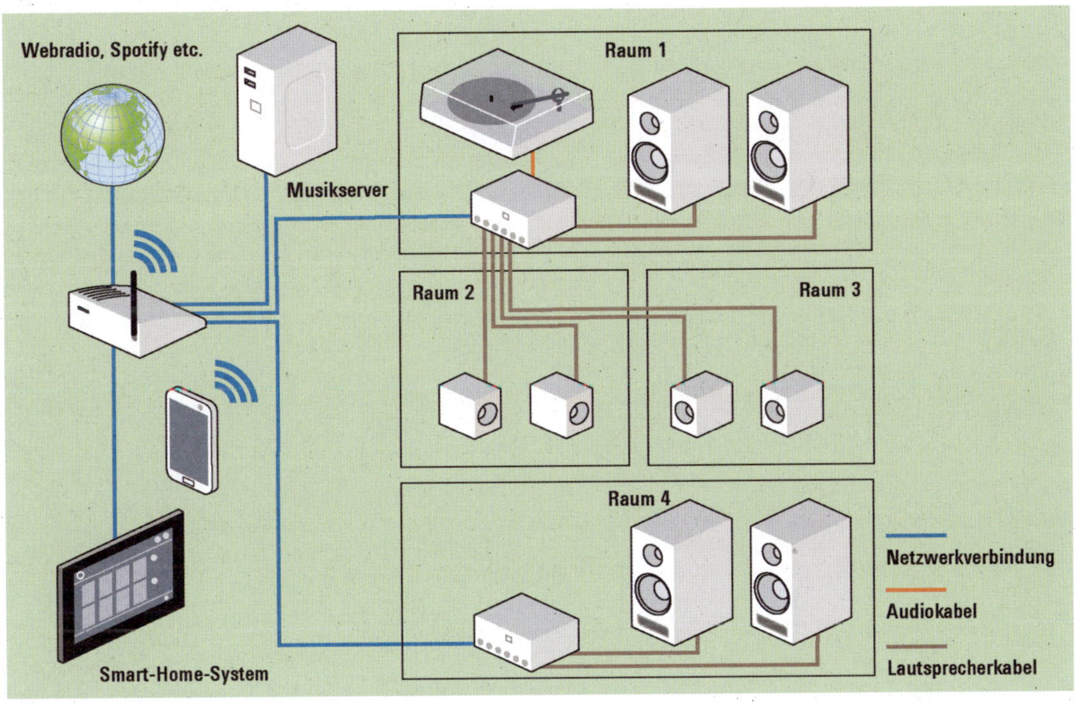

Drahtgebundenes Multiroom-Audiosystem: Mehrkanalverstärker versorgen die Lautsprecher in den Räumen mit Boxenkabeln. Die Steuersignale und digitale Musik kommen übers Computernetzwerk (Lan).

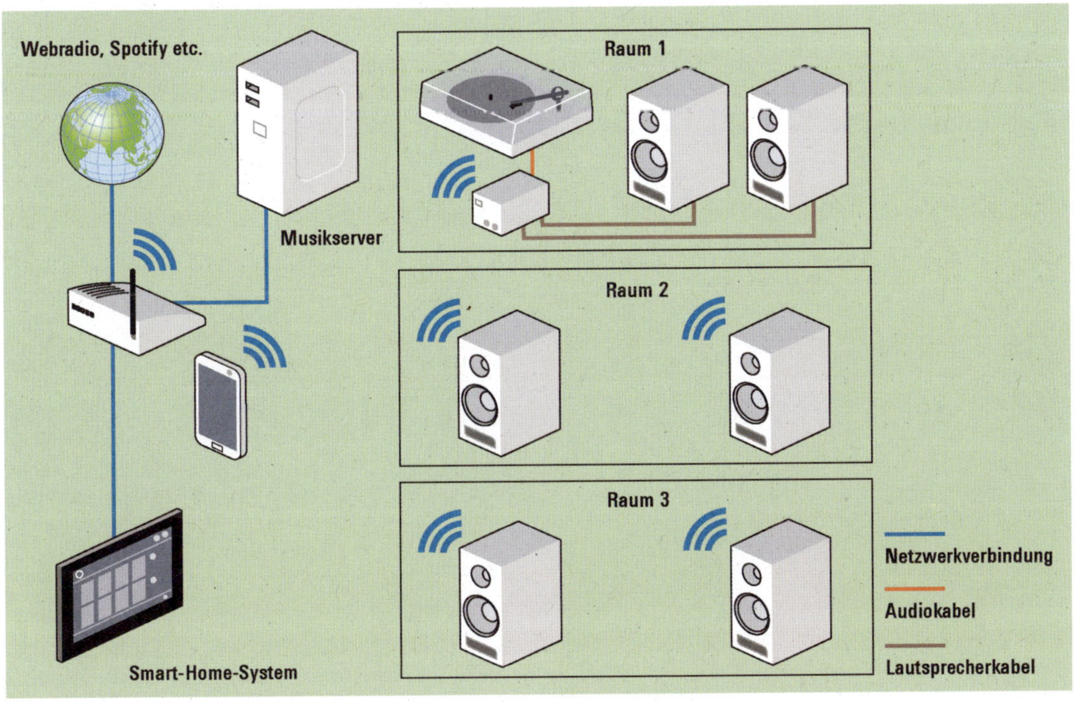

Drahtloses Multiroom-Audiosystem: Multiroom-Verstärker oder WLan-Lautsprecher erhalten ihre Musikdaten und die Steuersignale per Funk. Das spart Kabel in die einzelnen Räume, setzt aber ein stabiles WLan voraus.

Allerdings sind viele AV-Receiver auf Zuwachs ausgelegt. Anbieter wie Denon, Marantz, NAD und Yamaha haben um ihre Geräte herum komplette Multiroom-Sortimente aufgebaut. Die herstellereigenen Systeme bestehen aus Surround-Receivern und HiFi-Verstärkern, Streaminglautsprechern, TV-Soundbars, Minianlagen und anderen Komponenten.

Ein spezieller Name weist die Produkte als Mitglied ihrer jeweiligen Systemfamilie aus. So heißt die Multiroom-Funktion bei Denon und Marantz zum Beispiel „Heos", NAD sagt „Bluesound" dazu und Yamaha nennt sie „Musiccast". Nicht zu vergessen der Marktführer auf diesem Gebiet: Sonos. Und dann gibt es noch Amazon, Apple und Google, die ihre eigenen Multiroom-Standards geschaffen haben – unter den Bezeichnungen AirPlay, Alexa Cast und Chromecast.

Innerhalb eines Systems lassen sich alle Bausteine miteinander kombinieren. So kann im Wohnzimmer zum Beispiel ein Surround-Receiver mit großen HiFi-Boxen spielen, das Schlafzimmer übernimmt eine Soundbar am Zweitfernseher, für Küche und Bad sind Streaminglautsprecher zuständig. Die Verbindung zwischen den Geräten stellt das heimische Datennetzwerk her – im Idealfall störungssicher per Lan-Kabel. Gestaltet sich das Kabelverlegen schwierig, gibt es die Möglichkeit, den Ton drahtlos per Funk zu übertragen. Dann genügt eine Schukosteckdose am Ort der Wiedergabe. Akkulautsprecher kommen sogar mehrere Stunden lang ohne Stromversorgung aus. Praktisch, wenn sie zwischendrin auch im Garten spielen sollen (siehe „Musik im Freien", Seite 109).

Fast alle Hersteller nutzen für ihre drahtlose Übertragung das heimische WLan. Sonos baut auf Wunsch ein eigenes Funknetz im selben Frequenzbereich auf, was in Haushalten mit schwächelndem Router-WLan von Vorteil sein kann. Wenn die Frequenzbänder aber ohnehin schon zum Bersten voll sind, stößt Funk an seine Grenzen. Besonders in Innenstadtlagen und Mehrfamilienhäusern mit vielen WLan-Netzen kann es dann zu Tonaussetzern kommen. Außerdem begrenzt die Übertragungskapazität der Funkkanäle die Zahl der Räume. Für ein mehrgeschossiges Gebäude mit vielen Zimmern, noch dazu in massiver Betonbauweise, sind Kabel meist die bessere Wahl.

Professionelle Installateure arbeiten in solchen Situationen gerne mit modularen Systemen. Darin übernimmt ein Multiroom-Verstärker mit vier, acht und mehr Hörzonen die Wiedergabe. Reicht ein Exemplar nicht aus, arbeiten mehrere davon im Team, wodurch beliebig große Klanginstallationen entstehen. Aus Platzgründen sind solche Verstärkerbatterien meist in einem zentralen Raum untergebracht. Kompakte Modelle mit weniger Leistung nehmen auch auf der Hutschiene im Verteilerkasten Platz. Manchmal kann eine verteilte Installation sinnvoll sein. Dann werden die einzelnen Multiroom-Verstärker mit Netzwerkkabeln (Lan) verbunden. Die Lautsprecher selbst finden wie gewohnt über zweiadrige Boxenkabel Anschluss.

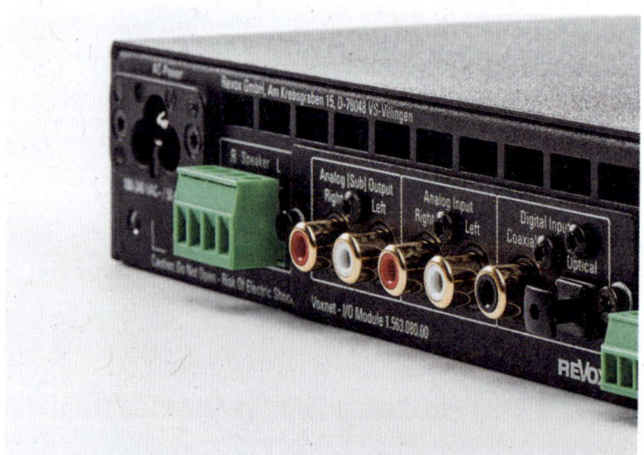

Multiroom-Verstärker gibt es in traditioneller Bauweise, etwa von Revox (links), oder als Hutschienen-Modell für den Einbau im Elektroverteiler (Loxone, rechts).

Statt Titel einzeln von CDs abzuspielen, werden die Alben meist auf einen Musikserver gerippt – so wie hier auf den Festplattenspeicher von Bluesound.

Das hört sich nach Aufwand an, weil Leitungen in jeden Raum verlegt werden müssen. In der Tat empfehlen sich kabelgebundene Multiroom-Systeme vor allem für Neubauten oder wenn eine Renovierung ansteht. Einmal installiert, erweisen sie sich aber als robust und zukunftssicher. Weder kann der zunehmende Funkverkehr in Gebäuden ihrer Übertragung etwas anhaben, noch veraltet die Infrastruktur so schnell. Denn Lan- und Boxenkabeln ist es egal, welche Signale sie übertragen. Geht etwas kaputt, müssen nur die jeweiligen Geräte am Ende der Leitung ausgetauscht werden.

Woher kommt die Musik?

Praktischer Nebeneffekt der Digitalisierung: Riesige Musiksammlungen passen auf eine kleine Festplatte. An die Stelle des CD-Regals tritt deshalb immer öfter der Computer oder ein Speicher im heimischen Netzwerk. Network Attached Storage, kurz NAS, heißt so ein digitaler Plattenschrank im Fachjargon. Viele Musikfans haben das Sammeln auch komplett aufgegeben und streamen ihr Programm stattdessen aus dem Internet. Abonnements für Amazon Prime, Apple Music, Spotify, Tidal & Co. gewähren ihnen Zugriff auf Millionen von Songs. Außerdem liefern die Streamingdienste fix und fertige Musikmixe. So spart man sich den Aufwand, eigene Wiedergabelisten zu erstellen. Für akustische Untermalung während des Essens genügt ein Griff in die Vorauswahl. Ob entspannter Jazz in der Badewanne oder treibende Beats zum Fitnesstraining: Die Abodienste bieten für viele Alltagssituationen einen passenden Soundtrack an. Und wer sich nicht entscheiden mag, wählt einen Webradiosender. Auch davon gibt es mehr als genug im Internet.

Im Multiroom-Betrieb hat digitalisierte Musik den Vorteil, dass sie leicht zu steuern und gut zu verteilen ist. Niemand muss eine CD in den Player einlegen oder Stationstasten am Radiotuner drücken. Das Audiosystem holt sich den gewünschten Stream direkt von der Festplatte oder aus dem Internet. Liegt der Ursprung auf dem Server eines Streaminganbieters, liefert dieser auch gleich Titelinformationen mit. Das Abspielprogramm zeigt so Künstler, Track- und Albumnamen sowie Cover an. Auch bei gekaufter Musik, die als Download zu Hause landet, gehören die Metadaten zum Lieferumfang. Anders sieht es aus, wenn eine Audiodatei durch Rippen von CD oder beim Digitalisieren einer Vinylschallplatte entstanden ist.

Hier sind die Informationen manchmal lückenhaft. Vor allem älteren Dateien fehlt häufig ein Coverfoto oder die Bezeichnung, zu welchem Album sie gehören. Das erschwert die

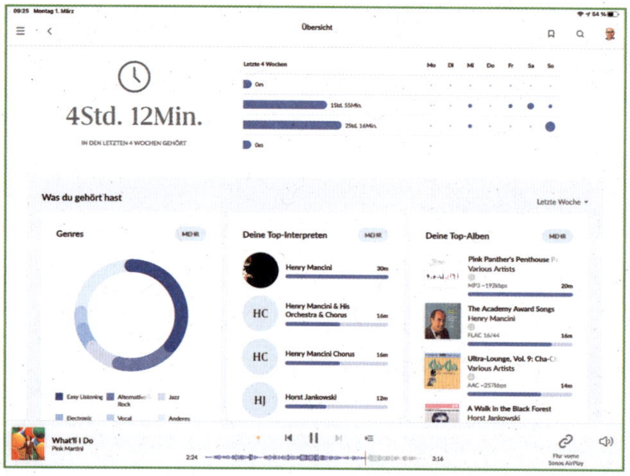

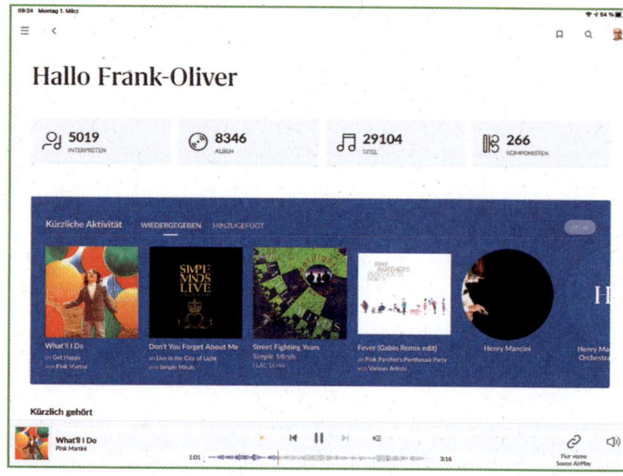

Bei Musik-Enthusiasten beliebt: Die Software Roon katalogisiert Audiodateien und reichert sie mit Informationen zu Titel, Album sowie beteiligten Künstlern an.

Suche nach Titeln und macht die Anzeige unübersichtlich.

Vollständige Metadaten sind aber das A und O jeder Musiksammlung auf einem Speicher im Heimnetzwerk. Das Multiroom-System nutzt sie zur Visualisierung der Bibliothek und für Suchfunktionen. Lösungen wie Bluesound oder Sonos bringen die technischen Voraussetzungen zum Einlesen von Metadaten bereits mit. Sie scannen freigegebene Ordner im Netzwerk und merken sich den Speicherort der erfassten Musikdateien. Ansonsten übernimmt ein digitaler Musikserver die Rolle des Archivars. Er katalogisiert die Dateien und sortiert sie nach Alben, Künstlern, Genres und anderen Kriterien. Der Server kann als Software auf einem Computer oder NAS-System laufen. Es gibt aber auch Musikserver als eigenständige Geräte, etwa im Design von HiFi-Komponenten, oder als Hutschienenmodul für die Montage im Verteilerkasten.

Einige Exemplare kombinieren mehrere Funktionen in einem Gehäuse. Sie haben zum Beispiel Verstärker eingebaut, um Lautsprecher in den Räumen direkt per Kabel zu versorgen. Andere verfügen über ein integriertes CD-Laufwerk. Damit rippen sie Audio-CDs und ziehen die passenden Metadaten aus dem Internet.

Ein bei HiFi-Enthusiasten beliebtes System ist Roon. Der Roon-Server visualisiert die Bibliothek und liefert eine Wiedergabesteuerung wie viele andere auch. Zusätzlich reichert er Titel aber mit Künstlerfotos, mitwirkenden Musikern, englischsprachigen Biografien und Plattenkritiken an. So stöbert es sich im Katalog ähnlich kurzweilig wie früher mit gedruckten Booklets oder Covertexten am Plattenschrank. Gesteuert von Apps streamt Roon die Musik auf eine Reihe hochwertiger HiFi-Komponenten. Zusätzlich unterstützt das System auch Streaminglautsprecher mit AirPlay und Chromecast sowie das komplette Sonos-Sortiment. Diese Vielseitigkeit hat ihren Preis. Roon verlangt für die Nutzung seiner Software rund 120 US-Dollar pro Jahr oder einmalig 700 Dollar für die lebenslange Lizenz.

Eine Visualisierung digitaler Daten genügt Ihnen nicht? Sie möchten Vinylscheiben lieber in die Hand nehmen und Ihrem analogen Plattenspieler anvertrauen. Trotzdem soll die Musik im ganzen Haus zu hören sein? Oder eine teure HiFi-Anlage mit Highend-Player verlangt nach Anschluss an das Multiroom-System? Dann kommen Verstärker und andere Multiroom-Geräte mit Toneingängen ins Spiel. Ihre Anschlüsse nehmen das Signal von externen Quellen entgegen, digitalisieren es bei Bedarf und speisen den Stream ins Netzwerk ein. Dort lässt er sich genauso verteilen wie Programme von der Festplatte oder aus dem Internet. Mit etwas Aufwand funktioniert sogar die Fernbedienung: Infrarotsignalgeber im Raum schalten die Eingänge am Verstärker um. Nur den Gang zum Plattenteller kann Ihnen das Smart Home nicht abnehmen. Manche Dinge sind und bleiben einfach analog.

Unsichtbare Lautsprecher

Musik im ganzen Haus, das bedeutet auch: Schallwandler in jedem Raum. Nur müssen die nicht überall herumstehen. Mit etwas Planung verschwinden Einbaulautsprecher in der Wand oder Zimmerdecke. Das geht sogar im Altbau: Eine Fake-Wall bereitet den Untergrund dafür. Die „gefälschte Wand" besteht aus Trockenbau- oder Holzelementen, die abgehängt unter der Decke oder vor der eigentlichen Wand montiert sind. So eine Konstruktion hat gleichzeitig den Vorteil, dass Kabel und Anschlüsse dahinter verschwinden. Zu sehen ist dann lediglich die Frontbespannung des Lautsprechers oder ein Gitter, das in der Wandfarbe lackiert ist. Wer es ganz unauffällig mag, nimmt voll integrierbare Flächenstrahler, deren Oberfläche verspachtelt, überstrichen oder übertapeziert wird. Allerdings verlangt die Unsichtbarkeit einen klanglichen Kompromiss: Kaschierte Lautsprecher erreichen nicht ganz die Qualität offener Schallwandler. Mit Klangkorrekturen am Verstärker kommen sie aber recht nahe an das unverhüllte Ideal heran.

Auch der Montageort entscheidet über den Klang. Für ein Stereopanorama mit Bühneneffekt, wie von der HiFi-Anlage gewohnt, sitzen die Lautsprecher am besten in der Wand. Solche „In-Wall"-Modelle haben meist eine viereckige Form. Geht es um gleichmäßige Beschallung des Raums, kommen dagegen eher runde Deckenlautsprecher zum Einsatz („In-Cealing"). Die Planung übernimmt am besten ein Fachbetrieb, weil sich Position und Anzahl der Einbaulautsprecher nachträglich nicht einfach ändern lassen. Beides will gut überlegt sein und hängt auch von der Raumakustik ab. So macht es einen Unterschied, ob die Musik im gefliesten Bad spielt oder ob Vorhänge, Möbel und Teppichböden den reflektierten Schall dämpfen. Mit baulichen Maßnahmen lässt sich der Klang in einer schwierigen Umgebung verbessern – etwa durch absorbierende Flächen, die den Nachhall verringern und klirrende Höhen schlucken. Umgekehrt bringt eine Frequenzgangkorrektur im Verstärker Klangdetails zurück, die sonst verloren gehen.

Perfektionisten beauftragen einen Profi damit, ihr Multiroom-Audiosystem auf den Raum einzumessen und akustische Fehler elektronisch zu kompensieren. Sonos hat eine einfache Funktion für den Hausgebrauch in seine Geräte gleich eingebaut. Sie nutzt das Mikrofon im Apple iPhone und iPad als Messgerät: Die Lautsprecher spielen Signaltöne ab, während man im Raum herumläuft und die Wiedergabe mit seinem Smartphone oder Tablet aufnimmt. Analysesoftware vergleicht das Ursprungssignal mit der Aufnahme und ändert die Klangeinstellungen so, dass die Wiedergabe dem Original möglichst nahe kommt.

Integration ins Smart Home

Viele Multiroom-Lösungen arbeiten autark, ohne Hilfe eines anderen Systems. Die Geräte vernetzen sich untereinander per WLan oder Lan-Kabel, ihre Steuerung übernimmt eine App des Herstellers. In der App-Oberfläche am Smartphone oder Tablet erscheint, was gespielt wird. Es kontrolliert die Wiedergabe, verwaltet Playlisten und verteilt den Ton auf verschiedene Lautsprecher im Haus. Mit anderen Worten: Visualisierung gehört zum Lieferumfang. Allerdings gilt das nur für Musik – oder auch Surround-Sound, wenn es sich um eine Heimkinoanlage handelt. Die Apps von Bluesound, Heos, Sonos & Co. zeigen keine Lampen, Steckdosen oder Thermostate an. Auch eine Automatisierung des Audiosystems ist

Einbaulautsprecher verschwinden in der Wand oder Decke. Spezielle Flächenstrahler lassen sich auch verputzen und überstreichen.

Integriert in ein System wie KNX lässt sich die Musikwiedergabe auch über den Touchscreen der Haussteuerung bedienen.

nicht möglich, vom Timer, der morgens mit Musik weckt, einmal abgesehen.

Damit Lautsprecher zu einem Teil der Gebäudetechnik werden, muss die Haussteuerung Kontakt zu ihnen herstellen. Am einfachsten geht das über den Router, mit dem sie ohnehin verbunden sind. Plug-and-Play-Systeme wie Magenta SmartHome oder Samsung SmartThings scannen das heimische Netzwerk und erkennen darin etwa Streaminglautsprecher von Bose und Sonos. Apple HomeKit funktioniert mit Geräten, die den AirPlay-Standard unterstützen. Aber auch die Profischiene hat einiges zu bieten. Beispiel KNX: Für den Smart-Home-Standard gibt es verschiedene Gateways, die gezielt einzelne Multiroom-Systeme mit dem Installationsbus verbinden. Auf diesem Gebiet arbeitet auch der Audiospezialist Revox eng mit dem Schalterhersteller Gira zusammen. Ergebnis sind Kontrollelemente im Format klassischer Lichtschalter, die Revox-Geräte fernsteuern (Abbildung links).

Eine weitere Möglichkeit eröffnen Smart-Home-Systeme, die selbst über Audiokomponenten verfügen. So hat Loxone zum Beispiel Musikserver und Mehrkanalverstärker im Programm, die sich nahtlos in die hauseigene Bedienoberfläche integrieren (siehe Seite 126). RTI geht denselben Weg, eignet sich wie Control 4 aber auch als herstellerübergreifende Visualisierung fürs ganze Gebäude. Welche Variante der Installateur Ihnen vorschlägt, hängt nicht zuletzt von seinen Kenntnissen und Erfahrungen ab. Darum ist die Auswahl des Fachbetriebs entscheidend, wenn es um die Integration von Audio- und Videoquellen geht. Mehr dazu in „Die Fünf W's der Systemauswahl", siehe Seite 185.

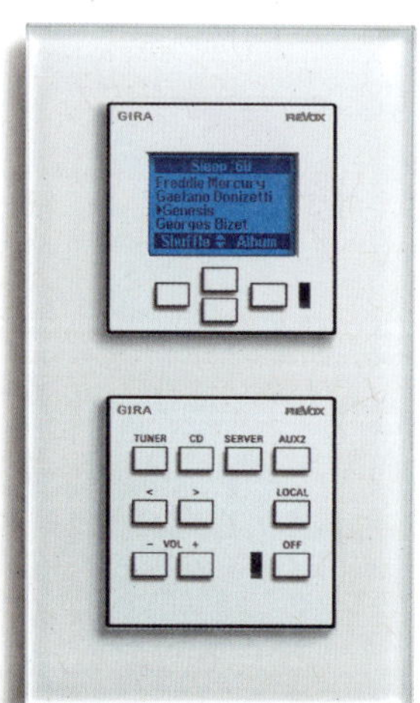

Gira bietet Bedienelemente für Revox-Musiksysteme an, die ins Rastermaß von Lichtschaltern passen.

MULTIROOM-VIDEO: VERTEILTES PROGRAMM

Die traditionelle Methode, um Videosignale im Haus zu verteilen, sind Antennenkabel, ihrem Aufbau nach auch Koaxialkabel genannt. Sie bestehen aus mehreren Schichten, die einen kupfernen Innenleiter umgeben und das Signal vor Störungen von außen schützen. Der Leiter im Innern bildet die Achse, daher kommt die Bezeichnung koaxial (= eine gemeinsame Achse besitzend). Die ummantelten Leitungen führen vom Kabelanschluss im Keller oder von der Satellitenantenne auf dem Dach zu Anschlussdosen in den Räumen.

Moderne Wohnungen verfügen über Antennendosen in allen Wohn- und Schlafräumen, in der Küche und oft auch im Bad. Je mehr es sind, desto höher ist normalerweise der Ausstattungswert des Gebäudes (siehe „Ausstattungswerte", Seite 187). Das digitale Fernsehen per Satellit (DVB-S) und Kabel (DVB-C) bekommt allerdings zusehends Konkurrenz aus dem Internet.

Seit es Netflix und andere Videostreamingdienste gibt, haben familiäre Diskussionen ums TV-Programm an Brisanz verloren. Alle im Haushalt können anschauen, was sie möchten. Sollte das TV-Gerät gerade mit Beschlag belegt sein, kommen eben Smartphone, Tablet oder der Computer zum Einsatz. Mehrere Streams gleichzeitig sind kein Problem – solange der Internetanschluss schnell genug arbeitet und das

Streamingangebote und Fernsehen aus dem Internet erleichtern das Verteilen von Videoprogramm in der Wohnung.

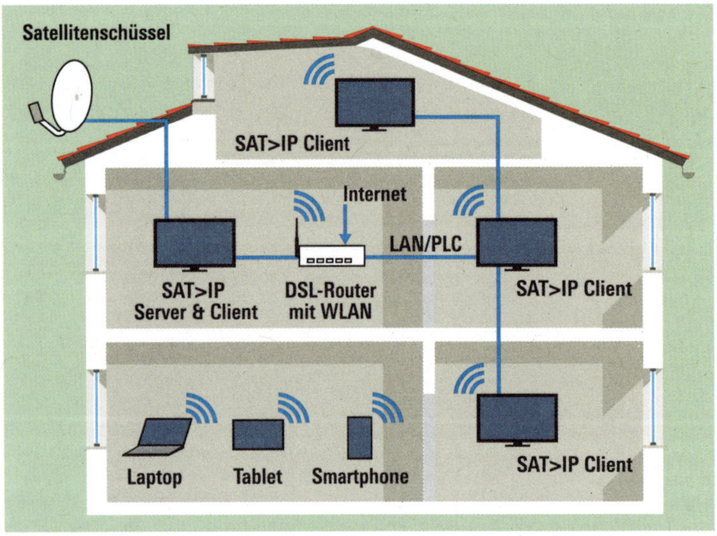

Die SAT-IP- oder TV-IP-Technik nutzt Lan-Kabel und WLan für die Fernsehübertragung im Haus.

heimische Netzwerk die nötigen Datenmengen liefert. Darum werden Lan-Kabel und ein leistungsfähiges WLan immer wichtiger. Angebote wie Magenta-TV von der Deutschen Telekom und Vodafone GigaTV setzen ausschließlich auf diesen Übertragungsweg.

Fernsehen über IP

Wer sein Fernsehprogramm ganz konventionell empfängt, kann es trotzdem über Datennetze verteilen. Eine Technologie namens Sat-IP (SAT>IP) macht es möglich. Sie speist TV-Kanäle von der Satellitenanlage ins Routernetzwerk ein. Der nötige SAT-IP-Konverter, meist Server genannt, wird als eigenes Gerät in der Nähe des Parabolspiegels montiert. Alternativ kann er in einen Sat-Receiver, in den Fernseher oder sogar in den Router eingebaut sein. Manche Server wandeln außer Satellitenfernsehen noch Kabelkanäle und terrestrisches Antennenfernsehen in IP-Signale um. Der Hersteller spricht dann von DVB über IP (DVB>IP) oder TV über IP (TV>IP), weil alle konventionellen Empfangswege abgedeckt sind.

Wiedergabegeräte in den Zielräumen angeln sich das gewünschte Programm aus dem Datenstrom heraus und bringen es auf den Bildschirm. Auch hier kann die Technik entweder direkt im Fernseher sitzen oder extern in einem Receiver untergebracht sein. Mit Apps klappt außerdem der Empfang auf dem Smartphone und Tablet. Mehrere TV-Kanäle lassen sich gleichzeitig übertragen. So ist etwa ein Match der Fußball-WM im Wohnzimmer zu sehen, während Familienmitglieder in anderen Räumen eigene Sender verfolgen können. Doch selbst wenn alle im Haus das Gleiche tun, ist es noch nicht dasselbe. Denn jeder Videostream läuft individuell. Er wird unabhängig von den übrigen per Hand gestartet. Eine zentrale, geräteübergreifende Steuerung wie beim Multiroom-Audiosystem (siehe Seite 123) gibt es mit IPTV noch nicht.

Der echte Multiroom-Betrieb mit Videos verlangt deshalb nach einer anderen Lösung. Am besten so leistungsfähig und offen, dass sie mit allen möglichen Quellen funktioniert. Leichter gesagt als getan, denn moderne Videosignale transportieren mittlerweile eine Vielzahl an Informationen.

- Da wäre zum einen die Bildauflösung, die im Ultra-HD-Format (4K) bis zu 3840 x 2160 Pixel betragen kann. In nicht allzu ferner Zukunft sind sogar 8K-Signale mit 7680 x 4320 Pixeln möglich.
- Hinzu kommen Daten für den erweiterten Kontrastumfang, besser bekannt als High Dynamic Range oder HDR.
- Und dann sind kommerzielle Spielfilme und Serien meist noch kopiergeschützt. Das HDCP-Verfahren (High-bandwidth Digital Content Protection) sorgt mit einer starken Signalverschlüsselung dafür, dass nur autorisierte Geräte den Inhalt am Bildschirm anzeigen können.

Mit anderen Worten: Eine Signalverteilung muss alle drei Technologien beherrschen, um zukunftssicher zu sein. Prinzipiell geht das mit HDMI, der Schnittstelle digitaler AV-Geräte. Über das High Definition Multimedia Interface lassen sich Bild- und Tonsignale auch in andere Räume übertragen. Allerdings sind HDMI-Kabel recht kostspielig und in der Reichweite begrenzt. Ab etwa zehn Metern steigt die Gefahr von Störungen und Bildaussetzern. Die Alternative heißt einmal mehr: Lan-Kabel.

Videos im Netzwerk

Der Standard HDBaseT (HDBT) verwendet Netzwerkkabel, um AV-Signale über große Distanzen zu schicken. Mit gut abgeschirmten Leitungen sind bis zu 100 Meter möglich. Das Prinzip: Ein Transmitter mit HDMI-Eingang übersetzt das Videosignal unkomprimiert und verlustfrei ins HDBT-Format. Sein Gegenstück am Zielort wandelt es zurück und gibt es als HDMI-Signal wieder aus. Teilweise ist dieser Receiver auch gleich ins Wiedergabegerät eingebaut. Manche Beamerhersteller statten zum Beispiel ihre Projektoren mit Chips für den Empfang aus. Das Lan-Kabel führt dann ohne weitere Zwischenstation bis zum Beamergehäuse.

Im Zentrum der Installation steht ein Verteiler, die sogenannte Kreuzschiene oder Videomatrix. An ihr werden die Quellen angeschlossen: Sat-Receiver, Blu-ray-Player oder Streamingboxen wie Apple TV und Fire TV. Die Matrix verteilt deren Signale auf Empfänger im Haus. Umgekehrt fließen übers Netzwerkkabel aber auch Steuerbefehle zurück zur Quelle. So kann zum Beispiel ein Infrarotempfänger im Schlafzimmer die Programme des Sat-Receivers umschalten und den Blu-ray-Player fernbedienen, obwohl beide an ganz verschiedenen Stellen in der Wohnung stehen.

Die HDBT-Übertragung garantiert hohe Bildqualität mit Auflösungen bis Ultra HD (4K) und HDR. Außerdem berücksichtigt sie den Kopierschutz HDCP in der jüngsten Version (2.2), wodurch es praktisch keine Einschränkungen gibt. Angeschlossene Geräte verhalten sich so, als wären sie direkt per HDMI-Kabel miteinander verbunden. Eine Smart-Home-Integration ist über die zentrale Videomatrix möglich. Manche dieser Umschalteinheiten lassen sich mit einem System wie Control 4 oder RTI fernsteuern. Das bringt auch dann Vorteile, wenn im Gebäude ansonsten KNX oder ein anderer Installationsbus verlegt ist. Grund: Control 4 & Co. sind von Haus aus auf Medienwiedergabe getrimmt, was den Aufwand für die Programmierung und Visualisierung senkt.

Obwohl die Videoverteilung mit HDBaseT auf Netzwerkkabeln basiert, handelt es sich um kein Datennetzwerk im klassischen Sinn. Alle Leitungen, die zur Matrix führen, sind für Bild und Ton reserviert. Sie werden zusätzlich zu den sonst üblichen Lan-Kabeln verlegt. Das geschieht in der Regel ober ohnehin, weil Fernseher, Beamer und Heimkinoanlage selten dort hinkommen, wo auch der Computer oder WLan-Access-Punkt ihren Platz haben. Als Einschränkung erweist sich manchmal, dass sämtliche Quellen zentral über die Videomatrix laufen. Dabei entscheidet die Zahl der Ein- und Ausgänge, wie groß die Installation insgesamt sein kann. Kommen nachträglich Geräte hinzu, muss unter Umständen ein neuer, größerer Videoverteiler her.

Eine andere Technologie bietet mehr Flexibilität. Sie heißt AV over IP (AVoIP) oder Media over IP (MoIP), was ein wenig nach dem Standard für Internettelefonie klingt: Voice over IP (VoIP). Im Großen und Ganzen funktioniert sie auch so, nur dass eben Videos statt Gesprä-

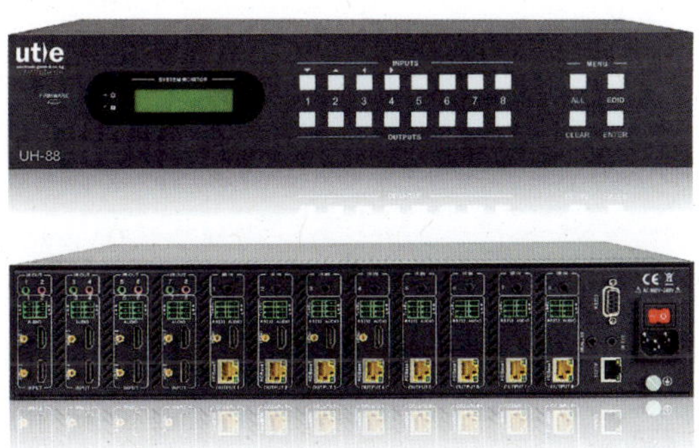

Für die Netzwerkübertragung sind unter Umständen spezielle Lan-Verteiler nötig. Ganz links ein Switch im Standard SDVoE, daneben eine Video-Matrix für HDBT.

Der Mediaplayer Apple TV empfängt mit Apps sehr viele Streamingangebote – von Amazon und Disney über Netflix bis Sky Ticket.

chen über die Lan-Kabel fließen. Den Transport übernimmt dieselbe Netzwerktechnik, die auch Computer und andere IP-Geräte im Haus versorgt. An die Stelle der Videomatrix tritt ein sogenannter Netzwerk-Switch. Vorteil des Verfahrens: Mit einer Anschlussbox, dem Encoder, lassen sich Videoquellen überall einspeisen, wo ein Netzwerkanschluss besteht. Sie müssen nicht mit einer zentralen Umschaltmatrix verbunden sein. Damit gibt es auch keine Beschränkung mehr, was die Zahl der Eingänge angeht. Das System wächst mit den Anforderungen. Kommen neue Videoquellen hinzu, erhalten sie ihren eigenen Encoder und stehen damit allen Decodern oder Receivern im Netzwerk zur Verfügung. Eine kleine Box, der Controller, übernimmt die Steuerung und kann außerdem die Verbindung zu Smart-Home-Lösungen wie Control 4 herstellen. Neben proprietären Verteilsystemen einzelner Anbieter gibt es einen herstellerübergreifenden Standard. Er heißt SDVoE (Software Defined Video over Ethernet) und wird von Unternehmen wie Netgear, Purelink und Sony unterstützt.

Geeignete Programmquellen

Im Prinzip ist es egal, welche Videoquellen an der Matrix oder am Encoder angeschlossen wird. Das Netzwerk dient nur als Verteiler. Allerdings eignen sich manche Geräte besser als andere. So bereitet ein Blu-ray-Player wenig Freude, wenn er abgeschieden im Technikraum seine Runden dreht. Die Wahrscheinlichkeit, dass sich jemand aufrafft, dorthin marschiert und die gewünschte Disc einlegt, schwindet von Jahr zu Jahr. Es gibt schließlich immer mehr Streamingdienste, die den Programmwechsel bequem auf Knopfdruck erledigen. Abspielgeräte für Videos aus dem Internet unterstützen dabei gleich mehrere Anbieter auf einmal. Beliebtes Beispiel: der Medienplayer Apple-TV. Er bringt neben Film- und Serienkäufen aus dem iTunes-Store auch die Video-Flatrates von Apple, Amazon, Disney, Netflix, Sky & Co. ins Haus.

Mit der passenden App könnten solche Player außerdem Videodateien von einem zentralen Medienserver im Netzwerk abspielen – zum Beispiel eigene TV-Aufnahmen oder private Urlaubs- und Hochzeitsfilme. Ein NAS-System mit mehreren Festplatten, wie es auch fürs Audiostreaming genutzt wird (siehe „Woher kommt die Musik?", Seite 127) leistet dabei gute Dienste. Gekaufte DVDs oder Blu-ray-Discs landen auf legalem Weg eher selten in dieser Bibliothek. Die Inhalte kommerzieller Medien sind in der Regel kopiergeschützt und selbst wenn es gelingt, diese Sperre zu überwinden und so eine Scheibe auf den Computer zu rippen, verstößt der Vorgang gegen das Gesetz. Paragraf 95a des Urheberrechtsgesetzes (UrhG) verbietet die Umgehung technischer Maßnahmen zum Kopierschutz. Damit setzt er das Recht auf Privatkopien außer Kraft, die laut § 53 UrhG eigentlich erlaubt sind.

Ein möglicher Widerspruch, unter dem auch Systeme leiden, die eine private DVD- oder Blu-ray-Sammlung auf Festplatte kopieren. Das französische Unternehmen Zappiti bietet unter anderem ein NAS-System mit Disc-Laufwerk zum Rippen an. Es überführt eingelegte Scheiben automatisch in eine verschlüsselte Videobibliothek, die dann mit Zappiti-Playern übers Netzwerk abrufbar ist – inklusive Coverbildern, Inhaltsangaben und Filmtrailern. Doch selbst, wenn nur eigene, gekaufte Titel auf der Festplatte landen: Die Rechtmäßigkeit einer solchen Rip-Funktion ist zumindest zweifelhaft.

Der Vollständigkeit halber sei noch eine weitere Möglichkeit erwähnt – obwohl sie nur mit englischsprachigen Filmen funktioniert und in der Anschaffung schnell fünfstellige Beträge kostet. Die Rede ist von Kaleidescape, einem Multiroom-Videosystem der Luxusklasse. Es stammt vom gleichnamigen Hersteller aus Kalifornien, der sein Geschäft 2010 mit einer ähnlichen Rip-Station wie Zappiti begonnen hat. Heute besteht das Kaleidescape-System aus drei Komponenten: einem Server mit bis zu 40 Terabyte Speicher, den passenden Mediaplayern und einem Download-Shop mit Filmen. Der Server versorgt über Netzwerkkabel bis zu zehn Räume gleichzeitig mit Videos in Ultra-HD-Auflösung (4K) oder 15 Bildschirme mit Blu-ray-Qualität. Titel werden im Normalfall über Nacht aus dem Internet geladen und haben riesige Datenmengen. Ein Spielfilm bringt es leicht auf 60, 70 und mehr Gigabyte. Damit liefert Kaleidescape maximale Bildqualität – an Heimkino-Enthusiasten mit dem entsprechenden Kleingeld und einem Internetzugang, der diese Datenmengen auch zu liefern vermag.

SMART-TV & CO.

Ein Smart-TV passt gut ins Smart Home. Vom Namen her könnte man das meinen. Allerdings hat die Vorsilbe „smart" bei Fernsehern zunächst wenig mit Gebäuden zu tun. Sie steht ganz allgemein für TV-Geräte mit Netzwerkanschluss. Meist geht es dabei um Unterhaltung. Der Fernseher empfängt Videos per Lan-Kabel oder WLan, etwa von Streamingdiensten und Sendermediatheken im Internet. Mit den passenden Apps eignet er sich auch als Spielekonsole oder Musikplayer etwa für Spotify.

Ein Anschluss an die Haustechnik ist normalerweise nicht vorgesehen. Ausnahmen bestätigen die Regel. So können Samsung-Fernse-

Der Netzwerkanschluss macht Smart-TVs fernbedienbar. Eine Integration ins Smart Home verlangt aber oft noch weitere Maßnahmen.

her jüngeren Datums eine Verbindung zum SmartThings-System des koreanischen Unternehmens aufbauen. Sie zeigen dann den Status von Lampen, Thermostaten oder auch die Türkamera auf ihrem Bildschirm an. Mit der TV-Fernbedienung lassen sich Grundfunktionen steuern. Ähnlich macht es Technisat in seinem eigenen Smart-Home-System. Panasonic hat keine Komplettlösung im Programm, viele TV-Geräte der Japaner sind aber in professionelle Steuernetzwerke von Control 4 oder Crestron integrierbar. Außerdem bietet das Gira-Tochterunternehmen ISE ein KNX-Gateway für sie an. Damit sind Besitzer solcher TV-Geräte fein raus – wenn sie über die passende Hausinstallation verfügen.

Prinzipiell gilt es, zwei Dinge zu unterscheiden: den Einsatz des Fernsehers als Smart-Home-Display und die Steuerung des Fernsehers selbst. Im ersten Fall dient der Bildschirm als Bedienelement. Über ein Menü gewährt er Zugriff auf die Haustechnik, ähnlich wie ein Tablet an der Wand. Diese Visualisierung kann einen Touchscreen natürlich nicht ersetzen. Dazu müsste das Gerät ja rund um die Uhr eingeschaltet bleiben und die Fernbedienung immer griffbereit liegen. Und die Bedienung mit dem Finger am Touchscreen geht auch deutlich schneller. Als zusätzliche Steuerkonsole leistet das TV jedoch gute Dienste. Vielleicht genügt aber auch die zweite Variante: Nicht der Fernseher kontrolliert das Smart Home, sondern umgekehrt, der Bildschirm zeigt, was die Haussteuerung ihm vorgibt. So wacht das TV-Gerät am Morgen automatisch aus dem Stand-by auf und wählt den gewünschten Nachrichtensender. Klingelt es an der Tür, schaltet die Haustechnik den Ton stumm. Und bei Abwesenheit simuliert der Bildschirm abends ein belebtes Heim. Das wirkt überzeugend, denn wer fährt schon in Urlaub und lässt zu Hause den Fernseher laufen?

Zum Funktionsumfang von Profisystemen wie Control 4 gehört auch eine programmierbare Fernbedienung.

Kontrollmöglichkeiten

Die gute Nachricht: TV-Geräte und andere Komponenten im Heimkino müssen nicht unbedingt smart sein, um Steuerbefehle aus dem Gebäudenetzwerk zu empfangen. Es gibt verschiedene Wege, wie ein intelligentes Haus die Kontrolle über sie erlangen kann. Manche davon sind Jahrzehnte alt und funktionieren noch immer.

- **Netzwerkanschluss** (Lan/WLan). Die modernste und vielseitigste Methode funktioniert sowohl kabelgebunden als auch drahtlos. Vor allem Smart-TVs arbeiten damit. Aber auch Streaming-Lautsprecher, AV-Receiver und vernetzbare HiFi-Geräte verfügen über Lan-Buchsen und WLan-Funk – meistens gibt es beides. Der Netzwerkanschluss ist multifunktional: Er transportiert Video- und Audiosignale sowie zusätzlich Steuerbefehle. Und zwar in beide Richtungen – vom Netzwerk zum AV-Gerät und umgekehrt vom Gerät ins Netzwerk.
- **Serielle Schnittstelle** (RS-232). Bevor es Lan-Buchsen gab, war die RS-232-Schnittstelle das Mittel der Wahl, wenn es um die Steuerung von Geräten ging. Sie überträgt ihre Befehle Bit für Bit hintereinander, daher die Bezeichnung seriell. Je nach Gerät und Anwendung kann der Anschluss unterschiedlich ausgeführt sein. Manche Hersteller nutzen mehrpolige Stecker dafür, andere eine Miniklinke. Auch moderne USB-Ports werden heutzutage verwendet, um das RS-232-Protokoll zu übertragen. Für die Verbindung mit traditionellen Buchsen gibt es dann Adapter.

- **IR-Steuerung**. Eine Infrarotfernbedienung gehört zum Lieferumfang vieler TV- und AV-Geräte. Für die Steuerung mit unsichtbarem Licht muss aber nicht unbedingt jemand von Hand die Tasten drücken. Ein IR-Transmitter im Raum übernimmt diese Aufgabe. Er bekommt seine Befehle per Kabel und setzt sie in den entsprechenden Morsecode um. Prinzipbedingt ist diese Infrarotverbindung eine Einbahnstraße. Sie funktioniert nur in eine Richtung: vom Sender zum Empfänger (unidirektional). Das heißt, das Smart Home weiß nicht, ob ein Kommando angekommen ist und korrekt ausgeführt wurde. Deshalb sendet es denselben Befehl oft mehrfach hintereinander.
- **Bluetooth-Steuerung**. Statt Infrarotlicht setzen manche Hersteller in ihren TV- und Gerätefernbedienungen auf Funkwellen. Der Kurzstreckenfunk Bluetooth reicht maximal zehn Meter weit und geht dabei durch Wände. Das hat gegenüber IR-Sendern den Vorteil, dass sich der Transmitter nicht im selben Raum befinden muss wie der Empfänger. Er benötigt auch keine direkte Sicht verbindung. Das zu steuernde Gerät kann also hinter einer Blende oder Schranktür versteckt sein.

Universal-Fernbedienung

Ursprünglich hatten Universal-Fernbedienungen einzig und allein den Zweck, auf dem Couchtisch für Ordnung zu sorgen. Ihr Handsender machte weitere Exemplare überflüssig, weil er nach Bedarf den Fernseher, Sat-Receiver, Videorekorder oder auch CD-Player und Stereoanlage steuern konnte. Im vernetzten Haus kommt den multifunktionalen Sendern eine neue Aufgabe zu: Sie kontrollieren Geräte ohne weiteres Zutun des Nutzers. Das Handstück mit Tasten – wenn der Hersteller überhaupt ein solches anbietet – ist dafür gar nicht mehr unbedingt notwendig. Eine fest installierte Basisstation mit IR-Transmitter, auch Hub genannt, übernimmt seine Aufgabe. Die Infrarot-Steuerzentrale hält per WLan eine Verbindung zum heimischen Netzwerk und wird darüber auch kontrolliert.

Ein IR-Transmitter schickt Befehle zum Fernseher oder an andere per Infrarot steuerbare Geräte.

Aus dem Netzwerk heraus lassen sich Infrarotbefehle auf verschiedene Weise geben. Meist liefern die Hub-Hersteller eine eigene App dafür. Das Smartphone-Programm bildet die Tasten der traditionellen Fernbedienung auf dem Bildschirm nach, was freilich noch keinen echten Mehrwert bietet. Der kommt mit digitalen Assistenten hinzu. Alexa und ihre Schwestern starten die gewünschte Aktion auf Zuruf. So schalten Sprachkommandos zum Beispiel die Heimkinoanlage ein und aus. Noch mehr Komfort bringt ein Hub, der sich vollständig in die Haustechnik integriert. Modelle von Broadlink aus China aber auch der IR Control Air von Loxone (siehe Bild oben) gehören in diese Kategorie. Einige Hersteller packen neben dem obligatorischen IR-Transmitter noch Funksender für RF-Signale (433 Megahertz) oder Bluetooth mit ins Gerät. Damit sind dann auch Geräte wie die Playstation, Apple-TV oder einfache Funksteckdosen steuerbar, die kein Infrarotlicht zur Übertragung nutzen.

Professionelle Systeme

Ein Profi geht bei der Installation von Unterhaltungselektronik recht ähnlich vor, verwendet aber professionelle Hubs. Sie stammen oft von Anbietern wie Control 4 oder RTI und heißen Controller. Genaugenommen handelt es sich dabei um Universal-Fernbedienungen für das Smart Home. Jeder Controller besitzt Ein- und

Die grafische Bedienoberfläche von Control 4 gewährt Zugriff auf das komplette Smart Home.

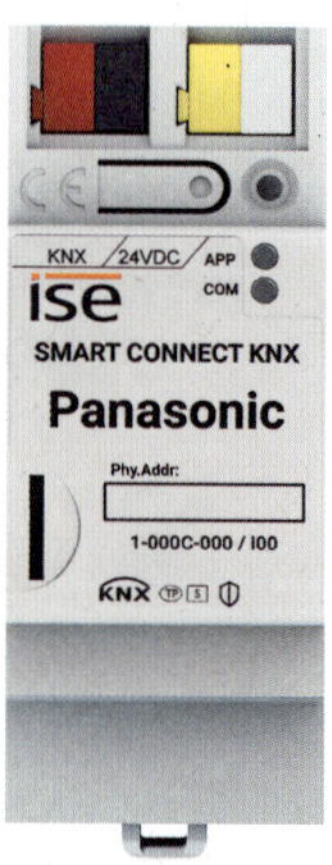

KNX-Gateway für Panasonic-TVs

Ausgänge für verschiedene Steuerprotokolle. Geräte mit einer klassischen Infrarotfernbedienung erhalten ihre Befehle über IR-Transmitter, auch Blaster genannt. Die Blaster sind direkt in die Front des Controllergehäuses eingelassen oder hängen an einem Kabel. Vorteil der externen Lösung: Mit der Verlängerungsschnur lassen sie sich dort im Raum platzieren, wo ihr Signal das Empfangsgerät am besten erreicht. Steht der Empfänger versteckt hinter einer Schranktür, kommt der Blaster eben auch in den Schrank.

Weitere Anschlüsse steuern Geräte über das serielle Protokoll RS-232 oder Lan-Buchsen im Netzwerk. So nehmen die Controller auch Smart-TVs und Receiver unter ihre Fittiche, die bereits im IP-Standard kommunizieren. Kleine Treiberprogramme sorgen für Verständigung. Allein die Datenbank von Control 4 umfasst rund 8000 zertifizierte Treiber. Mit inoffiziellen Erweiterungen kommt die Liste auf über 15 000 steuerbare Produkte (Stand: 2021). Es spielt also keine Rolle, ob der Fernseher von Samsung oder Sony stammt, ob der Ton über fest verkabelte Lautsprecher oder Funkboxen kommt. Die Software regelt das. Gegenüber einer KNX-Installation mit IP-Gateways im Verteilerkasten ist so eine Lösung flexibler und oft auch kostengünstiger. Denn bei einem Gerätewechsel ist keine neue Hardware nötig. Der Installateur lädt einfach den passenden Treiber und richtet den Neuzugang ein. Danach ist das Gerät auf allen Wegen erreichbar, die der Controller vorsieht – ganz klassisch per Tastenfernbedienung aber auch mit Sprachbefehlen, über Touchscreens und Apps.

Der Job als Universal-Fernbedienung lastet solche Controller-Bausteine aber nicht aus. Im „Nebenberuf" dienen sie auch als Entertainment-Zentrale, empfangen Musik von Streamingdiensten wie Spotify oder geben Audiodateien von einem Speicher im Netzwerk wieder. Vor allem aber: Ihr HDMI-Ausgang verbindet sie auf Wunsch mit einem TV-Gerät im Haus. Damit schließt sich der Kreis zum Anfang des Kapitels. Denn am Controller mutiert der smarte Fernseher tatsächlich zum Smart Home-TV. Er zeigt eine Bedienoberfläche an, die Zugriff auf die wichtigsten Gebäudefunktionen gewährt. Neben der Steuerung von AV-Geräten und Medienwiedergabe zählen dazu auch Dinge wie die Beleuchtung, die Beschattung und Türkameras (siehe Abbildung links).

Zusätzliche Hard- oder Software stellt einen Kontakt zu Bussystemen wie KNX und Loxone her. Deren Geräte stehen dann ebenfalls im Menü des Controllers zur Verfügung. Viele Profis nutzen diese Möglichkeit zur Visualisierung der Haustechnik auf einem Bildschirm. Statt eigene Oberflächen zu programmieren, greifen sie auf die fertigen Bedienelemente der Universal-Fernbedienungen zurück. Sprachsteuerung und Fernzugriff von unterwegs aus gibt es in so einem Fall gleich mit dazu, weil Control 4, RTI & Co. diese beiden Funktionen ebenfalls abdecken. Ein Beispiel dafür, dass die Kombination von Systemen manchmal günstiger sein kann als die berühmte Lösung aus einer Hand. Wenn es der Installateur lieber pur mag: KNX-Bausteine für ausgewählte Produkte gibt es natürlich auch – zum Beispiel das KNX-Gateway für Panasonic-TVs vom Gira-Tochterunternehmen Ise (links).

TÜR UND TOR: ZUGANG UNTER KONTROLLE

Garagentore mit Fernbedienung sind bequem, keine Frage. Niemand steigt gern aus dem Wagen, um die Einfahrt mit der Hand zu öffnen – ganz besonders nicht im Regen. Doch wenn es um Haus- und Eingangstüren geht, greifen viele lieber zum Schlüssel. Selbst wenn sie – bepackt mit Einkäufen – erst in ihrer Tasche danach kramen müssen. Oft hat das mit Sicherheitsbedenken zu tun. Die Vorstellung, Hacker könnten ein vernetztes Schloss in ihre Gewalt bringen, wirkt abschreckend. Hinzu kommt, dass es zwar Richtlinien für die „Fernsteuerung von Sicherheitseinrichtungen" gibt, etwa vom Verband der deutschen Schadenversicherer, jedoch kein allgemeines Qualitätssiegel, das als Orientierungshilfe dienen könnte. Die Versicherungen bewerten jede Lösung individuell.

Dabei erreichen manche Schlösser im Test gute bis sehr gute Noten für ihre Sicherheit und den Datenschutz (siehe test 10/2020). Hat der Hersteller ordentlich gearbeitet und ist der Türöffner korrekt installiert, erleichtert ein elektronisches Schließsystem den Alltag auf mehrfache Weise. Hier die wichtigsten Argumente dafür:

- **Schneller Zugang**. Die Fummelei am Schlüsselloch entfällt. Ein Smartphone, die Smartwatch, Fingerabdrucksensoren oder Funksender öffnen das Schloss. Ist Funktechnik im Spiel, müssen Bewohner nicht einmal Hand anlegen: Die Elektronik erkennt sie bei der Annäherung von selbst und entriegelt die Tür.
- **Leichter Schlüsseltausch**. In konventionellen Schließsystemen zieht ein verlorener Schlüssel größeren Aufwand nach sich. Der Austausch mehrerer Zylinder geht außerdem ins Geld. Einem digitalen Schlüssel lassen sich Zutrittsrechte ganz einfach entziehen. Auch gespeicherte Fingerabdrücke, die nicht mehr benötigt werden, verlieren auf Knopfdruck ihre Gültigkeit.
- **Zeitsteuerung**. Für die Zutrittsrechte einzelner Nutzerinnen und Nutzer lassen sich Zeitfenster definieren. Der Reinigungsdienst kommt damit nur an bestimmten Tagen ins Haus. Urlaubsgäste oder Besucher können einen zeitlich begrenzten Zugang erhalten, der nach ihrer Abreise automatisch verfällt.
- **Fernöffnung**. Der angekündigte Besuch schaut unerwartet früher vorbei? Paketboten klingeln an der Tür? Die Kinder verlieren öfter mal ihren Schlüssel oder vergessen ihn zu Hause? Bei einem Schloss mit Internetverbindung können berechtigte Personen die Tür auch von unterwegs aus öffnen.
- **Automatisierung**. Ein vernetztes Türschloss eignet sich als Auslöser für Szenen und Automationen im Smart Home. So schaltet zum Beispiel der Letzte, der beim Gehen abschließt, die Alarmanlage scharf. Umgekehrt aktiviert das Aufschließen am Abend vielleicht auch gleich die Lichter im Haus.

Welche Art digitaler Schlüssel zum Einsatz kommt, hängt vom System und den Vorlieben in der Familie ab. Seine Finger hat man sowieso immer dabei, was für Berührungssensoren spricht. Code-Tastaturen bieten den Vorteil, dass sie jeder bedienen kann, ohne extra eine App herunterzuladen – auch Nachbarn oder Familienmitglieder, die kein eigenes Smartphone besitzen. Funkanhänger für den Schlüsselbund, die Smartwatch oder das Smartphone wiederum arbeiten berührungslos, was in der Erkältungssaison seine Vorzüge hat. Nicht we-

Smartlocks zum Nachrüsten erhalten den Schließbefehl meist per Funk, etwa von einem Smartphone.

nige Hersteller unterstützen mehrere Verfahren parallel. So kann sich jeder das Prinzip seiner Wahl herausgreifen.

Was ist ein Smartlock?

Dem Namen nach sind Smartlocks intelligente Türschlösser (engl. Lock = Schloss). Der Begriff wird meist für Nachrüstlösungen gebraucht, die einen vorhandenen Schließzylinder erweitern oder ersetzen. Allerdings kann die Vorrichtung zum automatischen Auf- und Zusperren auch ins Türblatt integriert sein. Dann deutet nur der Fingerabdrucksensor oder die Tastatur an der Außenseite auf das smarte Innenleben hin – wenn überhaupt. Oft ist die Technik völlig unsichtbar.

Vorteil so einer intelligenten Tür („Smart door"): Sie ist mit Mehrfachverriegelung lieferbar. Dann greifen unterstützend zum Hauptschloss noch zwei oder mehr Nebenschlösser in die Zarge und verankern das Blatt fest im Türrahmen. Diesen zusätzlichen Einbruchschutz bieten gängige Smartlocks zum Nachrüsten nicht, weil sie lediglich am Schließzylinder in der Mitte ansetzen.

Wer rein darf, ist im Schloss gespeichert. Smartlocks legen ihre Zutrittsberechtigungen lokal auf einem Mikrochip ab. So klappt die Öffnung auch offline, also ohne Internetverbindung. Der digitale Schlüssel genügt – sei es ein Fingerabdruck, das Mobiltelefon oder ein anderes Hilfsmittel vor Ort. Es gibt verschiedene Wege, um die Berechtigungen zu aktualisieren. Bei reinen Offlineschlössern geschieht das unmittelbar am Gerät. Fingerabdrücke, Zifferncodes, drahtlose Fernbedienungen & Co. werden nacheinander angelernt und lassen sich auch genauso wieder löschen.

Manche Anbieter verwenden stattdessen das Smartphone: Sobald es per Bluetooth eine Verbindung zum Schloss herstellt, übermittelt die Hersteller-App im Hintergrund eine Liste mit den autorisierten Nutzern. Und weil das Smartphone meistens online ist, kann es regelmäßig Änderungen dieser Liste aus dem Internet nachladen. So lassen sich Zutrittsberechtigungen aus der Ferne erteilen und entziehen, obwohl das Smartlock selbst keinen Anschluss ans Internet hat. Die modifizierten Rechte gelangen beim nächsten Öffnungsvorgang auf das Schloss. Kleiner Nachteil: Damit sind Änderungen in Echtzeit nicht immer möglich. Schließlich kann es etwas dauern, bis die Tür das nächste Mal per Smartphone entriegelt wird. In der Zwischenzeit gelten die alten Rechte weiter.

Für prompte Aktualisierung muss das Schloss selbst mit dem Datennetzwerk verbunden sein. Je nach Hersteller und Modell erledigt das eine Funk-Bridge oder die Smart-Home-Zentrale im Haus. Über diese Onlinebrücke lässt sich die Tür dann auch aus der Ferne öffnen. Es heißt also abzuwägen – zwischen dem reinen Offlinebetrieb, der Angriffe aus dem Internet praktisch ausschließt, und dem Komfort, den eine Fernsteuerung bietet. Die meisten Smartlock-Funktionen sind ohne digitale Standleitung nutzbar. Denn die Tür muss ja erst aufgehen, wenn man davorsteht. Auf diese kurze Distanz reichen Bluetooth-Funkbefehle oder die Near Field Communication (NFC) völlig aus.

Unabhängig von der Verbindungstechnik gibt es Smartlocks zum Nachrüsten in verschiedenen Bauformen. Das Angebot lässt sich grob in drei Gruppen einteilen:

- **Elektronische Schließzylinder mit Knauf.** Die Komplettlösung ersetzt den vorhandenen Zylinder durch ein smartes Exemplar mit Drehknauf innen und an der Türaußenseite. Entriegelt wird per Chipkarte, Schlüsselanhänger oder mit dem Smartphone. Ein Licht am Griff signalisiert, dass der Knauf sich drehen lässt. Das eigentliche Öffnen geschieht von Hand, weshalb diese Art von Smartlock keinen vollautomatisierten Zugang erlaubt. Dafür hält die integrierte Spezialbatterie sehr lange, weil es keinen Elektromotor gibt, der Riegel und Falle betätigen muss. Sind die Batterien leer, ist allerdings auch keine Notöffnung mit einem konventionellen Schlüssel möglich.
- **Schlossantriebe für vorhandene Zylinder.** Ein Motorblock kommt an die Innenseite der Tür. Er sitzt quasi auf dem vorhandenen Schließzylinder und dreht einen steckenden Schlüssel im Schloss (siehe Abbildung rechts). Batterien oder Akkus übernehmen die Energieversorgung. Je nach Modell kann das Geräusch des Antriebs relativ laut sein. Von außen ist die Konstruktion dafür nicht zu sehen und das Türschloss lässt sich notfalls wie bisher mit dem Schlüssel öffnen. Voraussetzung: Der installierte Zylinder muss über eine sogenannte Not- und Gefahrenfunktion verfügen. Nur dann geht der Schlüssel von außen ins Schloss, wenn innen bereits ein anderer steckt.
- **Schlossantriebe mit eigenem Zylinder.** Manche Smartlock-Modelle verlangen einen speziellen Schließzylinder, der beim Kauf gleich mitbestellt wird. Er ersetzt das vorhandene Exemplar. In Mehrfamilienhäusern mit einer gemeinsamen Schließanlage heißt das: Haus- und Wohnungstür haben fortan verschiedene Schlüssel. Ansonsten funktioniert das Smartlock wie seine Kollegen, die einen vorhandenen Zylinder nutzen.

Türöffner für das Mehrfamilienhaus

Ein Smartlock an der Wohnungstür allein genügt nicht, wenn der Zugang zum Gebäude ebenfalls versperrt ist. In Mehrfamilienhäusern oder manchen Häusern mit Einliegerwohnung sind mindestens zwei Türen zu passieren: der Haupteingang von der Straße und die Wohnungstür. Das erste der beiden Schlösser ist in der Regel fernbedienbar: Ein Knopf an der heimischen Sprechanlage betätigt den Türsummer. Gelingt es, diesen elektrischen Summer in die Hausautomatisierung zu integrieren, ergeben sich daraus neue Möglichkeiten.

Vernetzte Türsprechstationen leiten das Klingelsignal zum Beispiel an das Smartphone weiter. Im Unterschied zur reinen Video- oder Audioverbindung (siehe „Türkameras“, Seite 115)

Ein Türschlossantrieb zum Nachrüsten sitzt innen am Zylinder und dreht den vorhandenen Schlüssel per Motor.

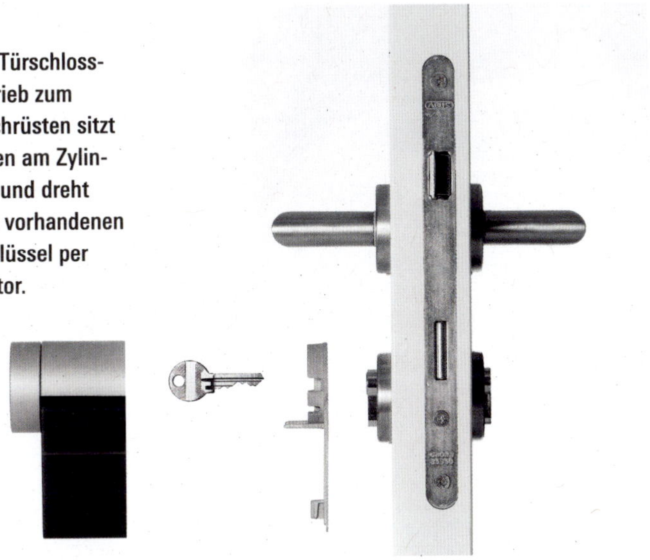

Digitaler Schlüsselersatz

Mit diesen Methoden lässt sich ein elektronisches Türschloss öffnen. Manche Smartlocks unterstützen mehrere davon.

- **Smartphone**. Das persönliche Mobiltelefon übernimmt die Rolle des Schlüssels. Meist stellt es per Bluetooth-Funk über wenige Meter Entfernung eine Verbindung zum Schließmechanismus her.
- **Codekarte / Transponder-Chip**. Das Lesegerät in der Tür erkennt autorisierte Karten oder Funk-Chips. Bei einem System mit Nahbereichserkennung müssen sich diese zum Öffnen direkt am Schloss befinden (maximal 5 cm Entfernung). Die sogenannte Fernbereichserkennung funktioniert auch über größere Distanz, etwa aus der Mantel- oder der Umhängetasche heraus.
- **Codetastatur**. Zifferntasten dienen zur Eingabe einer Zahlenkombination. Das System merkt sich mehrere Codes, oft bis zu 100. So können Familienmitglieder und Besucher individuelle Zugangsberechtigungen bekommen.
- **Fingerabdrucksensor**. Jeder Fingerabdruck ist einzigartig, das macht sich der Türsensor zunutze. Er tastet das Linienmuster der Haut ab und vergleicht es mit seinen hinterlegten Daten. Gute Systeme erkennen dabei echte, lebendige Finger und lassen sich nicht von nachgeahmten Abdrücken aus Kunststoff überlisten.
- **Gesichtserkennung**. Ein 3D-Scanner tastet mit unsichtbarem Infrarotlicht die Oberfläche des Gesichts ab. So kann er reale Personen von Fotos unterscheiden. Die biometrischen Daten des Scans werden mit gespeicherten Informationen der Bewohner verglichen.

erlaubt eine Installation mit smartem Summer aber auch das Öffnen der Tür von unterwegs aus. Entsprechende Systeme gibt es fix und fertig von Anlagenherstellern wie Siedle oder – günstiger und nicht so elegant – zum Nachrüsten von Doorbird, Nello, Nuki & Co. Dabei sitzt dann ein kleines Zusatzkästchen daheim an der Sprechanlage und löst nach Bedarf den Summer aus.

Als besonders hilfreich erweist sich diese Fähigkeit in Kombination mit der Ortungsfunktion am Smartphone. Familienmitglieder, die eine App des Schließsystems auf ihrem Telefon installiert haben, werden darüber automatisch erkannt. Sobald sie sich der Wohnung nähern, schaltet der Türöffner für eine programmierbare Zeitspanne „auf Empfang". Betätigt nun jemand die Klingel, geht der Summer von selbst los und macht den Weg frei. An diesen Komfort kann man sich gewöhnen – vor allem, wenn die Tür zur Wohnung ebenfalls automatisch öffnet. So marschieren die Heimkommenden einfach durch, ohne ihre Einkäufe oder Transportkisten abstellen zu müssen.

Für die zweite Öffnung ist wieder das Smartphone zuständig. Nur sendet es diesmal ein verschlüsseltes Bluetooth-Signal an das Smartlock. Sobald die beiden in Funkreichweite sind, üblicherweise fünf bis zehn Meter, erkennt das Schloss den Autorisierungscode und entriegelt die Tür. Klar ist aber auch: Das Smartlock überprüft nur die Authentizität des Geräts und nicht, wer das Telefon gerade bei sich trägt. Nutzer des beschriebenen „Auto Unlock" sollten ihr Smartphone also hüten wie

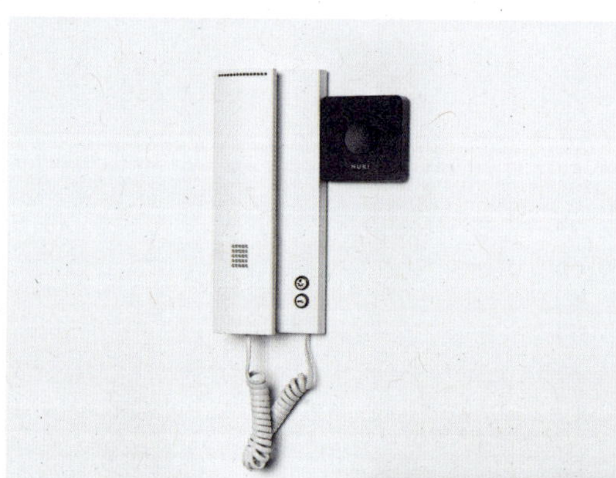

ihren Augapfel. Für Einbrecher hat es denselben Wert wie ein entwendeter Wohnungsschlüssel oder Funktransponder.

Garagen- und Hoftore

Von der Handyortung profitieren übrigens nicht nur Türsummer und Smartlocks. Auch das Garagentor kann Sesam-öffne-dich spielen, womit wir wieder beim Anfang des Kapitels wären. Anbieter wie Rademacher bauen eine GPS-Funktion in ihre App ein. Sie setzt das Tor bereits in Gang, wenn Sie mit dem Wagen in die Straße einbiegen, zusätzlich zur üblichen Automatisierung, die mit praktisch allen Torantrieben möglich ist. Entweder bietet der Hersteller eigene Funklösungen dafür an oder der Motor lässt sich mit Aktoren anderer Smart-Home-Systeme nachrüsten.

Vernetzbare Garagentorantriebe von Somfy und anderen Herstellern lassen sich per Funk in Smart-Home-Systeme integrieren.

HAUSGERÄTE: KLEINE UND GROSSE HELFER

„Das bisschen Haushalt…" – so ein Schlager aus den 1970er-Jahren – „…macht sich von allein". Damals war das noch ironisch gemeint. Heute scheint es, als hätte die Hausgeräteindustrie es wirklich geschafft, uns von lästigen Arbeiten zu befreien. Es gibt Saug- und Wischroboter, die sich der Fußböden annehmen. Backöfen stellen von selbst die richtige Temperatur ein und Kochfelder verhindern mit Sensoren das Überkochen von Nudelwasser. Ob jede Entwicklung dem Fortschritt dient oder den Kunden doch eher Argumente liefern soll, ein funktionierendes Altgerät durch moderne Technik zu ersetzen, sei einmal dahingestellt. Tatsache ist: Immer mehr Geräte verfügen über einen Netzwerkanschluss. Das macht sie für die Haussteuerung interessant. Und nach vereinzelten erfolglosen Versuchen, ihre eigenen Verbindungsprotokolle und Gateways durchzusetzen, beginnt auch bei den Herstellern die Erkenntnis zu reifen, dass WLan ein praktikabler Standard ist. So gut wie alle vernetzbaren Hausgeräte arbeiten mittlerweile damit.

Der Internetkühlschrank

Eine Gerätegattung hat es zu gewisser Berühmtheit gebracht: der viel zitierte Kühl-

Samsung gehört zu den Herstellern, die ein breites Sortiment an Hausgeräten mit WLan im Programm haben.

schrank mit Internetanschluss. Er gilt als Inbegriff der vernetzten Küche und ist gleichzeitig ein Symbol des Scheiterns. Denn auch mehr als zwei Jahrzehnte nach der Präsentation des ersten „Screenfridge" von Electrolux (1999) sind die meisten Modelle noch immer unvernetzt. Sie bestellen keine Milch im Internet nach und schicken keine Warnungen aufs Smartphone, wenn die Kühlschranktür zu lange offensteht.

Das mag an den Funktionen liegen, die vor allem technikaffine Männer begeistern – und wohl auch von diesen erdacht werden. Frauen, die beim Kauf nicht selten das letzte Wort haben, lässt eine Kamera im Kühlschrank eher kalt. Sie fragen sich, wie aufgeräumt der Innenraum wohl sein muss, damit das Livebild auf dem Smartphone auch wirklich den versprochenen Überblick bietet. Und Vorratslisten, die per Touchscreen gepflegt werden, begeistern vielleicht Hobbybibliothekare. Im Alltag hat aber kaum jemand Lust, seine Joghurtbecher am Kühlschrank ein- und wieder auszubuchen, damit das Inventar stimmt.

Screenfridge, der erste Internetkühlschrank – vorgestellt von Electrolux 1999

Teilweise fehlt es an Infrastruktur, um Extras wie einen automatischen Bestellservice zu realisieren. Dafür müssten die Lebensmittelindustrie, Gerätehersteller und der Einzelhandel an einem Strang ziehen. Auf der anderen Seite stellt sich die Frage, ob Innovationen, die ein begrenztes Haltbarkeitsdatum haben, unbedingt in langlebige Produkte wie den Kühlschrank gehören. Rezept-Apps und Kochvideos, Programme für den Chat mit Eltern und Großeltern oder das Livestreaming von TV-Programmen sind auf einem Tablet vielleicht besser aufgehoben. Auch Amazons Echo Show oder Smart Displays von Google erfüllen diese Aufgaben. Mit dem Vorteil, dass sie weniger kosten und in der Regel öfter ausgetauscht werden als ein Kühlschrank. Die fast schon obligatorischen Software-Updates und Betriebssystemwechsel der IT-Branche erledigen sich so quasi gleich mit.

Was kein Grund sein soll, auf die Vernetzung ganz zu verzichten. Es kann auch Vorteile haben, die Waschmaschine, den Geschirrspüler und andere Großgeräte an den Router anzuschließen. Nur liegen diese häufig im Verborgenen. Sie springen nicht so ins Auge wie ein Screenfridge mit großem Bildschirm.

Haushaltsgroßgeräte

Manche Hersteller nutzen das Internet für ihren technischen Kundendienst. Gibt es Probleme, erteilt der Gerätebesitzer dem Servicemitarbeiter einen zeitlich begrenzten Fernzugriff. Der Werkskundendienst schaut online nach dem Rechten und kann übers Netz auch Fehlercodes auslesen. Ähnlich wie bei einer ferngewarteten Heizung (siehe „Klima: richtig heizen,

Funktionen vernetzter Hausgeräte

- **Gerätekommunikation**
  Innerhalb der Produktfamilie eines Herstellers tauschen viele Hausgeräte Informationen miteinander aus. So startet zum Beispiel das Kochfeld automatisch den Dunstabzug und regelt die Drehzahl des Lüfters abhängig von der eingestellten Kochstufe. Die Waschmaschine informiert den Trockner darüber, mit welchem Programm zuletzt gewaschen wurde, damit er seine Temperatur an die Empfindlichkeit der Textilien anpassen kann.
- **Sprachsteuerung**

  Vernetzbare Hausgeräte sind sehr oft kompatibel mit Amazon Alexa. An zweiter Stelle folgt der Google Assistant, Siri von Apple glänzt weitgehend durch Abwesenheit. Je nach Hersteller und Gerätetyp variieren die Sprachbefehle. Ein- und Ausschalten gehört fast immer dazu, die Frage nach der verbleibenden Betriebszeit ebenfalls. An Wasch- und Spülmaschinen lässt sich meist das Programm wählen, am Backofen die Beheizungsart und Temperatur. Manche Modelle öffnen auf Zuruf ihre Backofentür. Beladen und ausräumen müssen Sie die Geräte aber immer noch selbst. Immerhin: Es gibt Waschmaschinen und Geschirrspüler mit automatischer Dosierung, die sich ihren Reiniger aus einem Vorratsbehälter im Gerät holen. Damit sind sie ohne weitere Vorbereitung betriebsbereit.
- **Fernbedienung**
  Die App des Herstellers steuert smarte Hausgeräte daheim im Netzwerk und meist auch von unterwegs aus. Für den Fernzugriff unterhalten Bosch, Miele, Samsung & Co. eigene Cloudserver im Internet. Der Nutzen hält sich dabei allerdings in Grenzen. Kühlschrankhersteller werben unter anderem mit der Möglichkeit, den Innenraum für größere Einkäufe vorzukühlen. Ungeduldige können ihren Backofen auf dem Heimweg aufheizen, dann ist die Pizza schneller fertig. Allerdings klappt der Fernstart des Ofens nur, wenn die Funktion zuvor von Hand aktiviert wurde. Aus Sicherheitsgründen geht das nur zu Hause am Gerät und die Einstellung deaktiviert sich nach einigen Stunden von selbst wieder.
- **Automatisch nachbestellen**
  Was für Lebensmittel noch in ferner Zukunft liegt, klappt mit anderen Verbrauchsmitteln bereits: Hausgeräte bestellen selbst Nachschub im Internet. Geschirrspüler von Bosch, Siemens & Co., die über Home Connect verfügen, lassen sich mit einem Amazonkonto verbinden. Der Zähler im Gerät rechnet bei jedem Spülgang aus, wie viel vom gekauften Vorrat noch übrig ist. Gehen die Reinigertabs zur Neige, legt Alexa automatisch ein Paket der bevorzugten Marke in den Amazon-Warenkorb nach.
- **Integrierte Kameras**
  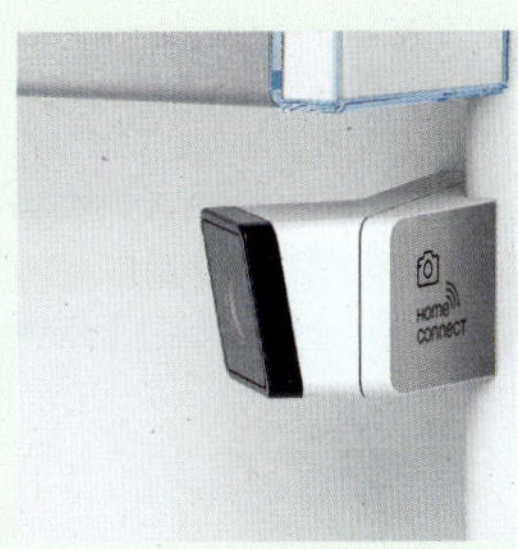
  Einblicke in den Kühlschrank sollen unterwegs beim Einkaufen helfen. Das Bild auf dem Smartphone zeigt den Innenraum und die aktuelle Vorratssituation. Kameras im Backofen sind dafür gedacht, den Garfortschritt zu überwachen. Mit künstlicher Intelligenz erledigen sie diese Aufgabe teilweise sogar automatisch: Der Backofen erkennt eine Auswahl von Gerichten und stellt automatisch die empfohlene Temperatur ein. Hat das Lebensmittel den gewünschten Bräunungsgrad erreicht, schaltet der Ofen ab oder hält die Speisen warm.

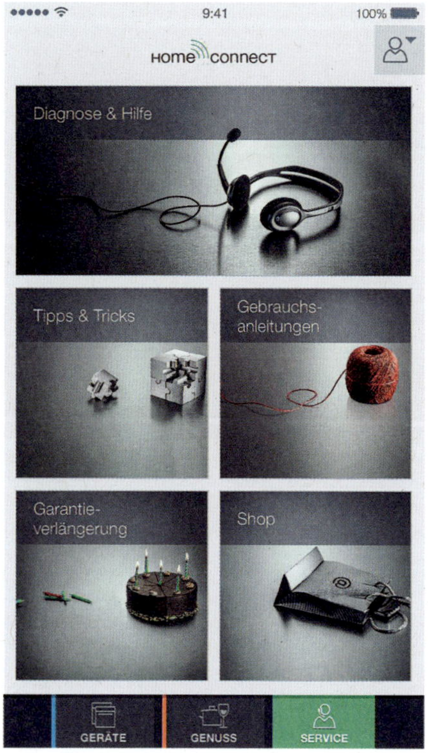

Hersteller BSH nennt seine Vernetzungsfunktion Home Connect. Sie ist in Hausgeräten der Marken Bosch, Gaggenau, Neff und Siemens zu finden.

kühlen, lüften", Seite 80) weiß der Monteur im Idealfall schon vor der Anfahrt, wo es klemmt und hat die richtigen Ersatzteile dabei.

Das zweite große Einsatzgebiet für vernetzte Hausgeräte sind Benachrichtigungen. Besonders beliebt: Eine Push-Mitteilung aufs Smartphone, die an das Ende des Waschprogramms erinnert, damit nasse Hemden nicht in der Trommel liegen bleiben und Knitterfalten bekommen oder zu müffeln beginnen. Umgekehrt spart die Statusanzeige am Smartphone unnötige Wege in den Keller oder Hauswirtschaftsraum – um nachzusehen, wie lange die Maschine noch läuft. Mit der richtigen Verbindung sorgt das Gebäude selbst für Aufmerksamkeit. So wechselt am Ende des Waschvorgangs zum Beispiel die Lichtfarbe von Lampen im Haus oder die Lautsprecher machen automatisch Sprachansagen.

Theoretisch ginge das auch mit einer Messsteckdose, die kontinuierlich den Energieverbrauch ermittelt. Sinkt der Wert unter eine gewisse Schwelle, löst die Wenn-dann-Regel aus. Ohne viel Aufwand lassen sich so aber nur Geräte überwachen, die eine konstante Energieaufnahme haben. Nach dem Motto: Verbraucht der Gefrierschrank plötzlich keinen Strom mehr, ist er wohl kaputt. Das Smart Home schlägt dann Alarm, ehe der Tiefkühler ab- und der Vorrat auftaut. Eine Waschmaschine hat jedoch keinen linearen Verbrauch. Ihre Stromaufnahme variiert mit dem Waschprogramm, je nachdem, wie viel geheizt oder geschleudert wird. Ein Knitterschutz, der am Ende stundenlang die Trommel bewegt, verkompliziert die Auswertung zusätzlich. Da ist es schon besser, wenn die Maschine von sich aus Meldung macht. Für Warnhinweise vom Kühlschrank oder die Nachricht des Ofens, dass seine Backzeit zu Ende ist, gilt das genauso. Und nebenbei erlaubt der direkte Netzwerkanschluss von Hausgeräten auch noch Extras wie die drahtlose Fernbedienung.

Leider gibt es keinen herstellerübergreifenden Standard für solche Aufgaben. Deshalb kochen die Anbieter eigene Süppchen. Die BSH-Gruppe etwa hat für ihre Marken Bosch, Gaggenau, Neff und Siemens die hauseigene Plattform „Home Connect" entwickelt. Samsung hat „SmartThings" am Start und AEG die „My AEG Kitchen App". Soll heißen: Wer Hausgeräte unterschiedlicher Anbieter nutzt, hantiert mit entsprechend vielen Apps auf dem Smartphone. Eine Verbindung untereinander ist dabei nicht vorgesehen.

Mit Gebäudesystemen lässt sich die Trennung manchmal überwinden. So führt Magenta Smarthome von der Deutschen Telekom zum Beispiel Miele- und BSH-Produkte unter einem Dach zusammen. SmartThings akzeptiert Hausgeräte von Samsung und Home Connect. Oft sind die Zentralen aber auf ihre jeweilige Markenfamilie festgelegt: Bosch Smart-Home etwa bevorzugt seine Konzerntöchter aus der BSH-Gruppe. Eine Lösung können sogenannte IoT-Dienste sein, die übers Internet die Verbindung herstellen (siehe „Ein Wort zum Internet der Dinge", Seite 283). Auch KNX, Digitalstrom und weitere professionelle Installationen mit Schnittstelle zum Heimnetzwerk kommen für den Brückenschlag infrage. Selbermacher behelfen sich mit OpenHab, ioBroker und anderen Do-it-Yourself-Lösungen. Das alles ist jedoch mit zusätzlicher Arbeit verbunden. Ob der gewonnene Komfort den Aufwand rechtfertigt, muss jeder selbst entscheiden.

Vernetzte Kleingeräte

Von Kaffeeautomaten über Saugroboter bis hin zum Wasserkocher: Unter den Haushaltskleingeräten gibt es ebenfalls Modelle, die vernetzbar sind. Wie ihre großen Geschwister setzen sie auf proprietäre Plattformen. Bedeutet: Eine App des Herstellers – oft in Verbindung mit einem Internetserver – steuert die Bedienabläufe. Das erschwert die Integration ins Smart Home. Denn auch wenn Kleingeräte im selben WLan funken wie der Rest des Gebäudes, hat die Haussteuerung normalerweise keinen Zugriff darauf. Damit die „Guten Morgen"-Szene des Hauses auch das Teewasser kocht oder einen Cappuccino in die bereitgestellte Tasse brüht, ist diese Verbindung aber notwendig. Am besten klappt sie, wenn Smart-Home-System und Kleingerät vom selben Anbieter stammen. Wer nicht das Glück hat, dass Funkzentrale, Kaffeeautomat und Saugroboter dieselbe Sprache sprechen, kann ein Drittsystem zu Hilfe nehmen. Hobbyprogrammierer greifen dabei gern zu offenen Lösungen wie Home Assistant, ioBroker oder OpenHab. Homebridge verbindet Produkte mit Apple HomeKit, die darauf eigentlich gar nicht vorbereitet sind. So beginnt beispielsweise der Saugroboter von ganz allein mit der Arbeit, wenn alle das Haus verlassen haben – und fährt automatisch in seine Ladestation zurück, sobald der Erste die Wohnung wieder betritt.

Kaffeevollautomaten mit Home-Connect-Funktion von Siemens sind über das WLan steuerbar.

AMBIENT ASSISTED LIVING

Deutschland wird immer älter. Zwischen 1990 und 2018 stieg die Zahl der Menschen über 65 Jahren in Deutschland um 50 Prozent – auf 17,9 Millionen. Und laut Berechnungen des Statistischen Bundesamts sollen bis 2060 noch einmal fünf bis sechs Millionen dazukommen. Damit wäre dann fast ein Viertel der Bevölkerung 65 Jahre oder älter.

Mal abgesehen davon, dass es wahrscheinlich nicht genug Seniorenresidenzen und Pflegeheime geben wird, um 23 Millionen Menschen aufzunehmen, ist die Unterbringung in solchen Einrichtungen für viele Menschen auch wenig erstrebenswert. Sie möchten lieber zu Hause in den eigenen vier Wänden bleiben. Unterstützt von Angehörigen oder mobilen Hilfsdiensten kommt das außerdem günstiger als ein stationärer Aufenthalt. Nach Aussage des Verbands der Ersatzkassen, VDEK, müssen Heimbewohner im Durchschnitt mehr als 2 000 Euro pro Monat zuzahlen. Da amortisiert sich die Investition in ein Smart Home schon nach kurzer Zeit. Zumal die Förderbank KfW den altersgerechten Umbau bezuschusst und mit günstigen Krediten unterstützt (siehe „Finanzielle Förderung", Seite 189).

Umgebungsunterstütztes Leben

Smarte Haustechnik erleichtert den dritten Lebensabschnitt auf verschiedene Weise. Ein Fachbegriff, der in diesem Zusammenhang häufiger fällt, heißt Ambient Assisted Living oder abgekürzt AAL. Wörtlich übersetzt bedeutet er „Umgebungsunterstütztes Leben". Man könnte auch sagen, er beschreibt, was ein vernetztes Gebäude ohnehin tut: Es unterstützt seine Bewohnerinnen und Bewohner, es beschützt sie und entlastet sie von Routineaufgaben. Nur dass Ambient Assisted Living eben ein Leben mit gewissen Handicaps meint. Die Einschränkungen können altersbedingt sein, es gibt aber auch junge Menschen, denen Bewegung schwerfällt, die im Rollstuhl sitzen oder ein begrenztes Hör- und Sehvermögen haben.

AAL begegnet solchen Widrigkeiten mit Vernetzung. Die gute Nachricht: Für viele Funktionen ist dazu gar kein besonderes Smart-Home-System nötig (siehe Interview, Seite 153). Nur Baumaßnahmen sollten Sie bei der Planung oder altersgerechten Sanierung wenn möglich mitberücksichtigen. So empfiehlt es sich zum Beispiel, mindestens eine Steckdose pro Raum in der griffgünstigen Höhe von 90 Zentimetern vorzusehen. Dosen in Bodennähe sind gut und schön, ab einem gewissen Alter oder im Sitzen aber schwer erreichbar. Die Breite der Türen oder der Freiraum rund um Dusche und WC lassen sich nachträglich auch nur mit großem Aufwand ändern. Den Rest erledigen technische Systeme, die im Wesentlichen drei Bereiche abdecken:

- **Komfort und Sicherheit**. Bewegungsmelder, die automatisch das Licht schalten, verringern die Sturzgefahr. Motorantriebe machen große und schwere Rollläden auch im Alter beherrschbar. Läuft die Bedienung über einen Funktaster, lässt sich dieser leicht umpositionieren und an einer griff-

Intelligentes Licht und Rollladenantriebe erleichtern das Leben im Alter.

günstigen Stelle platzieren. Im Falle eines Alarms können blinkende Lampen und Lautsprecherdurchsagen für mehr Aufmerksamkeit sorgen.

- **Gesundheit und Fitness**. Angehörige schlafen ruhiger, wenn sie wissen, dass alles in Ordnung ist. Smart-Home-Sensoren halten sie auf dem Laufenden, ohne die Eltern oder Großeltern lückenlos zu überwachen. So teilt der Bewegungsmelder im Bad zum Beispiel mit, dass die Morgenroutine begonnen hat. Eine Sensormatte warnt, wenn Demenzkranke in der Nacht ihr Bett verlassen. Und Funktaster können bei entsprechender Programmierung die Funktion eines Notknopfs übernehmen.
- **Kommunikation und Entertainment**. Türkameras und Videochats am Bildschirm sind in der Jugend vor allem bequem. Im Alter können sie einen wichtigen Beitrag zur Teilhabe am Leben leisten. Dasselbe gilt für sprachgesteuerte Lautsprecher mit Telefonfunktion oder Fernseher, die auf Zuruf reagieren. Eine Seniorenfernbedienung mit extra großen Knöpfen, früher despektierlich Oma-Tasten genannt, wird damit oft überflüssig.

So gesehen eignet sich fast jede Hausautomatisierung für Ambient Assisted Living. Wenn es Familienmitglieder gibt, die Einrichtung und Wartung übernehmen, kommt auch eine Do-it-Yourself-Lösung in Betracht. Sogar die Kombination mehrerer App-gesteuerter Insellösungen ist dann noch praktikabel. Wer auf sich selbst gestellt ist, achtet aber besser auf den Serviceaufwand. Es sei denn, er oder sie hat Freude daran, regelmäßig Software zu aktualisieren und auf Fehlersuche zu gehen, falls etwas nicht funktioniert. In drahtlosen Systemen mit Cloudserver im Hintergrund kann es verschiedene Ursachen für einen Ausfall geben: leere Batterien, Funkstörungen, den Router oder das Internet, um nur die Wichtigsten zu nennen. Andererseits hält die Beschäftigung mit dem Thema im Alter auch geistig fit – und ist für technisch Interessierte womöglich kurzweiliger, als Kreuzworträtsel und Sudokus zu lösen.

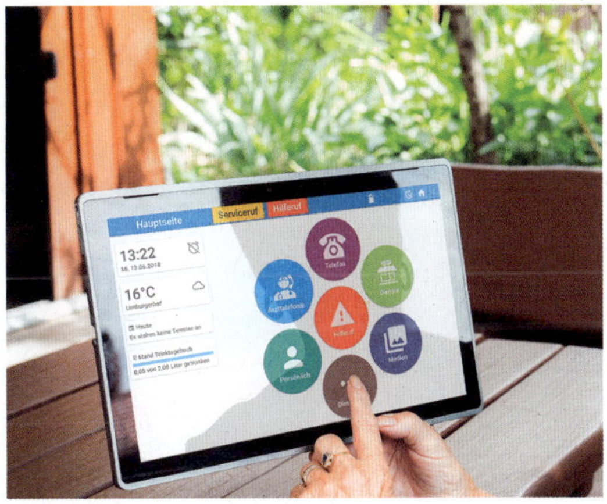

Das Assistenzsystem „mein Paul" kombiniert Dienstleistungen mit Smart-Home-Funktionen.

Hilfe bei der Pflege

Steigt zu Hause der Pflegebedarf, stößt rein App-basierte Technik an ihre Grenzen. Das betrifft vor allem Alleinlebende, die auf fremde Hilfe angewiesen sind. Sie bekommen in der Regel einen Hausnotruf, um Hilfe verständigen zu können. Der kleine Funksender am Halsband, Handgelenk oder Gürtel verbindet sie mit einer Notrufzentrale, die rund um die Uhr besetzt ist. Die Kosten trägt bis zu einer gewissen Höhe die Pflegekasse, wenn Voraussetzungen wie ein Pflegegrad erfüllt sind.

Um den Hausnotruf herum haben Unternehmen eigene AAL-Lösungen entwickelt. So bietet etwa die Casenio AG ein komplettes funkbasiertes Smart-Home-System an, das sich an Seniorinnen und Senioren richtet. Die Cibek GmbH geht mit ihrer Plattform „meinPaul" in dieselbe Richtung: Ein Tablet mit altengerechter Bedienoberfläche steuert Gebäudefunktionen und eignet sich gleichzeitig für Videotelefonie, den Kontakt zum Arzt oder um Essen auf Rädern zu bestellen. Von der InHaus GmbH kommen Assistenzsysteme für Pflegeimmobilien, die mit künstlicher Intelligenz den Alltag analysieren. Sie lernen, wann die Wohnenden normalerweise aufstehen, duschen oder essen und können damit eigenständig Abweichungen von dieser Routine erkennen. Allerdings sind solche Lösungen in aller Regel nicht für den freien Verkauf an Endkunden bestimmt. Die Hersteller beliefern Altenhilfeanbieter, Pflegedienste und Projektplaner damit. Auch Krankenkassen ge-

Notknöpfe sind für ein Smart-Home-System wie das von Loxone kein Problem.

hören zur Zielgruppe. Im Hamburger Stadtteil Eimsbüttel etwa haben TK, Barmer, DAK und Knappschaft gemeinsam mit anderen Trägern das Netzwerk GesundAktiv ins Leben gerufen. Es soll älteren Menschen ein möglichst langes und selbstbestimmtes Leben in der eigenen Wohnung ermöglichen. Technische Grundlage ist das Assistenzsystem meinPaul von Cibek.

Wer kein Teilnehmer solcher Pilotprojekte ist oder als Mieter im betreuten Wohnen die nötige Technik frei Haus geliefert bekommt, muss selbst vorsorgen. Eine Möglichkeit: Notrufsysteme mit eigener Intelligenz. Sie warten nicht darauf, dass jemand den Alarmknopf betätigt. Das funktioniert zwar auch, die Kernfunktionen spielen sich jedoch unbemerkt im Hintergrund ab. Bewegungs- und Türsensoren erkennen, wenn Bewohner von ihrem gewohnten Tagesablauf abweichen – zum Beispiel, weil sie ungewöhnlich lange im Bett bleiben, weil es untypisch wenig Bewegung in der Wohnung gibt oder die Eingangstür zu lange offensteht. In solchen Fällen warnt das System die Angehörigen per App oder verständigt einen anderen Notfallkontakt. EasierLife vom gleichnamigen Unternehmen gehört in diese Kategorie. Das intelligente Notrufsystem ist aus einem Projekt des Karlsruher Forschungszentrums Informatik (FZI) entstanden. Hersteller Gigaset zielt mit seinen Smart-Care-Angeboten in dieselbe Richtung. Diese verwenden Sensoren und die Funkzentrale Smart Home Systems Elements, um ebenfalls Unregelmäßigkeiten zu erkennen und die Angehörigen darüber in Kenntnis zu setzen.

Im Prinzip kann normale Smart-Home-Sensorik denselben Zweck erfüllen. Bewegungsmelder und Türkontakte gibt es in fast jedem vernetzten Gebäude. Allerdings sollten Bedienelemente an die besondere Situation angepasst sein. Da Touchscreens auf die Leitfähigkeit der menschlichen Haut reagieren, funktionieren sie häufig nicht mit sehr trockenen Händen – ein Problem, das besonders ältere Menschen plagt. Auch kleine und kontrastarme Schrift kann zum Problem werden. Und Pflegekräfte haben in der Regel keine Zeit, sich in komplexe Steuerungen hineinzudenken. Je einfacher die Bedienung, desto besser. Auch das kann ein Grund sein, vor allem auf bewegungsaktiviertes Licht und normale Wandtaster zu setzen (siehe „Klassisch: Wandtaster im Smart Home“, Seite 36).

Smarte Problemlöser

Es gibt jedoch noch eine andere Möglichkeit, als das Gebäudenetzwerk für Pflege und Aufsicht umzufunktionieren. Sie können ihm die gewohnten Aufgaben überlassen und zusätzliche Helfer installieren.

Ein Beispiel dafür ist der Herdwächter von Hager. Er besteht aus einer batteriebetriebenen Sensoreinheit und einem Abschaltrelais für Herd und Kochfeld. Der Sensor wird unter der Dunstabzugshaube oder an der Wand montiert und beobachtet das Geschehen am Herd. Er misst Zeit, Temperatur, Bewegung und Stromverbrauch. Stellen die Sensoren ein ungewöhnliches Verhalten fest, etwa weil jemand Einkaufstüten auf die heiße Kochplatte stellt, warnt das Gerät mit visuellem und akustischem Alarm. Das Warnsignal muss an der Sensoreinheit quittiert werden. Bleibt diese Reaktion auf den Voralarm aus, schaltet sich die Stromzufuhr zum Herd ab. Das funktioniert autark und ohne Anschluss an ein Smart-Home-System. Wer mag, kann den Wächter aber in eine KNX-Installation integrieren und damit weitere Aktionen auslösen.

Oft geht es nur darum, bestimmte Defizite auszugleichen. Unternehmen wie Bellman & Symfon aus Schweden etwa bieten Lösungen für Schwerhörige an. Sie bereiten Signaltöne so auf, dass sie in jedem Fall wahrgenommen werden. Der Rauchalarm aktiviert dann zum Beispiel ein Vibrationskissen unter der Matratze, Tür- und Telefonklingel lassen Lichter aufblitzen. Pflegebedürftige haben dabei – unabhängig vom Alter – Anspruch auf finanzielle Unterstützung. Die Pflegeversicherung trägt laut Paragraf 40 des Sozialgesetzbuchs bis zu 4 000 Euro der Kosten für eine Verbesserung des Wohnumfelds, sofern nicht die Krankenkasse oder ein anderer Leistungsträger die Investition übernimmt. Ob die gewünschte Maßnahme als Pflegehilfsmittel anerkannt wird, ist dabei im Einzelfall zu klären.

Hilfe auf Zuruf

Eine besondere Rolle im Ambient Assisted Living kommt der Sprachsteuerung zu. Digitale Assistenten ersparen Menschen, die nicht gut zu Fuß sind, viele Wege in der Wohnung. Ein sprachgesteuerter Lautsprecher im Raum ist außerdem leicht erreichbar, weil er über viele Meter hinweg auf Zuruf reagiert. Man kann nicht vergessen, ihn umzuhängen oder anzulegen, was bei klassischen Notknöpfen schon mal passiert. Kommt es zum Sturz, baumelt der Funksender dann nutzlos an der Türklinke oder liegt nebenan auf dem Nachttisch. Der Sprachbefehl „Hey Siri, ruf Hilfe" funktioniert dagegen auch aus der Ferne. Apples HomePod fragt in so einem Fall nach, ob er den Rettungsdienst verständigen soll und wählt dann übers iPhone die Notrufnummer an.

Das Deutsche Rote Kreuz hat zusammen mit dem Smart-Home-Spezialisten iHaus für Alexa eine ähnliche Funktion realisiert. Der Alexa-Skill „Mein Henry" – benannt nach Henry Dunant, dem Schweizer Gründer der Rotkreuzbewegung – schickt SMS-Nachrichten oder E-Mails an bis zu vier hinterlegte Notfallkontakte. Reagiert keiner der Vertrauten, nimmt sich ein DRK-Beratungszentrum der Sache an. Solche Systeme sind kein vollwertiger Ersatz für einen Hausnotruf mit angeschlossener Telefonzentrale, sie eignen sich aber als Ergänzung.

Hinzu kommen alle Vorteile einer sprachgesteuerten Kommunikation, mit denen solche Geräte ohnehin punkten. Der Echo Show mit Bildschirm oder ein Smart Display mit Google Assistant machen Videotelefonate ohne Tastatur und technische Vorkenntnisse möglich. Kommandos wie „Alexa, rufe XY an" genügen, um die Verbindung herzustellen. So verliert selbst ein Pandemie-Lockdown mit Kontaktbeschränkungen viel von seinem Schrecken. Ähnlich einfach gelingt der Abruf von Musiktiteln oder Videos. Das Überangebot und die Suchfunktionen moderner Streaming-Apps mögen ältere Menschen überfordern. Sich einfach einen Titel zu wünschen, fällt ihnen jedoch leicht. Das ist wie früher, als es noch das Wunschkonzert im Radio gab.

Wer selbst nicht aus dem Haus gehen kann, teilt seine Einkaufswünsche dem digitalen Assistenten mit. Ein Blick in die App verrät Familienmitgliedern, woran es fehlt. Sie bringen die Waren dann beim nächsten Einkauf mit. Vom Gedächtnis-Coach über den Rätselpartner bis hin zum Nachrichtensprecher – digitale Assistenten schlüpfen in ganz verschiedene Rollen. Schon deshalb werden sie in künftigen Pflegerobotern eine wichtige Aufgabe übernehmen. Medisana hat den Prototypen seines Modells quasi um ein Alexa-Tablet herumkonstruiert. Der rollende Seniorenassistent soll auf Zuruf an den gewünschten Ort in der Wohnung kommen. Er folgt seinen Besitzern durchs Zimmer

Der Herdwächter warnt bei gefährlichen Situationen.

und ruft sprachgesteuert den Hausarzt zur Telesprechstunde an.

Ein Preis von mehreren Tausend Euro dürfte verhindern, dass solche Roboter gleich zu Beginn in viele Wohnungen einziehen. Ob Deutschland ihnen gegenüber so aufgeschlossen reagiert wie Japan, muss sich zudem noch zeigen. Der Fachkräftemangel im Gesundheitsbereich und die demografische Entwicklung hin zu einer alternden Gesellschaft dürften in beiden Ländern vergleichbar sein. Eine repräsentative Befragung des Bundesministeriums für Bildung und Forschung (BMBF) ergab 2016 zumindest, dass sich 83 Prozent der Menschen hierzulande „grundsätzlich vorstellen könnten, einen Service-Roboter zu Hause zu nutzen, wenn sie dadurch im Alter länger in den eigenen vier Wänden wohnen bleiben können".

Produkte für Ambient Assisted Living

- **Smart Home allgemein**
  Automatisierung kann Menschen mit Einschränkungen zu einem unkomplizierteren, selbstbestimmten Leben verhelfen. Das gilt für alle Bereiche im Haus, die sich elektronisch steuern lassen – besonders aber für Licht, Rollläden, Heizung und Sicherheitsfunktionen.
- **Höhenanpassbare Möbel**
  Wohnen unterschiedlich große Personen im Haushalt, ist eine gemeinsame Arbeitshöhe unpraktisch. Dasselbe gilt, wenn Flächen sowohl im Stehen als auch vom Rollstuhl aus erreichbar sein sollen. Ein elektrisches Liftsystem für Oberschränke und höhenverstellbare Arbeitsplatten verbessern in so einem Fall die Ergonomie.
- **Herdabschaltung**
  Damit ein vergessener Elektroherd nicht buchstäblich zum Brandherd wird, gibt es Abschalteinrichtungen, die nach einer programmierten Zeit die Stromzufuhr unterbrechen.
- **Zusätzliche Alarmierung**
  Das beste Alarmsystem bringt nichts, wenn Feuer-, Wasser- und Einbruchalarm ins Leere gehen – weil Schwerhörige oder Schlafende die Warnung nicht mitbekommen. Mit zusätzlichen Alarmmeldern kann das nicht passieren. Sie setzen das Tonsignal in auffällige Lichtblitze oder fühlbare Vibrationen um.
- **Hausnotruf**
  Alleinlebende sind im Ernstfall auf Hilfe von außen angewiesen. Der Hausnotruf verbindet sie mit einer jederzeit erreichbaren Zentrale. Mitarbeiter melden sich von dort per Freisprecheinrichtung und schicken bei Bedarf ein Hilfsteam oder den Notarzt.
- **Trittmatten**
  Wenn Demenzkranke oder gebrechliche Familienmitglieder unbemerkt aufstehen, besteht Verletzungsgefahr. Sie können stürzen und hilflos am Boden liegen bleiben. Eine Sensormatte vor dem Bett oder am Lieblingssessel registriert solche Zwischenfälle.
- **Betteinlagen**
  Besonders Gesundheitsbewusste messen ihre Schlafqualität mit Sensormatten unter der Matratze. Die smarten Betteinlagen für Senioren funktionieren nach einem ähnlichen Prinzip: Sie reagieren auf Druck und teilweise auch auf Feuchtigkeit. Bei ungewöhnlichen Veränderungen schlägt der Sensor Alarm.
- **Sprachassistenz**
  Als Sprachfernbedienung spielen digitale Assistenten eine wichtige Rolle. Alexa & Co. können aber noch mehr. Sie vertreiben Alleinlebenden die Zeit, unterstützen sie und ermöglichen eine weitgehend barrierefreie Kommunikation mit den Bezugspersonen.

„SMART HOMES SIND AUCH AAL-SYSTEME“

Birgid Eberhardt hat beruflich mit Smart Home und AAL zu tun. Die Gerontologin und Gesundheitsökonomin ist beim Immobilienunternehmen GSW Sigmaringen GmbH für vernetztes Wohnen zuständig. Der Bauträger des Sozialverbands VdK verfügt über knapp 5 000, teilweise barrierefreie Mietwohnungen. Im Rahmen des Projekts Future Living Berlin testet er digitale Technik im Alltag. Dazu hat die GSW Sigmaringen im Ortsteil Berlin-Adlershof 90 Mietwohnungen errichtet, die mit smarten Systemen in den Gebäuden und Wohnungen ausgestattet sind.

Frau Eberhardt, was verstehen Sie unter Ambient Assisted Living?

Ich halte es da mit dem ehemaligen VdK-Vorsitzenden in Baden-Württemberg Roland Sing und spreche lieber von „Alltagsunterstützenden Assistenz-Lösungen“. Das ist leichter verständlich und hat auch nichts mit dem Alter zu tun. Einschränkungen im Alltag können jeden treffen. Technisch gesehen gibt es keinen Grund, zwischen Smart-Home- und AAL-Systemen zu unterscheiden. Moderne Lösungen können beides. Das ist eher eine Frage der Motivation zur Nutzung.

Wer in ein Smart-Home-System investiert, kann es also auch für AAL nutzen?

Ja, wenn ich gesund bin und es mir leisten kann, steht meist der Komfort im Vordergrund. Auch Energieeffizienz spielt eine Rolle. Das Ganze ist aber eher „nice to have“, also keine zwingende Anschaffung. In einer anderen Situation oder in einem späteren Lebensabschnitt kann mir die dieselbe Technik dann helfen, meinen Alltag besser zu meistern – etwa, wenn das Hör- und Sehvermögen nachlässt, wenn es an Kraft oder Beweglichkeit fehlt. Für Menschen mit erheblichen Einschränkungen ist die Technik ein „must have“. Sie ermöglicht ihnen, ein selbstständiges Leben zu führen. Dafür müssen vielleicht Bedienelemente geändert oder erweitert werden, die technische Basis bleibt aber gleich.

Gibt es Systeme, die besonders geeignet sind?

Heutzutage brauchen Sie kein fest verkabeltes Bussystem mehr. Das geht auch mit einer Funkzentrale wie Homee. In unserer Musterwohnung in Waiblingen bei Stuttgart haben wir neben KNX, Digitalstrom und EnOcean auch andere Lösungen verbaut. In Future Living Berlin kommt Digitalstrom zum Einsatz. Ein Nachrüsten ist jederzeit möglich. Nur Barrierefreiheit sollte man von vorneherein immer einplanen. Denn, was in der Bauphase nicht vorbereitet wird, lässt sich später nur mit großem Aufwand und entsprechend hohen Kosten nachholen.

Welche Dinge sollte man bei der Planung berücksichtigen?

Achten Sie auf genügend Steckdosen und Stromanschlüsse. Je mehr, desto besser. Die sächsischen Wohnungsbaugenossenschaften haben im Rahmen ihres Projekts „Die mitalternde Wohnung“ eine Umfrage gemacht, wann am meisten Stürze in der Wohnung passieren. Das Ergebnis war: im Winter zwischen

November und Januar. Aber nicht, weil es dann so dunkel ist, sondern weil in Sachsen an Weihnachten traditionell viele elektrisch beleuchtete Schwibbögen in die Fenster gestellt werden. Und da es am Fenster meistens keine Steckdosen gibt, liegen überall Verlängerungsschnüre als Stolperfallen herum.

Was ist sonst noch wichtig?

Bewegungsmelder fürs Licht und viele Rauchwarnmelder, am besten vernetzt. In den Future-Living-Wohnungen schaltet sich bei einem Alarm der Fernseher ein und zeigt eine Meldung an, das Licht geht flackernd an und die Rollläden fahren hoch. Außerdem warnen die Lautsprecher in einer anderen Tonlage. Das ist wichtig, weil das Pfeifen der Rauchmelder im Alter nicht mehr so gut wahrgenommen wird. Außerdem würde ich einen Herdwächter empfehlen, der die Kochstelle automatisch abschaltet. Eine vergessene Pfanne auf dem Induktionsfeld, weil der Postbote an der Tür klingelt, führt innerhalb weniger Minuten zu Flammen in der Küche.

Gehört zur Ausstattung auch ein Hausnotruf?

Ich bin eine bekennende Gegnerin des roten Hausnotrufknopfs. Es gibt einfach zu viele Gründe, warum der Knopf nicht gedrückt wird. Er ist außer Griffweite oder der Sturz wird unterschätzt. Altersmediziner wissen: Nach etwa vier Stunden Bewegungsunfähigkeit steigt mit jeder Viertelstunde die Wahrscheinlichkeit, pflegebedürftig zu werden oder zu sterben. Die Menschen dehydrieren, nehmen ihre Medikamente nicht oder erleiden einen Schock. Deshalb geht es darum, diese Zeitspanne zu verkürzen.

Wie kann das Smart Home im Ernstfall unterstützen?

Viele Hausnotrufsysteme haben eine „Ich-lebe-noch"-Taste, die ein- oder mehrmals am Tag gedrückt werden muss – und oft gibt es einen sogenannten potentialfreien Eingang, an den sich Sensoren anschließen lassen. Der Bewegungsmelder im Bad ersetzt dann den Tastendruck und zeigt der Notrufzentrale, dass alles in Ordnung ist. Alternativ könnte man auch eine Wasseruhr mit potentialfreiem Ausgang als Sensor verwenden: Wenn Wasser läuft, läuft auch die gewohnte Routine. Mit dem Vorteil, dass Wasseruhren sich nicht täuschen lassen. Ein Bewegungsmelder reagiert vielleicht auch auf Haustiere.

Fühlen sich Alleinlebende damit nicht überwacht?

Das kommt darauf an, welche Daten erfasst und weitergegeben werden. Im Grunde interessiert niemanden, wann und wie oft eine Person ins Bad geht oder wann sie zurückkehrt. Nur wenn sie nicht zurückkommt, sollte das auffallen. Systeme wie EasierLife geben zum Beispiel Ampelfarben raus. Sobald die Ampel von Grün über Orange auf Rot springt, wissen Angehörige oder Betreuende, dass sie nach dem Rechten schauen sollten.

Auch bei Ihnen ist Smart-Home-Technik keine Serienausstattung. Warum?

Als Unternehmen der Wohnungswirtschaft haben wir es mit verschiedenen Anforderungen zu tun. Wir sollen bezahlbar und barrierefrei bauen, möglichst CO_2-neutral, dazu die Elektromobilität unterstützen und darüber hinaus noch vernetzen. Raten Sie mal, was da am Ehesten hinten runterfällt. Außerdem sagt Ihnen kein Smart-Home-Hersteller, welche Kosten über einen Zeitraum von 20 bis 30 Jahren entstehen. Nicht zuletzt fehlen belastbare Zahlen, wie viel Aufpreis den Mietern so ein smartes, altersgerechtes Zuhause wert ist. Die bisherigen Studien dazu beziehen sich auf wenige Wohnungen und kurze Zeiträume. Darüber hinaus bedarf es neuer Schnittstellen zu unserer Verwaltungssoftware und zum Teil aufwendige Änderungen in internen Prozessen. Auch deshalb engagieren wir uns mit Future Living Berlin – um solche Erfahrungen zu sammeln.

SCHRITT FÜR SCHRITT ZUM EIGENEN SMART HOME

WELCHER SMART-HOME-TYP SIND SIE?

Das spielt eine wichtige Rolle bei der Auswahl des Systems. Denn viele Wege führen bekanntlich nach Rom. Wie die Reise abläuft, hängt von persönlichen Vorlieben und vom Geldbeutel ab. Es gibt zum Beispiel Pauschaltouristen, die schätzen Komplettpakete. Sie buchen im Reisebüro, um möglichst wenig organisieren zu müssen. „Urlaub von Anfang an" lautet ihre Devise. Übertragen aufs Smart Home entspricht das einer Komplettinstallation vom Fachbetrieb. Die Reiseleitung – sprich: Bauleitung – kümmert sich um alles. Bewohner checken nur noch ein und genießen den gebuchten Komfort. Bei Wünschen oder Problemen mit der Technik gibt es Ansprechpartner.

Individualreisende erreichen ihr Ziel auf eigene Faust. Sie nehmen Planung und Umsetzung selbst in die Hand. Genauso wie Heimvernetzer, die eine Do-It-Yourself-Lösung installieren. Der Eigenleistung sind dabei kaum Grenzen gesetzt, von Arbeiten am Stromnetz einmal abgesehen. Wer mag und sich auskennt, montiert nicht nur Sensoren und Aktoren, er setzt aus handelsüblichen Elektronikbausteinen auch gleich seine eigene Smart-Home-Zentrale zusammen. Frei verfügbare Open-Source-Software liefert das Programmierwerkzeug dafür.

Zwischen beiden Herangehensweisen gibt es Mischformen. So wie eine Pauschalreise nicht immer Vollpension enthalten muss, kann auch ein schlüsselfertiges Smart Home noch Raum für eigene Unternehmungen bieten. Das spart dann bares Geld, denn anders als im Reisekatalog sind die Kosten recht transparent und einfach nachzuverfolgen. Dort, wo Arbeitsaufwand entsteht, wird er auch bezahlt. Das heißt: Je mehr Sie selbst machen, desto niedriger fällt am Ende die Rechnung aus. Einen groben Überblick gibt die Tabelle „Wo fällt die Arbeit an?" (siehe Seite 157). Sie teilt Smart-Home-Lösungen in vier Kategorien ein. Systeme der Kategorie A machen am meisten Arbeit, sparen aber auch viel Geld. Von Stufe zu Stufe nimmt der eigene Aufwand ab, um am Schluss bei einer Installation zu landen, in der Sie sich um nichts mehr kümmern müssen. Kategorie D entspricht quasi dem Rundum-sorglos-Paket von einer Reiseagentur.

Typ A – Tüftler

Günstiger geht es kaum: Nicht einmal 100 Euro müssen Sie für den Einstieg in die Hausautomatisierung bezahlen. So viel kostet ein Minicomputer Raspberry Pi plus USB-Stick für den Zigbee-Funkstandard (siehe „Selbstgebaut von Anfang an", Seite 267). Steuersoftware wie ioBroker oder OpenHab gibt es kostenlos zum Download im Internet. Und Zigbee-Lampen, -Bewegungsmelder oder -Zwischenstecker sind bei Ikea für zehn Euro pro Stück zu haben. Natürlich könnten Sie gleich ein betriebsfertiges Ikea-System kaufen, wären dann aber weitgehend auf die Produktauswahl der Schweden festgelegt.

Ein Selbstbau mit Open-Source-Software hält mehr Optionen offen. So lassen sich an einem Zigbee-Funkstick etwa Sensoren und Aktoren verschiedener Hersteller parallel betreiben. Es sollen andere Protokolle wie Homematic, EnOcean oder Z-Wave zum Einsatz kommen? Auch dafür gibt es Funkmodule. Die Integration ins System übernehmen Programmerweiterungen, sogenannte Adapter, Bindings oder Integrations. Derer finden sich Hunderte oder Tausende, je nach System (siehe „Selbst gebaut …", Seiten 271–280). Eine große Gemeinde ehrenamtlicher Open-Source-Entwickler pflegt die Plattformen und hält sie aktuell.

So viel Flexibilität hat allerdings ihren Preis – auch wenn er nicht auf der Geräterechnung auftaucht. Als Smart-Home-Tüftler oder -Tüftlerin bezahlen Sie für zusätzlichen Komfort mit Ihrer Zeit. Der Raspberry Pi ist keine Smart-Home-Zentrale, die man nur ans Stromnetz anschließt, eine App installiert und dann sofort mit der Anmeldung von Funklampen loslegen kann. Im Auslieferungszustand verfügt der Kleinstrechner nicht einmal über ein Betriebssystem. Erst mit einer kleinen SD-Speicherkarte, die am PC oder Mac bespielt wird, erhält die zigarettenschachtelgroße Box ihre Software. Anleitungen für das sogenannte Flashen von SD-Karten gibt es im Internet.

Wo fällt die Arbeit an?

Typ	Beschreibung	Beispielhafte Systeme	Eigenleistung	Fremdleistung
			Das können Sie selbst machen	Das erledigen andere
A	**Eigenbau mit Open-Source-Software**	**Home Assistant, ioBroker, Node RED, OpenHab**	Planung Hardware installieren Systemsoftware installieren In Betrieb nehmen Basisprogrammierung Szenen / Regeln ändern	230-V-Installation
B	**Do-it-Yourself-System mit Funkzentrale**	**Bosch Smart Home, Homee, Homematic IP, Magenta SmartHome, SmartThings**	Planung Hardware installieren In Betrieb nehmen Basisprogrammierung Szenen /Regeln ändern	230-V-Installation Systemsoftware vorinstalliert
C	**Schlüsselfertiges Smart Home**	**Digitalstrom, eNet Smart Home, Homematic IP wired, KNX, Loxone**	Kabel verlegen / Dosen setzen Evtl. Basisprogrammierung Szenen / Regeln ändern	Planung Hardwareinstallation Systemsoftware installieren In Betrieb nehmen Basisprogrammierung
D	**Full-Service-Installation**	**KNX, LCN, Loxone**	Kabel verlegen / Dosen setzen	Planung Hardwareinstallation Systemsoftware installieren In Betrieb nehmen Basisprogrammierung Szenen / Regeln ändern

Bausatz für einen Minicomputer mit Netzteil und Speicherkarte

Auch danach können IT-Wissen und Computerkenntnisse nicht schaden. Denn bei eventuellen Fehlern sind Sie auf sich allein gestellt: Trägt das jüngste Softwareupdate die Schuld oder hat ein falscher Javascript-Befehl die Programmierkonsole lahmgelegt? Anders als bei kommerzieller Software oder vorkonfigurierten Smart-Home-Zentralen gibt es keinen Kundendienst des Anbieters, keine Telefonhotline und kein Onlineformular. Hilfe bietet vor allem das Internet – in Form von Blogs, Diskussionsforen und YouTube-Videos. Technikbegeisterte, die Haustechnik als Hobby begreifen, tun sich hier leichter als Menschen, deren Hausgeräte einfach nur funktionieren sollen. Das Smart Home im Eigenbau erinnert ein wenig an elektrische Spielzeugeisenbahnen: Immer gibt es etwas zu ergänzen und zu optimieren, deshalb wird die Anlage auch nie so richtig fertig. Andererseits liegt im offenen und modularen Ansatz gerade die Stärke solcher Systeme. Wer sich auskennt – oder technische Hilfe aus dem Freundeskreis bekommt – kann kostengünstig eigene Projekte umsetzen. Auch solche, für die es noch keine vorgefertigten Lösungen am Markt gibt (siehe Interview, Seite 264).

Typ B – Heimwerker

Wenn im Smart Home von Do-it-Yourself die Rede ist, sind meist vorkonfigurierte Funksysteme mit Zentrale gemeint. Die Software ist darauf schon installiert und muss – anders als in den Selbstbaulösungen des Typs A – nicht erst aufgespielt werden. Das senkt die Einstiegshürden. Normalerweise genügt es, die Funkzentrale mit dem Router zu verbinden und alles Weitere einem Einrichtungsassistenten am Computer oder Smartphone zu überlassen. Dieser führt am Bildschirm Schritt für Schritt durch den Einrichtungsprozess und macht eine gedruckte Anleitung damit häufig überflüssig. Auch die Installation batteriebetriebener Sensoren und Aktoren stellt für Heimwerkerinnen und Heimwerker keine große Hürde dar. Schraubendreher und eine Rohrzange für Heizkörperventile genügen als Werkzeug. Viele drahtlose Komponenten werden ohnehin nur angeklebt, die nötigen Sticker liegen bei.

Etwas anders sieht es aus, wenn Komponenten einen Stromanschluss verlangen. Schon Unterputz-Lichtschalter oder ein Aktor für den elektrischen Rollladenantrieb fallen in diese Kategorie. Laut deutscher Niederspannungsanschlussverordnung (NAV, §13) dürfen Laien keine elektrischen Anlagen errichten, ändern oder instand setzen, die an das öffentliche Stromnetz angeschlossen sind. Solche Arbeiten müssen von einer qualifizierten Elektrofachkraft ausgeführt werden. Moment mal – Sie haben keinen Meisterbrief und trotzdem schon Steckdosen gewechselt? Vielleicht auch Deckenleuchten montiert und den Spiegelschrank im Bad angeschlossen? Dann droht vom Staat in der Regel kein Unheil, weil diese Vergehen nicht als Straftat geahndet werden.

Kommt es jedoch zu einem Unfall, bei dem Personen verletzt oder gar getötet werden, erhält die Bastelei schnell strafrechtliche Relevanz. Unsachgemäße Installationen können außerdem zu Kurzschluss oder Kabelbrand führen. Im Schadensfall haben Elektriker eine Betriebshaftpflichtversicherung. Laien bleiben womöglich auf den Kosten sitzen, weil ihre Assekuranz die Regulierung ablehnt – vor allem, wenn Sie Sicherheitsvorschriften missachtet oder grob fahrlässig gehandelt haben.

Eine mögliche Lösung: Elektroinstallationen vor Inbetriebnahme vom Fachmann oder von der Fachfrau abnehmen lassen. Die Suche nach einem geeigneten Meisterbetrieb sollte allerdings früh beginnen. Im Nachhinein ist es schwer, Elektriker zu finden, die Arbeiten absegnen, an denen sie nicht selbst beteiligt waren. Schließlich haften sie für das Ergebnis. Dass Fachbetriebe an Schaltern und Unterputzmodulen, die ihre Kunden anderswo erwerben, kein Geld verdienen, macht die Suche nicht unbedingt einfacher. Manche Smart-Home-Hersteller bieten deshalb einen Vor-Ort-Service an. Er kommt gegen Bezahlung ins Haus und installiert Geräte, die der Kunde nicht selbst in Betrieb nehmen kann oder mag.

Ist alles angeschlossen und funktionsbereit, schlägt die Stunde der Heimvernetzung. Denn noch fehlt es dem Smart Home ja an Intelligenz. Erst Regeln mit den richtigen Auslösern und Bedingungen automatisieren das Gebäude. Je nach System kann diese Programmierung mehr oder weniger selbsterklärend sein. Meist findet sie auf einer grafischen Benutzeroberfläche statt. Es gibt aber auch Lösungen, die tauchen weit in die Tiefen des Computercodes ab (siehe „Verknüpfungen und Regeln", Seite 32). Mit Script-Editoren bieten sie eine Flexibilität, die sonst Selbstbausystemen des Typs A vorbehalten bleibt – bei vergleichbarem Zeitaufwand.

Auch danach bedürfen Funklösungen noch einer gewissen Pflege. Der Alltag besteht überwiegend aus Softwareupdates: Von Zeit zu Zeit aktualisieren die Hersteller ihre Funkzentralen, um Funktionen hinzuzufügen oder eventuelle Sicherheitslücken zu schließen. Neue Smartphones im Haushalt oder ein Austausch des Routers können ebenfalls Updates nötig machen. Da Sie unbeschränkten Zugriff auf das System und die Zentrale haben, erledigen Sie solche Aufgaben selbst.

Erweiterungen liegen ebenfalls in Ihrer Hand. Sie können jederzeit die Automatisierung ändern, Regeln hinzufügen oder weitere Funkprodukte ergänzen. Das spart Geld, weil für Modifikationen keine Fachkraft anrücken muss, die ihre Arbeit in Rechnung stellt. Startpakete der Kategorie B gibt es bereits für einige Hundert Euro. Lösungen für ein komplettes Einfamilienhaus lassen sich auch noch im vierstelligen Bereich realisieren.

Vorkonfigurierte Systeme der Kategorie B, wie etwa Bosch Smart Home, reduzieren den Installationsaufwand.

Typ C – Auftraggeber

Keine Lust, Feierabend und Wochenende mit Arbeiten am Smart Home zu verbringen? Dann ist eine schlüsselfertige Installation die richtige Wahl. Meist handelt es sich dabei um Bus- oder Funksysteme, die übers Fachhandwerk vertrieben werden. Manche Aufgaben lassen sich auch mit frei verkäuflichen Produkten aus der Kategorie B lösen. Es gibt sogar Betriebe, die darauf spezialisiert sind. Bei Anbietern wie Coqon, EQ-3 (Homematic) oder Fibaro sind die Grenzen zwischen Typ B und C fließend. In der Regel bedienen sich Installateure aber aus dem Katalog ihres Elektrogroßhändlers.

Da ein Meisterbetrieb die Installation übernimmt, stellt sich die Frage nach fachgerechter Ausführung gar nicht erst. Dabei können etliche Arbeitsstunden zusammenkommen. In einem Einfamilienhaus mit Bussystem betragen die verlegten Kabellängen leicht einige hundert oder tausend Meter. In so einem Fall spart Ihre Arbeitskraft bares Geld. Denn mit etwas handwerklichem Geschick können Sie einige Aufgaben selbst erledigen (siehe Kasten „Elektroarbeiten selbst gemacht", Seite 161). Für den Anschluss und die Inbetriebnahme ist dann wieder die Fachkraft zuständig.

Die grundlegende Programmierung gehört ebenfalls zum Lieferumfang. Das heißt: Wenn der Monteur das Haus verlässt, funktionieren

In Kategorie C und D ist ein Fachbetrieb für die Installation verantwortlich.

Schalter und Sensoren schon. Automatisierte Rollläden fahren wie gewünscht hoch und runter, die Bildschirmoberfläche zeigt fertige Bedienelemente. Art und Umfang dieser Funktionen wurden vorab in der Planungsphase festgelegt. Anders als in der vierten und letzten Kategorie (Typ D) sind diese Einstellungen ohne Weiteres änderbar. Entweder weil das System einen – begrenzten – Kundenzugriff auf die Programmierung erlaubt oder der Installateur diesen Zugang extra eingerichtet hat.

Teilweise ist diese Möglichkeit mit zusätzlichen Ausgaben verbunden. So lassen sich Einstellungen auf Busebene bei KNX nur mit der kostenpflichtigen Software ETS vornehmen (siehe KNX, Seite 253). Tipp: Im KNX-Userforum (https://knx-user-forum.de) gibt es gelegentlich Sammelbestellungen, in denen sich mehrere Teilnehmer zusammentun. Der so entstehende Rabatt spart einige Hundert Euro auf den Lizenzpreis. Lösungen wie Digitalstrom, eNet Smart Home oder Loxone sind von Haus aus zugänglicher – über eine Webbrowser-Oberfläche ihres Servers oder Gratis-Software zum Download. Damit ein versehentlicher Mausklick nicht die Programmierung zerstört und viel Arbeit nach sich zieht, empfiehlt es sich, vor Änderungen Back-ups anzulegen. Dann ist bei einem Malheur der Ursprungszustand schnell wieder hergestellt.

Typ D – Anwender

Wer Auto fährt, muss nicht wissen, wie die Technik funktioniert. Auch Erfahrungen mit dem Öl- und Reifenwechsel sind keine Voraussetzung. Viele Fahrerinnen und Fahrer setzen sich einfach ans Steuer und starten den Motor. In einem Smart Home der höchsten Komfortstufe läuft es genauso: Sie übernehmen die Kontrolle, was „unter der Haube" passiert, kann Ihnen egal sein. Selbst für Wartung und Instandhaltung sind andere zuständig – Termin ausmachen genügt.

Technisch unterscheidet sich eine Installation der Kategorie D kaum vom Typ C. Es kommen teilweise sogar dieselben Systeme und Komponenten zum Einsatz. Der Unterschied besteht im Ansatz: Als Anwender einer Komplettlösung richten Sie nichts selbst ein und programmieren auch keine Bedienoberflächen. Das erledigen Dienstleister für Sie. Natürlich

Elektroarbeiten selbst gemacht

Ein großer Teil der Infrastruktur im Smart Home besteht aus Leitungen: Kupferadern für Strom, Computernetzwerk und Hausbussysteme. Sie fallen meist in das Aufgabengebiet des Elektrikers. Viele Arbeiten dürfen ohnehin nur von qualifiziertem Fachpersonal durchgeführt werden. Einen großen Teil der Gesamtrechnung macht dabei der Zeitaufwand aus. Die Arbeitskosten übersteigen oft den Materialwert. Manche Elektrofachbetriebe bieten ihren Kunden deshalb eine Kooperation an: Um den Preis zu senken, übernimmt der Auftraggeber solche Arbeiten, die keine besondere Qualifikation verlangen. Im Rohbau gehören dazu unter anderem:

- Leitungsschlitze in die Wand stemmen
- Leerrohre und Leitungen verlegen
- Unterputzdosen setzen
- Kabel und Drähte einziehen

Mit solchen Eigenleistungen lassen sich schon bei einer Basisinstallation im Einfamilienhaus 1 000 bis 2 000 Euro sparen, kommt Smart-Home-Technik ins Spiel auch mehr. So muss der Fachmann vielleicht nicht jeden Deckenlautsprecher selbst anschließen oder Netzwerkkabel im Technikschrank an die Dosen des Patchpanels anlegen. Wichtig ist nur, dass Arbeiten am Stromnetz des Hauses unter Aufsicht des Elektrikers geschehen. Er steht hinterher dafür gerade, dass „seine" Installation den gültigen VDE-Bestimmungen entspricht. Im Schadensfall kann entscheidend sein, ob ein ordnungsgemäß unterschriebenes Abnahme- und Prüfprotokoll vorliegt.

kostet diese Leistung Geld, deshalb sind die Auswahl der Technik und des Installationspartners entscheidend. Für eine Hausautomatisierung mit Bussystem können Sie auf diese Weise schnell fünfstellige Beträge veranschlagen (siehe „Was kostet …", Seite 186). Pauschal lässt sich das nicht beantworten, genauso wenig wie die Frage „Was kostet ein Auto?" Es kommt auf die Marke und die Ausstattung an.

Ohne viel Eigenleistung sind die Einsparpotenziale begrenzt. Wie in Kategorie B können Sie dem Elektriker zur Hand gehen und Schlitze in die Wand schlagen oder Kabel verlegen. Damit sind die Möglichkeiten weitgehend ausgeschöpft. Mehr Geld lässt sich mit gründlicher Vorbereitung sparen. Definieren Sie möglichst genau Ihren Bedarf und planen Sie spätere Ausbaustufen mit ein. So ist es etwa günstiger, im Vorhinein eine Unterputzdose mit Busleitung für Luftsensoren oder Präsenzmelder an der Decke vorzusehen, als später noch einmal Schlitze zu stemmen. Die folgenden Abschnitte helfen Ihnen bei der Planung.

Je besser die Planung im Vorfeld, desto niedriger fällt meist die Rechnung aus.

Außerdem sollten Sie überlegen, wie viel Veränderung im Nachhinein gewünscht ist. Sind Sie der Typ „Einbauen und vergessen"? Dann kommen nach der Anfangsinvestition wenig Kosten auf Sie zu. Anders sieht es aus, wenn Sie regelmäßig neue Ideen entwickeln, was sich noch alles automatisieren ließe. Manche Einfälle kommen erfahrungsgemäß erst dann, wenn die Visualisierung fertig programmiert an der Wand hängt. Kulante Unternehmen erfüllen Änderungswünsche in den ersten Monaten nach Inbetriebnahme kostenlos. Oder sie greifen über ein gesichertes VPN-Netzwerk von außen auf die Installation zu, was die Zahl der Anfahrten und Vor-Ort-Termine reduziert.

WIE IST DIE AUSGANGS-SITUATION?

Im vorigen Abschnitt ging es darum, wie viel Zeit und Arbeit Sie in Ihr Smart Home investieren möchten. Nachdem diese Frage geklärt ist, kommt es im nächsten Schritt aufs Gebäude an. Oder besser gesagt: auf den Zeitpunkt der Installation. Rohbauten oder eine Grundsanierung bieten mehr Möglichkeiten als bewohnte Immobilien, deren Wände möglichst unberührt bleiben sollen.

Neubau und Sanierung

Der beste Augenblick für die Planung ist zu Beginn eines Bauvorhabens, wenn Eingriffe in die Elektroinstallation noch problemlos möglich sind und Schmutz bei der Arbeit keine Rolle spielt. Dann kommt jede Art von Gebäudetechnik in Betracht:

- **Verkabelte Bussysteme**, die Kupferadern zur Steuerung verwenden. Sensoren und Aktoren sind darin über ein eigenes Leitungsnetz miteinander verbunden, den sogenannten Installationsbus.
- **Powerline-Systeme**, die ebenfalls auf Kabelverbindungen setzen. Allerdings nutzen sie dafür die klassische Elektroinstallation und schicken ihre Befehle übers 230-Volt-Netz.
- **Funksysteme**, die drahtlos kommunizieren und deshalb wenig bis gar keine Verkabelung benötigen. Nur die Energieversorgung der Sensoren und Aktoren muss sichergestellt sein.

Oft fällt die Wahl dabei auf einen kabelgebundenen Installationsbus wie Busch-free@home, Homematic IP wired, Loxone oder KNX TP. Aus gutem Grund: Verkabelte Netzwerke haben vie-

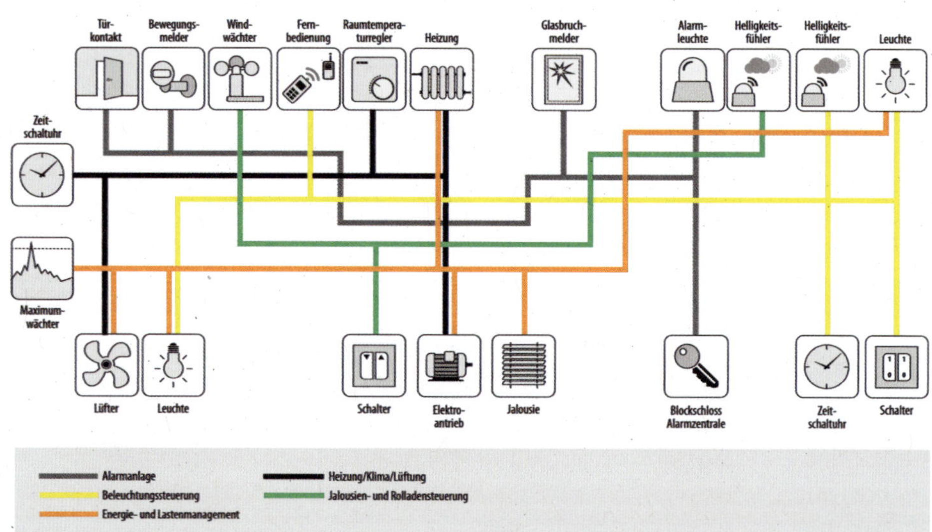

In einer konventionellen Elektroinstallation verlangen Steuer- und Regelfunktionen sehr viele Leitungen.

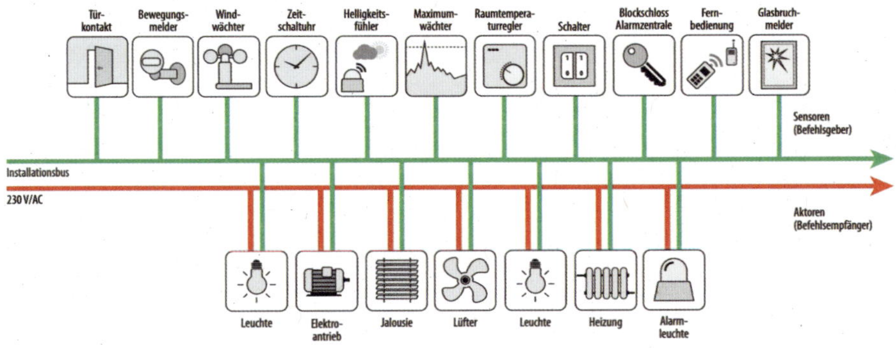

In einer Businstallation fließen Strom und Steuerinformationen getrennt über eigene Netzwerke.

le Vorteile, die im Abschnitt „Drahtgebunden oder drahtlos?“ (ab Seite 166) noch ausführlich behandelt werden. Gleichzeitig zwingen sie zu guter Planung. Niemand möchte hinterher wieder Schlitze in die Wand schlagen, um eine vergessene Sensorleitung unter Putz legen zu können. Glücklicherweise kommt es selten so weit, weil auch verkabelte Systeme sich nachträglich mit Funkkomponenten erweitern lassen. Die letzten Meter zum Motorantrieb des Dachfensters überbrückt vielleicht ein EnOcean-Signal, die Steuerung einzelner LED-Leuchtmittel übernimmt Zigbee-Funk.

Aber wäre es dann nicht einfacher, gleich alles drahtlos zu realisieren? So müsste man sich im Vorfeld keine Gedanken machen und würde sein Smart Home quasi Stück für Stück aufbauen. Das klingt pfiffig und senkt zunächst den Preis. Schließlich fallen die Anfangskosten für eine Basisinstallation mit Busleitungen weg. Allerdings wird der Spareffekt mit zunehmendem Funktionsumfang immer geringer. Sind viele Lampen, Steckdosen und Rollläden zu automatisieren, kommt ein Kabelnetzwerk unter Umständen sogar günstiger, wie das folgende Beispiel zeigt.

Funkbasierte Systeme arbeiten häufig mit Aktoren, die einzelne Geräte steuern. Sie werden in der Nähe des Verbrauchers montiert, etwa hinter einem Wandtaster oder in der Abzweigdose. Pro Unterputzmodul verlangen die Hersteller zwischen 40 und 60 Euro, je nach Anbieter, Ausführung und Modell. Damit kosten zehn Schaltstellen grob gerechnet 500 Euro. In einem verkabelten System sind verteilte Aktoren dagegen eher die Ausnahme. Stattdessen gibt es zentrale Einheiten im Sicherungskasten. Als Mehrfach-Aktor verfügen sie über vier, acht, zwölf und mehr Kanäle. Jeder Kanal steuert eine elektrische Last. Das senkt die Anschaffungskosten. Ein günstiger 20-fach-Aktor für KNX ist beispielsweise schon für unter 500 Euro zu haben – macht weniger als 25 Euro pro Kanal. Selbst unter Berücksichtigung der Kosten für Installation und Kabelverlegen kann sich das lohnen – und zwar umso mehr, je umfangreicher die Installation wird.

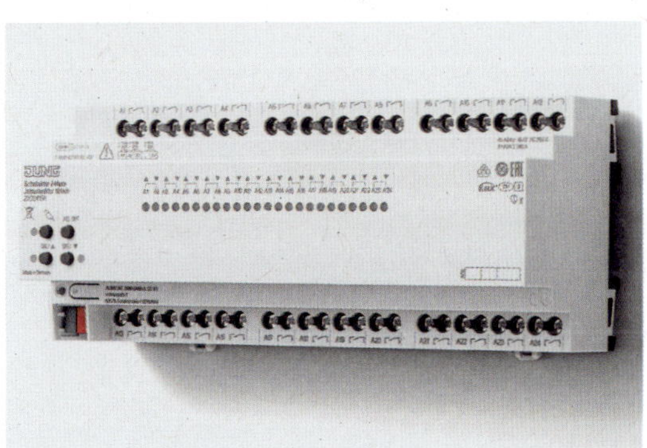

Mehrfach-Schaltaktoren wie dieses KNX-Modell mit 24 Kanälen helfen Geld sparen.

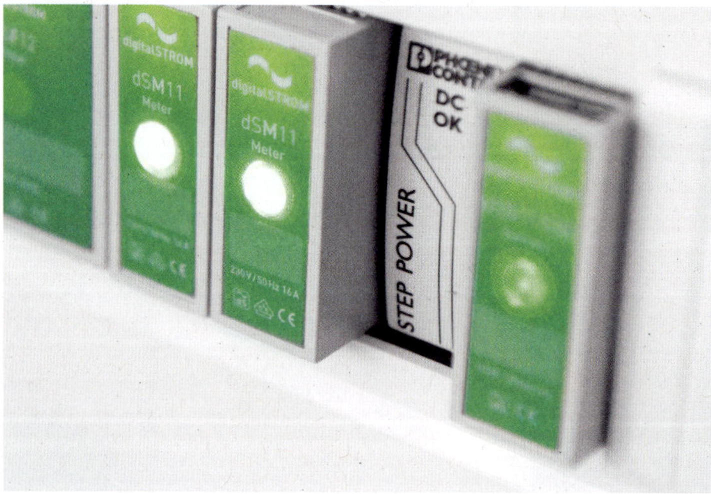

Ein Powerline-System wie Digitalstrom nutzt die vorhandenen Elektroleitungen.

Das ist auch ein Grund, warum Experten bei der Automatisierung größerer Gebäude gern auf Bussysteme setzen. Sie „skalieren mit der Fläche", wie der Fachmann sagt. Mag sich bei einer 90-Quadratmeter-Wohnung noch die Frage nach Alternativen stellen, sind Busleitungen ab einer gewissen Komfortstufe im Eigenheim von Vorteil. Ganz einfach, weil es teurer wäre, dieselben Funktionen mit traditioneller Elektroinstallation umzusetzen.

Bestandsgebäude nachrüsten

Sie planen weder einen Neubau noch umfangreichere Sanierungsmaßnahmen? Es gibt keine Leerrohre in den Wänden, die nachträglich Leitungen aufnehmen könnten? Und die historische Holzvertäfelung oder der Stuck im Altbau sollen erhalten bleiben? Dann scheiden kabelgebundene Businstallationen häufig aus. Statt nach der Holzhammer- oder besser Bohrhammermethode vorzugehen, ist chirurgische Präzision gefragt – ein minimalinvasiver Eingriff, der keine Spuren am Baukörper hinterlässt.

Funk-Aktoren lassen sich in eine ausreichend tiefe Unterputzdosen setzen – und machen so zum Beispiel auch vorhandene Lichtschalter smart.

Powerline-Systeme sind dafür wie geschaffen. Sie eignen sich zwar auch für Neubauten, spielen im Bestand aber ihren großen Vorteil aus: Die PLC-Technik (Powerline Communications) benötigt keine zusätzlichen Leitungen in der Wand. Sie schickt Informationen über das normale Stromnetz. Das Verfahren ähnelt dem von Powerline-Adaptern für die Steckdose, mit denen sich das heimische Computernetzwerk vergrößern lässt. Wie bei der Übertragung von Computerdaten werden die Signale quasi auf dem Rücken der Wechselspannung transportiert, der Fachmann sagt aufmoduliert. Die Übertragungsgeschwindigkeit ist dabei allerdings geringer als am PC.

Im KNX-Standard, wo es neben der Businstallation mit eigener Leitung (KNX TP) auch Powerline-Produkte gibt (KNX PL), beträgt das Tempo 1 200 Bit pro Sekunde. Zum Vergleich: Ein Computer-Adapter für die Steckdose schafft tausend Mal so viel, also 1200 Megabit pro Sekunde. Er muss allerdings auch hochauflösende Videos und große Dateien durch die Stromleitung schieben können, im Smart Home sind die Datenmengen viel kleiner. Trotzdem kommt KNX PL relativ selten zum Einsatz, was auch an der überschaubaren Produktauswahl liegt. Die KNX-Hersteller bieten eher Produkte für den kabelgebundenen Bus an.

So konnten sich andere Systeme zum Statthalter der Powerline-Technologie entwickeln. Eltako etwa arbeitet damit – und Digitalstrom. Das gleichnamige Unternehmen aus der Schweiz nutzt ein eigenes Übertragungsverfahren, bietet aber dieselben Vorteile: Vorhandene Stromleitungen dienen als Datenkabel. Die Intelligenz der Steuerung steckt im Sicherungskasten und in speziellen Lüsterklemmen. Es gibt Klemmen für Taster, Dimmer, Rollläden, Heizungsventile und andere Gerätetypen. Sie kommen in eine Unterputzdose, können aber auch an anderer Stelle sitzen, etwa im Kippschalter oder Schnurdimmer einer Tischleuchte. Damit die Klemme funktioniert, müssen am Installationsort ein Außenleiter – die sogenannte Phase (L) – und ein Neutralleiter (N) vorhanden sein. In den Unterputzdosen von Altbauten ist das nicht immer der Fall. Traditionell wurden Lichtschalter eher über Abzweigdosen angebunden, ohne den Neutralleiter bis zum Schalter zu führen. Teilweise haben die Dosen auch eine geringere Tiefe, als für Digitalstromklemmen gut wäre. Nicht zuletzt beanspruchen die Komponenten im Sicherungskasten Platz auf der Hutschiene. Damit es den Modulen dort nicht zu heiß wird, gelten Mindestabstände. Es können also mitunter Umbauten nötig werden, wenn die Elektroinstallation schon einige Jahre auf dem Kasten hat. Verglichen mit dem Aufwand beim Kabelverlegen halten sich diese Maßnahmen aber in Grenzen.

Konkurrenz bekommt die Powerline-Fraktion vor allem von drahtlosen Systemen. Beim Stichwort Funk denken viele zuerst ans Selbermachen. Alle Do-it-Yourself-Produkte kommunizieren schließlich durch die Luft. Doch auch die Installationsbranche setzt beim Nachrüsten auf kabellose Verbindungen. KNX RF ist nur eine von mehreren Lösungen. eNet Smart Home von Gira und Jung gehören ebenfalls in diese Kategorie. Eltako und Jäger Direkt setzen auf EnOcean-Funk, Rademacher und Somfy auf hauseigene Protokolle. Busch-Jaeger und Loxone bieten jeweils drahtlose Varianten ihrer Bussysteme an.

Die kurze Auflistung zeigt bereits, wie vielfältig das Angebot ist. Mit dem System variiert der Funktionsumfang. Während einige Anbieter eher Basisfunktionen wie Licht, Rollläden und die Heizung automatisieren, gehen andere weit darüber hinaus. Neben einem zentralen Aufbau mit Funkbasis oder Zentralbaustein im Sicherungskasten gibt es dezentrale Strukturen, in denen Sensoren und Aktoren untereinander die Verbindung aufbauen (siehe „Die Steuerung: zentral oder dezentral?“, Seite 26). Manche Hersteller arbeiten ausschließlich mit Funkmodulen für die Unterputzdose, andere beziehen den Stromverteiler mit ein und platzieren ihre Aktoren auch dort, ähnlich wie in

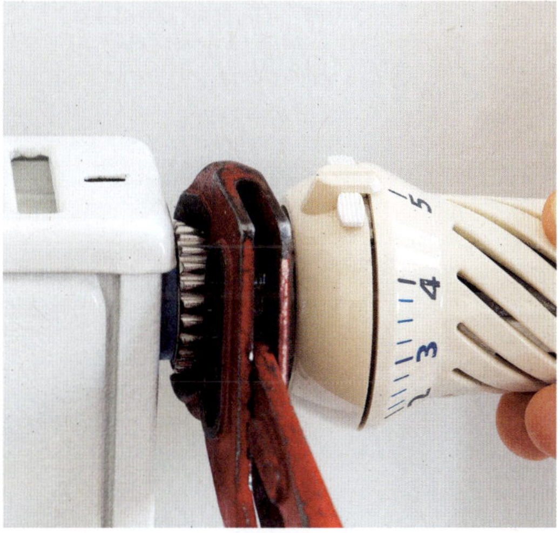

Funkthermostat nachrüsten:

Der alte Regler am Heizkörper wird abgeschraubt.

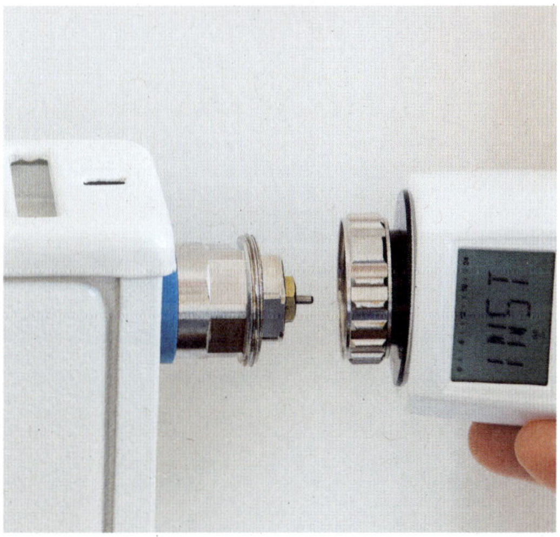

Der funkgesteuerte Regler passt auf das vorhandene Ventil. Wenn nicht, gibt es Adapter.

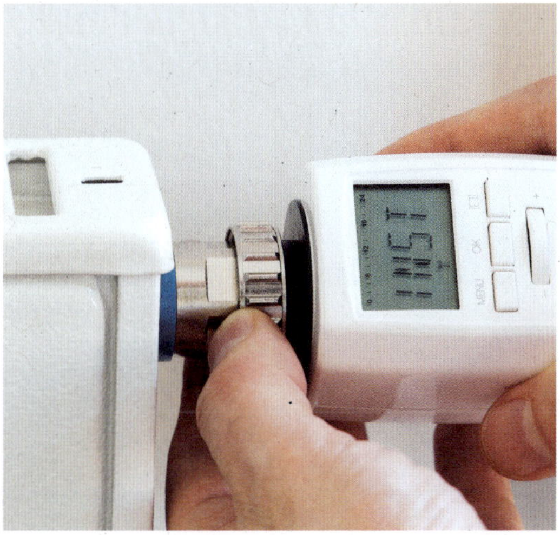

Nach der Montage öffnet und schließt der batteriebetriebene Regler das Ventil. Befehle dazu erhält er drahtlos.

kabelgebundenen Bussystemen. Nur dass der Schaltbefehl dann drahtlos per Funk eintrifft und nicht über eine Kupferleitung. Entsprechend unterschiedlich sind die Anforderungen bei der Installation.

Sollen Unterputzmodule verbaut werden, schadet es nicht, wenn die Installationsdose eine Tiefe von mindestens 60 Millimetern hat. Viele Aktoren sind selbst schon 20 Millimeter dick, die Einbautiefe der Steckdose oder des Schalters kommt noch dazu. Außerdem benötigen solche Bausteine in der Regel einen Neutralleiter für die Energieversorgung. Die Voraussetzungen ähneln einer Powerline-Installation mit Digitalstrom. Dazu gibt es noch bauliche Situationen, die eine Verbreitung von Funksignalen im Gebäude erleichtern oder erschweren. Mehr dazu im folgenden Kapitel.

Darauf sollten Mieter achten

Eine Nachrüstlösung eignet sich auch gut für Mietobjekte. Rein theoretisch können Mieter ihr Zuhause damit selbst automatisieren. Es gelten allerdings dieselben Regeln, wie für andere Einbauten in fremdes Eigentum: Sobald Sie in die Bausubstanz eingreifen, ist die Erlaubnis des Vermieters einzuholen. Zu solchen baulichen Veränderungen zählen beispielsweise das Verlegen von Leitungen unter Putz, das Versetzen von Schaltern und Steckdosen und natürlich alle Änderungen am Sicherungskasten. Ein simpler Schaltertausch gehört normalerweise nicht dazu, doch schon mit dem Einbau von Unterputzmodulen beginnt die Grauzone. Dabei spielt es keine Rolle, ob Sie die Arbeiten in Eigenregie durchführen oder einen Fachbetrieb damit beauftragen.

Soll der Vermieter sich an den Kosten beteiligen, ist eine vorherige Absprache unerlässlich. In Mietverträgen findet das Thema normalerweise keine Berücksichtigung. Deshalb empfiehlt es sich, im Vorfeld schriftlich zu klären, wer die Investitionen trägt. Ob die Einbauten beim Auszug in der Wohnung bleiben oder ob der Mieter den Ausgangszustand wieder herstellen soll – und wer eventuelle Kosten für den Rückbau übernimmt. Um späteren Überraschungen vorzubeugen, hilft meist ein freundliches Gespräch. Schildern Sie Ihrem Vermieter die Vorteile solch einer Smart-Home-Installation. Vielleicht hat er ein persönliches Interesse daran, weil sie langfristig den Wert seiner Immobilie steigert. Falls nicht, sollten Sie die ersetzten Schalter oder Heizkörperregler unbedingt aufbewahren. Ohne sie wird es später schwer, den eventuell verlangten Ursprungszustand wieder herzustellen.

DRAHTGEBUNDEN ODER DRAHTLOS?

Eine Frage wird so oft gestellt, dass wir ihr hier einen eigenen Abschnitt widmen: Muss das Smart Home unbedingt verkabelt sein oder tut es nicht auch eine Funklösung? Im Altbau drängt sich die Antwort förmlich auf: Drahtlose Komponenten sind leichter zu installieren. Auch Powerline-Systeme, die das vorhandene Stromnetz nutzen, reduzieren den Aufwand.

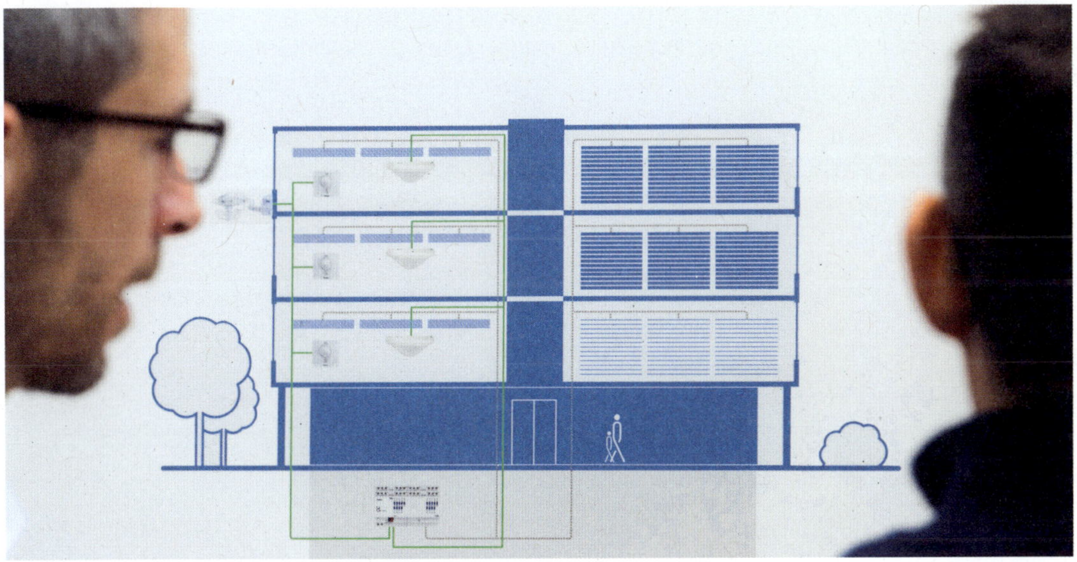

In Neubauten und größeren Immobilien sind kabelgebundene Installationen oft die erste Wahl.

Abgesehen davon gibt es aber noch mehr Argumente, die den Entscheidungsprozess beeinflussen. Vielleicht das Wichtigste: Ein Kabel funktioniert immer. Es stellt die zuverlässigste Verbindung zwischen zwei Geräten dar. Zumindest gilt das für reinrassige Datenleitungen wie Bus- und Lan-Kabel. Ein Mixbetrieb mit Daten auf der Stromleitung, wie ihn Powerline praktiziert, ist etwas fehleranfälliger. Störquellen wie defekte Gerätenetzteile, ein Induktionskochfeld in der Küche oder auch die Photovoltaikanlage auf dem Dach können die Übertragung behindern. Solchen Problemen lässt sich aber mit einer fachgerechten Installation begegnen.

Weniger Elektrosmog

Der Verzicht auf Funk stellt für viele Menschen einen Wert an sich dar, auch wenn es im Alltag inzwischen fast unmöglich ist, den WLan-Netzen der Nachbarn zu entgehen. Von Radiowellen oder Mobilfunksendern in der Umgebung ganz zu schweigen. Ein verkabeltes Smart Home trägt aber wenigstens nicht zum Elektrosmog bei. Im Gegenteil: Seine Schaltaktoren im Elektroverteiler können das Stromnetz über Nacht spannungslos schalten. Nur die Businstallation ist dann noch in Betrieb. Ohne 230 Volt auf der Stromleitung verschwindet selbst das minimale Magnetfeld, das die Kabel sonst umgibt. Das geht zwar theoretisch auch mit Funk – Eltako etwa bietet Freifeldschalter für das Stromnetz mit EnOcean-Technik an – doch besonders elektrosensible Menschen lässt es ruhiger schlafen, wenn sie wissen, dass im Haus komplette Funkstille herrscht.

Normalerweise gibt es in einem verkabelten Smart Home aber nicht nur ein Datennetzwerk, sondern gleich zwei. Zu den Busleitungen kommen noch Lan-Kabel in den Wänden. Während der Hausbus die Sensoren und Aktoren miteinander verknüpft, trägt das Lan (Local Area Network) die eigentliche Datenlast im Gebäude. Das können Audio- und Videosignale von seinem Medienserver sein (siehe „Multiroom-Video: verteiltes Programm“, Seite 131), die Aufnahmen der Türkamera oder Überwachungsvideos ganz allgemein.

Auch ein flächendeckendes WLan ist mit Lan-Kabeln leichter zu realisieren. Die Kupferadern führen vom Router in die Räume und speisen dort kleine Funkstationen an der Wand oder unter der Decke. So eine Kombination mehrerer WLan Access Points funktioniert besser, als den Funk vom Router mit Repeatern zu verstärken – ganz einfach, weil es in der Leitung keinen Stau gibt. Das Kabel dient als Datenautobahn, auf der Informationen schnell durchs Haus flitzen. Die Access Points in den Räumen sind drahtlose Auf- und Abfahrten die-

Mehrere WLan-Zugangspunkte, über das Haus verteilt, sorgen für eine gleichmäßige Funkversorgung.

ser Schnellstraße. Und da Lan-Kabel praktisch verlustfrei übertragen, können die Wege fast beliebig lang sein. Eine Funkstrecke mit Repeatern büßt dagegen um so mehr Geschwindigkeit ein, je größer die Entfernung vom Router wird. Das macht sich spätestens dann bemerkbar, wenn viele Haushaltsmitglieder gleichzeitig und drahtlos ihre Lieblingsfilme aus dem Internet streamen wollen.

Und noch ein Argument spricht für Lan in den Räumen: Die Kabel und Netzwerkdosen können Geräte mit Energie versorgen. Power over Ethernet, kurz PoE, heißt diese Technologie. Sie stammt aus der professionellen Gebäudeinstallation, kommt aber auch für Wohngebäude infrage. Geeignete WLan Access Points oder Überwachungskameras benötigen damit keinen Stromanschluss mehr. Sie erhalten 10 bis 25 Watt zum Betrieb übers Lan-Kabel von einem speziellen PoE-Verteiler (siehe Kasten „Power over Ethernet", rechts).

Eine besondere Form der Verkabelung stellt das Homeway-System dar. Es kombiniert Koaxialkabel für klassische TV- oder Radiosignale und die Datenleitung in einem Kabelstrang. Alle Anschlussdosen in den Räumen sind modular aufgebaut und können mit verschiedenen Einsätzen bestückt werden. So lässt sich nachträglich noch entscheiden, ob sie nur Fernsehen oder auch LAN und zum Beispiel Telefon übertragen. Mit dem passenden Modul verwandelt sich die Dose sogar in einen WLan Access Point. Die Versorgung übernimmt eine Homeway-Zentrale. Sie kann zu Hause im Elektroverteiler oder Zählerschrank untergebracht sein, ein gängiger Platz in Einfamilienhäusern ist auch der Technikraum.

Vorteil des Systems: Es bietet Flexibilität bei der Bestückung und das Homeway-Anschlussfeld spart Platz an der Wand, weil statt Daten- und Antennendose nebeneinander häufig eine Einheit im gängigen Rastermaß genügt. Viele Fertighausfirmen setzen auf das Homeway-System, weil es die Planung und Installation vereinfacht. Andererseits handelt es sich um einen proprietären Standard. Nutzer sind also auf einen Anbieter, die Homeway GmbH, festgelegt. Technischer Fortschritt wie neue WLan-Standards schlägt sich unter Umständen nicht so schnell nieder, wie in Netzwerken, die auf allgemeiner IP-Technik basieren. Und es gibt keine Möglichkeit auf andere, eventuell günstigere Produkte auszuweichen.

Eingebaute Sicherheit

Kabel lassen sich nicht einfach „hacken". Um ins Netzwerk einzudringen und die Steuerung zu übernehmen, müssen Angreifer schon auf die Leitung selbst zugreifen können. Das wird schwierig, solange die Kabel nur im Haus verlegt sind. Schaffen es Eindringlinge hier an eine Schalterdose oder an Raumsensoren heranzukommen, dürfte Netzwerksicherheit das geringste Problem sein. Denn dann stehen die Einbrecher ja schon in der Wohnung.

Die Unterputzdose des Homeway-Systems kann Einsätze mit verschiedenen Anschlüssen aufnehmen.

Power over Ethernet: Energie im Lan

Mit der PoE-Technik lassen sich IP-Geräte wie zum Beispiel Kameras ohne eigene Stromleitung betreiben. Sie erhalten ihre Energie stattdessen übers Netzwerkkabel. Das hilft, die Zahl der Steckdosen zu reduzieren. Lan-Kabel und Anschlussdosen sind dieselben wie in einer konventionellen Netzwerkinstallation ohne Stromversorgung. Um Energie zu zapfen, müssen die angeschlossenen Endgeräte jedoch PoE-fähig sein. Da auf bestimmten Adern des Kabels eine Spannung anliegt, können ungeeignete Geräte beschädigt oder gar zerstört werden. Auf der anderen Seite – im Technikraum des Hauses – bedarf es spezieller Verteiler. Statt eines konventionellen Netzwerk-Switches kommt ein Exemplar mit PoE zum Einsatz. Er speist zusätzlich zu den Daten auch die Versorgungsspannung ins Netzwerk ein. Alternativ kann sich die Stromquelle als separates Gerät hinter dem Switch in der Lan-Leitung befinden. So ein zwischengeschaltetes Kleinkraftwerk heißt dann PoE-Injektor.

Wachsender Energiebedarf in der Gebäudetechnik führte im Lauf der Zeit zu neuen Versionen des PoE-Standards, an einem oder zwei Pluszeichen in der Bezeichnung zu erkennen (siehe Tabelle unten). Hinzu kommt, dass Datenkabel ursprünglich nicht dafür gedacht waren, um Strom zu übertragen. Bei falscher Auslegung kann Hitze entstehen und die Leitung überlasten. Auch deshalb sollte ein PoE-Netzwerk von Fachleuten geplant werden.

PoE-Standards im Überblick

	PoE	PoE+	PoE++
Bezeichnung des Standards	IEEE 802.3af	IEEE 802.3at	IEEE 802.3bt
Spannung	44 Volt	50 Volt	50 Volt
maximale Leistung	13 Watt	25 Watt	51 oder 71 Watt
empfohlene Lan-Kabel	Cat3 oder besser	Cat5 oder besser	Cat5 oder besser
genutzte Adernpaare	2	2	2 oder 4
gedacht für	IP-Telefone WLan-Accesss-Points Statische Kameras	IP-Telefone WLan-Accesss-Points Schwenkbare Kameras Videotelefone Alarmsysteme	IP-Telefone WLan-Accesss-Points Schwenkbare Kameras Videotelefone Alarmsysteme Flachbildschirme Notebooks

Allerdings kann man es ihnen auch leicht machen – durch Leitungen, die unüberlegt ins Freie führen. Bewegungsmelder an der Hauswand oder Taster für die Außenbeleuchtung bieten Angriffspunkte, wenn sie nicht ausreichend abgesichert sind. Im KNX-Bus geschieht das beispielsweise über eine sogenannte Außenlinie mit Koppler. Sie ist elektrisch, also galvanisch, vom Rest der Installation getrennt. Filter sorgen dafür, dass nur Informationen ins Haus kommen oder nach draußen gehen, die dafür vorgesehen sind. Dieselbe Sorgfalt ist dort angebracht, wo Schnittstellen zu anderen Systemen bestehen. So gehören IP-Gateways, die eine Verbindung zum Computernetzwerk herstellen, inzwischen fast zum Standard. Ohne sie wären die Bedienung per Smart Home oder ein Fernzugriff übers Internet gar nicht möglich. Damit gelten dann aber auch dieselben Regeln, die den Router und andere IP-Geräte vor fremdem Zugriff schützen (siehe „Wie sicher ist die smarte Technik?", Seite 297).

Im Sicherheitsbereich spricht ein Argument ganz klar fürs Kabel: Anders als Funksignale lässt sich die Übertragung in der Leitung nicht jammen. Unter Jamming verstehen Experten den Versuch, drahtlose Netzwerke per Störsender lahmzulegen. Ein starkes Funksignal sendet dabei auf derselben Frequenz wie die Geräte im Smart Home. Ist es kräftig genug, bricht die Verbindung zwischen Sensoren und Aktoren oder zur Funkzentrale ab. Ähnlich wie Gäste auf einer Party verstehen sie einander nicht mehr, weil ein ungeladener Besucher ihnen ins Ohr brüllt. Mit der richtigen Ausrüstung können Einbrecher damit so gut wie jede drahtlose Kommunikation blockieren. Gut gemachte Funk-Alarmanlagen erkennen den Versuch und reagieren auf den Ausfall der Sensorik. Mit verkabelten Geräten kommt es erst gar nicht so weit. Aus technischer Sicht spricht also viel für leitungsgebundene Netzwerke. Wenn Ihr Budget und die Wohnsituation es zulassen, können Sie damit nichts falsch machen.

Verkabeltes Netzwerk

Vorteile:

- Reaktionsschnelle und stabile Verbindung
- Unempfindlich gegenüber Störungen
- Abhörsicher bei richtiger Konzeption
- Praktisch unbegrenzte Reichweite
- Keine Batteriewechsel
- Weniger Funkwellen im Haus

Nachteile:

- In der Regel hohe Anfangsinvestitionen
- Mit Baumaßnahmen verbunden
- Verlangt sorgfältige Planung

Das spricht für Funk

Prinzipiell gilt es zu unterscheiden – zwischen unidirektionalem und bidirektionalem Funk. Die erste Sorte gibt es schon länger. In den Anfangsjahren der Haussteuerung arbeiteten alle drahtlosen Systeme unidirektional, das heißt „in eine Richtung", vom Sender zum Empfänger. Für Klassiker wie das Funkschaltsystem FS20 (ELV, Conrad Elektronic) und RTS (Radio Technology Somfy) gilt das bis heute. Auch manche EnOcean-Sensoren funktionieren so. Dem prinzipiellen Vorteil günstiger Preise steht allerdings ein Nachteil gegenüber: Der Absender weiß nicht, ob das Signal sein Ziel erreicht hat. Wer wissen will, ob der Rollladen tatsächlich hochgefahren ist oder die Steckdose abschaltet, muss vor Ort nachsehen – insbesondere, wenn es um Sicherheit geht, kein sehr befriedigender Zustand.

Bidirektionale Systeme lösen das Problem. Sie funken in beide Richtungen und verfügen über einen sogenannten Rückkanal. Der Aktor quittiert darin jeden empfangenen Befehl mit einer kurzen Nachricht. So lässt sich auch der Öffnungszustand einer Jalousie in Prozent ermitteln oder der aktuelle Status von Geräten als Auslöser nutzen. Weil das so viel praktischer ist, arbeiten moderne Funksysteme praktisch immer bidirektional. Einige Smart-Home-Zentralen wie die AIO-Gateways von Mediola (siehe Seite 233) unterstützen sowohl uni- als auch bidirektionale Standards. Wo die Kommunikation nur als Einbahnstraße funktioniert, wird dann aber kein Gerätestatus in der App angezeigt.

Im Vergleich mit kabelgebundenen Systemen haben Funkstrecken einen unschlagbaren Vorteil: Sie verursachen keine Kosten für die Infrastruktur. Die Ausgaben verteilen sich auf die Geräte und meist auch über einen längeren Zeitraum. Beispiel: Wer im Neubau gleich Rollläden mit Funkantrieb vorsieht, muss zum Einzug noch keine umfassende Haussteuerung realisieren. Er kann sie erst nach und nach aufbauen und später immer wieder neue Produkte hinzufügen. Viele Fertighaushersteller verfahren so, indem sie Beschattungslösungen von Somfy anbieten (siehe Seite 261). Die Kunden sind damit zwar auf das proprietäre System des Marktführers festgelegt, bleiben aber frei in ihrer Entscheidung, wann und wie viel Geld sie in ihr Smart Home investieren möchten.

Ein weiterer Vorzug drahtloser Kommunikation liegt quasi auf der Hand. Wir erleben ihn jeden Tag mit unseren Smartphones: Sie funktioniert auf dem Sofa genauso wie im Bett oder auf der Terrasse. Wenn sie funktioniert, denn der Blick auf das Empfangssymbol am oberen Bildschirmrand führt gleichzeitig eine Schwäche der Technik vor Augen: Ohne ausreichende Netzdeckung ist das Mobiltelefon nur noch halb so smart. Die wichtigste Aufgabe einer Funkinstallation im Smart Home besteht deshalb darin, immer und überall die Verbindung zu halten. Lichtschalter, die meistens reagieren, aber manchmal eben nicht, haben ein Akzeptanzproblem. Und Überwachungskameras, deren Bild im entscheidenden Augenblick schwarz wird, will auch niemand haben.

Drahtlose Standards für die Gebäudeautomation versuchen solche Ausfälle zu vermeiden. Sie spannen ein sogenanntes Mesh-Netzwerk aus ineinander verwobenen Funkzellen auf (siehe „Smart-Home-Funkprotokolle", Seite 46). Oder sie arbeiten mit Repeater-Bausteinen, die Signale verstärken und die Reichweite vergrößern. Gegenüber einem verkabelten System hat dieses Konzept einen großen Vorteil: Es wächst mit den Aufgaben. Sie können klein anfangen, ohne den Endausbau im Detail planen zu müssen. Stellt sich das Netz später als lückenhaft heraus, hilft ein Repeater an der richtigen Stelle, die Funklöcher zu stopfen.

Große Flexibilität

Da Funktaster und andere Sensoren nicht an Kabel gebunden sein müssen, gibt es keinen festen Montageort. Geräte mit Batterien lassen sich überall platzieren. Der Lichtschalter wäre anderswo besser aufgehoben? Dann zieht er einfach dorthin um. Statt vorab in der Planungsphase zu entscheiden, an welcher Wand später das Bett stehen soll, legen Sie die Position erst beim Einzug fest. Der Batterietaster findet trotzdem ein griffgünstiges Plätzchen am Kopfende. Dasselbe gilt für Produkte mit Energy Harvesting (auf Deutsch: Energieernte), die ihren Strom zum Senden und Empfangen aus der Umgebung gewinnen. Vor allem der EnOcean-Standard aber auch einige Zigbee-Produkte arbeiten damit.

EnOcean-Bewegungsmelder mit Solarzellen für den Betrieb ohne Batterien

Per Funk schaltbare Zwischenstecker wandern ebenfalls von Raum zu Raum. Nur Unterputzsteckdosen und andere elektrische Auslässe behalten ihren angestammten Platz. Eine Stromleitung lässt sich eben nicht an einen anderen Ort verfrachten. Denn auch wenn Smartphones und Kopfhörer inzwischen kontaktlos laden: Die kabellose Energieübertragung hat seit den Experimenten von Nikola Tesla zu Beginn des 20. Jahrhunderts keine großen Fortschritte gemacht. Bis es drahtlose Luftsteckdosen gibt, werden wohl noch viele Gigawatt die großen Stromtrassen hinunterfließen.

WLan nicht vergessen

Wie im verkabelten Gebäude reicht ein Netzwerk allein nicht aus. EnOcean, Zigbee & Co. sind nur für die Steuerung da. Sie können keine größeren Datenmengen übertragen. Diese Aufgabe kommt im Funkhaushalt normalerweise dem WLan zu. Das heißt, die Infrastruktur muss robust und gut ausgebaut sein. Besonders dann, wenn Streaminglautsprecher oder Überwachungskameras sie ebenfalls nutzen. Gibt es keine Möglichkeit, Lan-Kabel zu verlegen, sollte ein WLan-Mesh-System die Verteilung übernehmen.

Eine Mesh-Installation nutzt mehrere, miteinander vernetzte Sende- und Empfangsstationen. Alle zusammen bilden ein gemeinsames

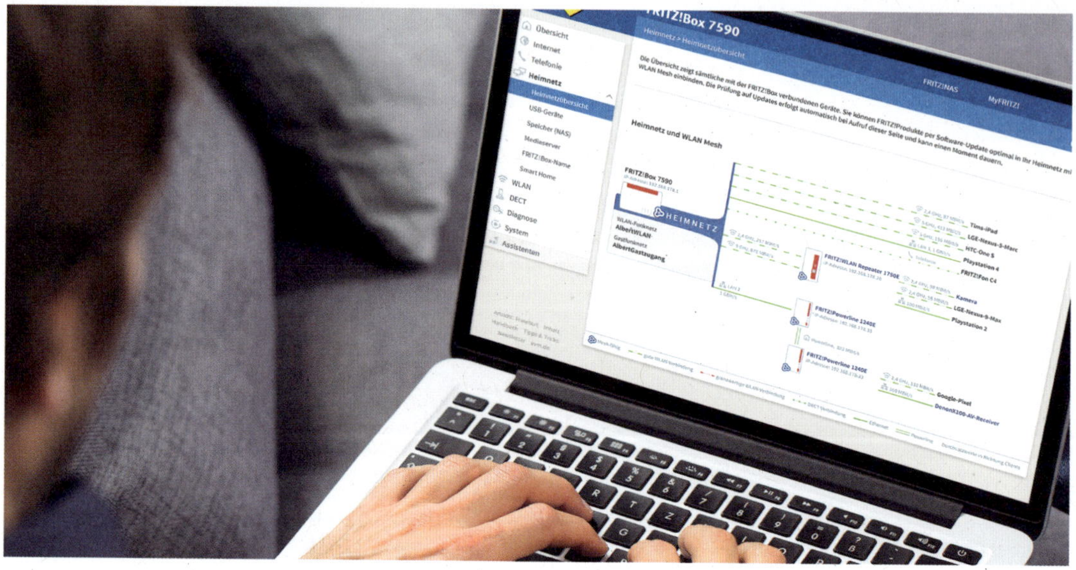

Fritzbox-Router von AVM bauen mit hauseigenen Repeatern und Powerline-Adaptern ein WLan-Mesh-Netzwerk auf.

Netzwerk unter demselben Namen (SSID) und mit demselben Passwort. Jedes IP-Gerät – ob Smartphone, Smart-TV oder Kamera – verbindet sich automatisch mit einer nahe liegenden Station, die gute Übertragungsqualität verspricht. Verliert es die Verbindung, etwa bei einem Standortwechsel im Haus, springt die nächste Station ein.

Für den Aufbau gibt es zwei Möglichkeiten. Variante eins nutzt den WLan-Router am Internetanschluss und erweitert dessen Funknetz mit speziellen Mesh-Repeatern. AVM aus Berlin mit seiner Fritzbox und die Deutsche Telekom gehen zum Beispiel diesen Weg. Vorteil der Lösung: Weil der Router selbst ein Teil des Mesh-Netzwerks wird, spart er eine Funkstation. Der Installationsaufwand und der Energieverbrauch fallen entsprechend geringer aus. Allerdings kommen nur bestimmte Routermodelle dafür infrage.

Die zweite Variante funktioniert in jedem Fall: Das WLan des Routers wird abgeschaltet und ein eigenständiges Mesh-System übernimmt seine Funktion. Hersteller wie D-Link, Eero (Amazon), Linksys, Nest (Google), Netgear oder TP-Link bieten solche Komplettlösungen an. Dabei hängt die erste Station per Lan-Kabel am Router. Alle weiteren kommunizieren drahtlos miteinander – oder im Fall von Devolo mit Powerline-Technik über die heimische Stromleitung. Überwiegend handelt es sich um Dualband-Systeme. Bedeutet: Sie funken gleichzeitig im WLan-Frequenzband um 2,4 Gigahertz und im weniger frequentierten 5-GHz-

WLan-Standards im Vergleich

Name	Wi-Fi 3	Wi-Fi 4	Wi-Fi 5	Wi-Fi 6 / 6 EN
Alternative Bezeichnung	WLan 11g	WLan N	WLan AC	WLan AX
Industriestandard	IEEE 802.11g	IEEE 802.11n	IEEE 802.11ac	IEEE 802.11ax
Jahr der Einführung	2003	2009	2014	2019 (EN: 2021)
Frequenzband	2,4 GHz	2,4 / 5 GHz	5 GHz	2,4 / 5 GHz (EN: + 6 GHz)
Theoretische Geschwindigkeit	54 Mbps	800 Mbps	2533 Mbps	9600 Mbps
Verschlüsselung	WPA/WPA2	WPA/WPA2	WPA/WPA3	WPA3

Band. Die Software des Systems entscheidet, welche Frequenz günstiger ist und leitet verbundene Geräte entsprechend um. Im 5-GHz-Bereich lassen sich auf kurze Distanz mehr Daten übertragen, 2,4 GHz hat mehr Reichweite.

Manche Anbieter spannen außerdem im 5-GHz-Band ein zweites Funknetz auf. Es ist für angemeldete Geräte unsichtbar und hilft den Mesh-Stationen bei ihrer Kommunikation untereinander. Seine Aufgabe besteht nur darin, die Übertragungsgeschwindigkeit zu verbessern. Wegen des dritten Frequenzbands heißen solche Lösungen Tri-Band-Systeme. Unabhängig davon spielt der verwendete WLan-Standard eine wichtige Rolle. Im Lauf der Jahre wurde das Wireless Lan schneller und leistungsfähiger. Neue Verschlüsselungsstandards kamen hinzu, um das Funknetz sicherer zu machen. Damit solche Verbesserungen greifen, müssen beide Seiten den Standard unterstützen: die Mesh-Station und das verbundene Endgerät. Trotzdem sind die Geschwindigkeitsangaben vieler Hersteller zu optimistisch. Auf dem Papier lesen sich die Daten so, als könnten moderne Funkstrecken die Daten schneller übertragen als ein Lan-Kabel. Das trifft in der Praxis selten zu und wenn, dann nur auf kurze Distanz. Bei den beworbenen Übertragungsraten handelt es sich um theoretische Werte unter optimalen Bedingungen. Die Realität liegt deutlich darunter und beträgt oft weniger als die Hälfte. Dafür gibt es mehrere Gründe:

- **Die Hardwareausstattung** der Geräte hat Einfluss auf ihre Sende- und Empfangsleistung. So kommt es zum Beispiel auf die Zahl der Antennen und die Breite des verwendeten Funkkanals an.
- **Die Gerätezahl** im Netzwerk spielt ebenfalls eine Rolle, weil mehrere Teilnehmer sich den Funkkanal teilen müssen. Sie bekommen dabei jeweils Zeit für ihre Übertragung zugeteilt.
- **Die Entfernung** zwischen Sender und Empfänger wirkt sich auf die Verbindungsqualität aus. Mit wachsender Distanz nimmt die Menge an übertragbaren Daten ab.
- **Die Bausubstanz** und Einrichtungsgegenstände können Funkwellen dämpfen. Das reduziert die Reichweite und das Übertragungstempo teilweise deutlich.
- **Die Funkstörungen** durch andere Sender lassen sich oft nicht vermeiden. Vor allem im stark frequentierten 2,4 GHz-Band machen sich WLan, Zigbee, Bluetooth und andere Konkurrenz.

Mögliche Hindernisse

Egal, welche Technik zum Einsatz kommt, die Gesetze der Physik gelten für alle gleich. Als

Mesh-Systeme wie die Lösung von Eero bauen auf eigenen WLan-Funkstationen auf.

elektromagnetische Wellen breiten sich Funksignale kugelförmig aus, wenn sie nicht von Antennen in eine bestimmte Richtung gelenkt werden. Dabei nimmt ihre Strahlungsleistung mit dem Quadrat der Entfernung ab. Soll heißen: Eine Verdopplung des Abstands reduziert die Leistung bereits auf ein Viertel (1/4). In vierfacher Entfernung ist nur noch ein Sechzehntel (1/16) übrig. Deshalb gibt es in vielen drahtlosen Installationen sogenannte Repeater, die das Signal verstärken.

Außerdem findet die Übertragung nicht draußen im Freifeld statt. Ein Gebäude hat Decken und Wände, die den Funk beeinflussen. Sie reflektieren, beugen und dämpfen das Signal. Auf ihrem Weg zum Empfänger müssen die Wellen oft Mauern durchdringen. Wie gut ihnen das gelingt, hängt von mehreren Faktoren ab. Einer davon ist die Funkfrequenz: je höher die Schwingung, desto geringer die Reichweite. Während Funkwellen im Bereich unter 1 Gigahertz recht gut durch Ritzen schlüpfen und um Ecken herum manövrieren, verlieren sie darüber zunehmend diese Fähigkeit. Für die Region um 2,4 GHz (Bluetooth, WLan, Zigbee) kommt erschwerend hinzu, dass hier die Resonanzfrequenz von Wasser liegt. Mikrowellenöfen profitieren davon, weil ihre Strahlung die H_2O-Moleküle im Essen zum Schwingen anregt und damit Hitze erzeugt. Aber Funksender sollen ja nicht die wasserführende Fußbodenheizung erwärmen oder im Gips, der gebundenes Kristallwasser enthält, ihre Energie verlieren.

Der zweite wichtige Faktor hängt mit der Bausubstanz zusammen. Manche Materialen setzen den Funksignalen wenig Widerstand entgehen. Dazu gehören Holz oder Glas – wenn es sich nicht gerade um Bleiglas oder metallbedampfte Scheiben handelt. Wie stark eine Metallbeschichtung den Empfang beeinträchtigen kann, wissen Handynutzer aus dem ICE der Bahn: Der Sonnenschutz auf den Scheiben reflektiert so stark, dass auch Mobilfunkwellen nur schwach nach innen dringen. Überhaupt zählt Metall zu den erklärten Widersachern elektromagnetischer Wellen. Das gilt für stahlarmierten Beton genauso wie für Dämmplatten, die mit Aluminium kaschiert sind. Auch ein Ständerwerk aus Metall in der Trockenbauwand hat dämpfende Wirkung.

Neben dem Baumaterial selbst spielt der Weg eine Rolle, den das Signal darin zurücklegt. Dicke Wände oder Decken haben eine stärkere Dämpfung als dünne. Aus diesem Grund sollten Sender und Empfänger auch so angebracht sein, dass ihr Signal die Mauer auf möglichst kurzem Weg durchquert, idealerweise in rechtem Winkel zur Wand. Je schräger der Winkel, desto länger wird die Strecke zwischen Eintritts- und Austrittspunkt, was die Dämpfung erhöht. Manchmal lässt sich eine ungünstige Positionierung nicht vermeiden. Dann verbessern Hilfsmittel wie Funk-Repeater oder zusätzliche Mesh-Knoten die Verbindung. Auch eine Powerline-Strecke zwischen zwei Stockwerken oder ein simples Lan-Kabel zur Überbrückung kann Wunder wirken.

Baumaterialien und ihre Dämpfung

Baumaterial (trocken)	Materialstärke	Dämpfung
Holz, Gips, Gipskarton*, Glas	< 30 cm	0 – 10 %
Backstein, Pressspanplatten	< 30 cm	5 –25 %
Armierter Beton	< 30 cm	10 – 90 %
Metallgitter	< 1 cm	90 – 100 %
Metall, Alukaschierung	< 1 cm	100 %

*ohne Metallständerwerk

Drahtloses Netzwerk:

Vorteile:
- Einfachere Montage, etwa bei Wechselschaltungen
- Spart Kabel in der Elektroinstallation
- Geräte, Sensoren und Aktoren frei positionierbar
- Leicht zu erweitern, auch im Altbau
- Kein Schmutz und Aufwand durch Bauarbeiten
- Geringe Anfangskosten

Nachteile:
- Reichweite von vielen Faktoren abhängig
- Störanfälliger als verkabelte Systeme
- Regelmäßiger Batteriewechsel bei manchen Systemen

ZUERST: MACHEN SIE SICH EIN BILD

Es ist soweit. Bislang hat dieses Buch vor allem davon gehandelt, wie intelligente Gebäudesteuerung funktioniert und was damit möglich ist. Jetzt geht es darum, dieses Wissen anzuwenden. Dabei ist erst mal zweitrangig, ob Sie Ihr Smart Home selbst installieren oder eine Fachkraft damit beauftragen wollen. Auch der Preis sollte vorerst keine Rolle spielen. Besser groß denken, als von Anfang an Dinge auszuklammern, die zu kostspielig scheinen. Der Rotstift lässt sich später in der Planung immer noch ansetzen.

Inspirationen sammeln

Wer neu baut oder eine Eigentumswohnung ausstattet, schaut sich normalerweise um. Einrichtungs- und Architekturzeitschriften liefern Ideen, wie das fertige Domizil aussehen könnte. Im Internet und in sozialen Netzwerken gibt es Fotos und Videos, die ebenfalls als Anregung dienen. Das gilt im Wesentlichen auch fürs Thema Smart Home. Allerdings fehlt den bunten Vorlagen ein wichtiges Element, und das ist der menschliche Faktor. Mit anderen Worten: Sie selbst. Der Charme eines intelligenten Gebäudes besteht ja gerade darin, dass es in Echtzeit auf seine Bewohnerinnen und Bewohner reagiert; im besten Fall ihre Wünsche vorausahnt.

Für technisch weniger affine Menschen hat das manchmal etwas Besorgniserregendes. Sie fürchten, in einem vernetzten Haus die Kontrolle zu verlieren. So wie es Jaques Tati 1958 in der Filmkomödie „Mon Oncle" ergangen ist. Oder Doris Day, die als „Spion in Spitzenhöschen" (1966) der Automatenküche ihres Filmpartners hilflos ausgeliefert war. Die Netflix-Produktion „Tau" von 2018 zeigt das Smart Home sogar als Gefängnis, aus dem es kein

Tipp: Holen Sie sich Anregungen in Showrooms und bei Freunden, die bereits in einem Smart Home wohnen.

Musterhausausstellungen sind eine gute Anlaufstelle für den ersten Überblick.

Entrinnen gibt. Wie wenig die Slapstickszenen und Horrorszenarien des Kinos mit der Realität zu tun haben, lässt sich am besten selbst erkunden – in einer Smart-Home-Ausstellung.

Viele Fertighaushersteller bieten ihre schlüsselfertigen Gebäude inzwischen komplett mit Steuerung an, oder sie haben zumindest entsprechende Ausstattungspakete im Programm. Das macht Musterhausparks zu einer guten Anlaufadresse. Fast drei Dutzend davon gibt es in Deutschland, meist im Einzugsgebiet großer Städte. Das Prinzip ist immer gleich: Fertig eingerichtete Häuser laden auf einem Freigelände zur Besichtigung ein. Das Publikum kann sie begehen und vergleichen. Eine gute Gelegenheit, um der skeptischen Partnerin – oder dem Partner – zu zeigen, dass ein Smart Home gar nicht kompliziert sein muss. Und weil der Besuch so einer Musterhausausstellung ziemlich unverbindlich ist, muss niemand Angst haben, mit einem unterschriebenen Bauvertrag das Gelände wieder zu verlassen.

Vielleicht gibt es auch einen Smart-Home-Spezialisten mit eigenem „Showhome" in Ihrer Nähe. Engagierte Händler und Hersteller richten solche Vorführwohnungen ein, um die Technik live zu demonstrieren. Während eines Termins zeigen sie dann Dinge wie die Licht- und Rollladensteuerung oder Multiroom-Lautsprecher in Aktion. Potenzielle Kundinnen und Kunden können das System selbst ausprobieren und Fragen stellen. Womit wir beim nächsten Schritt der Planung wären. Denn nach der Orientierungsphase wissen Sie genug, um die richtigen Fragen zu stellen.

Wünsche formulieren

Ein gutes Hilfsmittel, um sich über seine Ziele klar zu werden, ist die Checkliste. Sie zwingt wolkige Wunschvorstellungen in eine konkrete, überprüfbare Form. Außerdem hilft sie, Prioritäten zu setzen. Denn wenn klar ist, wie wichtig Ihnen bestimmte Themen sind, fällt es leichter, die passende Lösung zu finden.

Auf der Seite rechts ist so eine Checkliste abgedruckt. Sie erhebt keinen Anspruch auf Vollständigkeit, sondern handelt einfach die wichtigsten Punkte ab. Zögern Sie nicht, die Vorlage um eigene Punkte zu ergänzen. Ein Programm für Tabellenkalkulation wie Microsoft Excel oder Apple Numbers eignet sich gut dafür. Wer keines auf seinem Computer installiert hat, findet im Internet auch Alternativen. Die Softwarepakete LibreOffice oder OpenOffice stehen kostenlos für Windows- und Mac-Betriebssysteme zur Verfügung.

Digitale Tabellen haben gegenüber einer Liste auf Papier den Vorteil, dass sie leicht erweiterbar sind – nach unten wie zur Seite. So können Sie nachträglich Spalten hinzufügen, um beispielsweise den Funktionsumfang mehrerer Smart-Home-Systeme miteinander zu vergleichen. Drei Spalten sollte die Aufstellung aber von vorneherein enthalten: Felder für die Gewichtung. Hier tragen Sie ein, was Ihr Zuhause in jedem Fall beherrschen soll, ob die Funktion „nice to have" ist oder notfalls auch verzichtbar.

Die ausgefüllte Checkliste dient später als Schablone. Anhand der Einträge überprüfen Sie potenzielle Systemkandidaten auf ihre Tauglichkeit. Dabei lohnt es sich, den finalen Ausbauzustand im Blick zu behalten, auch wenn er vielleicht erst später erreicht wird. Beispiel: Ein Multiroom-Audiosystem, das ausschließlich Stereowiedergabe beherrscht, wird auch mit zusätzlichen Lautsprechern im Raum zu keiner richtigen Surround-Anlage. Die Videoüberwachung ist im System nicht vorgesehen? Dann lassen sich Kameras im Nachhinein nur schwer integrieren, wenn es überhaupt

Checkliste Systemauswahl

	Unwichtig	Wäre schön	Wichtig
Licht & Schalten			
Klassische, unvernetzte Leuchten steuern			
Leuchtmittel dimmen und in der Farbe ändern			
Automatisches Licht bei Bewegung			
Beleuchtung richtet sich nach der Raumhelligkeit			
Leuchtmittel dimmen und in der Farbe ändern			
Lichtszenen speichern und abrufen			
Wandsteckdosen schalten			
Energieverbrauch von Geräten messen			
Heizung & Klima			
Regler am Heizkörperventil			
Raumthermostat an der Wand			
Heizen oder kühlen nur bei Anwesenheit			
Offene Fenster beim Lüften erkennen			
Störungen automatisch erkennen und melden			
Warnung bei schlechter Luftqualität			
Klima- oder Lüftungsanlage steuern			
Fernbedienung des Klimas von unterwegs aus			
Integration einer Photovoltaikanlage			
Rollläden & Markisen			
Automatische Beschattung nach Lichteinfall			
Unwetterschutz mit Regen- und Windsensoren			
Vorhandene Gurtwickler automatisieren			
Aussperrschutz bei geöffneter Balkon-/Terrassentür			
Integration der Beschattung in die Klimaregelung			
Türen & Tore			
Elektronisches Schloss an der Wohnungstür			
Elektronischer Türöffner im Mehrfamilienhaus			
Steuerung des Garagentorantriebs			
Automatisch öffnen bei Annäherung des Smartphones			
Elektronische Zutrittsberechtigung für Dritte			
Türkamera mit Gegensprechfunktion			
Fernbedienung des Türöffners von unterwegs			

Fortsetzung nächste Seite

Fortsetzung Checkliste von voriger Seite

	Unwichtig	Wäre schön	Wichtig
Alarm & Sicherheit			
Einbruchalarm über Sensoren			
VdS-zertifizierte Alarmanlage nötig			
Warnung bei geöffneten Türen oder Fenstern			
Paniktaster für Licht im ganzen Haus			
Im Brandfall sollen sich Rollläden von selbst öffnen			
Videoüberwachte Bereiche mit Kameras			
Kameras übertragen ihr Bild aufs Smartphone			
Anwesenheitssimulation mit Licht und Rollläden			
Funktioniert auch ohne Internetverbindung			
Audio & Video			
Musikwiedergabe in mehreren Räumen (Multiroom)			
Musikwiedergabe im Garten			
TV-Ton in andere Räume übertragen			
Heimkinoton mit mehreren Audiokanälen (Surround)			
Medienserver für eigene Musik-/Videodateien			
Bedienung & Visualisierung			
Wandtaster ohne Display			
Wandtaster mit Display			
Bedienpanel mit Touchscreen			
App für das Smartphone oder Tablet			
Sprachsteuerung mit Alexa, Siri o. Ä.			
Sonstiges			
Bewässerungssteuerung im Garten			
Schnelles IP-Netzwerk für große Datenmengen			
Verzicht auf batteriebetriebene Geräte			
Keine Abogebühren oder laufende Kosten			
Programmierung ohne fremde Hilfe möglich			
Offene Plattform mit alternativen Anbietern			
Ausführliche Dokumentation des Systems			
Große Community im Internet			
Persönlicher Ansprechpartner bei Problemen			

möglich ist. Gespartes Geld müssen sie dann vielleicht in eine zweite Smart-Home-Lösung investieren und trotzdem Einschränkungen beim Bedienkomfort in Kauf nehmen. Deshalb: Lassen Sie Ihrer Fantasie freien Lauf, veranstalten Sie ein Brainstorming und denken Sie dabei auch an die Zukunft:

- Sie haben Kinder oder möchten welche? Was passiert, wenn diese ausziehen? Ändert sich die Nutzung der Räume?
- Was stört Sie im Alltag zu Hause? Gibt es Dinge, die sich durch Automatisierung verbessern lassen?
- Kommt Arbeit im Homeoffice für Sie in Betracht? Welche technische Ausstattung ist dafür nötig?
- Wie barrierefrei soll die Wohnung sein? Zum Zeitpunkt des Einzugs, aber vor allem auch später im Alter.

Andererseits bringt es wenig, auf bloßen Verdacht hin überall „wichtig" anzukreuzen. Das schraubt den Preis unnötig in die Höhe und führt wahrscheinlich zu einer überdimensionierten Installation. Wenn Sie unsicher sind, welche Funktionen für Sie infrage kommen, schlagen Sie vorn im Buch nach oder fragen Sie erfahrene Nutzer. Onlineforen im Internet und Facebook-Gruppen bieten Gelegenheit dazu. Viele Smart-Home-Systeme verfügen über eigene Communities. Oft werden sie von Bloggern und Experten betreut, die sich bestens auskennen. Fans tauschen dort ihre Erfahrungen aus und beantworten Fragen. Tipp: Immer erst die Suchfunktion des Forums oder der Gruppe bemühen und nachschauen, ob das Thema bereits behandelt wurde. Nichts wirkt auf erfahrene Mitglieder so ermüdend, wie andauernd dieselben Fragen beantworten zu müssen. Wer zeigt, dass er sich mit dem Sachverhalt bereits beschäftigt hat, bekommt eher hilfreiche Tipps und Ratschläge.

Vorstellungen konkretisieren

Parallel zur Checkliste empfiehlt sich ein zweites grafisches Hilfsmittel, um den Überblick zu gewinnen: der Grundriss des Gebäudes oder der Wohnung. Mit etwas Glück liegt er bereits

in digitaler Form vor, etwa vom Architekten. Auch Exposés vom Immobilienmakler und andere Verkaufsprospekte enthalten normalerweise einen Aufriss der Räume. Alternativ können Sie ihn am Computer selbst nachzeichnen. Es gibt spezialisierte Download-Programme und Webseiten dafür, manche davon kostenlos. Sie tragen Namen wie RoomSketcher, Room Arranger oder Mein Hausplaner.

Auch wenn es Zeit kostet: Malen Sie sich Ihr künftiges Zuhause möglichst detailliert aus.

Notfalls reicht auch eine Zeichnung auf Papier, denn für die Zuordnung von Geräten muss es kein maßstabsgetreuer Grundriss sein. Allerdings lassen sich Handskizzen schwieriger überarbeiten als eine Datei und auch nicht so leicht per E-Mail verschicken. Das kann später noch von Bedeutung sein, wenn Sie etwa Handwerker hinzuziehen möchten. Zunächst hilft der Grundriss Ihnen aber dabei, sich selbst ein Bild zu machen. Er holt die Einträge der Checkliste buchstäblich auf den Boden der Tatsachen.

In den Grundriss zeichnen Sie Ihre gewünschten Funktionen ein. Wo sollen sich steuerbare Lampen befinden und welche davon müssen dimmbar sein? Wo kommen schaltbare Steckdosen, Lautsprecher oder Netzwerkanschlüsse hin? An welchen Stellen soll es Wandtaster für die Bedienung geben? Beziehungsweise: Wo sind sie überhaupt notwendig? Dass einige Smart-Home-Systeme ganze Bedienleisten mit acht oder 16 Knöpfen erlauben, heißt ja nicht, dass solche Schalterbatterien eine gute

Idee sind. Besucher stehen oft rätselnd davor, und nur, weil traditionell neben jeder Tür im Flur ein Lichtschalter sitzt, muss das nicht immer so sein. Präsenzmelder erfüllen denselben Zweck, sogar besser. Sie aktivieren berührungslos das Licht, sobald jemand den Raum betritt, und löschen es wieder. Bei entsprechender Programmierung richtet sich die Helligkeit nach der Tageszeit: morgens und abends kraftvoll, in der Nacht gedimmt, damit die Leuchten nicht blenden. So reichen unter Umständen auch ein paar Taster weniger in der Wohnung.

Wie detailliert die Zeichnung am Ende ausfällt, hängt von zwei Faktoren ab: Wie gut Sie sich selbst mit Technik auskennen und wer das Ganze installiert. Sind Sie ein Smart-Home-Typ A oder B, der viel selbst macht (siehe „Welcher Smart Home-Typ sind Sie?", Seite 156) – dann lohnt es sich, mehr Zeit in den Grundriss zu investieren. Umso schneller geht später die Detailarbeit, etwa eine Einkaufsliste der benötigten Sensoren und Aktoren aufzustellen. Übernimmt ein Fachbetrieb die Planung, dann dient der Grundriss vor allem dem Informationsaustausch. Er zeigt Fachkräften, was gewünscht ist, und hilft beim Aufbau des sogenannten Raumbuchs.

Das Raumbuch gehört streng genommen schon zur Planung. Es enthält die technische Ausstattung – Raum für Raum, daher der Name. Früher handelte es sich wirklich um gebundene Bücher oder Hefte, mit einer eigenen Seite für jedes Zimmer. Inzwischen haben Excel-Tabellen und andere elektronische Datenbanken diese Aufgabe übernommen. Im Verlauf eines Bauprojekts erfüllt das Raumbuch gleich mehrere Funktionen:

- **Es dokumentiert und strukturiert Daten**, die in einem gezeichneten Plan nicht so einfach darstellbar sind.
- **Es hilft, Missverständnisse zu vermeiden**, weil Architekt, Elektriker und andere Beteiligte darin nachschlagen können.
- **Es dient als Gedächtnisstütze**, damit bei der späteren Ausführung keine Installationen oder Einbauten vergessen werden.
- **Es liefert Materiallisten** für den Gerätekauf und die Ausschreibung der Bauarbeiten. Das erleichtert die Kostenkalkulation.

Eine festgelegte Form gibt es nicht. Architekten und Planer verwenden meist ihre eigenen Vorlagen. Es ist wie mit rheinischem Sauerbra-

Beispiel Raumbuch

Bereich	Raum		Beleuchtung						Steckdosen	
			SCHALTBAR		DIMMBAR		FARB-LED		DAUERSTROM	
EG	Windfang	0/1	Deckenlicht	1		0		0	Steckdose(n)	1
	Flur	0/2		0	Deckenlicht	1	Schattenfuge	1	Steckdose(n)	1
				0	Wand	1	Handlauf	1		0
	Küche	0/3		0	Deckenlicht	1	Schattenfuge	1	Steckdose(n)	1
				0	Küchenblock	1	Arbeitsplatte	1		
				0		0		0		0
	Essbereich	0/4	Deckenlicht	1	Esstisch	1	Schattenfuge	1	Bedarfssteckdose	1
	Gäste-WC	0/5	Deckenlicht	1		0		0	Steckdose(n)	1
			Spiegel	1	Schattenfuge	1		0		0
1. OG	Büro	1–6	Deckenlicht	1		0	Schattenfuge	1	Steckdose(n)	1
				0		0		0		0
				0		0		0		0

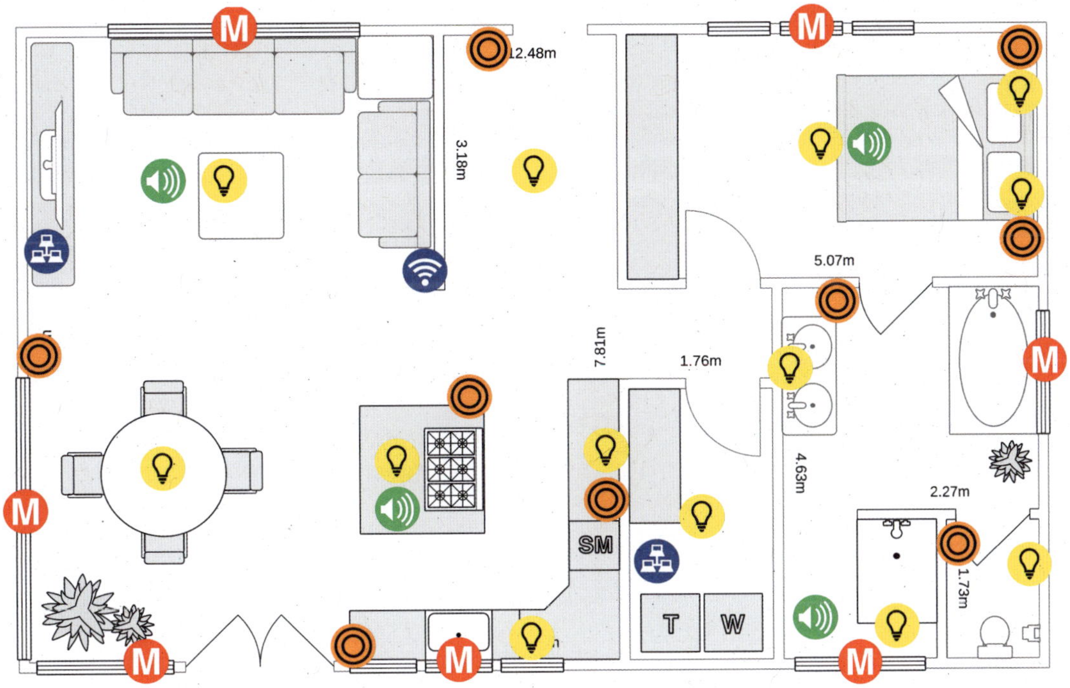

Planungshilfe: Symbole im Grundriss markieren die spätere Position von Bewegungsmeldern, Leuchtmitteln, Lautsprechern oder Rollladenmotoren.

ten oder schwäbischen Maultaschen: Jeder schwört auf sein Rezept. Manche Installateure halten die Anfertigung eines Raumbuchs auch für unnötig. Zumal sie mit zusätzlichem Aufwand verbunden ist, den niemand gern bezahlen will. Wieso auch? Im Grundriss des Architekten steht ja alles drin. Wie die Praxis zeigt, haben Bauende und Ausführende aber manchmal recht unterschiedliche Vorstellungen davon, was besprochen wurde. Eine detaillierte Übersicht der Raumausstattung kann daher nicht schaden.

Wie zuvor die Checkliste legen Sie auch das Raumbuch am besten mit einer Tabellenkalkulation à la Excel an. So lassen sich Stückzahlen und Preise leichter addieren. Die Tabelle bildet die Struktur des Gebäudes ab, unterteilt in Geschosse und Räume. Ob Sie jedem Hausbereich ein eigenes Tabellenblatt spendieren oder alles auf eine Seite packen, bleibt Ihnen überlassen. Geteilte Blätter sind auf einem kleinen Computermonitor einfacher zu handhaben, eine zusammenhängende Tabelle bietet dafür den Gesamtüberblick. Zu jedem Raum erfassen Sie Art und Menge der smarten Einbauten. Manche Planerinnen oder Planer zählen dabei nicht alle Steckdosen und Lichtauslässe einzeln, sondern nur die benötigten Aktoren. Beispiel: Mehrere Deckeneinbauleuchten,

SCHALTBAR		ENERGIEMESSUNG	
	0		0
	0		0
	0		0
Arbeitsplatte	1	Spülmaschine	1
Backofen	1	Kühlschrank	1
Kochmulde	1	Kaffeemaschine	1
Deckenfluter	1		0
Lüftung	0		0
	0		0
PC/Monitor	1	Ladesteckdose(n)	0
NAS-System	1		0
Schreibtisch	1		0

die gemeinsam und synchron schaltbar sein sollen, erfordern nur einen Aktor oder Schaltkanal im Mehrfachfaktor. Folglich steht im Raumbuch auch nur eine „1“.

Haben Sie wirklich vor, selbst in die Elektroplanung einzusteigen, können weitere Tabellen hilfreich sein. So lohnt es sich, für die Installation von Busleitungen im Haus eine Kabelzugliste anzulegen. In ihr sind alle Kabel verzeichnet, die im Haus verlegt werden, von der Stromleitung über Signalkabel für den Bus bis hin zu Lan-Verbindungen. Die Liste enthält jeweils den Ort, an dem das Kabel startet, und das Ziel, wohin es führt. Bei einer traditionellen Elektroinstallation ist so etwas nicht nötig. Dort werden Kabel meist ohne große Planung von der Sicherung in den Raum verlegt und auf die Steckdosen oder Schalter verteilt. In einem Smart Home mit vielen Leitungen hilft die Liste jedoch, den Überblick zu behalten – und Kosten zu sparen, weil fehlende Kabel im Nachhinein nur mit Aufwand nachgezogen werden können.

Rechenbeispiel: Funkinstallation vom Profi

Die Ausgangssituation: Ein Ehepaar, Mitte Fünfzig, möchte seine 4-Zimmer-Eigentumswohnung mit etwa 100 Quadratmetern smart machen. Elektrische Rollläden mit Wandtastern sind vorhanden, ansonsten gibt es keinerlei Vernetzung – vom WLan des Routers abgesehen. Die Installation soll ein Fachbetrieb erledigen und das System betriebsbereit übergeben. Im Verteilerkasten ist wenig Platz für zusätzliche Installationen, Baumaßnahmen scheiden aus, da die Wohnung vor wenigen Jahren erst renoviert wurde. Auch weil die Räume während der Installation bewohnt sind, lautet der Auftrag, so wenig Schmutz wie möglich zu verursachen.

Die Aufgabe: Beleuchtung, Beschattung und die Heizung sollen automatisiert werden. Außerdem wünscht sich das Paar Zentralfunktionen wie „Alles aus“ oder „Ich verlasse das Haus“, die über Taster an der Tür und neben dem Bett abrufbar sind. Beide bevorzugen im Alltag Wandtaster für die Bedienung, besitzen

In unserem Rechenbeispiel lässt ein Ehepaar seine Eigentumswohnung vom Fachbetrieb nachrüsten.

Das bezahlt das Ehepaar für sein Smart Home

	Anzahl	Einheit		Einzelpreis	Netto	Brutto
Basisinstallation	1	Stk.	Jung eNet-Server	502,76	502,76	598
	1	Stk.	Jung eNet-Funkantenne	40,44	40,44	48
	1	Stk.	Tado-Bridge	100,00	100,00	119
Zentralfunktionen	3	Stk.	Jung Wandsender 4-kanalig	116,27	348,81	415
	2	Stk.	Jung Deckenbewegungsmelder	125,00	250,00	298
	1	Stk.	Jung Sonnensensor Solar	88,06	88,06	105
Beleuchtung	1	Stk.	Jung Dimmer Universal mit Steuertaste	201,01	201,01	239
	3	Stk.	Jung Dimmer Standard mit Steuertaste	174,55	523,65	623
	3	Stk.	Jung Schaltereinsatz mit Steuertaste	173,64	520,92	620
Beschattung	1	Stk.	Jung Jalousieeinsatz Doppelwippe	174,35	174,35	207
	7	Stk.	Jung Jalousieeinsatz Einfachwippe	169,35	1 185,45	1 411
Steckdosen	8	Stk.	Schaltaktor Unterputz	94,34	754,72	898
Heizung	1	Stk.	Tado Raumthermostat Starterkit	193,27	193,27	230
	1	Stk.	Tado Raumthermostat	109,24	109,24	130
	9	Stk.	Tado Heizkörperthermostat	67,22	604,98	720
			Summe		5 597,66	
			MwSt. 19 %		1 063,56	
			Materialkosten		6 661,22	**6 661 €**
Installation	7	Std.	Unterputzinstallation	65,00	455,00	541
	8	Std.	Sonstige Installationen / Einweisung	65,00	520,00	619
			Summe		975,00	
			MwSt. 19 %		185,25	
			Installationskosten		1 160,25	**1 160 €**
			Gesamtkosten		7 821,47	**7 821 €**
Option Audio	1	Stk.	Amazon Echo Show 8	109,24	109,24	130
	1	Stk.	Amazon Echo Studio	168,06	168,06	200
	2	Stk.	Amazon Echo Dot mit Uhr	58,82	117,64	140
			Summe		394,94	
			MwSt. 19 %		75,04	
			Aufpreis		469,97	470 €

aber Smartphone und Tablet, um Änderungen an den Zeitplänen oder Lichtszenen selbst vornehmen zu können.

Die Lösung: Ein funkbasiertes System wie eNet Smart Home von Jung (siehe Seite 251) eignet sich gut für die Aufgabe. Mit Sensoren und Aktoren für die vorhandenen Unterputzdosen ist eine dezentrale Installation möglich, die wenig Platz im Elektroverteiler verlangt. Auf die Hutschiene im Sicherungskasten kommt nur der eNet-Server, alle weiteren Arbeiten finden in den einzelnen Räumen statt. Dabei werden insgesamt sieben Lichtschalter durch Flächentaster und Dimmer der Jung-Serie LS990 mit eNet-Funk ersetzt. Dasselbe geschieht mit den Wippen der elektrischen Rollladenantriebe. Hinzu kommen drei Funktaster für Szenen und Zentralfunktionen in Wohnzimmer, Flur und Schlafzimmer – außerdem zwei batteriebetriebene Präsenzmelder und ein Sonnensensor mit Solarzellen. Insgesamt acht Steckdosen in der Wohnung erhalten Schaltrelais. Dazu muss in einigen Fällen die Unterputzdose im Mauerwerk vertieft werden, um Raum für den Baustein zu schaffen. Für die Heizungsregelung arbeitet das eNet-System mit Thermostaten von Tado (siehe Seite 215) zusammen. Die Produkte des Unternehmens steuern insgesamt neun Heizkörper und zusätzlich eine Fußbodenheizung im Badezimmer.

Die Funktionen: Über zwei Präsenzmelder im Flur schaltet sich das Licht beim Nachhausekommen automatisch ein. Während der Nacht sorgen die Sensoren für eine gedimmte, augenfreundliche Beleuchtung. Die Rollläden schließen bei Dämmerung – oder per Sonnensensor auch tagsüber – automatisch. Im Winter setzt die gleichzeitige Auswertung der Temperatur den Sonnenschutz außer Kraft, damit die natürliche Wärmestrahlung zum Heizen genutzt werden kann. Der Jalousieeinsatz mit Doppelwippe neben der Balkontür verfügt über einen Aussperrschutz. Ist er aktiviert, schließt der Rollladen auch dann nicht, wenn ein Timer den Befehl dazu gibt. Szenen machen verschiedene Lichtstimmungen abrufbar. Das schließt auch die Rollladenpositionen und schaltbaren Steckdosen in den Räumen mit ein. Auf dieselbe Weise lässt sich während der Abwesenheit eine belebte Wohnung simulieren. Mit Hilfe der ortsbasierten Steuerung von Tado erkennt das System auf Wunsch automatisch, ob jemand zu Hause ist, und verhält sich entsprechend. Die frei programmierbaren Funktaster neben der Wohnungstür, im Schlaf- und Wohnbereich lassen sich mit beliebigen Szenen belegen. Ihre Einstellung ist in der App von eNet Smart Home änderbar. Das geht auch ohne Hilfe des Installateurs.

Die Option: Mit Echo-Lautsprechern von Amazon lässt sich eine Alexa-Sprachsteuerung für eNet nachrüsten. Sie dienen gleichzeitig als Multiroom-Audiosystem, das Musik in der Wohnung verteilt. Ein Echo-Show mit 8-Zoll-Bildschirm ermöglicht Videotelefonate mit den Enkeln und der Familie. Fürs Bad und Schlafzimmer empfehlen sich Echo-Dot-Modelle mit integrierter Digitaluhr.

Die Berechnungsgrundlage: Die eNet-Gerätekosten basieren auf der Preisliste von Jung (Stand: 2021). Sie beziehen sich auf das Schalterprogramm LS990 in Alpinweiß. Mit anderen Blenden und Rahmen oder eNet-Produkten von Gira kann sich ein höherer oder tieferer Preis ergeben. Der geschätzte Arbeitsaufwand für die Installation beruht auf Erfahrungswerten. Wir haben dazu den Kostenvoranschlag eines Experten eingeholt. Da jede Smart-Home-Installation anders ist und nach individueller Beratung stattfindet, hängt der genaue Endpreis vom Einzelfall ab.

Die eNer-App am Smartphone kontrolliert Einstellungen wie Zeitschaltpläne für die Heizung und Lichtszenen.

DIE FÜNF WS DER SYSTEMAUSWAHL

Viele Wege führen bekanntlich nach Rom – und mit dem Smart Home verhält es sich nicht anders. Darum steht früher oder später die Entscheidung an, welche Route Sie einschlagen möchten. Die Festlegung auf ein System stellt die Weichen für alle weiteren Maßnahmen. Fünf Kernfragen helfen Ihnen dabei, diese Wahl zu treffen. Sie lauten:

1. **WIE VIEL** möchte ich selbst machen?
2. **WELCHE** Baumaßnahmen sind möglich?
3. **WAS** bietet das System an Funktionen?
4. **WIE GROSS** ist mein Budget?
5. **WO** finde ich die richtigen Partner?

Nummer 1 bis 3 werden Ihnen aus früheren Abschnitten des Buches bereits bekannt vorkommen. So handelt „Welcher Smart-Home-Typ sind Sie?" (Seite 156) vom Arbeitsaufwand, den verschiedene Lösungen mit sich bringen. Mithilfe der Kategorien A bis D können Sie in den Systembeschreibungen ab Seite 162 eine Vorauswahl treffen. Das beantwortet schon die Frage nach der Eigenleistung. Welche Baumaßnahmen zu Hause möglich sind, engt das Feld weiter ein. Oft ist es die Ausgangssituation (Seite 162), die den Ausschlag gibt, etwa wenn eine Nachrüstung ansteht. Fragen wie „Drahtgebunden oder drahtlos?" (Seite 166) beantworten sich dann von selbst.

In fest installierten Smart-Home-Lösungen wie KNX ist gründliche Planung besonders wichtig.

Drittens gilt es zu klären, ob das fragliche System den eigenen Wünschen und Anforderungen entspricht. Dabei helfen Checkliste und Raumbuch, wie im vorigen Abschnitt „Machen Sie sich ein Bild“ (Seite 175) beschrieben.

Was kostet der Spaß?

Bleibt die Frage nach dem Geld. Sie hat eine objektive und eine subjektive Komponente. Denn natürlich gibt es, objektiv betrachtet, Preisunterschiede zwischen den Systemen. Selbst innerhalb ein und desselben Standards kommt es zu Spreizungen. Beispiel KNX: Ein Mehrfach-Wandtaster für den Installationsbus kann 80 Euro pro Stück kosten, 160 Euro oder auch 800 Euro – je nachdem, um welchen Hersteller und welches Modell es sich handelt. Die Ausstattung hat ebenso großen Einfluss auf den Preis wie die verwendeten Materialien und die Verarbeitung. Es gibt minimalistische Wippen, Exemplare mit Display und solche, die über zusätzliche Raumsensoren für Temperatur, Luftfeuchte und Helligkeit verfügen. Luxusausführungen glänzen mit gebürstetem Aluminium, Messing oder Nickel. Eine Oberfläche aus Kupfer oder Bronze passt besser ins Ambiente? Auch kein Problem (siehe unten).

Im KNX-Standard sind diese Preisunterschiede besonders groß, weil es nicht nur einen Hersteller gibt, der Produkte anbietet, sondern viele. Sie kommen aber auch sonst vor. Das merkt zum Beispiel jeder, der sich auf die Suche nach Fensterkontakten mit Funk begibt. Er findet Modelle unter 40 Euro, die innen auf den Rahmen geklebt werden – diese sind zweckmäßig, doch manchmal etwas klobig. Daneben existieren Sensoren, die im Rahmen verschwinden oder unsichtbar in den Fenstergriff integriert sind. Sie kosten dann vielleicht 80 oder 100 Euro. Ein Aufpreis von 100 Prozent pro Fenster kann Löcher ins Budget schlagen. Er entscheidet unter Umständen aber darüber, ob die Technik überhaupt zu Hause einziehen darf. Denn aufgesetzte Sensoren, die noch dazu beim Fensterputzen stören, sind Lebenspartnern mit gewissen ästhetischen Ansprüchen schwer zu vermitteln.

Sie sehen: Der Preis unterliegt einer Menge subjektiver Entscheidungen. Ähnlich wie beim Kauf eines Autos hängt er vom empfundenen Wert der Anschaffung ab. Es gibt Menschen, die halten einen Volkswagen für „zu teuer“, anderen erscheint das Preis-Leistungs-Verhältnis ausgewogen. Wieder andere orientieren sich preislich nach oben zu Mercedes und BMW oder fahren gleich einen Bentley. Der Unterschied zum Smart Home besteht darin, dass die Auswahl eines Neuwagens normalerweise (Vor-)Freude bereitet. Im Onlinekonfigurator auf der Herstellerwebseite entsteht Stück für Stück bereits das Traumauto. Deshalb erschrecken auch viele, wenn sie am Ende den Gesamtpreis lesen – und klicken dann vielleicht ein paar Bildschirmseiten zurück, um günstigere Felgen oder ein kleineres Audiosystem auszuwählen.

Smart-Home-Planung macht in der Regel weit weniger Spaß. Sie ähnelt eher der Suche nach einer Zugverbindung im Buchungssystem der Bahn. Man muss schon etwas Fantasie mitbringen und sich das Ziel der Reise bildhaft vorstellen, um die nötige Begeisterung aufzubringen. Anbieter intelligenter Gebäudetechnik könnten sich hier von der Automobilindustrie etwas abschauen. In Ansätzen geschieht das bereits: Hersteller wie Busch-Jaeger, Gira und Jung bieten Onlinekonfiguratoren auf ihrer Webseite an. Wer seine gesammelten Daten aus Checkliste und Raumbuch (siehe Seite 177, 180) dort eingibt, bekommt eine Vorstellung von den Preisen. Allerdings enthält so eine Kalkulation nur die reinen Materialkosten.

KNX-Schalterparade: So unterschiedlich können Taster für den Installationsbus aussehen.

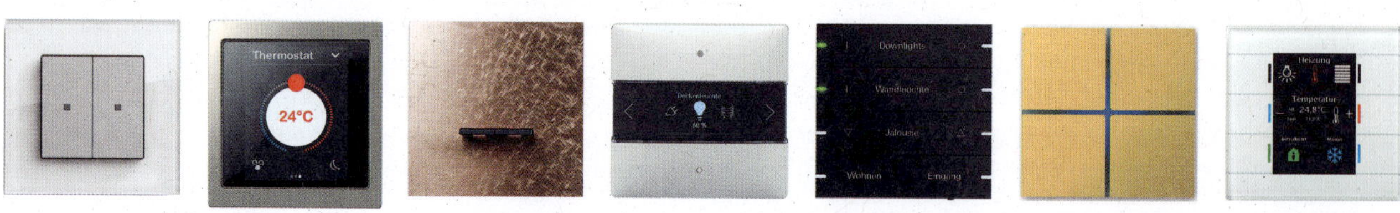

Der Onlinekonfigurator für Smart-Home-Produkte von Busch-Jaeger

Installation und Programmierung sind nicht enthalten. Außerdem berücksichtigen die Hersteller in ihren Übersichten keine Geräte anderer Marken. Wo es möglich wäre (etwa bei KNX), ist das ein Nachteil – wegen der erwähnten Preisunterschiede. Mehr Informationen liefern Konfiguratoren aus der Installationsbranche, etwa von Noocoon – zumindest für gewisse, fest verkabelte Systeme (siehe Seite 192).

Ansonsten hilft nur die Annäherung. Ohne alle preisrelevanten Faktoren zu berücksichtigen, lassen sich Smart-Home-Installationen grob in drei Gruppen einteilen. Angenommen, Sie möchten ein komplettes Einfamilienhaus von 140 Quadratmetern Wohnfläche vernetzen. Dann heißt das ungefähr:

- **Bis 10 000 Euro** sind Funklösungen die erste Wahl. Auch Selbermachen bietet sich in dieser Preisklasse an. Gut fürs Budget: Die Kosten steigen nach und nach mit der Anzahl der Geräte, eine kostspielige Basisinstallation entfällt. Wer mag, kann bereits mit 1 000 Euro und weniger loslegen.
- **Ab 10 000 Euro** lohnt es sich, über verkabelte Alternativen nachzudenken. Systeme wie Homematic IP, Busch free@home oder Loxone bieten neben Funk die Möglichkeit, mit fest verlegten Busleitungen zu arbeiten. Digitalstrom, Eltako und andere nutzen auch das vorhandene Stromnetz.
- **Oberhalb von 20 000 Euro** beginnt die Domäne der großen, leitungsgebundenen Hausbussyteme. KNX aber auch Loxone und LCN gehören in diese Kategorie – wobei KNX im direkten Vergleich oft am teuersten kommt. Dafür bietet der Standard aber viel Flexibilität und Herstellerunabhängigkeit.

Ausstattungswerte

Diese Preisschwellen sind natürlich keine festen Barrieren. Ob sie am Ende tiefer oder höher liegen, hängt von der allgemeinen Ausstattung des Gebäudes, der Zahl der Räume und der Wohnfläche ab. Alle drei Faktoren spielen vor allem bei kabelgebundenen Installationen eine wichtige Rolle, weil sie direkt die Elektrik betreffen. Mehr Stromkreise, Steckdosen und Licht- oder Kommunikationsschlüsse, die vernetzt werden sollen, wirken sich auf die Rechnung des Elektrikers aus. Für Neubauten oder die grundlegende Sanierung im Altbau gibt es deshalb eine Orientierungshilfe: die sogenannten Ausstattungswerte.

Sie definieren Ausstattungsniveaus für die Elektroinstallation, mit denen Bauleute besser planen können. Ursprünglich gab es drei davon, entwickelt vom Deutschen Institut für Gütesicherung und Kennzeichnung, auch bekannt unter dem Kürzel RAL. Der niedrigste Ausstat-

Elektroinstallationen wie die Zahl der Steckdosen beeinflussen den Ausstattungswert.

tungswert mit der Ziffer 1 legt Mindestanforderungen fest. Stufe 2 steht für Standard- und 3 für eine Komfortausstattung. 2011 kamen drei weitere hinzu: Die Richtlinie RAL-RG 678 wurde um Stufen für die Gebäudesystemtechnik ergänzt. Seither gibt es Ausstattungswerte mit einem „Plus" im Namen (siehe Tabelle „Ausstattungswerte nach RAL-RG 678", unten links). Darin sind auch typische Smart-Home-Funktionen wie Szenen oder die Anwesenheitserkennung mit Präsentmeldern enthalten.

Prinzipiell gilt: Je höher der Ausstattungswert, desto leistungsfähiger die Elektroinstallation. Um ein Gebäude per Hausbussystem nachträglich smart machen zu können, empfiehlt sich Kategorie 1plus. Dann hat der Planer die nötigen Busleitungen oder Leerrohre in den Wänden und genug Platz für Aktoren im Stromkreisverteiler bereits vorgesehen. Spätere, teure Umbauten bleiben Ihnen erspart. In Stufe 2plus ist ein Funktionsbereich laut Industrienorm DIN 18015–4 schon umgesetzt. Das kann zum Beispiel die Rollladensteuerung sein. 3plus enthält mindestens zwei solche Funktionsbereiche, also etwa Licht und Beschattung. Nach oben hin sind dann keine Grenzen mehr gesetzt.

Vorteil einer Planung mit Ausstattungswerten: Sie können ungefähre Kosten daraus ableiten, und zwar bezogen auf die Bausumme. Das heißt, die Kalkulation passt sich den übrigen Gegebenheiten an. Die Initiative Elektro Plus (Elektro+), in der Hersteller und Verbände der Elektrobranche zusammengeschlossen sind, nennt Richtwerte. Sie liegen je nach Ausstattungswert zwischen drei und zehn Prozent der Bausumme (siehe Grafik unten rechts). Eine Ausstattung der Kategorie 2plus schlägt demnach mit 7 bis 9 Prozent des Baupreises

Ausstattungswerte nach RAL-RG 678

Ausstattungswert	Kennzeichnung	Definition
1	✦	Mindestausstattung
2	✦✦	Standardausstattung
3	✦✦✦	Komfortausstattung
1plus	✦ plus	Mindestausstattung, auf Smart Home vorbereitet
2plus	✦✦ plus	Standardausstattung mit einem Smart-Home-Funktionsbereich laut DIN 18015-4
3plus	✦✦✦ plus	Komfortausstattung mit zwei Smart-Home-Funktionsbereichen laut DIN 18015-4

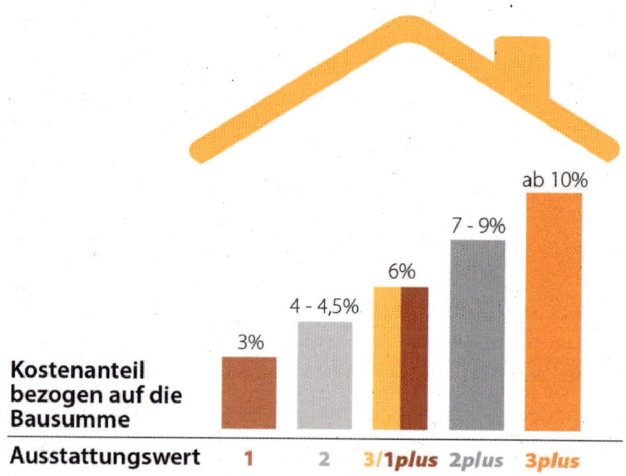

Die Ausstattungswerte geben einen Anhaltspunkt, wie teuer die Elektroinstallation im Neubau kommt.

zu Buche. Das macht bei einem Einfamilienhaus für 400 000 Euro rund 32 000 Euro. 3plus steigert den Preis auf 40 000 Euro – und mehr, wenn die Smart-Home-Wunschliste entsprechend lang ist.

Auch das sind Näherungswerte, und sie gelten für fest verkabelte Bussysteme wie KNX, die ein Fachbetrieb installiert. Drahtlose Vernetzung, etwa im EnOcean-Standard, kostet meist weniger. Ein gelungener Mix aus Funk und Kabeln ebenfalls. EQ-3 wirbt damit, dass der Aufpreis für eine Installation mit Homematic IP gegenüber konventioneller Technik nur ein bis zwei Prozent der Bausumme beträgt. Eigenleistung hilft darüber hinaus, Geld zu sparen (siehe „Welcher Smart Home-Typ sind Sie?", Seite 156), genauso wie die Auswahl des Systems. Denn: Es kann 30 und mehr Arbeitsstunden in Anspruch nehmen, eine KNX-Installation im Einfamilienhaus zu programmieren – bei durchschnittlichen Stundensätzen von 85 Euro. Dieser Kostenblock schrumpft, wenn Sie die nötige ETS-Software für KNX anschaffen, sich einarbeiten und die Arbeit selbst erledigen (siehe Seite 253). Oder wenn Sie für die Konfiguration erst gar keine Software kaufen müssen, weil sie mit Bordmitteln des Systems möglich ist.

Finanzielle Förderung

Eine andere Möglichkeit, das Budget zu entlasten, sind finanzielle Hilfen vom Staat. Sowohl die KfW Förderbank (KfW) als auch das Bundesamt für Wirtschaft und Ausfuhrkontrolle (Bafa) fördern viele Maßnahmen, die das Smart Home betreffen. Um die Angebote einfacher und zugänglicher zu machen, gibt es seit Mitte 2021 die Bundesförderung für effiziente Gebäude (BEG). Sie ist Teil des Klimaschutzprogramms der Bundesregierung und wird die verschiedenen Angebote bündeln. Ziel der Aktion: Bürgerinnen und Bürger sollen künftig mit einem Antrag alle Förderprogramme nutzen können – egal, ob sie diesen Antrag bei der KfW oder beim Bafa stellen. Die Umstellung dürfte aber erst 2023 abgeschlossen sein. Bis dahin gewährt die KfW weiterhin Zuschüsse und Kredite für Vollsanierungen sowie effiziente Neubauten. Das Bafa bezuschusst Einzelmaßnahmen wie die Heizungsoptimierung und den Einbau digitaler Steuersysteme. Gefördert werden im Wesentlichen (Stand 2021):

- **Neubauten**. Wer ein neues Effizienzhaus baut oder kauft, hat Anspruch auf vergünstigten Kredit. Die KfW gewährt bis zu 150 000 Euro pro Wohneinheit und übernimmt einen Teil der Tilgung, wodurch Kreditnehmer das Darlehen schneller zurückzahlen können. Der Tilgungszuschuss liegt dabei zwischen 15 und 25 Prozent. Alternativ gibt es einen direkt ausbezahlten Einmalzuschuss von bis zu 37 500 Euro. In allen Fällen richtet sich die Höhe nach der Energieeffizienz des Gebäudes. Es muss dem KfW-Effizienzhausstandard 55, 40 oder besser entsprechen, um förderfähig zu sein.
- **Sanierung**. Geld gibt es auch für den Umbau einer bestehenden Immobilie zum Effizienzhaus – oder wenn Sie ein frisch saniertes Gebäude kaufen. Der maximale Kreditbetrag liegt wieder bei 150 000 Euro. Allerdings kommen hier auch schlechtere Effizienzklassen oder denkmalgeschützte Häuser in den Genuss einer Förderung. Außerdem liegt der maximale Tilgungszuschuss höher und erreicht bis zu 50 Prozent. Die Einmalzahlungen können bis zu 75 000 Euro pro Wohneinheit betragen.
- **Einzelmaßnahmen**. Eine Wärmepumpe und innovative Heizungstechnik tragen zur Effizienzsteigerung bei, ebenso wie außen liegende Sonnenschutzeinrichtungen oder smarte Mess- und Regelungstechnik. Deshalb sind solche Einzelmaßnahmen unterstützungsfähig. Der Förderkatalog umfasst viele Einbauten, die zu einem Smart Home gehören – von Sensoren über Thermostate bis hin zum Wohnungsdisplay, das den aktuellen Energieverbrauch anzeigt. Für die Finanzierung haben Sie zwei Möglichkeiten: Die KfW gewährt bis zu 60 000 Euro Kredit mit Tilgungszuschuss, vom Bundesamt für Wirtschaft und Ausfuhrkontrolle (Bafa) gibt es einen direkt ausgezahlten Förderbetrag. Seine Höhe kann bis zu 45 Prozent betragen.
- **Expertenrat**. Pflicht für die Förderung: Eine Expertin oder ein Experte für Energie-

Auch für Maßnahmen zur Barrierereduktion, für Panik- und Notrufschalter gibt es Förderungen.

effizienz muss die Maßnahmen begleiten. Das bundeseigene Unternehmen Dena (Deutsche Energie Agentur GmbH) liefert entsprechende Adressen auf seiner Webseite www.energie-effizienz-experten.de. Nur wenn es um Arbeiten an der Heizung geht, kann auch ein Fachbetrieb die nötigen Bestätigungen ausfüllen. Die gute Nachricht: So eine Baubegleitung ist ebenfalls förderfähig. Die KfW gewährt dafür einen zusätzlichen Kreditbetrag und Tilgungszuschuss.

Hinzu kommen weitere Vergünstigungen, etwa für einen vorab aufgestellten Sanierungsfahrplan. Ohne Expertenrat ist das Regeldickicht schwer zu durchblicken. Deshalb sollten Sie frühzeitig mit der Suche nach einem Energieexperten oder Fachbetrieb beginnen. Bis alles ausgerechnet, ein Finanzierungspartner gefunden und die Zusage der Förderung da ist, kann einige Zeit vergehen. Alle Details gibt es auf den Internetseiten der KfW (www.kfw.de) und des Bafa (www.bafa.de).

Unabhängig von den Programmen für effiziente Gebäude fördert die KfW auch weiterhin bestimmte Umbaumaßnahmen. Es gibt einen Zuschuss oder Kredit für:

- **Einbruchschutz**. Neben mechanischen Sicherungsmaßnahmen gehören Einbruch- und Überfallmeldeanlagen zum Förderkatalog. Sie müssen allerdings die Anforderung der DIN EN 50131 und der DIN VDE 0833 erfüllen. Für Smart-Home-Systeme mit einer Einbruchmeldefunktion gilt die DIN VDE V 0826–1 (siehe Seite 120). Andere Komponenten wie Kameras, Bewegungsmelder oder Beleuchtung fallen nicht unter diese Regelung.
- **Altersgerecht umbauen**. Dazu gehört etwa der Einbau von elektrischen Antriebssystemen für Rollläden, Fenster und Türen. Aber auch Lösungen für (Not-)Ruf und Unterstützung gehören in diese Kategorie. Die KfW nennt ausdrücklich: Panikschalter, Gegensprechanlagen, intelligente Türschlösser und Sensoren für die zentrale Schaltung von Geräten oder Steckdosen.

Vor allem die Zuschüsse aus dem KfW-Programm „Altersgerecht Umbauen" sind begehrt – aber nicht unendlich. Sie müssen vom Bund jährlich neu bewilligt und im Haushalt vorgesehen werden. Bei reger Nachfrage kann es passieren, dass der Topf schon vor Ende des Jahres aufgebraucht ist. Eventuell lohnt es sich dann, das Vorhaben zu verschieben und es im Folgejahr mit der Förderung noch einmal zu versuchen. Denn wie für die meisten Zuschüsse gilt: Der Antrag muss gestellt sein, bevor Sie mit den Arbeiten beginnen oder einen Kaufvertrag abschließen.

Die Partnersuche

Auch wenn die Wahl auf eine Funklösung fällt und das Smart Home weitgehend in Heimarbeit entstehen soll: Ganz ohne fremde Hilfe geht es nicht – es sei denn, Sie sind selbst Handwerker oder haben Fachkräfte in der Familie. Spätestens bei der Elektroinstallation kommt normalerweise ein Meisterbetrieb ins Spiel. Doch wie findet man letztendlich die richtigen Partner? Das hängt nicht nur von der Technik, sondern maßgeblich auch von den Rahmenbedingungen ab.

Kaufen Sie Ihr neues Haus oder Ihre Eigentumswohnung von einem Bauträger? Dann sind die Wahlmöglichkeiten ohnehin eingeschränkt. Der Gestaltungsspielraum beschränkt sich oft auf die Wahl des Bodenbelags und die Qualität der Fliesen. Es gibt eine Leistungsbeschreibung, die möglichst detailliert sein sollte, um Missverständnissen vorzubeugen. Nur was schriftlich vereinbart wurde, ist im Festpreis auch enthalten.

Deshalb sollten Sie die Baubeschreibung vor Vertragsabschluss genau prüfen und bei Bedarf präzisieren. Die Ausstattungswerte der Richtlinie RAL-RG 678 eignen sich als Grundla-

Details wie ausreichend Platz für die Technik müssen bei der Planung berücksichtigt werden.

ge und verhindern, dass zu wenig Stromkreise, Steckdosen oder Anschlüsse geplant werden. Im Streitfall, wenn es vor Gericht geht, bieten sie auch mehr Rechtssicherheit. Prinzipiell spricht nichts gegen den Kauf vom Bauträger. In Großstädten und begehrten Wohnlagen ist er oft die einzige Möglichkeit, um überhaupt an ein Grundstück zu gelangen. Außerdem erhalten Käuferinnen und Käufer eine fertig geplante Immobilie, sie müssen sich um wenig selbst kümmern. Vergleichbar einfach geht das nur mit einem Fertighaus (siehe Seite 195). Auch deshalb machen Objekte „von der Stange" einen großen Teil des privaten Wohnungsbaus in Deutschland aus.

Offizielle Zahlen fehlen, aber weniger als 20 Prozent aller Eigenheimprojekte in Deutschland dürften individuell von Architekten geplant werden. Architektenhäuser stehen im Ruf, kostspielig zu sein. So pauschal stimmt das nicht, allerdings ist die Kalkulation mit mehr Unsicherheiten verbunden. Sie wissen erst, wie teuer das Bauvorhaben wird, wenn alle Ausschreibungen fertig und die Aufträge vergeben sind. Dafür hilft Ihnen eine Architektin oder ein Architekt, Ihre individuellen Smart-Home-Ideen zu verwirklichen. Voraussetzung: Sie oder er hat Affinität zum Thema. Kreative, denen es vor allem darum geht, ein schönes Haus zu bauen, schenken dem nötigen Platz im Technik- oder Hauswirtschaftsraum vielleicht nicht genug Aufmerksamkeit. Deshalb holen Sie die Fachfrau oder den Fachmann frühzeitig ins Boot – am besten mit den Checklisten, Grundrissen und Tabellen, die Sie im Verlauf dieses Buches bereits ausgefüllt haben (siehe „Zuerst: Machen Sie sich ein Bild", Seite 175). Änderungen sind zwar auch während der Bauphase möglich, doch Umplanungen gibt es nicht zum Nulltarif. Und je eher die Partner wissen, worum es geht, desto besser.

Das gilt nicht nur für Architekten, sondern auch für Heizungs-, Rollladen- und Fensterbauer sowie Elektriker. Letztere spielen bei der Entstehung intelligenter Haustechnik eine wichtige Rolle, weshalb Sie den Meisterbetrieb sorgfältig auswählen sollten. Nicht alle Elektriker kennen sich mit dem Thema aus. Wenn es bereits im Vorgespräch heißt, ein Smart Home sei grundsätzlich „zu teuer", „zu fehleranfällig" oder schlicht „nicht ausgereift", könnte das auf mangelnde Erfahrung hindeuten. So ein Elek-

Fortsetzung S. 194

Der Konfigurator von Noocoon

Noocoon ist ein herstellerunabhängiger Onlinekonfigurator für Smart-Home-Installationen (www.noocoon.de). Hinter dem Service steht die Firma Smart Home Team, ein Rostocker Elektrofachbetrieb, der sich auf Gebäudeautomatisierung spezialisiert hat. Laut eigener Aussage fließt die Erfahrung aus vielen hundert Projekten in die Programmierung ein und bildet die Grundlagen der Algorithmen.

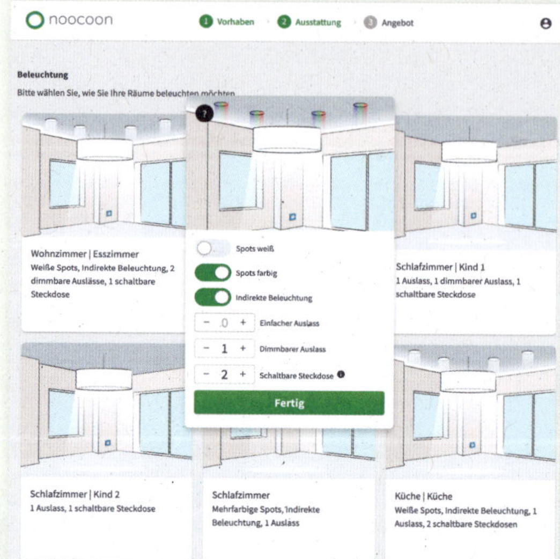

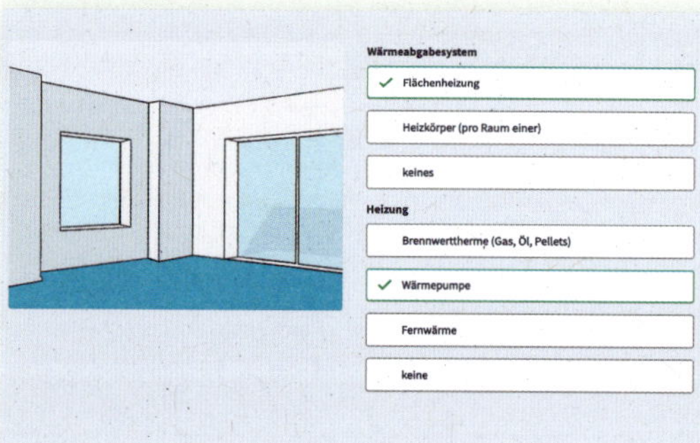

Der Endkundenkonfigurator von Nooccon entwickelt schrittweise das Bau- oder Sanierungsprojekt – angefangen bei der Zahl der Räume (oben) über die Ausstattung bis hin zu Sonderwünschen wie einer Ladestation für Elektroautos (unten).

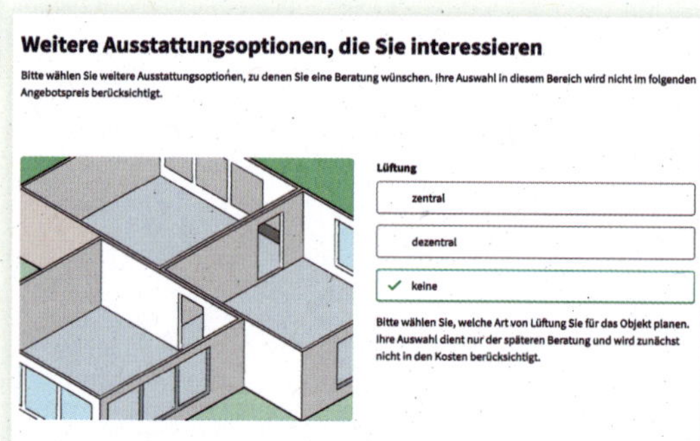

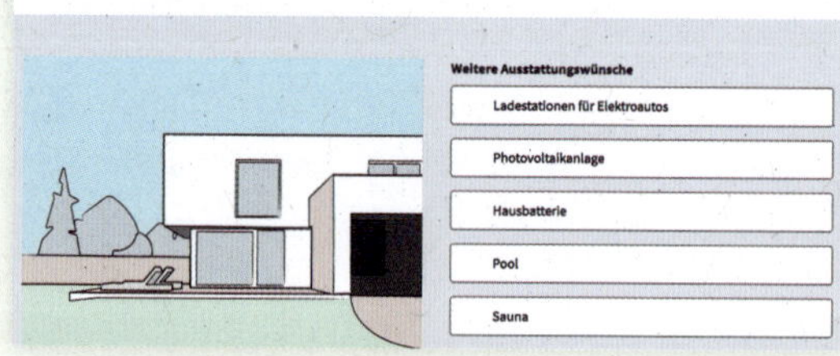

Noocoon richtet sich an Elektriker und Endkunden gleichermaßen. In der kostenlosen Version können Smart-Home-Interessenten ihr persönliches Bau- oder Sanierungsprojekt durchspielen und erhalten Vergleichspreise für verschiedene Systeme. Die Kalkulation enthält dabei neben den Kosten für Geräte auch die Elektroinstallation. Im kostenpflichtigen Konfigurator für Fachbetriebe sind darüber hinaus die einzelnen Bauteile mit Hersteller und Typenbezeichnung aufgeschlüsselt. Profis können hier ihre eigenen Produktkataloge hinterlegen und von Noocoon auch gleich einen fertig konfigurierten Schaltschrank bestellen.

Der Endkundenkonfigurator führt seine Nutzerinnen und Nutzer schrittweise durchs Haus und fragt die gewünschte Ausstattung ab – von der Art der Beleuchtung über die Zahl der Steckdosen bis hin zu Extras wie Multiroom-Audio, Photovoltaik, Pool und Gartenbewässerung. Das System trifft anhand dieser Angaben eine Produktauswahl, auf die der Nutzer keinen Einfluss hat. Anpassungen sind allerdings später, beim Gespräch mit dem Elektriker vor Ort möglich.

Noocoon verallgemeinert den Prozess, um schnell und einfach Vergleichsdaten liefern zu können. Ein System mit vielen Variablen wie KNX schneidet dabei mal besser oder schlechter ab – je nachdem, welche Tastsensoren, Audiolösung, Leuchtmittel und anderen Baugruppen der Konfigurator auswählt. Eine detaillierte Planung kann Noocoon folglich nicht ersetzen. Das Tool hilft aber, eine ungefähre Preisvorstellung zu entwickeln.

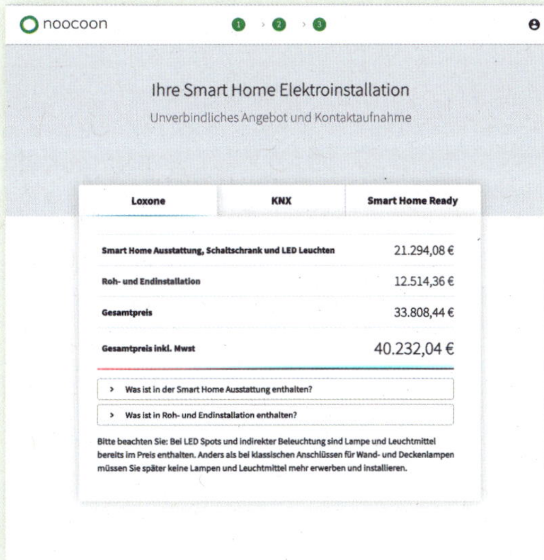

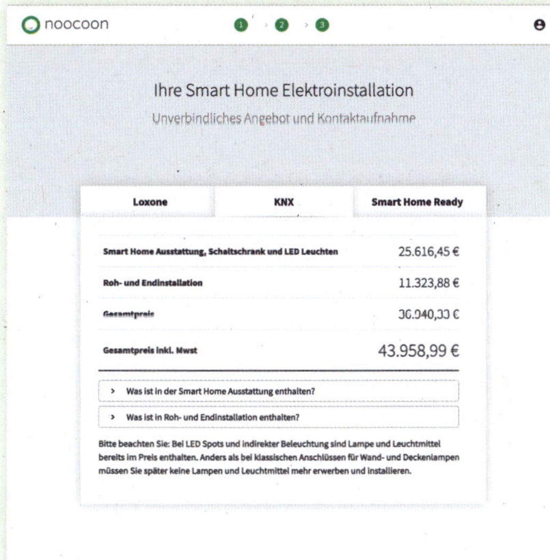

Am Ende spuckt das System eine Beispielrechnung für das System von Loxone (oben) und KNX (links) aus. Smart Home Ready (unten) steht für eine Elektroinstallation, die auf die spätere Automatisierung vorbereitet ist.

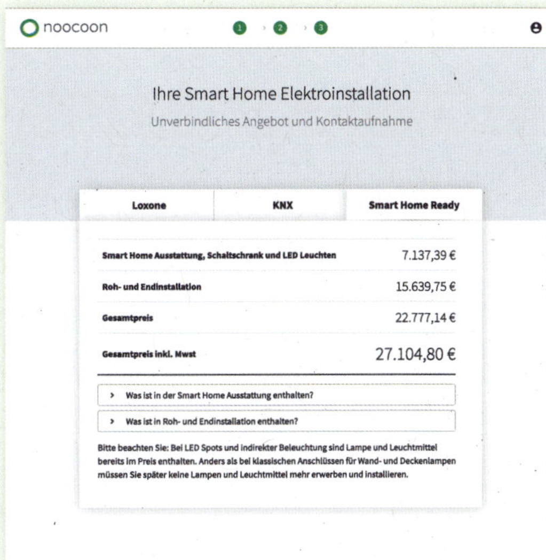

Fortsetzung von S. 191

triker wird vielleicht versuchen, Sie von konventioneller Technik zu überzeugen. Und kommt es doch zur Installation, schöpft er die Möglichkeiten des Systems womöglich nicht voll aus.

Mit Unternehmen, die sich aufgeschlossen zeigen, klappt die Zusammenarbeit in aller Regel besser, wobei es verschiedene Auswahlkriterien gibt. In der Gebäudetechnik heißt Fachkenntnis immer auch Spezialisierung. Mitarbeiter müssen sich in ein System einarbeiten, Schulungen besuchen und praktische Erfahrung mit Projekten sammeln. Das geht nicht in der gesamten Breite und systemübergreifend. Dazu sind die Technologien zu unterschiedlich. Soll heißen: Ein Betrieb, der KNX beherrscht, muss nicht dieselbe Expertise für Digitalstrom oder Loxone mitbringen. Sobald die Systemauswahl getroffen ist, sollten Sie deshalb nach erfahrenen Partnern suchen. Viele Hersteller führen eine Liste mit registrierten Installateuren. Bei Unternehmen wie Busch-Jaeger, EQ-3 (Homematic), Gira und Loxone sind diese Daten online auf der Webseite einsehbar. Das sagt noch nichts über die handwerkliche Qualität des einzelnen Fachbetriebs aus, aber Sie wissen schon einmal, dass dieser mit der Materie vertraut ist. Im persönlichen Gespräch können Sie dann nach Referenzen fragen.

Teilweise ergeben sich Produktauswahl und Installateur auch aus dem System heraus. So vertreiben Rademacher und Somfy ihre Funklösungen vor allem über Spezialbetriebe für Rollladen und Sonnenschutz (R+S). Afriso Smart Home und Wibutler sind stärker im Heizungs- und Sanitärhandwerk verankert. Entsprechend steigt die Wahrscheinlichkeit, dass Unternehmen aus diesen Bereichen bereits Erfahrung mit den Lösungen haben. Versuchen Sie herauszufinden, ob der Installateur zu einer „Marke seines Vertrauens" tendiert. Wenn er Ihnen nur Produkte eines bestimmten Anbieters vorschlägt, dann vielleicht, weil er zu wenig andere kennt. Gut möglich, dass der Elektriker KNX-Schulungen eines Herstellers besucht hat, in denen es ausschließlich um das eigene Sortiment ging. Oder er lässt seine Geräteliste vom Planungsservice des Großhändlers zusammenstellen, um Arbeitsaufwand zu sparen. Das kann von Vorteil sein, weil er sich mit den angebotenen Produkten gut auskennt. In einem Standard wie KNX schränkt es allerdings auch die Möglichkeiten ein. Gerade der Herstellermix führt hier oft zu besseren Ergebnissen und günstigeren Preisen als die berühmte „Lösung aus einer Hand" (siehe Interview„Ein vernünftiges Konzept spart Geld", Seite 17). Fragen Sie also im Zweifelsfall, warum die Wahl auf ein bestimmtes Produkt gefallen ist. Gute Installateure sollten das beantworten können.

Hilfreich in vielen Fällen: Holen Sie einen professionellen Smart-Home-Planer oder Systemintegrator ins Team. So heißen Experten, die Projekte komplett betreuen können. Ein Integrator erstellt Ausschreibungen, koordiniert die Arbeiten und stimmt sich bei Bedarf mit den Handwerkern ab. Seine besondere Kompetenz besteht darin, verschiedenste Systeme zu kombinieren und in die Gebäudesteuerung zu integrieren, daher der Name. In größeren KNX-Bauprojekten mit Multiroom-Lautsprechern, Kameras und anderen IP-Installationen geht es kaum ohne. Der Experte kostet zwar Geld, er rechnet seine Arbeit häufig nach der Honorarordnung für Architekten und Ingenieure (HOAI) ab. Auf der anderen Seite spart er Zeit und Nerven. Prinzipiell kann auch ein erfahrener Elektromeister diese Aufgabe übernehmen. Er sollte dann aber schon einige Smart-Home-Projekte realisiert haben, um die möglichen Probleme und Fallstricke zu kennen.

FERTIGHÄUSER: DAS SCHLÜSSELFERTIGE SMART HOME

Die Bezeichnung „schlüsselfertig" trifft es nicht genau. Denn Fertighäuser gibt es in verschiedenen Ausbaustufen. In der preiswertesten Variante stellt der Anbieter lediglich die Außenmauern mit dem Dach und den Fenstern hin. Der Innenausbau bleibt Aufgabe der Eigentümer, genauso wie die Smart-Home-Technik. Weil es dabei auch um Heizungs- und Elektroinstallationen geht, kommt so ein Projekt vor allem für handwerklich Vorgebildete infrage. Findet die Hausübergabe zu einem späteren Zeitpunkt statt, stehen auf der To-do-Liste häufig Fliesenarbeiten und der Einbau von Sanitärobjekten. Noch eine Kategorie höher erschöpft sich die Eigenleistung in Wandmalerei und Bodenbelägen. Doch absolut schlüsselfertig – und damit bereit zum Einzug – ist nur die letzte und teuerste Ausbaustufe.

Sie stellt auch unter Smart-Home-Gesichtspunkten das Maximum an Komfort dar – weil die Gebäudetechnik gleich mitbestellt werden kann. Einige wenige Hausanbieter integrieren ein System serienmäßig. Zu den Pionieren auf diesem Gebiet zählt Weberhaus aus Baden-Württemberg. Der Familienbetrieb hat bereits 2008 erste Objekte mit EnOcean-Funktechnik ausgestattet. Seit 2019 gehört eine Basisinstallation zum Standard in jedem Weberhaus. Sie besteht aus Hutschienen-Aktoren von Eltako sowie drahtlosen Tastern und Sensoren in den Räumen. Alle Funkprodukte sind frei positionierbar und können von den Bewohnern nach-

Weberhaus stattet seine Fertigbauten seit 2019 serienmäßig mit einer smarten Basisinstallation aus.

träglich versetzt werden. Fürs Bauteam haben sie den Vorteil, dass keine Löcher in die Fliesen gebohrt werden müssen.

Funk im Fertigbau

Das System WeberLogic 2.0 beherrscht in der Grundausstattung die Licht- und Rollladensteuerung mit Anwesenheitssimulation, Einzelraum-Temperaturregler sorgen fürs Klima. Ein Wibutler Pro (siehe Seite 262) dient als Funkzentrale und ist für automatisierte Abläufe zuständig. Über ihn lässt sich das System auch erweitern, etwa mit einer Wetterstation. Dann fährt die Beschattung nicht nur zeitgesteuert rauf und runter, sondern reagiert auf Sonnenlicht, Windgeschwindigkeit oder Niederschlag. Bei der Hausübergabe erhalten Weber-Kunden eine funktionierende Installation und den Servicezugang zum Wibutler. Damit können Sie dann schalten und walten, wie sie möchten – etwa Smart Speaker in den Räumen aufstellen, um das Haus per Sprache zu steuern.

Für Kunden, die eine aufwendigere Visualisierung wünschen, als der Wibutler mit seiner App zu liefern vermag, hat Weber die Variante MyHome Control im Angebot. Sie basiert auf einem Server des Schweizer Unternehmens BootUp. Er wird auf der Hutschiene im Verteilerkasten installiert und stellt die EnOcean-Installation als Wohnungsgrundriss am Bildschirm dar. Seine Schnittstellen sind außerdem nötig, um externe Geräte wie Sonos-Lautsprecher einzubinden oder das Weberhaus über Apple HomeKit zu steuern. Mit dem Wibutler geht das bislang noch nicht.

Weil Funklösungen sehr flexibel einsetzbar sind, arbeiten viele Hausanbieter damit. Auch Rensch Haus nutzt EnOcean-Produkte, hat aber seine eigene Steuerung dafür entwickelt. Das i-Tec-System der Hessen ist in Kooperation mit dem schwäbischen Gebäudeautomatisierer Sys.Tec entstanden. Schwabenhaus setzt als Smart-Home-Zentrale seiner EnOcean-Komponenten das Gateway von Mediola ein (siehe Seite 233).

Ein Name, der angehenden Bauherren und Baufrauen immer wieder begegnet, ist Somfy. Über ein Dutzend Fertighausfirmen in Deutschland setzen auf das Funksystem des französischen Sonnenschutzspezialisten. Beim Massivhaushersteller Viehbrockhaus gehören fernbedienbare Rollladenantriebe von Somfy zur Serienausstattung – mit Funkastern und einer Smart-Home-Zentrale Tahoma Premium (siehe Seite 261). Weitere Komponenten lassen sich dazubuchen. Der Katalog in der Elektrobemusterung reicht von Raumsensoren über Kameras bis hin zur Zugangskontrolle mit Videosprechanlage und elektrischem Türschloss.

Normalerweise ist Somfy-Technik in der Ausstattung allerdings nicht mit drin, die Kun-

Fragen an den Fertighaushersteller

- **Welche Technik** kommt zum Einsatz? Verwendet der Hausanbieter das System eines Smart-Home-Herstellers oder eine eigene, selbstentwickelte Lösung? Je mehr Nutzer es gibt, desto höher ist die Wahrscheinlichkeit, auch Jahre später noch Ersatzteile zu bekommen. Eventuell wechselt die Hausfirma irgendwann ihr System, das ist in der Vergangenheit schon vorgekommen. Dann sollte der Nachschub sichergestellt sein.
- **Wie erweiterbar** ist die Installation? Gibt es Schnittstellen für den Anschluss externer Produkte? Vielleicht möchten Sie irgendwann ein Soundsystem anschaffen oder besondere Lichteffekte mit LED-Lampen im Garten realisieren. Dann wäre es schön, wenn sich die zugekauften Geräte in die Steuerung integrieren ließen. Sonst bauen Sie neben der Hausautomatisierung ein weiteres Netzwerk mit eigener Bedienlogik auf.
- **Wer hat Zugriff** auf die Programmierung? Manche Anwendungsfälle stellen sich erst im Alltag heraus, oft Wochen oder Monate nach dem Einzug. Dann schadet es nicht, wenn Sie die Endposition der Jalousien im Sommer selbst verändern oder eigene Lichtszenen speichern können. Das spart zusätzliche Kosten, die durch Anfahrt des Installateurs entstehen.
- **Wer pflegt das System?** Kümmert sich der Hausanbieter selbst darum oder legt er den Kundendienst in die Hände eines Unternehmens? Hauptsache, Sie haben einen Ansprechpartner bei Fragen oder technischen Problemen. Falls Ihnen der Sinn nach Selbermachen steht: Schauen Sie sich die Systemtechnik und das Konfigurationsprogramm genauer an, damit Sie den Wartungsaufwand einschätzen können.

Schlüsselfertige Smart-Home-Installation im Fertighaus (links); das System von MyGekko enthält auch einen Touchscreen für die Bedienung (rechts).

den kaufen sie als Paket dazu. Anbieter wie Fingerhaus, Okal und Schwörerhaus gehen so vor. Sie bieten Startpakete an, die mindestens den Sonnenschutz enthalten. Vertragspartner von Somfy nehmen die Installation vor Ort in Betrieb und dienen auch später als Ansprechpartner für Erweiterungen. Vorteil für die Hausherstеller: Sie haben das Thema ausgelagert. Es müssen sich keine Mitarbeiter im Unternehmen um den Smart-Home-Service kümmern, die Fachbetriebe für Rollladenbau und Sonnenschutz erledigen ihn.

Verkabelte Systeme

Wie in traditionell geplanten Häusern ist drahtlose Vernetzung nicht der einzige Weg. Manche Firmen bieten Funk gar nicht an. So verzichtet Baufritz aus baubiologischer Sicht komplett auf kabellose Technologien. Das bayerische Unternehmen schirmt seine Ökohäuser gegenüber Strahlung von außen ab. Im Innern sollen entmagnetisierte Stahlträger und speziell isolierte Stromleitungen den Elektrosmog reduzieren. Eine Smart-Home-Zentrale, die im Haus funkt, würde dieser Philosophie widersprechen. Deshalb setzt Baufritz – wie einige andere Firmen – auf das System von MyGekko (siehe Seite 258). Es schickt Steuerinformationen über einen KNX-basierten Raumbus und damit durch Kupferkabel in den Wänden. Bedient und programmiert wird die Technik auf einem Touchscreen an der Wand. Wegen zahlreicher Schnittstellen zu anderen Systemen ist MyGekko aber nicht auf Leitungen angewiesen. Die Businstallation lässt sich theoretisch um drahtlose EnOcean-Taster erweitern, die wegen ihrer kurzen Funkimpulse und des geringen Magnetfelds als vergleichsweise strahlungsarm gelten.

Ein Mix aus kabelloser und kabelgebundener Technik kommt ebenfalls vor. So automatisiert Bien-Zenker zum Beispiel die Rollläden seiner Objekte mit Funkaktoren von Loxone (siehe Seite 256), nutzt für Leuchten, Taster und Sensorik aber den fest verdrahteten Bus des österreichischen Herstellers. Schwörerhaus setzt wahlweise auf Somfy oder den KNX-Standard. Verkabelte Installationen werden in der Regel individuell geplant. Das gilt besonders für High-End-Domizile, die mit KNX ausgestattet sind. Huf Haus, bekannt für lichtdurchflutetes Fachwerk aus Holz und Glas, realisiert seine Projekte ausschließlich so. Ein Systemintegrator entwickelt das KNX-System in Absprache mit den Kunden. Auch nach der Übergabe kümmert sich eine eigene Abteilung um die Hausbesitzer. Sie können sich quasi „ein Leben lang" an das Unternehmen wenden – wenn sie anbauen oder modernisieren möchten oder eine Smart-Home-Erweiterung wünschen. Übertragen auf die Installationstypen ab Seite 156 entspricht dieser Ansatz der teuersten und komfortabelsten Kategorie „D".

Was passiert nach dem Bau?

Ein Rundumservice wie der von Huf Haus ist die Ausnahme. Schon aus Kostengründen versuchen viele Hauseigentümer, ihr Smart Home im Alltag selbst zu verwalten. Systeme wie MyGekko, Loxone, Somfy und der Wibutler Pro bieten die technischen Voraussetzungen dafür. Um tiefer in die Programmierung einzugreifen, sind allerdings spezielle Benutzerrechte nötig. Die Rolle des Administrators mit uneingeschränkten Befugnissen liegt normalerweise in der Hand des Installateurs oder einer anderen Person, die das System in Betrieb nimmt. Wer das Passwort kennt, kann in diese Rolle schlüpfen – aber auch Schaden am Gebäude anrichten. Beispiel: Ein Hagelsturm zerfetzt die Markise, weil das selbst programmierte Regelwerk den Sonnenschutz versehentlich ausfährt, statt ihn in Sicherheit zu bringen. Darum gibt es meistens eine dokumentierte Übergabe. Eigentümer bestätigen gegenüber dem Hausanbieter oder Installateur, dass sie ein voll funktionstüchtiges System in Empfang genommen haben. Der aktuelle Stand der Programmierung wird festgehalten – etwa als Sicherheitskopie – um später bei Gewährleistungsansprüchen den Ist-Zustand vergleichen zu können. Im Übrigen gelten für schlüsselfertige Lösungen dieselben Auswahlkriterien wie für ein Smart Home konventioneller Machart. Kein Wunder, die Fertighäuser bauen ja auf denselben Technologien und Standards auf.

KABEL & CO: TIPPS FÜR DIE PLANUNG

Der folgende Abschnitt ist besonders für Selbermacher interessant, die mit Eigenleistung auf der Baustelle Geld sparen möchten. Es gibt Tipps für die Verkabelung im Smart Home. Erledigen Profis die Arbeit für Sie, können Sie wahrscheinlich darüber hinweglesen. Es stecken allerdings auch Informationen drin, die für das technische Verständnis von Nutzen sein können. Da wäre zum Beispiel die Topologie des Netzwerks. Abgeleitet vom griechischen Wort für Ort (Topos) beschreibt Topologie als Wissenschaft (= -logie) die räumliche Beziehung von Objekten zueinander. Im Gebäudenetzwerk heißt das, wie die Teilnehmer miteinander in Verbindung stehen. Die sechs gängigsten Netzwerkstrukturen sind:

- **Linie**: Im einfachsten Fall läuft das Signal von Gerät zu Gerät durch. Die Teilnehmer sind quasi in Reihe geschaltet. Das heißt aber auch: Ein Kabelbruch – etwa durch versehentliches Anbohren – kann das Netzwerk lahmlegen. Außerdem lassen sich keine Abzweigungen einbauen. Dafür geht die Installation schnell und einfach, weil nur ein Kabel nötig ist.

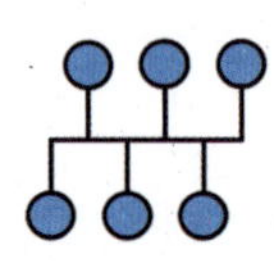

- **Bus**: Der Installationstyp, der Hausbussystemen ihren Namen gibt, ist eng mit der Linientopologie verwandt. Auch er besteht aus einer Datenleitung die von Raum zu Raum führt. Sensoren und Aktoren hängen hintereinander an diesem durchgängigen Datenbus – man könnte auch sagen wie Haltestellen einer Buslinie im öffentlichen Nahverkehr.

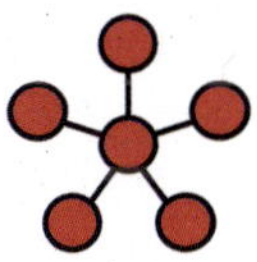

- **Stern**: Die sternförmige Verkabelung führt von einem zentralen Punkt im Haus an die gewünschten Orte. Lan-Netzwerke sind häufig so aufgebaut. Der Router oder ein anderer Verteiler bildet die Zentrale. Fällt sie aus, sind alle angeschlossenen Geräte betroffen. Der Defekt eines Teilnehmers hat dagegen keine Auswirkungen auf den Rest des Netzwerks.

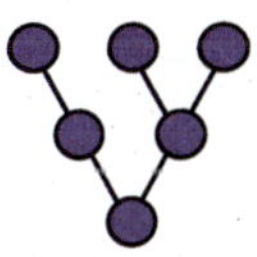

- **Baum**: Eine Baumstruktur erweitert die Sterntopologie um zusätzliche Verteiler. Die Kabel von der Zentrale verzweigen in weitere Leitungen. Sensoren und Aktoren oder auch Lan-Kabel einer Etage hängen zum Beispiel an diesen Knoten. Weil alles im zentralen Verteiler wurzelt, ähnelt die Struktur einem Baum. Er lässt sich leicht vergrößern, indem man neue Äste hinzufügt.

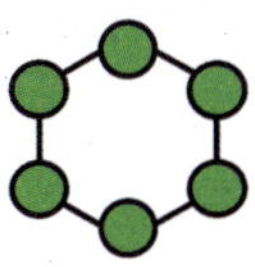

- **Ring**: In einer Ringtopologie führt die Leitung zurück zum Ausgangspunkt. Sie bildet einen geschlossenen Kreislauf. Das macht die Installation besonders ausfallsicher, denn bei der Unterbrechung an einer Stelle gibt es immer noch eine alternative Route, die das Signal nehmen kann. Erst mehrere Kabelbrüche werden zum Problem.

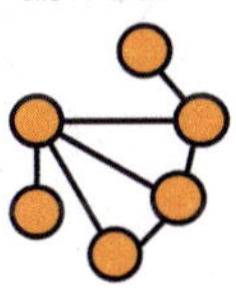

- **Mesh**: Vermaschte Netzwerke kommen im Smart Home nur als Funklösungen vor. Mehrere oder alle Geräte sind darin miteinander verbunden und reichen das Signal an weiter entfernte Teilnehmer weiter. Das macht Mesh-Netzwerke im Prinzip selbstheilend: Fällt ein Gerät aus, kann ein anderes dessen Aufgabe übernehmen und die Übertragungslücke schließen.

Welche Topologie zum Einsatz kommt, hängt vom Netzwerktyp ab. Am weitesten verbreitet sind Linie, Bus, Stern und Baum. Die meisten verkabelten Bussysteme unterstützen mehrere Verfahren. Damit lässt sich die jeweils günstigste Installationsmethode wählen. Ringtopologien kommen in der Gebäudeautomatisierung dagegen kaum vor. Bussysteme wie KNX und Loxone verbieten sie sogar. Ausnahme: Homematic IP wired erlaubt es, die Steuerleitung zurück in den Verteiler zu führen und damit einen Ring zu formen. Die Zentrale des Systems, der Wired Access Point, überprüft nun, ob an beiden Enden der Leitung Daten ankommen. Wird die Verbindung an einer Stelle des Rings unterbrochen, stellt der Access Point die Topologie auf zwei voneinander unabhängige Busstränge um. Das erhöht die Fehlertoleranz des Systems.

Tipp: Auch in einer Bustopologie, die keine geschlossene Ringleitung vorsieht, können Sie das Kabel häufig zurück in den Verteiler ziehen. Es wird dort aber nicht angeschlossen, sondern dient als Sicherheitsreserve. Kommt es zu einer Unterbrechung auf der Leitung, kann der Elektriker das lose Ende anklemmen und so die Verbindung zu den verlorenen Geräten wieder herstellen.

Zukunftssichere Elektrik

Die Elektroinstallation gehört zu den langfristigen Investitionen im Haus. Darum lohnt es sich, etwas genauer darüber nachzudenken und gegebenenfalls „auf Zuwachs" zu planen. Wenn die Smart-Home-Technik nicht gleich beim Bau, sondern erst später einzieht, können diese Maßnahmen das Nachrüsten erleichtern:

- **Genügend Stromkreise**. Steckdosen gibt es eigentlich nie genug. Das gilt für moderne Haushalte mit ihrer Vielzahl an Kleingeräten und Ladeschalen ganz besonders. Mehr Steckdosen bedeuten auch mehr Stromkreise, da höchstes vier bis sechs davon gemeinsam abgesichert sein sollten. In der Küche, wo Backofen, Kochfeld, Kühlschrank & Co. eigene Anschlüsse bekommen, addiert sich das auf ein halbes Dutzend Stromkreise und mehr. Aber auch in anderen Räumen

Eine Technikzentrale bietet Platz, um Netzwerkkomponenten und auch einen zusätzlichen Zähler, etwa fürs Elektroauto, unterzubringen.

kann die Aufteilung sinnvoll sein. So erlauben getrennte Kreise für Licht und Steckdosen im Raum zum Beispiel eine Nachtschaltung: Verbraucher werden vom Netz getrennt, während die Lampen funktionsfähig bleiben.

- **Sternförmige Verkabelung**. Es ist aufwendiger und teurer, die Elektroleitungen von Lichtauslässen, Rollläden und Steckdosen sternförmig in den Verteiler zu ziehen. Dafür hält es alle Möglichkeiten für die spätere Automatisierung offen. Die Kabelenden kommen auf Reihenklemmen und lassen sich bei Bedarf mit Aktoren auf der Hutschiene verbinden. So können Sie auch später noch festlegen, welche Auslässe schaltbar sein sollen. Das kommt eventuell günstiger, als Unterputzaktoren direkt an den Verbrauchern zu installieren.
- **Fünfadrige Kabel**. Der Preisunterschied zwischen dreiadrigen Mantelleitungen (NYM-J 3x1,5) und solchen mit fünf Adern (NYM-J 5x1,5) ist gering. Deshalb lohnt es sich, gleich fünfadrige Stromkabel zu verlegen. Sie bieten für die Hausautomatisierung mehr Möglichkeiten. Über die unbenutzten Adern lassen sich später zum Beispiel Steuersignale schicken. Das Hausbussystem LCN oder auch die Lichtsteuerung DALI (Seite 68) arbeiten so. Notfalls kann ein 5-adriges Kabel auch drei Steckdosen oder Lampen individuell über Stromkreise schalten. Wer ganz sicher gehen will, nutzt für die Hauptleitung vom Verteiler in den Raum ein 7-adriges Kabel.
- **Platz im Verteiler**. Der Elektroverteiler, auch Sicherungs- oder Zählerkasten genannt, beherbergt im Smart Home eine ganze Menge Geräte. Zu den üblichen Leistungsschutzschaltern, FI-Schutzschaltern und Stromstoßschaltern kommen Aktoren und Logikbausteine auf der Hutschiene. Gibt es eine Wärmepumpe oder Photovoltaikanlage, ist weiterer Platz nötig. Manche Ladestationen für Elektrofahrzeuge verlangen einen zweiten Zähler. Kommunikationsfelder bringen den Telefonanschluss nebst Router im Verteiler unter. Planen Sie deshalb genügend Platz für Erweiterungen ein. In Einfamilienhäusern empfiehlt es sich, die Installation aufzuteilen: Zum Zählerschrank im Keller oder Technikraum kommen weitere Unterverteiler auf jeder Etage, damit die Leitungswege nicht zu lang werden. Da Aktoren beim Schalten ein Klickgeräusch erzeugen, das je nach Modell und Schaltleistung unterschiedlich laut sein kann, sollten diese Verteiler an den richtigen Stellen platziert sein. Die Wand zum Schlafzimmer ist vielleicht nicht der ideale Ort dafür.
- **Versorgungsschacht**. Ein gut zugänglicher Schacht vom Keller bis zum Dachboden ist immer eine gute Sache. Im Neubau sollte er von vorneherein eingeplant werden, damit bei nachträglichen Wand- und Deckendurchbrüchen keine Probleme mit der Statik entstehen. Im Altbau kann auch ein stillgelegter Kamin als Versorgungsschacht dienen. Durch ihn ziehen Sie Kabel und Leerrohre bequem von Stockwerk zu Stockwerk. Außerdem nimmt er Wasser-, Heizungs- oder Lüftungsrohre auf. Das macht die Installation hinterher wartungsfreundlicher.
- **Leerrohre**. Für die nachträgliche Erweiterung empfehlen sich Leerrohre in Decken und

Wänden. Auch bei einem Neubau oder einer Sanierung bringt es Vorteile, die Leitungen in solchen Kunststoffrohren zu verlegen. So lassen sich Kabel später austauschen oder ergänzen, ohne die Wand aufstemmen zu müssen. Für ein Bussystem wie KNX können Bus- und Stromkabel auch abgeschirmt nebeneinander liegen. Wichtig dabei: Stromleitungen dürfen nur horizontal oder vertikal verlaufen, nicht irgendwie durch den Raum. Außerdem sollten die Querschnitte der Leerrohre groß genug sein. 25 (M25) oder 32 (M32) Millimeter Außendurchmesser haben sich bewährt. 40 Millimeter bieten noch mehr Platz zum Rangieren und können dort zum Einsatz kommen, wo sie die Statik nicht gefährden. Die Hohlräume sollten den Beton schließlich nicht durchlöchern wie einen Schweizer Käse.

- **Tiefe Installationsdosen**. Wo es die Wand zulässt, empfehlen sich Unterputzdosen mit 63 oder 66 Millimetern Tiefe. So findet bei Bedarf ein Aktor leichter hinter dem vorhandenen Schalter oder der Steckdose Platz. Eine Verkabelung in 3-Draht-Technik erleichtert außerdem das Nachrüsten, weil die meisten Funkaktoren einen Neutralleiter (N) zum Anschluss benötigen.

Die richtigen Kabel

Es mag verlockend sein, für den Installationsbus einfach ein x-beliebiges Kabel zu verlegen. Vielleicht ist auf der Baustelle noch Netzwerkleitung übrig. Oder der Händler hat eine Rolle Telefonkabel günstig im Sonderangebot. Den Daten kann es ja egal sein, auf welchem Weg sie ihr Ziel erreichen, denken Sprachfüchse. Gut möglich, dass diese Zweckentfremdung funktioniert. Trotzdem gibt es gute Gründe für den Einsatz spezieller Busleitungen. Das originale KNX-Kabel (YCYM) ist spannungsgeprüft bis 4000 Volt (4kV), um in der Wand oder im Leerrohr direkt neben der Stromleitung liegen zu können. Telefonkabel und Lan-Strippen bieten solche Sicherheitsreserven in der Regel nicht. Sie sollten daher separat verlegt werden.

Der farbige Außenmantel erleichtert die Orientierung in Verteilern und Unterputzdosen: KNX-Kabel sind grundsätzlich grün, die Leitung für baumförmige Installationen mit Loxone Tree hat dieselbe Farbe, nur etwas kräftiger. Vorteil: Wie das häufig in Brandmeldeanlagen verwendete rote Kabel sind solche Leitungen unverwechselbar. Niemand wird bei der Renovierung aus Versehen 230 Volt auf den Bus schicken und damit die Sensoren grillen. Wer sicher gehen will, dass sein Bussystem dauerhaft und zuverlässig funktioniert, greift besser zu den dafür vorgesehenen Kabeln. Bei einer 100- oder 500-Meter-Trommel sind die Preisunterschiede minimal.

Auch im Lan spielen Leitungsqualitäten eine wichtige Rolle. Das Netzwerkkabel besteht normalerweise aus acht Adern, von denen jeweils zwei spiralförmig umeinandergeschlungen sind. Diesen verdrillten Adernpaaren verdankt das Kabel seinen englischen Namen: Twisted Pair (TP). Es gibt mehrere Leistungsklassen, die sich in der Übertragungsgeschwindigkeit, der Reichweite und Störsicherheit unterscheiden. Als Kennzeichen dient das Kürzel Cat (für Kategorie), gefolgt von einer Zahl. In Wohngebäuden kommen Cat 5 bis 7a zum Einsatz. Die schnellste Kategorie, Cat 8, ist wegen ihrer geringeren Reichweite vor allem in Rechenzentren und anderen Profiinstallationen zu finden. Darüber rangieren nur noch Netzwerke mit Lichtwellenleitern (LWL), umgangssprachlich Glasfaser genannt. Sie erlauben es, große Datenmengen verlustfrei über weite Entfernungen zu schicken. Allerdings sind heutige Lan-Buchsen an den Geräten nicht mit Lichtwellenleitern kompatibel. Sie benötigen einen Adapter für den Anschluss, weshalb Glasfaser in Privatgebäuden bislang kaum zum Einsatz kommt. Kupferkabel reichen für die zu Hause entstehenden Datenmengen mehr als aus – und sie können außerdem bestimmte Geräte wie IP-Kameras über ihre Adern mit Energie versorgen (siehe „Power over Ethernet“, Seite 169).

Cat-5-Kabel und ihre verbesserte Ausführung 5e waren lange Zeit der Standard in Gebäuden. Inzwischen werden sie seltener verlegt, weil ihre Übertragungskapazität von einem Gigabit pro Sekunde (1 Gbit/s) zu gering sein kann, wenn viele datenhungrige Anwendungen parallel ablaufen. Cat 6 bietet mehr Re-

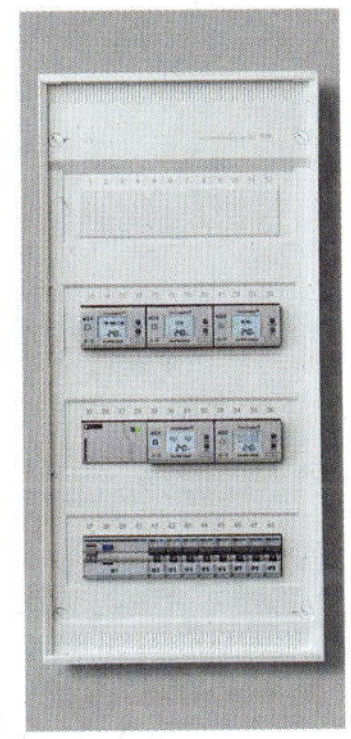

Platzreserven im Elektroverteiler können nicht schaden.

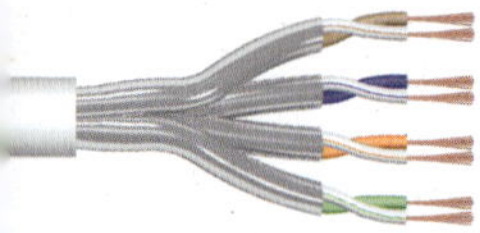

Paarweise verdrillte Adern geben dem Twisted-Pair-Kabel (TP) seinen Namen.

serven, Cat 6a schöpft den schnellen Übertragungsstandard 10GBase-T (10 Gbit/s) voll aus. Um solche Geschwindigkeiten zu erreichen, müssen Sie schon modernste Computer, Server mit Festspeicher (SSD) und andere High-End-Anwendungen nutzen. Allerdings weiß niemand genau, welche Aufgaben dem Lan-Netzwerk künftig noch zufallen. Anspruchsvolle Arbeit im Homeoffice oder Multimediadienste mir Virtual Reality (VR) und Augmented Reality (AR) können die Datenmengen in Zukunft ansteigen lassen. Wer darauf vorbereitet sein möchte, setzt gleich auf Cat 7 oder 7a. Beide Kabeltypen verlangen eigentlich andere Lan-Stecker und -Buchsen als das bislang übliche RJ-45-Format, sie lassen sich aber auch mit den heutigen Unterputzdosen kombinieren. Die Netzwerkleistung fällt dann auf Cat 6a zurück, doch das hochwertigere Kabel liegt schon mal in der Wand. Ein Austausch der Unterputzdosen genügt später, um auf volle Cat-7-Leistung zu kommen.

Mindestens so wichtig wie die Kabelkategorie ist die Abschirmung der Adern. Ungeschirmte Lan-Kabel sind am Kürzel UTP zu erkennen (Unfoiled Twistet Pair). Sie eignen sich nur für kurze Entfernungen von wenigen Metern, weil elektromagnetische Störungen quasi ungehindert zu den Adern durchdringen können. Wegen ihrer höheren Biegsamkeit kommen UTP-Leitungen vor allem als Patchkabel zum Einsatz. So heißen fertig konfektionierte Leitungen mit Steckern für den Anschluss von Geräten. In den Kindertagen der Telefonie wurden Teilnehmer durch mechanisches Umstecken der Kabel verbunden. Das „Fräulein vom Amt" saß am Schaltbrett (Englisch: Patch Board) und stellte den Anrufer durch (to patch someone through). Diese Begrifflichkeit hat sich bis heute gehalten. Patchkabel verbinden zum Beispiel das Anschlussfeld des Netzwerkverteilers im Technikraum mit dem Router, mit Servern, IP-Gateways und anderen Geräten – oder auch einfach den Computer im Homeoffice mit einer Lan-Dose an der Wand.

Patchkabel stellen auf kurze Entfernung die Verbindung zwischen zwei Anschlussfeldern her.

Die Hausverteilung übernimmt ein anderer Leitungstyp, das Verlegekabel. Es wird im Unterschied zum Patchkabel fest installiert. Darum sind Verlegkabel unkonfektioniert erhältlich – lose vom Meter oder als Rolle mit bis zu 500 Metern. Ihre Leiter haben eine elektrische Abschirmung, sie sind mit Drahtgeflecht oder metallbeschichteter Folie umgeben. Die Hülle schützt das Signal vor Störungen und ermöglicht Reichweiten von bis zu 100 Metern. Allerdings macht sie das Kabel dicker und steifer. Als Oberbegriff für foliengeschirmte Kabel hat sich das Kürzel FTP (Folded Twisted Pair) eingebürgert. Es umfasst mehrere Qualitäten, von denen in der Hausinstallation vor allem zwei zum Einsatz kommen: F/FTP und S/FTP. Beide umgeben die vier geschirmten Leiterbündel zusätzlich mit einem Mantelschirm aus Folie (F) oder Metallgeflecht (S). So ein Kabel kann auch ein Stück weit neben der Stromleitung verlaufen, ohne dass die Übertragungsleistung gleich zusammenbricht.

Lan-Kabel in verschiedenen Qualitäten

Kategorie	Cat 5	Cat 6	Cat 6a	Cat 7	Cat 7a
Geschwindigkeit bis	1 Gbit/s	10 Gbit/s	10 Gbit/s	10 Gbit/s	10 Gbit/s
Betriebsfrequenz bis	100 MHz	250 MHz	500 MHz	600 MHz	1000 MHz
Typische Reichweite	100 Meter	50 Meter	50 Meter	50 Meter	50 Meter
Stecker	RJ45	RJ45	RJ45	GG45, Tera (und RJ45)	GG45, Tera (und RJ45)

Da Verlegekabel sehr stabile Adern haben, lassen sich ihre Leitungsenden nicht einfach in Stecker quetschen, der Fachmann sagt crimpen. Stattdessen werden Verlegekabel im Technikraum über Klemmen an ein sogenanntes Patch-Feld angeschlossen. Darauf sitzen dann Lan-Buchsen für die Patchkabel. Am anderen Ende führen Verlegekabel zu den Wanddosen in den Zimmern. Idealerweise sollte jeder Raum eine Doppeldose mit zwei Lan-Anschlüssen haben, auch die Küche, das Bad oder Schlafzimmer. Im Wohnzimmer oder Homeoffice können zwei oder drei solche Duplexdosen nicht schaden. Wichtig: Bei der Planung auch an solche Montageorte denken, die vielleicht keine Lan-Dose bekommen, aber trotzdem einen Netzwerkanschluss benötigen. Dazu gehören zum Beispiel der Touchscreen für die Visualisierung an der Wand oder die Türkamera am Eingang.

Um die Verkabelung zu vereinfachen, gibt es außerdem Duplexkabel. Sie bestehen aus zwei direkt nebeneinander verlaufenden Lan-Strippen. Vorausgesetzt, die Leerrohre haben genügend Durchmesser, spart so ein Zwillingskabel Arbeitsaufwand, weil zwei Leitungen buchstäblich „in einem Zug" verlegt werden können. Unter beengten Verhältnissen erschwert das dickere und steifere Duplexkabel aber auch den Einzug in ein Leerrohr.

Mit einer Kombination aus drahtgebundenen und drahtlosen Komponenten lässt sich bei der Sanierung häufig Geld sparen.

Rechenbeispiel: Sanierung mit Funk und Kabel

Die Ausgangssituation: Ein Einfamilienhaus aus den 1990er-Jahren wird saniert. Die 140 Quadratmeter Wohnfläche verteilen sich über drei Etagen. Im Keller befinden sich ein kleines Büro, eine Werkstatt sowie der Heiz- und Waschraum. Der Elektroverteiler und das Leitungsnetz im EG/UG werden erneuert. Es bietet sich an, bei dieser Gelegenheit auch Busleitungen zu verlegen. Die Elektrik im Obergeschoss ist jüngeren Datums und kann bleiben.
Die Aufgabe: Die Familie wünscht sich eine intelligente Steuerung von Licht, Rollläden und Fußbodenheizung. Eine Alarmfunktion soll die Kellerräume sowie alle Türen und Fenster im Erdgeschoss absichern. Außerdem sind vernetzte Rauchmelder auf allen Etagen und Wassersensoren an Spül- und Waschmaschine geplant. Da im Obergeschoss keine Leitungen verlegt werden sollen, kommt für die Installation am ehesten ein Mix aus Kabel und Funk infrage. Die Kombination hilft außerdem Kosten zu sparen.
Die Lösung: Das hybride System Homematic IP von EQ-3 eignet sich gut für diesen Zweck. Mit

zwei Funkzentralen (siehe Seite 227) und einem Access Point für das leitungsbasierte Homematic IP wired (Seite 247) deckt es alle Räume ab. Über die Funktion Advanced Routing stehen die drei Zentralen miteinander in Kontakt und verhalten sich in der App wie ein gemeinsames System. Sie kommunizieren untereinander per Lan-Kabel, der zuerst installierte Wired Access Point stellt außerdem die Verbindung zur Cloud von Homematic IP her. Sollte er ausfallen, übernimmt eine der beiden anderen Zentralen diese Aufgabe.
Im Obergeschoss sind ausschließlich Funksensoren- und Aktoren verbaut, auf den unteren Etagen kommt überwiegend Homematic IP Wired zum Einsatz – ergänzt um Funkprodukte wie Alarmsirenen und Rauchmelder. Bei den fest angeschlossenen Licht- und Rollladen-

Das bezahlt die Beispielfamilie für ihre Installation

	Anzahl	Einheit		Einzelpreis	Netto	Brutto
Basisinstallation	1	Stk.	Homematic IP Access Point Wired	126,01	126,01	150
	2	Stk.	Homematic IP Access Point Funk	41,97	83,94	100
	5	Stk.	I/O-Modul Wired	83,99	419,95	500
Zentralfunktionen	1	Stk.	Bewegungsmelder f. Alarm/Licht Wired	67,18	67,18	80
	1	Stk.	Präsenzmelder Alarm/Licht Wired	67,18	67,18	80
	12	Stk.	Fenster-/Türkontakt Funk	25,17	302,04	359
	2	Stk.	Fenster-/Türkontakt verdeckt Funk	33,57	67,14	80
	1	Stk.	Fernbedienung 8 Tasten Funk	33,57	33,57	40
	1	Stk.	Wandtaster für Markenschalter Funk	33,57	33,57	40
	1	Stk.	16-fach Eingangsmodul Wired	109,20	109,20	130
	1	Stk.	Wetterstation Funk	83,99	83,99	100
	1	Stk.	Regensensor Funk	126,01	126,01	150
Beleuchtung/ Steckdosen	1	Stk.	8-fach Schaltaktor Wired	134,41	134,41	160
	1	Stk.	3-fach Dimmaktor Wired	201,64	201,64	240
	1	Stk.	4-fach Schaltaktor Funk	126,01	126,01	150
	11	Stk.	Schaltaktor für Markenschalter Funk	41,97	461,67	549
	3	Stk.	Schaltaktor mit Tastereingang Funk	50,38	151,14	180
	1	Stk.	Schaltaktor mit Signalleuchte Funk	58,78	58,78	70
	3	Stk.	2-fach-Taster Funk	33,57	100,71	120
	3	Stk.	Bewegungsmelder Funk	41,97	125,91	150
	2	Stk.	Magnetischer Öffnungskontakt Funk	20,20	40,40	48
	3	Stk.	Schalt- und Messsteckdose Funk	41,97	125,91	150
Beschattung	1	Stk.	4-fach Rollladenaktor Wired	126,01	126,01	150
	2	Stk.	Rollladenaktor für Markenschalter Funk	58,78	117,56	140

schaltern handelt es sich um konventionelle Taster, wodurch keine smarten Modelle mit Busankoppler benötigt werden. Die Steuerungsfunktion steckt in den Unterputz- und Hutschienenaktoren des Homematic-Systems. Ein Fußbodenheizungsaktor mit acht elektrischen Stellantrieben sorgt für die Wärmeverteilung im Haus. Er wird im Obergeschoss von vier Heizkörperreglern unterstützt, die bei Bedarf für schnelle, punktuelle Wärme sorgen können.

Die Funktionen: Homematic IP deckt alle gewünschten Aufgaben ab, legt es aber nicht auf Showeffekte an – von dimmbarem Licht im Wohn- und Essbereich einmal abgesehen. Für bunte LEDs oder Multiroom-Musik müsste das System mit einer anderen Zentrale und zusätzlicher Software wie Mediola (siehe Seite 233)

	Anzahl	Einheit		Einzelpreis	Netto	Brutto
Heizung	1	Stk.	12-fach-Aktor Fußbodenheizung Wired	168,03	168,03	200
	8	Stk.	Stellantriebe Fußbodenheizung	12,56	100,48	120
	3	Stk.	Wandthermostat Wired	58,78	176,34	210
	2	Stk.	Temperatur-/Luftfeuchtesensor Wired	41,97	83,94	100
	4	Stk.	Heizkörperthermostat Funk	41,97	167,88	200
Sicherheit	2	Stk.	Alarmsirene innen Funk	41,97	83,94	100
	1	Stk.	Alarmsirene außen Funk	100,80	100,80	120
	6	Stk.	Rauchwarnmelder Funk	50,58	303,48	361
	3	Stk.	Wassermelder Funk	33,57	100,71	120
			Summe		4 575,53	
			MwSt. 19 %		869,35	
			Materialkosten		5 444,88	**5 445 €**
Installation			Verlegen sämtlicher Elektro- und Busleitungen inklusive neuer Verteilung		1 950,00	2 320
			Installation und grundlegende Programmierung des Systems		2 550,00	3 034
			Summe		4 500,00	
			MwSt. 19 %		855,00	
			Installationskosten		5 355,00	**5 355 €**
			Gesamtkosten		10 799,88	**10 800 €**

Option Zutritt	1	Stk.	Türschlossantrieb Funk	126.01	126,01	150
	3	Stk.	Fernbedienung Türschlossantrieb Funk	33.57	100,71	120
			Summe		226,72	270
			MwSt. 19 %		43,08	
			Aufpreis		269,80	**270 €**

In unserem Rechenbeispiel ergänzt der Installateur Homematic IP wired (Bild) mit drahtlosen Komponenten.

aufgerüstet werden. So macht sich die Automatisierung eher unauffällig bemerkbar: Magnetkontakte im Rollschrank der Küche und Spieleschrank der Kinder schalten beim Öffnen die integrierte Beleuchtung ein. Ein Wettersensor im Garten misst Helligkeit und Sonnenscheindauer, um bei Bedarf die Außenjalousien zu schließen. Auch der Fußbodenheizungsaktor Falmot C-12 und seine elektrischen Stellantriebe besitzen ein verborgenes Talent: Mit ihren Motoren können sie Ventile stufenlos öffnen und schließen. Gegenüber thermischen Antrieben, die nur zwei Zustände kennen (auf und zu), hat das den Vorteil, dass sich die Wassermenge in den Kreisläufen genau dosieren

Der optionale Türschlossantrieb (Bild) und die Heizkörperregler im Homematic-IP-System erhalten ihre Befehle per Funk.

und umverteilen lässt. Ein sogenannter hydraulischer Abgleich durch Fachleute, der die Wärmeverteilung optimiert, soll sich erübrigen, weil der Aktor selbst für die richtigen Durchflussmengen sorgt. Hersteller EQ-3 hat sich die Funktion in einer Studie vom Fraunhofer Institut für Energiewirtschaft und Energiesystemtechnik (IEE) bestätigen lassen. Der Installateur übergibt eine funktionstüchtige Steuerung, in der Räume und Gerätegruppen bereits angelegt sind. Das Smart Home lässt sich in diesem Zustand mit den Wandtastern und der App von Homematic IP komplett bedienen. Änderungen an der Konfiguration können die Wohnenden per App dann selbst vornehmen. Auch das Anlegen von Regeln oder Hinzufügen neuer Komponenten liegt in ihrer Hand.

Die Optionen: Zum Homematic-IP-System gehört auch ein elektrischer Türschlossantrieb. Damit findet die Haustür drahtlos Anschluss an das Smart Home. Der batteriebetriebene Motorblock arbeitet ähnlich wie das Smartlock von Nuki (siehe Seite 210) und andere Geräte dieser Art, verwendet statt Bluetooth und WLan aber das Funkprotokoll von Homematic IP. In der App des Systems lassen sich Zugangsberechtigungen vergeben und Timer stellen – damit die Zentrale etwa abends automatisch die Tür zusperrt. Eine Fernbedienung mit Schlüsselring vereinfacht die Handhabung. So kommen auch die kleineren Kinder ohne Smartphone ins Haus.

Die Berechnungsgrundlage: Die Gerätekosten basieren auf den handelsüblichen Produktpreisen für Homematic IP (Stand: 2021). Konventionelle Taster und Schaltwippen, die im Haus verwendet werden, sind im Installationspreis enthalten. Dabei handelt es sich um einfache Modelle in Standardausführung. Mit anderen Schalterprogrammen kann dieser Posten teurer werden. Arbeits- und Materialaufwand für die Installation beruhen auf Erfahrungswerten. Wir haben dazu den Kostenvoranschlag eines Elektrikers eingeholt. Da jede Smart-Home-Installation anders ist und nach individueller Beratung stattfindet, hängt der genaue Endpreis vom Einzelfall ab.

SYSTEME IM ÜBERBLICK

Sie wissen ungefähr, was Ihr Smart Home können soll, haben aber noch keine Ahnung, welches System dafür infrage kommt? Dann hilft dieses Kapitel bei der Orientierung. Es gibt einen Überblick der gängigsten Lösungen – vom Einzelprodukt mit App-Bedienung bis hin zur vollständigen Gebäudetechnik. Die Installationstypen von A bis D liefern zudem Anhaltspunkte, für welche Nutzerinnen und Nutzer sich die Systeme eignen. Sind Sie eher der Tüftler-Typ (A) oder überlassen alle Arbeiten dem Fachbetrieb (D)? Irgendwas dazwischen? Dann könnten auch B und C interessant sein. Wo die Unterschiede liegen, erklärt das Kapitel „Welcher Smart-Home-Typ sind Sie" ab Seite 156.

Die Übersicht erhebt keinen Anspruch auf Vollständigkeit, dazu ist das Angebot auf dem Markt zu groß. Manche Smart-Home-Systeme sind zudem regelmäßigen Softwareupdates unterworfen. Dabei können sich Funktionen ändern oder neue Möglichkeiten der Steuerung hinzukommen. Das gilt besonders für Do-it-Yourself-Produkte. Profi-Lösungen haben längere Produktzyklen und bleiben daher im Funktionsumfang eher konstant. Trotzdem spiegeln die folgenden Systembeschreibungen den Zustand bei Drucklegung des Buches Ende 2021 wider. Spätere Änderungen sind nicht auszuschließen.

SPEZIALISTEN FÜR BESTIMMTE AUFGABEN

Hier kommt eine Auswahl beliebter Stand-alone-Lösungen. Die eine oder andere kennen Sie vielleicht. Viele Smart-Home-Einsteiger haben ihren Erstkontakt mit Philips Hue, Sonos & Co. – weil solche drahtlosen Systeme sich gut zum Nachrüsten eignen. Sie bieten Funktionen, die sonst nur aufwendig mit Festinstallationen im Gebäude realisierbar wären. Dass es sich dabei um Spezialisten handelt, fällt häufig erst später auf, wenn der Wunsch nach mehr Vernetzung entsteht. Ein drahtloses Lichtsystem kann nun einmal keine Temperatur regeln, der Außensensor einer Wetterstation nicht ohne Weiteres die Heizung kontrollieren. Dafür gibt es Smart-Home-Komplettlösungen, um die es weiter hinten diesem Buch geht. Die gute Nachricht: Einige übergreifende Systeme können auch Produkte wie Hue, Sonos und Tado in ihr Team integrieren – damit die Solisten nicht arbeitslos werden, wenn Sie irgendwann auf ein voll orchestriertes Smart Home umsteigen möchten.

Netatmo Wetterstation

Schon fast ein Klassiker: Die Wetterstation von Netatmo kam 2012 auf den Markt und ist seitdem fast unverändert erhältlich. Sie hat im Lauf der Jahre allerdings dazugelernt: Neben den beiden Basismodulen für drinnen und draußen gibt es inzwischen auch Wind- und Regenmesser. Damit liefert das System sehr detaillierte Daten über die Umweltverhältnisse im und am Haus.

Das knapp 16 Zentimeter hohe, säulenförmiges Innenmodul bildet die Zentrale. Es misst neben Temperatur, Luftdruck und Luftfeuchte

So lesen Sie den Systemsteckbrief

Zu jeder der 38 Smart-Home-Lösungen auf den folgenden Seiten gibt es einen kleinen Steckbrief. Er fasst die Eckdaten des Systems in einer Tabelle zusammen. Neben Systemnamen, Produktkategorie und Herstellerinformationen gehören dazu:

- **Anwendung.** Manche Systeme sind auf einen Bereich wie Heizung oder Beschattung spezialisiert, andere übernehmen mehrere Aufgaben. Gibt es Schwerpunkte, sind diese ebenfalls in dieser Zeile genannt.
- **Vernetzungsprinzip.** Hier steht, wie die Komponenten verbunden sind. Außer drahtloser Kommunikation per Funk gibt noch es Busleitungen, Lan-Kabel und Powerline-Technik.
- **Smart-Home-Standard(s).** Der Standard ist die Sprache, in der Teilnehmer des Netzwerks kommunizieren. Manche Systeme verwenden eigene (proprietäre) Technik dafür. Andere setzen auf allgemeine Protokolle wie Z-Wave, Zigbee oder WLan.
- **Laufende Kosten.** Durch regelmäßig zu zahlende Abonnements können Ausgaben entstehen. Die Stromkosten, die jedes elektrische System verursacht, sind damit nicht gemeint.
- **Installationstyp.** Die Buchstaben von A bis D geben an, wie viel Eigenleistung ein System verlangt. In Typ A ist sie am höchsten, in Typ D am geringsten. Mehr dazu auf Seite 157.

auch den Kohlendioxidgehalt und Schallpegel im Raum. Über eine WLan-Verbindung sendet es diese Informationen an einen Internetserver des Herstellers. Der versorgt gleichzeitig die App des Systems mit Daten, weshalb eine Onlineverbindung zum Betrieb der Wetterstation unbedingt notwendig ist. Das Innenmodul hat als einziges einen Stromanschluss, die übrigen Sensoren arbeiten drahtlos mit Batterien. Der etwas kleinere Außenfühler für Temperatur und Feuchtigkeit gehört zum Lieferumfang. Darüber hinaus lassen sich drei weitere, batteriebetriebene Innenmodule, sowie Wind- und ein Regenmesser per Funk verbinden.

Steckbrief Netatmo Wetterstation

Anwendung	Wetterdaten, Luftqualität
Kategorie	Do-it-Yourself
Hersteller	Netatmo SAS (Frankreich)
Webseite	www.netatmo.com
Vernetzungsprinzip	Funk
Smart-Home-Standard(s)	WLan + eigener (Sensoren)
Laufende Kosten	keine
Installationstyp (s. S. 157)	A B C

Displays gibt es an den Geräten keine, das Innenmodul signalisiert beim Antippen mit dem Finger lediglich über ein farbiges Lichtband, ob die CO_2-Konzentration im grünen,

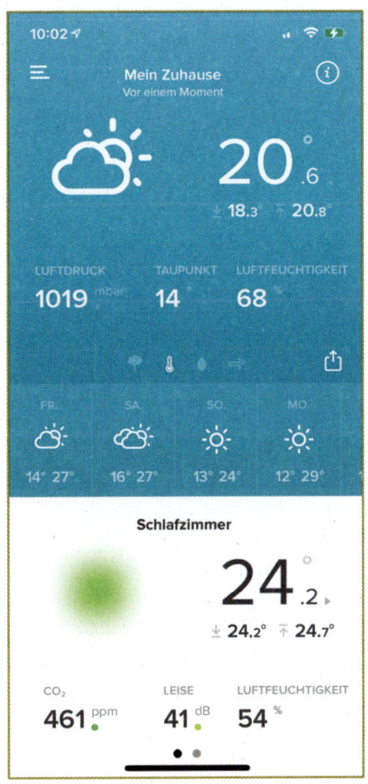

Die Netatmo-App zeigt Messungen der Außenmodule (im Bild oben) und Innensoren (im Bild unten) zusammen an.

Das Nuki Smartlock 3.0 Pro nimmt direkt per WLan Kontakt zu Gebäudesystemen auf.

gelben oder roten Bereich liegt. Alle weiteren Informationen sind in der App am Smartphone oder Tablet ablesbar. Alternativ gibt es einen Webzugang per Browser. Auf dem Onlineportal von Netatmo können Nutzer ihre Außenmessungen anonym für andere freigeben. So entsteht eine jederzeit aktuelle, weltweite Karte mit Wetterdaten.

Ein Vorteil der Station ist ihre Integrationsfähigkeit. Sie lässt sich in viele Smart-Home-Systeme einbinden. Neben Apple HomeKit zählen Fibaro, Homee, Magenta SmartHome, und Livisi zu den Unterstützern. Der Onlinedienst IFTTT bietet weitere Möglichkeiten, ja selbst Profiinstallationen wie Digitalstrom, Loxone und KNX stellen zum Netatmo-Server eine Verbindung her. Damit eignet sich die Wetterstation für sehr viele Installationen. Allerdings sind nicht alle Sensortypen auf jeder Plattform verfügbar und die Daten werden in Abständen von 5 bis 15 Minuten aktualisiert. Das gilt es zu beachten, wenn zum Beispiel der Niederschlagsmesser bei Regen vor einem geöffneten Dachfenster warnen soll.

Nuki Smartlock

Ein Schlossantrieb wie das Smartlock von Nuki macht traditionelle Schlüssel im Alltag überflüssig (siehe test 10/2020). Sein batterie- oder akkubetriebener Motor öffnet die Tür per Funkbefehl – gesendet vom Smartphone, von einer Fernbedienung oder Code-Tastatur. Wer mag, bekommt sogar einen drahtlosen Fingerabdruckleser als Zubehör. Der gewohnte Sicherheitszylinder bleibt funktionstüchtig, weil das Smartlock ihn nicht ersetzt. Es dreht einen Schlüssel, der innen im Schloss steckt. Damit lässt sich die Tür weiterhin traditionell öffnen – falls der Funksender verloren geht oder der Smartphone-Akku leer sein sollte.

Nuki ergänzt dieses Grundprinzip um mehrere Komfortfunktionen. Auf Wunsch sperrt der Antrieb automatisch auf, wenn ein registriertes Smartphone in Bluetooth-Reichweite kommt. Die Zutrittsberechtigung ist lokal auf dem Antrieb gespeichert, das Funksignal verschlüsselt, damit alle Daten im Haus bleiben. Erst die sogenannte Nuki-Bridge stellt eine Verbindung zum heimischen WLan her. Je nach Modell ist dieses Funkmodul direkt ins Schloss integriert oder als separates Gerät erhältlich. Über den Router ist das Schloss damit auch von unterwegs erreichbar. Berechtigungen können aus der Ferne erteilt und wieder entzogen werden.

Außerdem ermöglicht die Bridge-Funktion eine Integration in andere Systeme. So verbindet sie das Türschloss bei Bedarf mit Lösungen wie IFTTT, Homee, Magenta SmartHome und Mediola. Digitale Assistenten können die Tür per Sprachbefehl entriegeln, in den Apps von Videotürklingeln wie Doorbird und Ring erscheint eine Taste zum Öffnen der Tür. Mit dem Brückenschlag ist es außerdem möglich, ein professionelles Gebäudesystem wie Loxone oder KNX mit Nuki zu verbinden.

Steckbrief Nuki Smartlock

Anwendung	Schlossantrieb
Kategorie	Do-it-Yourself
Hersteller	Nuki GmbH (Österreich)
Webseite	https://nuki.io
Vernetzungsprinzip	Funk
Smart-Home-Standard(s)	Bluetooth + WLan (Bridge)
Laufende Kosten	keine
Installationstyp (s. S. 157)	A B C

Theoretisch kann jede Integration das Sicherheitsrisiko erhöhen, weil sie Hackern mögliche Angriffsflächen bietet. Die Widerstandsfähigkeit hängt in so einem Fall nicht vom Smartlock selbst, sondern vom Fremdsystem ab (siehe „Wie sicher ist …“, Seite 297). Daher sollten externe Verbindungen mit Bedacht eingerichtet werden. Gleichzeitig macht gerade ihre Vielfalt das Nuki zu einem der kompatibelsten Smartlocks auf dem Markt. Zumal der Hersteller weitere Optionen anbietet: Über WLan-Module, die mit der Gegensprechanlage zu Hause oder der Klingeltafel im Mehrfamilienhaus verbunden werden, lässt sich der Türsummer fernbedienen. Läuten autorisierte Personen an der Tür, erkennt Nuki sie am GPS-Signal ihres Smartphones und öffnet die Haustür.

Die Philips-Hue-Bridge (hinten Mitte) verbindet Produkte des Lichtsystems per Funk miteinander und mit dem Heimnetzwerk.

Philips Hue

Wer sich für smarte Lampen interessiert, kommt früher oder später mit Hue (sprich: hju) in Kontakt. Das drahtlose Lichtsystem – benannt nach dem englischen Wort für Farbton – ist Marktführer auf seinem Gebiet. Philips Lighting hat es 2012 eingeführt und die Marke beibehalten, als das Unternehmen 2016 den neuen Namen Signify bekam. Heute umfasst das Hue-Sortiment mehr als 250 Produkte für drinnen und draußen. LED-Leuchtmittel mit gängigen Lampensockeln gehören ebenso dazu wie LED-Streifen und komplette Tisch-, Steh-, Wand- oder Deckenleuchten. Es gibt Bewegungsmelder, Funktaster, Fernbedienungen und einen Zwischenstecker, der traditionelle Leuchten schalten kann.

Alle Produkte kommunizieren über die Hue-Bridge miteinander, eine Funkzentrale, die per Lan-Kabel an den Router angeschlossen wird. Sie wickelt den Datenverkehr lokal übers heimische Netzwerk ab, ohne Beteiligung eines

Steckbrief Philips Hue

Anwendung	Beleuchtung
Kategorie	Do-it-Yourself
Hersteller	Signify (Niederlande)
Webseite	www.philips-hue.com
Vernetzungsprinzip	Funk, Lan-Kabel (Bridge)
Smart-Home-Standard(s)	Zigbee
Laufende Kosten	keine
Installationstyp (s. S. 157)	A B C

Szenen in der Hue-App legen die Lichtstimmung für einzelne Räume oder Bereiche der Wohnung fest.

Internetservers. Nur für den Fernzugriff von unterwegs aus oder die Steuerung per IoT-Dienst (siehe „Ein Wort zum Internet der Dinge", Seite 283) ist eine Anmeldung mit E-Mail-Konto in der Cloud nötig. Jede Bridge kann ungefähr 60 Lichtquellen und ebenso viele Sensoren verwalten. Da ein Hue-Bewegungsmelder gleichzeitig die Temperatur und Helligkeit misst, vereint er mehrere Sensoren auf sich, was die Gesamtmenge reduziert. Wann die Kapazität erschöpft ist, hängt außerdem von der Zahl programmierter Regeln ab. Wer Haus und Garten komplett versorgen will, benötigt mitunter eine zweite oder gar dritte Bridge.

Da Philips Hue den verbreiteten Zigbee-Standard nutzt, lassen sich Leuchtmittel fremder Marken an der Funkzentrale anmelden. Ikea, Innr, Ledvance, Müller Licht, Paulmann und andere Hersteller bieten kompatible Produkte an. Sie kosten meist weniger als das offizielle Hue-Pendant, sind im Funktionsumfang aber etwas eingeschränkt. Ein Grund dafür: Das Philips-Lichtsystem bietet Extras, die im Zigbee-Standard nicht vorgesehen sind. So kann es die Farbe und Helligkeit von Lampen mit dem TV-Bild synchronisieren. Viele Fernseher der Marke Philips haben diese „Ambilight+Hue"-Funktion bereits eingebaut. Zum Nachrüsten anderer TV-Geräte gibt es eine Sync-Box, die per HDMI-Kabel zwischen Videoquelle und dem Fernseher angeschlossen wird. Sie analysiert das Videosignal und stimmt die Beleuchtung auf den Bildinhalt ab. So wirkt es, als strahlten die Bühnenscheinwerfer bei einem Konzertvideo bis ins Wohnzimmer hinein, das Blaulicht der Polizeiautos scheint vom Tatort am Bildschirm auf die Lampen im Raum überzuspringen. Vor allem Gamer lassen sich von solchen Lichteffekten gern in die Handlung ihrer Videospiele hineinziehen.

Exklusiv den Hue-Produkten vorbehalten ist auch die HomeKit-Integration. Das Lichtsystem reicht nur eigene Komponenten an die Schnittstelle von Apple weiter. Geräte anderer Hersteller tauchen dort nicht auf – es sei denn, sie sind Teil des „Friends-of-Hue"-Programms. Unter diesem Namen können Anbieter ihr Zubehör von Signify zertifizieren lassen. Schalterhersteller wie Busch-Jaeger, Gira und Jung machen Gebrauch davon und bieten Funktaster speziell für Hue an. Vorteil: Die Bridge akzeptiert sie wie ihre eigenen, es gibt keine Unterschiede in der Einrichtung oder Bedienung. Nicht zuletzt ebnet die große Beliebtheit dem System einen Weg in andere Installationen. Viele Smart-Home-Anbieter integrieren bei Bedarf eine Hue-Bridge. Do-it-Yourself-Lösungen können die smarten Lampen damit ebenso steuern wie Digitalstrom, KNX oder ein anderes professionelles Gebäudesystem.

Ring Video Doorbell

Der Name deutet es bereits an: Ring, ein Tochterunternehmen von Amazon, macht die heimische Türklingel smart. Bekanntestes und erfolgreichstes Produkt ist die Video Doorbell, eine Videotürklingel, die das Bild ihrer integrierten Kamera aufs Smartphone überträgt. Es gibt verschiedene Modelle, das Funktionsprinzip ist weitgehend gleich: Ein WLan-Modul mit Klingeltaste übernimmt zu Hause die Aufgabe des normalen Türgongs. Es bezieht seine Energie direkt aus dem Klingeldraht oder wird von einem aufladbaren Akku mit Strom versorgt. Alternativ gibt es eine Variante, die per Lan-Kabel am heimischen Netzwerk hängt und von dort auch die Energie bekommt (siehe „Power over Ethernet", Seite 169).

Übers Netzwerk hält die Klingel Kontakt zum Router und zu einer Cloud des Herstellers. Betätigt jemand den Klingelknopf, sendet Ring ein Signal in die Cloud. Der Internetserver verständigt die Ring-App auf dem Smartphone und

Steckbrief Ring Video Doorbell

Anwendung	Videotürklingel
Kategorie	Do-it-Yourself
Hersteller	Ring LLC (USA)
Webseite	http://ring.com/
Vernetzungsprinzip	Funk/Lan-Kabel
Smart-Home-Standard(s)	WLan/Lan
Laufende Kosten	für Videoaufnahmen
Installationstyp (s. S. 157)	A B C

bringt das Mobiltelefon zum Läuten. Beim Annehmen des Rufs öffnet sich automatisch ein Videofenster mit dem Livebild der Kamera. Es zeigt, wer vor der Tür steht. Außerdem gibt es eine Gegensprechfunktion über das Mikrofon und den Lautsprecher in der Videoklingel. So können etwa Paketempfänger dem Boten mitteilen, wo er ihre Sendung abstellen soll, Gastgeber den Besuch um etwas Geduld bitten, wenn sie sich verspäten.

Die Tür aufschließen kann Ring allerdings nicht. Dazu wäre ein weiteres System wie das Nuki Smartlock nötig (siehe Seite 210) – oder eine kombinierte Lösung aus Videosprechanlage und Türöffner, wie sie Doorbird, Siedle und andere Hersteller anbieten. Mit einem akkubetriebenen Ring-Modell verliert außerdem der vorhandene Türgong seine Funktion. Weil das Funkmodul keine direkte Verbindung zur Klingelanlage hat, kann es sie nicht läuten lassen. Ring bietet aber drahtlose Gongs für die Steckdose als Zubehör an. Sie übertragen den Klingelton in die Wohnung und können als Repeater die Funkreichweite der Videoklingel vergrößern, wenn das WLan des Routers nicht bis vor die Tür reichen sollte.

Die Videotürklingel von Ring überträgt Livebilder ihrer Kamera aufs Smartphone – egal, wo der Empfänger sich gerade aufhält.

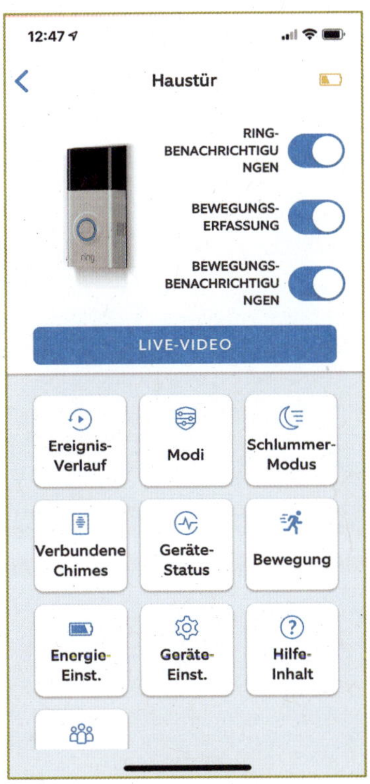

Eine Bewegungserkennung aktiviert die Ring-Kameras auf Wunsch automatisch.

In der Basisversion ohne Abonnement überträgt das System Livevideos und schickt auf Wunsch eine Benachrichtigung ans Smartphone, sobald die Kamera Bewegungen entdeckt. Sollen die Videos aufgezeichnet werden, ist ein kostenpflichtiges Abo nötig. Es speichert alle Ereignisse in der Cloud. Damit erscheint ein Videoverlauf in der App, der 30 Tage lang zurückreicht. Ältere Aufnahmen verschwinden automatisch, sofern der Nutzer sie nicht auf das Smartphone oder einen Computer herunterlädt. Wie für alle Überwachungskameras gelten auch für Ring die allgemeinen Datenschutzbestimmungen. So dürfen Videoklingeln bei ihren Aufnahmen zum Beispiel keine Passanten auf dem öffentlichen Gehweg ins Visier nehmen (siehe „Videoüberwachung …“, Seite 114).

Sonos

Mit Sonos hat der gleichnamige US-Anbieter ein System geschaffen, das ohne viel Aufwand Musik im Haus verteilt. Er ist damit so erfolgreich, dass Installateure die Geräte auch bei Kunden einsetzen, obwohl sie ursprünglich für die Selbstmontage entwickelt wurden. Die Benutzerfreundlichkeit dürfte auch ein Grund sein, warum Ikea seine Symfonisk-Produkte gemeinsam mit Sonos entwickelt (Seite 232). Technisch gesehen handelt es sich dabei um Sonos-Lautsprecher, die mit dem Sortiment

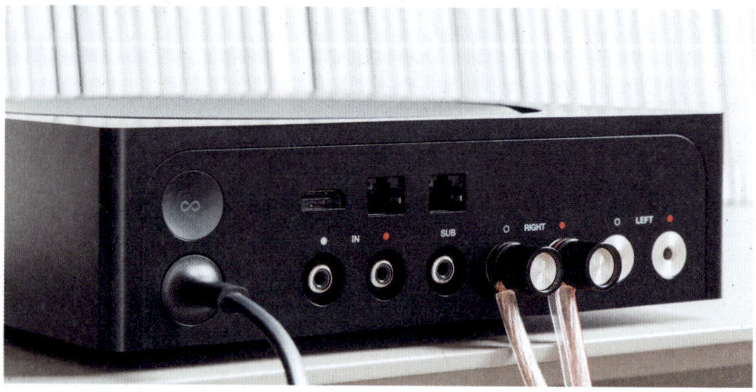

Zum Sonos-Sortiment zählt neben Funkboxen (ganz oben) auch ein Verstärker, der kabelgebundene Lautsprecher auf traditionellem Weg versorgt.

der Amerikaner kompatibel sind (siehe test 2/2020 und 4/2021).

Eine Sonos-Installation besteht aus mehreren Audiogeräten, die Räume im Haus mit Ton versorgen. Die Player können individuell ihr eigenes Programm wiedergeben oder auch synchron zusammenspielen. Eine App auf dem Smartphone oder Computer – der Sonos-Controller – kombiniert sie bei Bedarf zu Hörzonen. Bis zu 32 solche Zonen kann ein Sonos-System verwalten. Es gibt Geräte für unterschiedliche Einsatzgebiete, vom tragbaren Lautsprecher mit Akku über fest installierte Exemplare und Heimkino-Soundbars bis hin zum Verstärker mit Boxenkabeln. Wer eine traditionelle HiFi-Anlage oder einen Vinyl-Plattenspieler sein Eigen nennt, kann sie integrieren: Eine Anschlussbox überträgt das Signal ins Audiosystem.

Die Verbindung untereinander stellt im einfachsten Fall das WLan her. Dann sind nur Stromsteckdosen zum Betrieb notwendig. In einem schwachen Funknetz kann es dabei jedoch zu Tonaussetzern kommen. Darum haben Sonos-Geräte ihre eigene WLan-Technik an Bord: Wird eines der Geräte per Lan-Kabel angeschlossen, baut das System sein privates Funknetz auf. Auch Surround-Lautsprecher und Subwoofer im Heimkino werden normalerweise drahtlos versorgt. Trotzdem verfügen die meisten Sonos-Produkte über Lan-Buchsen. Damit lässt sich das System auch komplett kabelgebunden installieren – in großen Wohnungen über mehrere Etagen meist die bessere Wahl.

Steckbrief Sonos

Anwendung	Multiroom-Audio
Kategorie	Do-it-Yourself
Hersteller	Sonos
Webseite	www.sonos.com
Vernetzungsprinzip	Funk, Lan-Kabel
Smart-Home-Standard(s)	WLan/Lan
Laufende Kosten	eventuell für Musikdienste
Installationstyp (s. S. 157)	A B C D

Die Sonos-App bespielt Räume einzeln oder gemeinsam mit Musik, TV-Ton und anderen Inhalten wie Hörbüchern.

Jeder Raum verfügt in der Tado-App über seine eigene Kachel. Sie führt zu Temperatureinstellungen und Heizplänen.

Besonderes Augenmerk legen die Entwickler auf ihre Bediensoftware. Der Sonos-Controller ist einfach zu handhaben und integriert sehr viele Audioquellen. Neben Musik aus dem heimischen Netzwerk und Webradio lassen sich damit in Deutschland rund 80 Streamingdienste nutzen. Von Aldi über Spotify und Tidal bis zu YouTube Music – kein anderes Audiosystem bietet mehr Auswahl. Abonnenten der Dienste können sich mit ihren Zugangsdaten im Controller anmelden und das Programm über die Lautsprecher streamen. An Modellen mit integriertem Mikrofon klappt das auch per Sprachsteuerung: Amazon Alexa oder der Google Assistant nehmen hier Befehle entgegen. Siri kann die Player von einem HomePod, iPhone oder iPad aus fernsteuern. Alle aktuellen Sonos-Produkte sind mit Apples Streamingtechnologie AirPlay ausgestattet. Lediglich audiophile Musiksammler kommen nicht ganz auf ihre Kosten, weil das System keine hochauflösenden Dateiformate abspielt, die klanglich über CD-Qualität hinausgehen (HiRes Audio) – und weil die Zahl lokaler Musikdateien, die daheim auf Netzwerkspeichern lagern, auf einige zehntausend Titel begrenzt ist.

Dafür holt die sogenannte Trueplay-Funktion möglichst viel Klang aus dem Musikmaterial heraus. Sie misst den Frequenzgang der Lautsprecher auf die Akustik des Raumes ein und mildert so Probleme, die durch ungünstige Aufstellung entstehen können, etwa im Regal oder in der Zimmerecke. An transportablen Geräten geschieht das automatisch während der Wiedergabe: Die Mikrofone der Sprachsteuerung kontrollieren hier fortwährend den Klang. Bei stationären Modellen übernimmt ein Apple iPhone oder iPad direkt nach dem Aufstellen der Lautsprecher diese Aufgabe.

Tado

Smarte Thermostate und Heizungsregler zum Nachrüsten gibt es von vielen Anbietern. Tado aus München gehört zu den Bekanntesten. Die Spezialität des Unternehmens ist eine vollautomatische Steuerung, die auf An- und Abwesenheit der Bewohner reagiert. So entstand auch der Firmen- und Produktname. Er setzt sich aus zwei japanischen Redewendungen zusammen: Tadaima, was so viel bedeutet wie „Ich bin wieder da", und der Erwiderung darauf Okaeri: „Willkommen zurück".

Tado-Geräte nutzen die Ortungsfunktion des Smartphones, um festzustellen, wo ihre Nutzer sich befinden. Die Tado-App sendet den Standort an einen Internetserver des Herstellers. Haben alle Haushaltsmitglieder die Wohnung ver-

Steckbrief Tado

Anwendung	Heizung, Kühlung
Kategorie	Do-it-Yourself
Hersteller	Tado GmbH
Webseite	www.tado.com
Vernetzungsprinzip	Funk, Lan-Kabel (Bridge)
Smart-Home-Standard(s)	eigener (Heizung), WLan (Klimaanlagen)
Laufende Kosten	für ortsabhängige Steuerung
Installationstyp (s. S. 157)	A B C

Heizkörperregler und Raumthermostate von Tado benötigen für den vollen Funktionsumfang ein bezahltes Abo.

lassen, drosselt das System die Temperatur, und zwar umso stärker, je weiter man sich von daheim entfernt. Bleibt die Familie in der Nähe, etwa beim Einkaufen, sind es nur ein oder zwei Grad, fährt sie weiter weg in die Ferien entsprechend mehr (siehe Illustration auf Seite 81). Umgekehrt beginnen die Thermostate auf dem Rückweg schon wieder mit dem Aufheizen, damit die Räume beim Heimkommen nicht mehr kalt sind. Die Minimaltemperatur und der Radius, in dem Tado das Smart Home als „zu Hause" betrachtet, sind in der App einstellbar. Außerdem orientiert sich das Programm am heimischen WLan: Hat das Telefon eine Verbindung zum Netzwerk, muss es vor Ort sein.

Bedeutet im Umkehrschluss: Damit die Automatik funktioniert, sollte jeder in der Familie über ein eigenes Smartphone mit der Tado-App verfügen und dieses auch bei sich tragen. Sonst laufen wie bei anderen Systemen programmierbare Heizpläne ab. Außerdem ist für die ortsabhängige Steuerung ein Abo nötig (Kosten: 25 Euro pro Jahr, Stand: 2021). Ohne die kostenpflichtige Auto-Assist-Funktion meldet sich die App des Systems, wenn alle aus dem Haus sind, und man muss von Hand in den Sparbetrieb schalten.

Die Intelligenz der Tado-Regler liegt in der Cloud. Damit sind sie auf eine Onlineverbindung angewiesen. Fällt der Internetzugang aus oder ist der Tado-Server aus anderen Gründen nicht erreichbar, verliert die App ihre Funktion. Die Raumtemperatur ist dann nur noch manuell am Thermostat regelbar. Andererseits stattet die Onlinedatenverarbeitung das System mit besonderen Fähigkeiten aus. So „lernen" die Thermostate, wie lange die Räume normalerweise zum Aufheizen brauchen. Wettervorhersagen und Informationen über die Außentemperatur am Wohnort fließen in die Berechnung mit ein. An einem kalten Wintermorgen beginnt das System entsprechend früher zu heizen, damit die Wunschtemperatur bis zum Aufstehen erreicht wird. Ist Tado über einen Raumthermostat mit dem Kessel oder der Gastherme verbunden, kann es im laufenden Betrieb die Funktion überwachen und Fehler der Heizung an die App melden.

Die Produkte decken ein breites Anwendungsgebiet ab. Es gibt Heizkörperregler mit Batterieantrieb und fest verkabelte Raumregler für die Wand. Eine Funkbox am Wärmeerzeuger macht Heizsysteme smart, die eine drahtlose Verbindung verlangen. Alle Geräte kommunizieren über das herstellereigene Funkprotokoll mit der Tado-Bridge am Router. Hinzu kommt eine Steuerung für Klimaanlagen, die automatische An- und Abwesenheitserkennung auch im Sommer ermöglicht. Sprachsteuerung mit Amazon Alexa und Google Assistant unterstützen die Regler ebenso wie die Integration in Apple HomeKit oder den Onlinedienst IFTTT. Als Partner der Initiative eNet-Smart Home ist Tado außerdem für die Heizung im Profi-System von Gira und Jung zuständig (Seite 251).

KOMPLETTSYSTEME FÜR SELBERMACHER

„Eines für alles" lautet die Devise. Die folgenden Systeme kombinieren mehrere Aufgaben in einer Steuerung. Fast immer bedeutet das Licht und Steckdosen, Heizung und Beschattung. Ausnahmen von der Regel sind im Produktsteckbrief vermerkt. Auch Sicherheitsfunktionen für Alarm und Überwachung kommen recht häufig vor. Wenn es um Musik und Lautsprecher geht, wird die Auswahl schon kleiner. Eine Übersicht der jeweils unterstützten Produkte würde den Rahmen dieses Kapitels sprengen. Außerdem wäre sie häufigen Änderungen unterworfen, weil die Anbieter ihr Sortiment erweitern. Umgekehrt können Geräte, die übers IP-Netzwerk angebunden sind, auch mal aus der Unterstützung herausfallen, wenn eine Aktualisierung ihrer Software größere Anpassungen im System nötig macht. Darum empfiehlt es sich, vor der Anschaffung einen Blick ins Sortiment zu werfen. Die Internetseite des Anbieters ist dafür die erste Anlaufadresse.

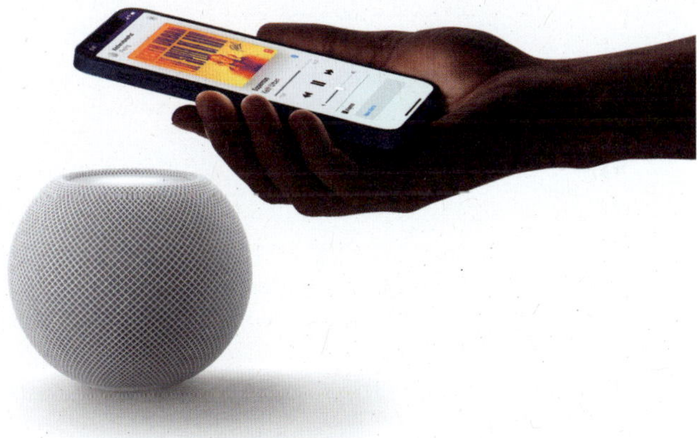

Der HomePod mini von Apple ist Musiklautsprecher und Smart-Home-Zentrale in einem Gerät.

Apple HomeKit

Der US-Konzern Apple hat schon einige digitale Ökosysteme am Markt etabliert. Sein iTunes-Store für Musik gehört dazu, der AppStore am iPhone und der Streaming-Standard AirPlay, den viele Hersteller in ihren WLan-Lautsprechern verwenden. Apples Ökosystem für das vernetzte Haus heißt HomeKit. Im Prinzip handelt es sich dabei um eine Softwareschnittstelle. Das Unternehmen legt fest, welche Voraussetzungen ein Smart-Home-Produkt erfüllen muss, um sich übers Netzwerk mit Geräten von Apple zu verbinden. Ein Zertifizierungsprozess überprüft, ob diese Vorgaben eingehalten werden. Erst danach dürfen Produkte das Etikett „Works with HomeKit" (funktioniert mit HomeKit) tragen. Prinzipiell können sie auch ohne dieses Logo kompatibel sein, es gibt dann aber keine Garantie für reibungslose Funktion. Beim Einrichten eines unzertifizierten Geräts, etwa über Homebridge (siehe Sei-

Steckbrief HomeKit

Anwendung	Komplettlösung
Kategorie	Do-it-Yourself
Hersteller	Apple (USA)
Webseite	www.apple.com
Vernetzungsprinzip	Funk, WLan/Lan-Kabel (Zentralen)
Smart-Home-Standard(s)	Bluetooth, Thread, WLan
Laufende Kosten	für Videoaufnahmen
Installationstyp (s. S. 157)	A B

te 274), erscheint auf Apple-Produkten der Hinweis, dass es sich um kein offiziell unterstütztes Zubehör handelt.

Im Mittelpunkt der Haussteuerung stehen iPhone, iPad und der iPod touch. Nur diese drei Geräte können HomeKit-Produkte in Betrieb nehmen. Für Nutzer von Android-Smartphones oder -Tablets gibt es keine Möglichkeit, Apple hat die Werkzeuge dafür direkt in sein Betriebssystem iOS beziehungsweise iPadOS integriert. Seit 2016 gibt es dort die App „Home" (Bild rechts). Beim ersten Start legt das Programm ein leeres Zuhause an. Dort hinein kommen alle smarten Lampen, Steckdosen, Heizungsregler und anderen Geräte, die mit HomeKit gesteuert werden sollen.

Die Geräte können auf verschiedene Weise eine Verbindung herstellen. Als Funkprotokolle sind Bluetooth, Thread und WLan vorgesehen (siehe Seite 44). Allerdings haben HomeKit-Anbieter die Möglichkeit, eigene Funkzentralen zu verwenden. Damit kommen weitere Standards ins Spiel, so wie bei Philips Hue. Das Lichtsystem arbeitet intern mit Zigbee, seine Bridge findet aber per Lan-Kabel Anschluss ans System. Bosch, Ikea, Tado und andere machen es genauso. In der Praxis ändert sich dadurch der Einrichtungsprozess. Während Bluetooth-, Thread- und WLan-Produkte direkt in der Home-App eingerichtet werden, läuft die Installation von Bridge-Systemen zunächst über deren eigene Software. Die Home-App fügt sie anschließend zu HomeKit hinzu.

Apples Home-App ist auf iPhone und iPad bereits ab Werk installiert.

Auch die Streamingbox Apple TV dient nebenbei als HomeKit-Zentrale.

Dass Apple Wert auf einfache Bedienung legt, zeigt sich hier, beim Hinzufügen von Geräten. Um HomeKit zu nutzen, muss man von Standards und Schnittstellen nichts verstehen. Die Fähigkeit, eine Smartphone-Kamera zu bedienen, genügt. Jedem zertifizierten Produkt, ob Einzelgerät oder Bridge, liegt ein achtstelliger Zifferncode bei. Diesen Code nimmt die Home-App mit der Kamera des iOS-Geräts auf. Er wird laut Apple verwendet, um eine abhörsichere Verbindung herzustellen. Später im Betrieb findet die Kommunikation zwischen den Geräten weitgehend lokal im Netzwerk statt, sofern nicht Sprachassistentin Siri daran beteiligt ist (siehe Abschnitt „Ein Wort zum Internet der Dinge", Seite 283).

Die Home-App erkennt das Gerät nach dem Scannen des Codes automatisch. Sie fragt, unter welchem Namen es geführt und in welchem Raum es installiert werden soll. Das neue Zubehör lässt sich nun über Bedienelemente in der Home-App und Apples digitale Sprachassistentin Siri steuern. Wer mehrere iPhones, iPads, Macs und andere Apple-Produkte über seine E-Mail-Adresse (Apple ID) angemeldet hat, erhält mit allen Zugriff auf das Zuhause. Die Synchronisation der Daten über

Apples iCloud-Server sorgt dafür. Auch Szenen, die mit einem Gerät angelegt werden, erscheinen überall automatisch. Was dem Smart Home noch fehlt, ist Intelligenz. Mit der Home-App allein können Sensoren noch keine Regeln auslösen oder Timer das Licht und Rollläden steuern. Für solche Automationen ist eine zusätzliche Steuerzentrale nötig.

Ein iPad mit iOS 10 oder neuer, das dauerhaft zu Hause eingeschaltet ist, erfüllt diesen Zweck. Die Streaming-Box Apple TV ab der vierten Generation (Apple TV HD) oder ein WLan-Lautsprecher der HomePod-Serie ebenfalls. Sobald die Steuerzentrale mit derselben Apple-ID in der iCloud angemeldet wird wie der Rest des Zuhauses, übernimmt sie stillschweigend ihre Aufgaben. Sie automatisiert Abläufe und organisiert den Fernzugriff von unterwegs. Mit der Zentrale lassen sich Familienmitglieder über ihre persönliche Apple-ID ins vernetzte Zuhause einladen und an der Steuerung beteiligen. So funktionieren auch ortsbasierte Regeln nach dem Motto: „Wenn der letzte das Haus verlässt, Licht ausschalten“.

HomeKit-fähige Kameras nutzen die Steuerzentrale für Bildanalysen. So können wahlweise Personen, Tiere oder Fahrzeuge als Auslöser für Aktionen dienen. Die Signalverarbeitung findet lokal auf der Zentrale statt. Nur Videostreams der Kameras laufen über Apple-Server – ebenfalls verschlüsselt, wie der Anbieter verspricht. Geeignete Kameras können außerdem Aufnahmen in der Cloud speichern. Die entsprechende Funktion Sicheres HomeKit Video (HomeKit Secure Video) setzt allerdings einen kostenpflichtigen iCloud-Speicherplan voraus. Ansonsten verlangt Apple kein Geld von den Nutzern seiner Smart-Home-Schnittstelle.

Sind Bluetooth-Sensoren oder -Aktoren installiert, lösen die HomeKit-Zentralen nebenbei auch das Reichweitenproblem. Im Gebäude kommen Bluetooth-Signale oft nur wenige Meter weit. Ein Apple TV oder HomePod an der richtigen Stelle überbrückt Funklöcher, weil er mit seinem integrierten Bluetooth-Chip die Verbindung hält. Langfristig wird Thread den Bluetooth-Standard in HomeKit jedoch ersetzen. Das Thread-Netzwerk ist nicht nur robuster, zu-

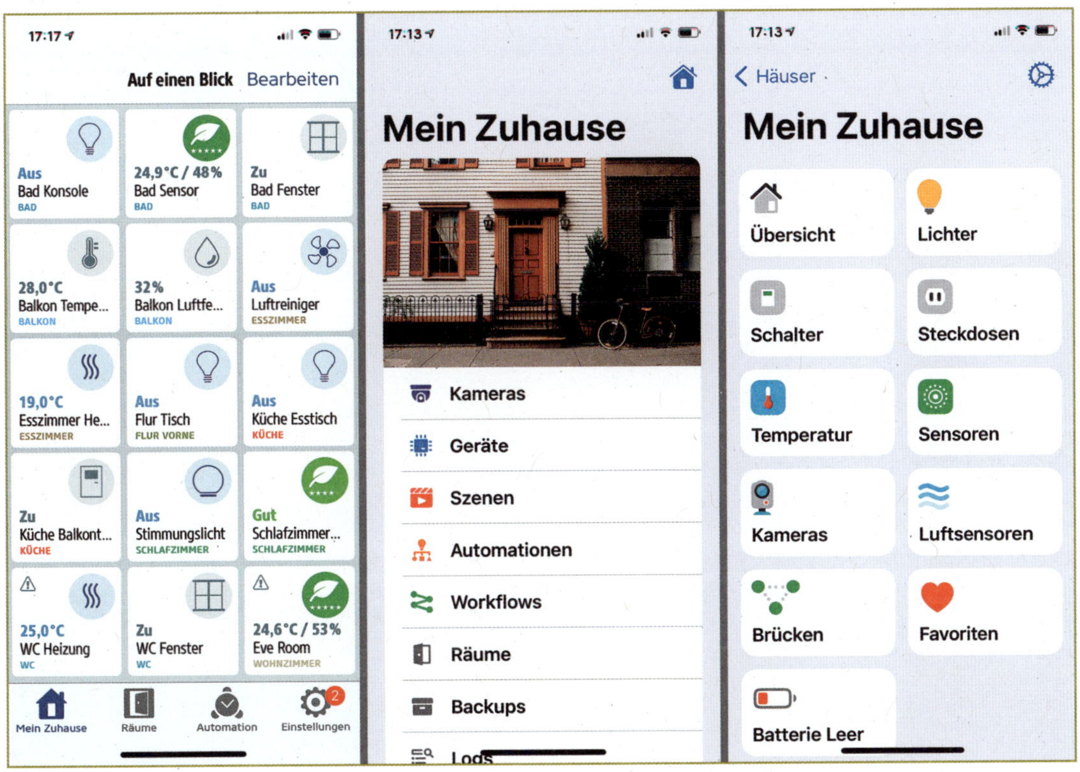

Alternative HomeKit-Apps wie Eve, Controller oder Home+ (v. l. n. r.) bieten mehr Funktionsumfang als das Programm von Apple.

Fritzbox-Router von AVM eignen sich auch als Smart-Home-Zentrale, sofern sie über eine Dect-Funktion verfügen.

verlässiger und reagiert schneller, es vergrößert seine Reichweite mit Mesh-Technik auch selbst. Neben dem HomePod mini unterstützen auch neuere Apple-TVs den Thread-Standard.

Vom Konzept her richtet sich das System an Selbermacher, die ohne viel Aufwand Geräte verbinden und gemeinsam steuern wollen. Mit anderen Worten: an den Installationstyp B (siehe Seite 158). Wer tiefer einsteigen will, kann zusätzliche HomeKit-Apps aus dem AppStore installieren. Sie erlauben Regeln mit mehr Bedingungen und Funktionen als das mitgelieferte Apple-Programm. Ein zusätzlicher Homebridge-Server im Netzwerk (Seite 274) holt Geräte ins System, die HomeKit nicht von Haus aus unterstützen. So eine Lösung tendiert dann eher zum Installationstyp A. Für professionelle Installationen (C und D) ist die Schnittstelle weniger geeignet. Zum einen fehlt es an Komponenten wie Schaltaktoren für die Hutschiene, zum anderen stellt Apple keine Werkzeuge für die Verwaltung bereit. Fachbetriebe können die Installation nicht vorbereiten oder damit arbeiten, ohne einen Vollzugriff auf die iCloud-Daten ihrer Kunden zu erhalten – Adressen, Fotos und Kreditkartendaten inklusive. Darum kommt HomeKit unter Profis eher als zusätzliche Option in Betracht. Ein spezielles Gateway reicht Daten aus der Gebäudeinstallation an die Apple-Schnittstelle weiter. So können Bewohner ihr Zuhause mit Siri, iPhone und iPad bedienen. Die Sensoren und Aktoren sind aber mit einem anderen System wie Loxone oder KNX vernetzt.

AVM Fritzbox

Drahtlose Smart-Home-Systeme arbeiten oft mit einer Funk-Bridge. Sie verbindet Sensoren und Aktoren, die ihre eigene Sprache sprechen, mit dem Rest des Netzwerks. Die meisten Fritzbox-Router von AVM (siehe test 3/2020) können auf diesen Übersetzer verzichten, weil sie selbst das nötige Vokabular beherrschen. Die Rede ist vom Funkstandard Dect. Genauer gesagt: von dessen energiespa-

Steckbrief Fritzbox

Anwendung	Beschattung, Heizung, Licht			
Kategorie	Do-it-Yourself			
Hersteller	AVM Computersysteme			
Webseite	https://avm.de			
Vernetzungsprinzip	Funk, Lan-Kabel (Zentrale)			
Smart-Home-Standard(s)	Dect ULE			
Laufende Kosten	keine			
Installationstyp (s. S. 157)	A	B		

render Variante Dect ULE (siehe Seite 47). Sie wurde speziell für den Einsatz im Smart Home entwickelt. Eine Fritzbox mit Dect-Basis versteht auch Dect ULE. Entsprechende Sensoren und Aktoren funktionieren damit ohne weitere Hilfsmittel direkt am Router.

2012 hat AVM seinen ersten Dect-Zwischenstecker mit Energiemessfunktion vorgestellt. Es folgten Heizkörperregler, Taster und eine LED-Lampe. Auch Produkte anderer Hersteller lassen sich mittlerweile verbinden – vom drahtlosen Fensterkontakt bis zum elektrisch angetriebenen Gurtwickler. Voraussetzung: Das Fremdprodukt versteht die Protokollerweiterung HAN FUN (Home Area Network FUNctional protocol). Das ist der Dialekt, den Dect-ULE-Geräte im Smart Home sprechen. Außerdem muss AVM die Steuerung in seiner Software vorsehen, was nicht bei allen ULE-Produkten der Fall ist. Außerdem hängt die Unterstützung von der Betriebssystemversion des Routers ab. Lampen setzen ein eher aktuelles FritzOS 7.20 voraus, manche Rollladenantriebe sogar 7.25. Heizkörperregler und Zwischenstecker funktionieren dagegen auch mit früheren Versionen. Regelmäßige Softwareupdates des Routers empfehlen sich aber ohnehin, schon aus Sicherheitsgründen (siehe Seite 305).

Pro Router ist die Zahl der Smart-Home-Geräte auf 52 begrenzt. Die Gesamtmenge verteilt sich auf mehrere Produktgruppen. Erlaubt sind: zwölf Heizkörperregler und jeweils zehn schaltbare Steckdosen, LED-Lampen, Fritz-Taster und weitere Smart-Home-Produkte anderer Hersteller. Die Installation läuft so unkompliziert ab wie bei einem Schnurlostelefon. Der lange Druck auf die Dect-Taste am Router koppelt Zubehör an die Fritzbox. Alle Einstellungen finden auf der Weboberfläche im Browser statt.

Hier zeigt sich ein Unterschied zu anderen Smart-Home-Lösungen: Es gibt keine Regeln nach dem Wenn-dann-Prinzip. Stattdessen setzt AVM auf einfache Bildschirmmenüs zum Anklicken und gibt die Funktionen vor. So können Fensterkontakte zum Beispiel Lampen und Steckdosen steuern, aber keine Heizkörperthermostate. Das hängt auch mit dem Arbeitsrhythmus der Regler zusammen. Um Batterien zu sparen, fragen sie nur alle 15 Minuten am Router nach, welche Temperatur gerade gewünscht ist. Geschieht das zufällig kurz vor Öffnen des Fensters, könnte bis zu einer Viertelstunde vergehen, ehe der Motor das Ventil schließt. Diese Reaktion ist zu träge, weshalb AVM stattdessen auf eine traditionelle Fenster-Offen-Erkennung mit Temperatursensor im Thermostat setzt. Umso vielfältiger sind die Einstellungen zum automatischen Schalten nach Tageszeit, Kalender oder Zufallsprinzip. Über Gruppen und Vorlagen lassen sich Szenen und Heizpläne für bestimmte Situationen einrichten.

Das so konfigurierte System ist anschließend per Smartphone oder Tablet bedienbar. AVM bietet eigene Apps dafür an. Zwei Funktaster – mit oder ohne Display – steuern die Aktoren im Alltag. So kommen Einsteiger sehr schnell zu einer funktionierenden Lösung. Sie stoßen allerdings auch früh an Grenzen, denn die Zahl kompatibler Produkte ist überschaubar. Unterputzaktoren etwa gibt es mit Dect ULE noch nicht. Eine Verbindung zu anderen Systemen hat AVM von Haus aus nicht vorgesehen, wohl um Hackern keine Angriffsfläche zu bieten. Als Datendrehscheibe im Netzwerk kommt der Sicherheit des Routers eine besondere Bedeutung zu.

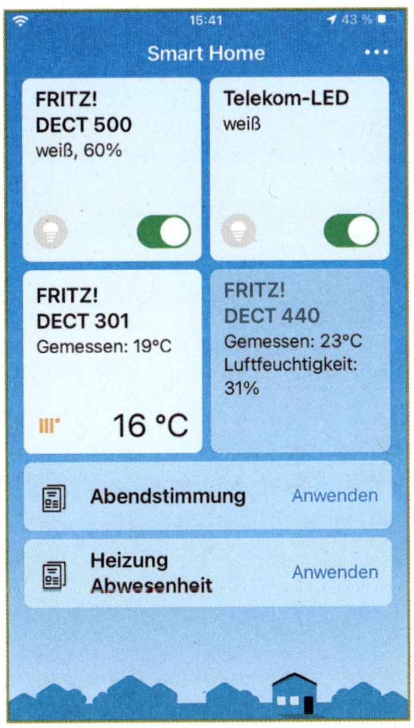

Neben anderen Fritz-Apps bietet AVM auch ein Programm speziell für die Steuerung der Smart-Home-Funktionen an.

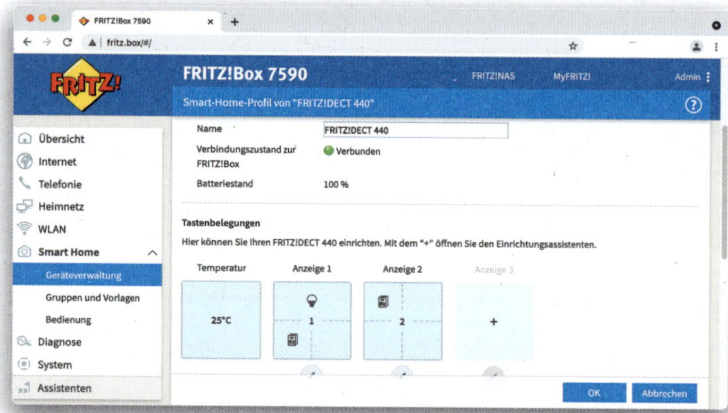

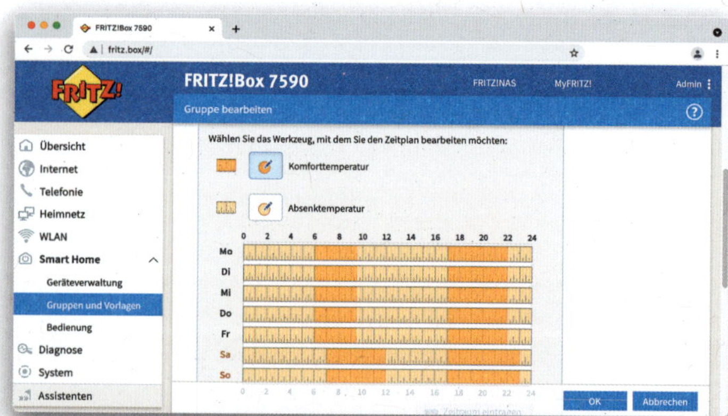

Die Konfiguration von Smart-Home-Geräten an der Fritzbox findet komplett im Browser statt.

Wer mag, kann neben dem Hauptbenutzer der Fritzbox aber weitere Konten auf dem Router anlegen und diesen dann ausschließlich Zugriff auf Smart-Home-Geräte gewähren. So klappt mit Software anderer Anbieter auch die Alexa-Sprachsteuerung. Außerdem können Drittsysteme wie Homee, ioBroker und Open-Hab den Status von Sensoren und Aktoren auslesen, um sie in ihrer eigenen Steuerung zu verwenden. Die Fritzbox wird damit gewissermaßen selbst zur Funk-Bridge – für Dect-ULE-Geräte.

Bosch Smart Home

Im Mittelpunkt des drahtlosen Bosch-Systems steht der Smart-Home-Controller. Die flache, quadratische Funkzentrale hängt daheim per Lan-Kabel am Router und vernetzt alle Geräte miteinander sowie mit der Bosch-App. Dabei kommen mehrere Funkprotokolle zum Einsatz. Ein Teil der Sensoren und Aktoren verwendet Zigbee, die anderen sind über eine Variante des Protokolls von Homematic IP (siehe Seite 227) angebunden. Hinzu kommt das WLan des Routers für Kameras und Hausgeräte wie Waschmaschine, Backofen & Co.

Beim Einrichten neuer Komponenten macht der Funkstandard keinen Unterschied, die App führt Schritt für Schritt durch den Prozess. Kleine QR-Codes zum Abfotografieren auf den Geräten erleichtern wie bei Apple die Installation. Wenn es darum geht, die Funkreichweite des Systems zu vergrößern, spielt der Standard aber doch eine Rolle. Denn Bosch bietet zwei verschiedene Zwischenstecker an, die das drahtlose Signal verstärken – ein Modell mit Zigbee und ein anderes mit dem Protokoll von Homematic-Hersteller EQ-3. Je nachdem, welche Geräte es zu erreichen gilt, ist also ein anderer Funkstecker gefragt.

Das Kernsortiment umfasst ein gutes Dutzend Produkte. Es gibt Heizkörperregler und Raumthermostate, Rauchmelder und Sensoren für Luftqualität, Bewegung, Türen oder Fenster. Zwei Unterputzaktoren machen elektrische Rollläden und Lichtschalter smart. Kameras für drinnen und draußen überwachen das Haus und speichern kostenlos bis zu 200 Clips einen Monat lang in der Cloud. Das System selbst arbeitet aber Cloud-unabhängig. Das heißt: Alle Daten werden lokal auf der Zentrale zu Hause gespeichert. Der verschlüsselte Fernzugriff per App und einen Server von Bosch muss extra aktiviert werden.

Steckbrief Bosch Smart Home

Anwendung	Komplettlösung
Kategorie	Do-it-Yourself
Hersteller	Bosch
Webseite	www.bosch-smarthome.com
Vernetzungsprinzip	Funk, Lan-Kabel (Zentrale)
Smart-Home-Standard(s)	eigener, WLan, Zigbee
Laufende Kosten	keine
Installationstyp (s. S. 157)	A B

In der App lassen sich Dienste, Szenarien und Geräte nach Wunsch anordnen.

Der Smart Home Controller ist die Steuerzentrale des Bosch-Systems.

Für farbige Lichtstimmungen und stufenloses Dimmen lassen sich smarte Lampen von Philips Hue und Ledvance mit Bosch Smart Home verbinden. Im ersten Fall läuft die Kommunikation über die Hue-Bridge (siehe Seite 211), Zigbee-Leuchtmittel von Ledvance werden direkt am Controller angemeldet. Voraussetzung: Sie müssen den aktuellen Standard Zigbee 3.0 beherrschen.

Darüber hinaus kooperiert Bosch mit weiteren Partnern, um den Funktionsumfang zu vergrößern. Viele davon kommen aus dem eigenen Konzern. So stellt die Hausgerätesparte über ihre WLan-Schnittstelle Home Connect eine Verbindung zum System her. Kompatible Produkte der Marken Bosch, Siemens, Gaggenau und

Besonderheit von Bosch: der Twist, eine Funkfernbedienung, die sich magnetisch an der Wand befestigen lässt und dort auch auf Drehung reagiert.

Neff tauchen damit in der Smart-Home-App auf und können als Auslöser für Szenarien dienen. Typisches Beispiel: Am Ende des Wasch- oder Spülprogramms leuchtet eine Lampe in der Wohnung auf – als visuelle Erinnerung, die Maschine zu leeren. Aktuelle Heizsysteme und Wärmeerzeuger von Buderus und Bosch Junkers werden ebenfalls unterstützt. Wer einer Verbindung mit externen Systemen zustimmt, kann außerdem Sensoren und Aktoren des Controllers in Apple HomeKit verwenden oder die Sprachassistenten von Amazon, Google und Mercedes für seine Zwecke einspannen.

Andere Alternativen als die zugelassenen Produkte gibt es nicht. Geräte aus dem Sortiment von Homematic IP etwa bleiben ausgeklammert, obwohl sie prinzipiell dieselbe Sprache sprechen. Das gilt auch für Zigbee-Lampen und -Sensoren anderer Hersteller. Bosch Smart Home empfiehlt sich daher besonders für den Installationstyp B. Wer ein unkompliziertes Nachrüstsystem sucht, ist hier richtig. Tüfteleien im Installationstyp A, etwa mit den Selbstbaulösungen ioBroker und Home Assistant (Seite 267f.), sind aber trotzdem möglich.

Devolo Home Control

Devolo aus Aachen ist für seine Powerline-Technik bekannt. Die Steckdosenadapter des Unternehmens nutzen die Stromleitung zur Datenübertragung. Das spart zu Hause Lan-Kabel oder Funkrepeater fürs WLan. Im Falle von Home Control macht es das Smart-Home-System flexibler. Die Zentrale kommt in eine Steckdose und kommuniziert von dort aus über die Elektroninstallation mit ihrem Gegenstück am Router. So eignet sich fast jeder Raum im Haus als Montageort, unabhängig davon, wo er liegt.

Aktoren und Sensoren versorgt die Zentrale drahtlos per Funk. Devolo setzt dabei auf den Z-Wave-Standard (siehe Seite 49) und bietet ein eigenes kleines Produktsortiment an. Es umfasst Sensoren für Bewegung, Helligkeit, Luftfeuchte, Temperatur und Wasserschäden. Ein Zwischenstecker, Heizungsregler und eine Sirene setzen die Steuerbefehle um. Außerdem gibt es Unterputzaktoren zum Schalten und Dimmen sowie für Rollläden.

Früher gehörten auch Fernbedienung, Funktaster und Rauchmelder zum Programm. Diese Produkte bietet Devolo aber nicht mehr selbst an und verweist stattdessen auf das umfangreiche Z-Wave-Sortiment. Da es keine offizielle Kompatibilitätsliste des Herstellers gibt, heißt es, selbst ausprobieren, welche Fremdprodukte die Software des Systems am besten unterstützt. Philips-Hue-Lampen (siehe Seite 211) lassen sich über die Bridge des Lichtsystems

Die App von Home Controll gewährt Zugriff auf die wichtigsten Funktionen.

Steckbrief Devolo Home Control

Anwendung	Komplettlösung
Kategorie	Do-it-Yourself
Hersteller	Devolo AG
Webseite	www.devolo.de
Vernetzungsprinzip	Funk, Powerline (Zentrale)
Smart-Home-Standard(s)	Z-Wave
Laufende Kosten	für SMS-Benachrichtigungen
Installationstyp (s. S. 157)	A B

einbinden. Außerdem kann die Zentrale externe Geräte steuern, indem sie eine http-Adresse im heimischen Netzwerk oder im Internet aufruft. Damit sind dann auch Onlinedienste wie IFTTT erreichbar. Als Sprachsteuerung hat Devolo den Google Assistant und Amazon Alexa vorgesehen.

Die Bedienoberfläche von Home Control folgt gängigen Begriffen. Sie teilt das Menü in Geräte, Gruppen, Zeitsteuerungen, Szenen und Regeln ein. Hinzu kommen Nachrichten, womit in erster Linie E-Mails und Push-Mitteilungen an die System-App gemeint sind. Familienmitglieder ohne eigenes Smartphone können außerdem Botschaften als SMS auf ein traditionelles Mobiltelefon bekommen – die einzige kostenpflichtige Funktion. Ansonsten verlangt Devolo keine Gebühren für den Fernzugriff oder den Betrieb der Internetserver, die Home Control antreiben. Wie bei anderen Cloud-basierten Systemen sind sie das Gehirn und gleichzeitig die Achillesferse der Installation: Ohne Internetverbindung lassen sich in Home Control keine neuen Geräte hinzufügen oder Änderungen an der Konfiguration vornehmen. Bereits eingerichtete Szenen und Regeln stehen aber weiter zur Verfügung.

Für die Konfiguration gibt es zwei Möglichkeiten: entweder per App oder über den Internetzugang der Zentrale auf dem Portal www.mydevolo.com. Die Anzeige im Browserfenster am PC (Bild unten) hat den Vorteil, dass sie mehr Platz bietet. Home Control organisiert sein System in Form von Kacheln am Bildschirm. Geräte, Gruppen, Szenen und Regeln sind darin über Ausklappmenüs erreichbar. Auf einem breiten Computermonitor geht das besser als am schmalen Smartphone-Display, das die Elemente fortlaufend untereinander darstellt. Das Kachelprinzip selbst ist klar und übersichtlich, verlangt aber trotzdem etwas Einarbeitung. Es gibt keine Vorlagen oder Soft-

Mit ihrer Powerline-Technik kommuniziert die Devolo-Zentrale zu Hause via Stromnetz mit dem Router.

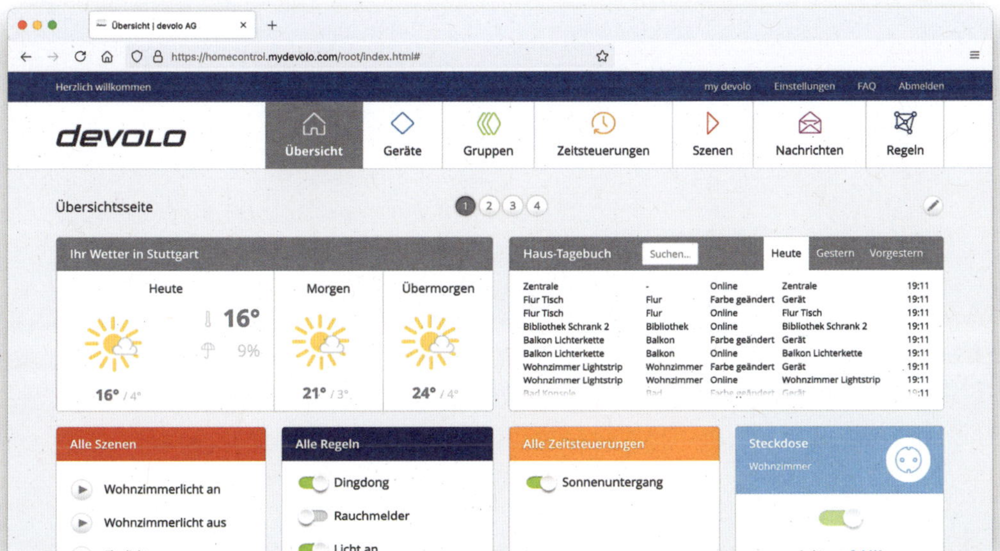

Die Bedienoberfläche von Home Control im Web-Browser. Änderungen an der Konfiguration verlangen eine Internetverbindung.

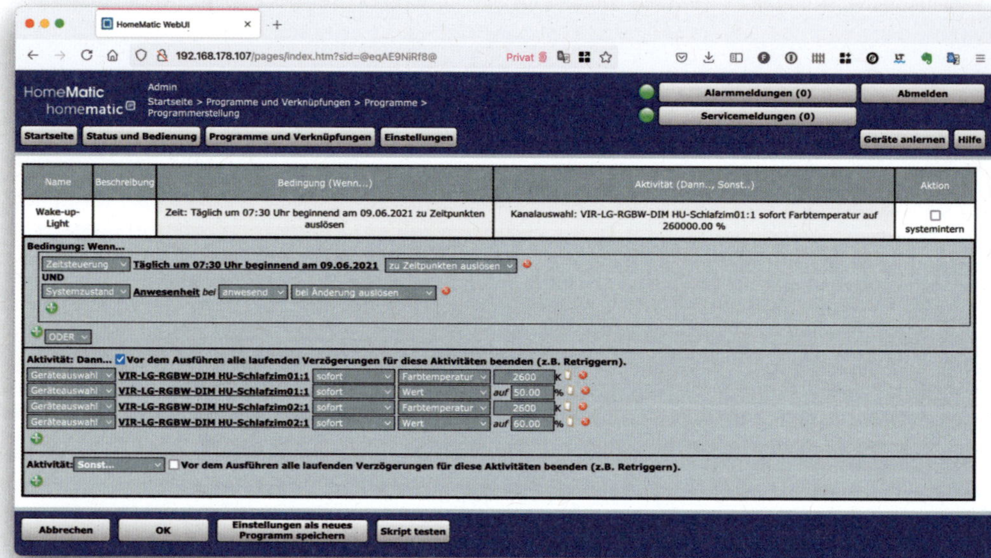

Die Bedienoberfläche der CCU-Zentrale von EQ-3 erinnert etwas an vergangene Computerzeiten.

wareassistenten, die beim Automatisieren helfen. So kann zum Beispiel die Programmierung von Heizplänen einige Zeit in Anspruch nehmen. Auch für die Anwesenheitssimulation mit Licht und Rollläden müssen Gruppen, Szenen und Zeitsteuerungen individuell von Hand angelegt werden. Damit haben Heimvernetzer die volle Kontrolle – aber auch mehr Aufwand als die aufgeräumte Bedienoberfläche auf den ersten Blick erwarten lassen würde.

EQ-3 Homematic

Mit Homematic haben viele Selbermacher vor Jahren ihre ersten Schritte ins Smart Home unternommen. Das System existiert seit 2006 und arbeitet mit einem proprietären Funkstandard, den EQ-3 extra für diesen Zweck entwickelt hat. Er heißt BidCoS (Bidirectional Communication Standard), weil er im Unterschied zu früheren Lösungen des Herstellers bidirektional funktioniert, also Signale in beide Richtungen austauscht – vom Sender zum Empfänger und wieder zurück. Außerdem gibt es Aktoren für den Einbau im Elektroverteiler, die über einen Kabelbus (RS-485) kommunizieren. Sensoren sind im Homematic-System allerdings immer funkbasiert.

Für die Verwaltung ist eine Funkzentrale namens CCU (Central Control Unit) zuständig. Sie wurde im Lauf der Jahre mehrfach überarbeitet und liegt mittlerweile in der dritten Generation vor (CCU3, Abbildung rechts). Die Zentrale muss aber nicht unbedingt von EQ-3 kommen. Der Hersteller hat ihre Software offengelegt (Open Source) und somit anderen die Möglichkeit gegeben, eigene Lösungen zu entwickeln. Inzwischen existiert eine Reihe sogenannter Open-Source-Lösungen, die auf Minicomputern wie dem Raspberry Pi, dem Tinkerboard von Asus oder auch Nas-Systemen im heimi-

Steckbrief Homematic

Anwendung	Komplettlösung			
Kategorie	Do-it-Yourself			
Hersteller	EQ-3 AG			
Webseite	www.eq-3.de			
Vernetzungsprinzip	Funk, Busleitung, Lan-Kabel (Zentrale)			
Smart-Home-Standard(s)	eigener			
Laufende Kosten	für Cloud-Dienste und Apps			
Installationstyp (s. S. 157)	A	B		

schen Netzwerk laufen können. Das bekannteste davon heißt RaspberryMatic. Anbieter wie der Elektronikversender ELV, ein Tochterunternehmen von EQ-3, haben außerdem Bausätze im Programm, aus denen sich Tüftler (Installationstyp A) ihre Homematic-Zentrale selbst zusammenbauen können.

Wichtig: Die CCU3 kann nicht nur Homematic-Geräte steuern. Sie kommt auch mit dem neueren Protokoll von Homematic IP (siehe unten) und dessen verkabelter Variante Homematic IP wired (siehe 247) klar. Beide werden als Nachfolger gehandelt, obwohl EQ-3 weiterhin Sensoren und Aktoren für Homematic anbietet. Sollte sich das irgendwann ändern, können CCU-Nutzer ihr System also immer noch mit Produkten aus dem IP-Sortiment erweitern. Die Auswahl lässt kaum Wünsche offen, von Überwachungskameras und Lautsprechern abgesehen. Sie bekommen nur mit zusätzlichem Aufwand einen Anschluss an das System.

Die Spezialität von Homematic sind direkt verknüpfte Geräte, in Homematic IP auch Gruppe genannt. Typisches Beispiel: Ein Taster soll das Licht im Raum steuern. Die Smart-Home-Zentrale stellt dazu normalerweise die Verbindung zwischen Sensor und Aktor her. Mit Homematic-Funk ist zusätzlich die Direktverbindung zwischen beiden möglich. Ihre Beziehung zueinander wird auf den Geräten selbst gespeichert. So funktioniert der Lichtschalter auch dann, wenn die Zentrale ausfällt; in einer großen Installation mit vielen Regeln reagiert die Schaltung außerdem schneller.

Dass Homematic aus der Zeit vor dem großen iPhone-Erfolg stammt, merkt man daran, dass EQ-3 nie eine Smartphone-App dafür auf den Markt gebracht hat. Die CCU wird komplett im Browser konfiguriert und bedient. Ihr Bildschirmmenü WebUI erinnert ein wenig an Windows 2000 und verlangt mehr Einarbeitung als App-basierte Systeme. Dafür ist sie aber auch leistungsfähiger als etwa der Access Point von Homematic IP. Externe Systeme wie Philips Hue (siehe Seite 211) finden über Softwareschnittstellen Anschluss. Wer das kostenpflichtige Programm von Mediola am PC einsetzt (Seite 233), kann eigene Bildschirmoberflächen gestalten und Geräte von Anbietern

Eine CCU3-Zentrale eignet sich sowohl für klassische Homematic-Installationen als auch für den Standard Homematic IP.

wie Bose, Sonos und Tado integrieren. Durch solche Erweiterungen entstehen allerdings Kosten. Die Sprachsteuerung mit Alexa verlangt ebenso ein Cloud-Abo wie der komfortable Fernzugriff übers Internet. Apps für die Bedienung müssen häufig bezahlt werden. Der Unterschied zu anderen, oft Cloud-basierten Systemen: Homematic lässt seinen Nutzern die Wahl. Sie können ihre CCU autark und kostenlos mit Bordmitteln betreiben – oder externe Dienste in Anspruch nehmen und damit die Funktion erweitern.

EQ-3 Homematic IP

Der Quasinachfolger des traditionellen Homematic-Funks wächst und gedeiht. 2015 hat EQ-3 erste Produkte mit dem Zusatz IP im Na-

Steckbrief Homematic IP

Anwendung	Komplettlösung
Kategorie	Do-it-Yourself / Profi
Hersteller	EQ-3 AG
Webseite	www.homematic-ip.com
Vernetzungsprinzip	Funk, WLan/Lan-Kabel (Zentrale)
Smart-Home-Standard(s)	eigener
Laufende Kosten	keine, eventuell mit CCU3
Installationstyp (s. S. 157)	B C

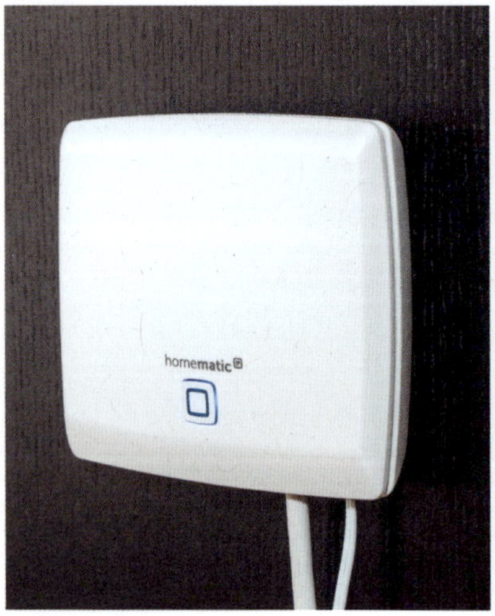

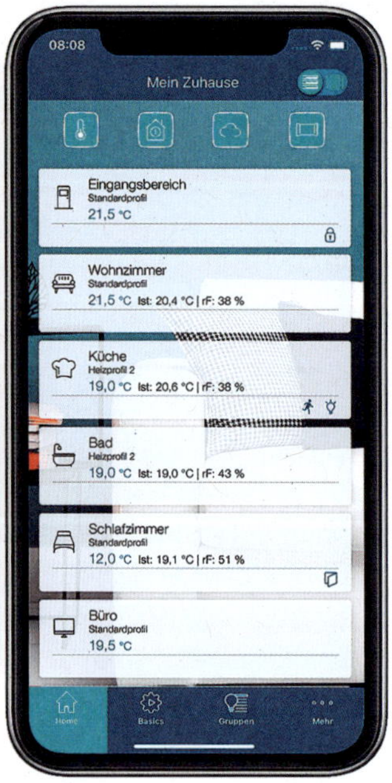

Zum cloudbasierten Access Point von Homematic IP gehört auch eine App, die das System verwaltet und bedient.

men vorgestellt, zunächst nur als Raumklimalösung mit Heizkörperreglern. Seitdem ist viel dazugekommen. Inklusive der verkabelten Komponenten von Homematic IP wired (siehe Seite 247) enthält der Katalog heute mehr als 100 Geräte – überwiegend aus den Bereichen Licht, Beschattung, Klima und Sicherheit.

Homematic IP unterscheidet sich von seinem Vorgänger vor allem in zwei Punkten. Der erste betrifft das Funkprotokoll: Homematic und Homematic IP sind hier nicht gleichzusetzen. Die neue Version nutzt zwar denselben Frequenzbereich um 868 Megahertz, baut aber auf den IP-Standard IPv6 auf. Das hat unter anderem den Vorteil, dass Daten sich leichter verschlüsseln und durch IP-Netze schicken lassen, etwa auf Server im Internet. Wovon wiederum die zweite grundlegende Neuerung des Systems profitiert: Homematic IP arbeitet Cloudbasiert. Anders als die CCU-Zentralen des traditionellen Homematic-Systems (siehe Seite 227) ist der sogenannte Access Point von Homematic IP rund um die Uhr mit einem Rechenzentrum im Internet verbunden.

Genau genommen gibt es sogar zwei Zentralen: den kabelgebundenen Access Point mit Lan-Anschluss und eine drahtlose Variante, die WLan für die Verbindung nutzt. An die Lan-Version können bis zu 80 Geräte angeschlossen werden, die WLan-Zentrale schafft 40 Sensoren und Aktoren. Wo das nicht reicht, lassen sich weitere Access Points hinzufügen, die das Limit erhöhen. Eine Funktion namens Advanced Routing (auf Deutsch etwa: fortgeschrittene Streckenführung) sorgt dafür, dass sich bis zu acht Zentralen im Netzwerk wie eine verhalten. Das komplette System kommuniziert dabei mit der Cloud des Herstellers EQ-3. Seine Server füllen die App von Homematic IP (Bild

EQ-3 bietet ein breites Sortiment im Funkstandard Homematic IP an.

links) mit Leben und erledigen auch einen großen Teil der Automatisierungsaufgaben.

Darum sind Änderungen an der Konfiguration nur möglich, solange der Access Point online ist. Ohne Internet klappt weder die Bedienung per Smartphone noch werden Regeln nach dem Wenn-dann-Prinzip ausgeführt. Zeitpläne für Licht, Heizung oder Beschattung laufen allerdings ungestört weiter, da sie auf den Geräten gespeichert sind. Auch Raumthermostate und Schalter behalten ihre Funktion, wenn sie mit ihren jeweiligen Aktoren eine Gruppe bilden. Die Komponenten tauschen dann direkt per Funk Informationen aus, ohne Umweg über die Zentrale.

Ein häufiger Kritikpunkt an Cloud-Systemen ist der Umgang mit personenbezogenen Daten. Cloud-Anbieter bekommen über ihre Server theoretisch mit, was im Haus vor sich geht. Aus Schaltungen könnten sie Rückschlüsse auf den Tagesablauf der Nutzerinnen und Nutzer ziehen. EQ-3 begegnet solchen Befürchtungen mit Anonymität. Wer einen Access Point in Betrieb nimmt, muss keine persönlichen Daten angeben. Auf die mittlerweile fast obligatorische E-Mail-Adresse und ein Kundenkonto verzichtet der Hersteller komplett. Außerdem hat er sich die Sicherheit seiner Verschlüsselung und des IT-Systems mehrfach vom Prüfinstitut des VDE (Verband Deutscher Elektrotechnik) bestätigen lassen (siehe Seite 310).

Im Alltag macht die Cloud vieles einfacher. Der Fernzugriff übers Internet und die App sind quasi ins System integriert. Anders als bei einer CCU-Zentrale für Homematic müssen sie nicht extra dazugekauft werden. Die Sprachsteuerung mit Amazon Alexa und Google Assistant bedeutet ebenfalls keinen Aufwand. Da die App beim Einrichten neuer Geräte assistiert, erklärt sich das System von selbst. Grundfunktionen für die Heizungs- oder Beleuchtungssteuerung entstehen automatisch beim Gruppieren von Sensoren und Aktoren. So kommen Einsteiger schneller und leichter zu einer lauffähigen Installation als mit einer CCU3. Andererseits schränkt der Access Point die Funktionen auch ein. Externe Systeme wie Philips Hue oder Sonos finden daran keinen Anschluss. Lediglich übers Internet und Dienste wie Home Connect Plus (siehe Seite 294) lassen sich Verbindungen zu anderen Geräten knüpfen. Wer mehr Flexibilität braucht, kann den Access Point durch eine CCU3-Zentrale ersetzen und Homematic-IP-Produkte damit ohne Cloud betreiben. So eine Installation ist dann offener und leistungsfähiger. Allerdings bedeutet sie auch mehr Aufwand für Konfiguration und Pflege. Und es können laufende Kosten für abonnierte Dienste entstehen.

Homee

Mehrere Funkstandards im Smart-Home-System verteuern die Zentrale. Wer nur einen oder zwei davon benötigt, muss die anderen zwangsläufig mitbezahlen. Und am Ende fehlt womöglich doch die entscheidende Technologie in der Liste. Bei über einem halben Dutzend Funkprotokollen (siehe Seite 44) kann das schon einmal passieren. Homee löst den Konflikt pragmatisch und auf eine fast spielerische Weise: Die Zentrale des Systems ist modular aufgebaut. Es gibt verschiedenfarbige Würfel, die wie Bauklötze aufeinandergestapelt werden. Jeder Würfel unterstützt ein anderes Protokoll. Der Turm wächst mit den Aufgaben.

Für die Steuerung von Geräten übers heimische Computernetzwerk genügt der graue Basiswürfel, Brain Cube genannt. Er bildet das Gehirn der Anlage (Englisch: brain) und meldet sich per WLan am Router an. Ein als Zubehör erhältlicher Steckadapter erlaubt alternativ den

Steckbrief Homee

Anwendung	Komplettlösung
Kategorie	Do-it-Yourself (+ Profi)
Hersteller	Homee GmbH
Webseite	https://hom.ee
Vernetzungsprinzip	Funk, WLan/Lan-Kabel (Zentrale)
Smart-Home-Standard(s)	EnOcean, Z-Wave, Zigbee, u. a.
Laufende Kosten	keine
Installationstyp (s. S. 157)	A B D

Smart Home nach dem Baukastenprinzip: Verschiedenfarbige Würfel fügen Funkstdandards zum Homee-System hinzu.

Anschluss per Lan-Kabel. Über das IP-Netzwerk holt der Brain Cube ausgewählte Produkte wie die Netatmo Wetterstation (Seite 208) und das Smartlock von Nuki (Seite 210) in sein System. Außerdem kann er eine Verbindung zur CCU3-Zentrale von Homematic (Seite 227) herstellen. Damit sind dann Produkte von EQ-3 in Homee verwendbar. Gleiches gilt für die AVM Fritzbox (Seite 220): Nach Eingabe eines Fritzbox-Benutzerkontos stehen Dect-Heizungsregler und -Zwischenstecker, die am Router angemeldet sind, für die Steuerung zur Verfügung. Welche Produkte im Einzelnen unterstützt werden, lässt sich im Internet nachschlagen. Der Hersteller führt zu jedem Funkstandard eine Kompatibilitätsliste.

Der gesamte Baukasten umfasst bei Redaktionsschluss dieses Buches sieben Würfel. Als Ergänzung zum Brain Cube gibt es ein violettes Modul für Z-Wave-Geräte, ein türkisfarbenes für EnOcean und ein orangefarbenes für den Zigbee-Standard. Hinzu kommen Kooperationen mit deutschen Unternehmen: Ein roter Würfel bringt Homee den Funkstandard von

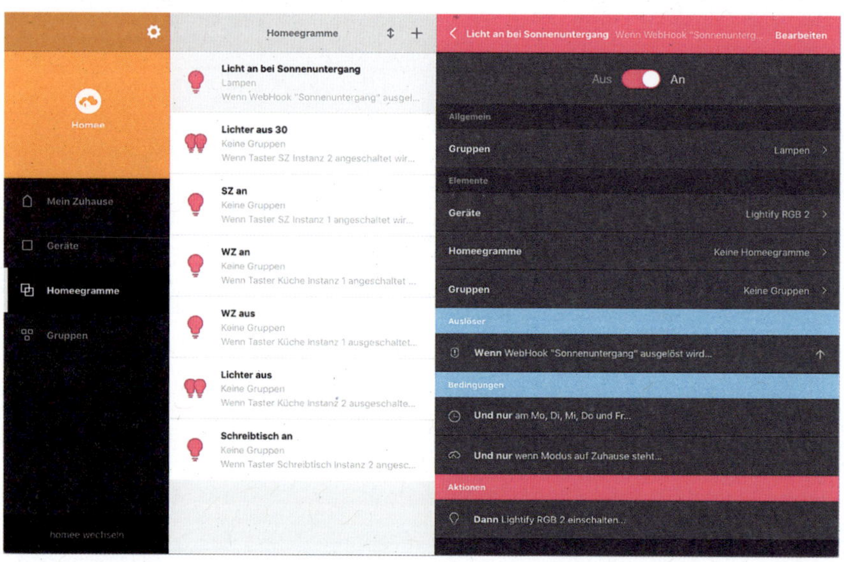

Außer per App am Smartphone oder Tablet sind die Homee-Würfel auch über den Browser am Computer erreichbar.

Warema bei. Damit lassen sich Markisen, Jalousien und anderer Sonnenschutz des fränkischen Herstellers fernbedienen. Für Sonnenschutz von Becker gibt es einen Würfel mit dem Funkprotokoll CentronicPlus. Genauso ein Modell für Tür- und Torantriebe von Hörmann, das den Standard BiSecur unterstützt. Darüber hinaus bietet Hörmann auch eigene Brain Cubes an, die BiSecur bereits integriert haben.

Alle Aufsatzwürfel haften über Magnetkontakte aneinander und werden von diesen mit Strom aus dem Netzteil des Basiswürfels versorgt. Das Auf- oder Umstecken im laufenden Betrieb ist jederzeit möglich. Sobald ein Würfel Kontakt hat, lassen sich kompatible Produkte im Konfigurationsmenü des Systems auswählen und hinzufügen. Fehlt der nötige Funkstandard, sind die Menüeinträge ausgegraut. Das macht die Suche nach geeigneten Geräten weitgehend selbsterklärend. Ihre Zahl geht in die Hunderte und deckt sehr viele Anwendungsgebiete ab. Außer den offiziell unterstützten Produkten kommen häufig auch andere aus derselben Kategorie infrage, etwa Zigbee-Leuchtmittel. Es gibt in diesem Fall aber keine Funktionsgarantie. Einen Bereich haben die Entwickler bislang ausgeklammert: Lautsprecher und andere Audiosysteme sind in der Steuerung von Homee nicht vorgesehen.

Als Kontrollstation dient ein Smartphone oder Tablet, auf dem die Homee-App installiert ist. Per Weboberfläche lässt sich das System außerdem mit dem Browser am Computer verwalten. Hinzugefügte Geräte werden über Wenn-dann-Regeln automatisiert, die Homeegramme heißen. Jedes Homeegramm kann mehrere Auslöser und Bedingungen enthalten. Es kann weitere Programme aufrufen und komplexe Abläufe starten, die an Zustände wie „Schlafend" und „Urlaub" oder an die Anwesenheit von Bewohnern gekoppelt sind. Außerdem ersetzen Homeegramme die sonst üblichen Szenen. In umfangreichen Installationen mit vielen Regeln kann darunter die Übersicht leiden. Aber Homee schafft es so, fortgeschrittene Nutzer zu bedienen, ohne Einsteiger zu überfordern. Ein deutschsprachiges Forum, in dem sich die Entwickler selbst zu Wort melden, hilft bei Fragen. Zudem arbeiten verschiedene Branchen mit dem System. Neben Hörmann, Becker- und Warema-Händlern bieten es auch andere Fachbetriebe an – leicht modifizierter als AfrisoHome (siehe Seite 239).

Die Systemkonfiguration und alle wichtigen Daten sind auf der Zentrale gespeichert. Fällt das Internet aus, verbindet sich die Homee-App weiterhin übers Heimnetzwerk mit den Würfeln. Wer auf den Fernzugriff von unterwegs verzichtet, kann die Installation auch ganz autark betreiben: Im sogenannten Standalone-Betrieb baut der Brain Cube sein eigenes WLan auf. Damit funktioniert die App an Orten ohne Router, etwa im Ferienhaus. Allerdings fehlt dann auch die Verbindung zu Cloud-Diensten. Die IoT-Plattform IFTTT (siehe Seite 296) als verlängerter Arm von Homeegrammen fällt weg. Sie setzt ebenso einen Zugang zum Internet voraus wie Sprachsteuerung mit Alexa, Google Assistant und Siri. Der Kontakt zu Apples digitaler Assistentin und zur HomeKit-Schnittstelle (Seite 217) hat übrigens seit Jahren Beta-Status. Ob sich daran noch etwas ändert, darf bezweifelt werden. Es gibt bislang keine einzige Multistandard-Funkzentrale auf dem Markt, die ein offizielles HomeKit-Logo von Apple bekommen hat.

Ikea Home Smart

Das drahtlose Lichtsystem Trådfri machte den Anfang. Mit ihm unternahm der Einrichtungskonzern Ikea 2017 erste Schritte in Richtung

Steckbrief Ikea Home Smart

Anwendung	Licht, Beschattung, Musik			
Kategorie	Do-it-Yourself			
Hersteller	Ikea (Schweden)			
Webseite	www.ikea.com			
Vernetzungsprinzip	Funk, Lan-Kabel (Zentrale)			
Smart-Home-Standard(s)	Zigbee, Lan/WLan (Lautsprecher)			
Laufende Kosten	keine			
Installationstyp (s. S. 157)	A	B		

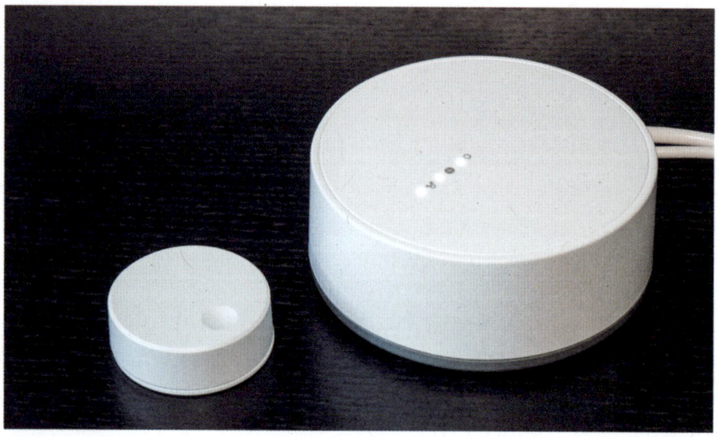

Mit einem drahtlosen Lautstärkeregler (links) steuert das Ikea-Gateway (rechts daneben) auch Sonos-Lautsprecher (rechts).

Smart Home. Die Funkzentrale heißt immer noch so, Trådfri-Gateway, obwohl sie inzwischen auch Rollos und Lautsprecher steuert. Der Name spielt auf das schwedische „trådlös" an, was so viel bedeutet wie kabellos. Die App seines Systems hat Ikea mittlerweile in Home Smart umgetauft. Sie kontrolliert über das Trådfri-Gateway alle Geräte, die zum Smart-Home-Sortiment der Schweden gehören. Im Möbelhaus sind kompatible Produkte an einem Hinweis auf der Verpackung zu erkennen: „Works with Ikea Home Smart".

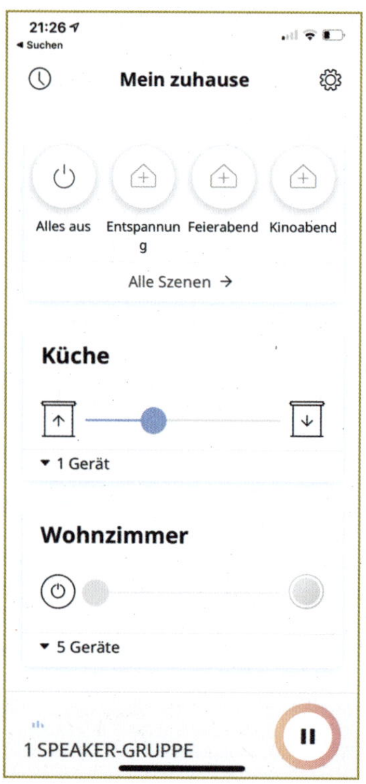

Die Home-Smart-App ist Dreh- und Angelpunkt des Systems von Ikea.

Dabei handelt es sich hauptsächlich um Leuchtmittel, wobei Ikea nicht nur preisgünstige LEDs für Lampenfassungen anbietet. Zum Programm gehören auch Lichtpaneele und -leisten zur Illumination von Möbeln. Funkgesteuerte Vorschaltgeräte machen Ikea-Regalspots und die Arbeitsplattenbeleuchtung in der Küche fernbedienbar. Sie alle verwenden den Zigbee-Funkstandard. Das gilt auch für Zwischenstecker, smarte Luftreiniger und die akkubetriebenen Rollos der Serien Fyrtur und Kadrilj. Nur Symfonisk-Lautsprecher vernetzen sich per Lan oder WLan mit dem Netzwerk zu Hause.

Die Symfonisk-Produkte sind eine Gemeinschaftsentwicklung mit dem US-Hersteller Sonos (siehe Seite 213). Ikeas Designabteilung zeichnet für das optische Erscheinungsbild verantwortlich, die Klangtechnik kommt von Sonos. Deshalb integrieren sich die Ikea-Lautsprecher auch nahtlos in das Multiroom-Audiosystem der Amerikaner – und umgekehrt: Eine Symfonisk-Fernbedienung (oben links) kann über ihr Trådfri-Gateway die Wiedergabe von Sonos-Produkten steuern.

Überhaupt spielen Fernbedienungen im System der Schweden eine wichtige Rolle. Ikea bietet mehrere davon an: reine Ein-/Ausschalter und solche mit Dimmfunktion, eine Wippe für das Auf und Ab von Rollos und einen drahtlosen Lautstärkeregler. Die kleinen, batteriebetriebenen Sender steuern nicht nur installierte

Geräte im Alltag, sie richten auch neue ein. Das Prozedere ist dabei etwas uneinheitlich. Oft reicht die App zur Installation, für Produktkategorien wie Rollos ist aber eine Fernbedienung nötig. Zur raumübergreifenden Steuerung gibt es Szenen, die wieder andere Fernbedienungen verwenden, die sogenannten Shortcut-Buttons. Damit wirkt das Bedienkonzept weniger durchdacht als bei anderen Herstellern. Das Trådfri-Gateway kann das Haus auch nicht komplett automatisieren, da ihm Produkte für Heizung, Klima oder Alarmfunktionen fehlen.

Über ihr Lan-Kabel findet die Zentrale aber Anschluss an übergeordnete Systeme. Neben Selbstbaulösungen wie ioBroker, Home Assistant oder openHAB können das zum Beispiel Amazon Alexa und Google Assistant sein. Apple HomeKit bietet außer der Sprachsteuerung mit Siri umfangreiche Automatisierungsfunktionen. Obendrein ermöglichen solche Plattformen die Steuerung des Systems von unterwegs aus. Das Trådfri-Gateway selbst bietet keinen Fernzugriff übers Internet. Ikea hat es so konstruiert, dass alle Daten lokal auf der Zentrale verwaltet werden.

Mediola

Wenn von Mediola die Rede ist, können ganz unterschiedliche Lösungen gemeint sein. Der Anbieter aus Frankfurt am Main hat es sich zur

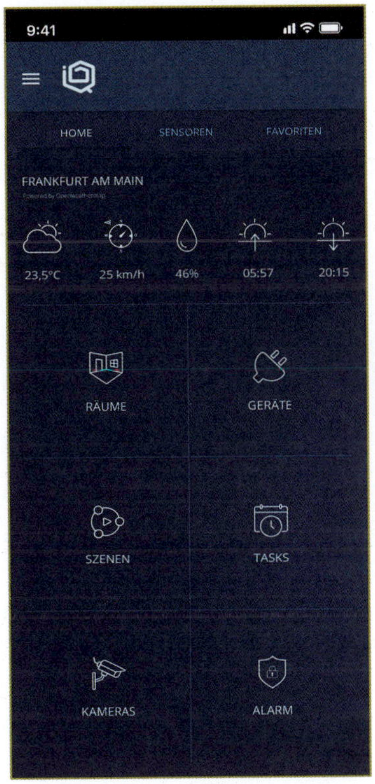

Zu seinen Funkzentralen der jüngsten Generation (V6) bietet Mediola eine vorgefertigte App namens IQontrol Neo an.

Aufgabe gemacht, möglichst viele Geräte zu steuern – unabhängig von ihrer Herkunft und vom Funkstandard. Dafür entwickelt er Steuerzentralen und Softwarepakete mit einem abgestuften Funktionsumfang. Die aktuelle sechste Generation der Funkzentrale AIO Gateway ist in fünf verschiedenen Versionen erhältlich. Je nach Ausführung variieren Ausstattung und Preis. So funkt das Einstiegsmodell V6 Mini ausschließlich per WLan und im Frequenzbereich um 868 Megahertz. In den Baureihen darüber gibt es 433 MHz und das EnOcean-Protokoll. Das Topmodell V6 Plus verfügt zusätzlich über USB-Anschlüsse für die Erweiterung. Einen passenden Z-Wave-Stick bietet Mediola als Zubehör an.

Die Zahl unterstützter Produkte geht so in die Tausende, was auch daran liegt, dass die Zentrale neben Infrarotbefehlen viele proprietäre Funkstandards wie Homematic IP, Somfy RTS und Warema EFWS beherrscht. Weitere verschlüsselte Protokolle finden über ihre jeweilige Bridge Anschluss. So kann Mediola beispielsweise Philips Hue, die Heizungsrege-

Steckbrief Mediola

Anwendung	Komplettlösung			
Kategorie	Do-it-Yourself (+ Profi)			
Hersteller	Mediola Connected Living AG			
Webseite	www.mediola.com			
Vernetzungsprinzip	Funk, WLan/ Lan-Kabel (Zentrale)			
Smart-Home-Standard(s)	433 MHz, 868 MHz, EnOcean u. a.			
Laufende Kosten	für Fernzugriff und Plug-ins			
Installationstyp (s. S. 157	A	B	C	

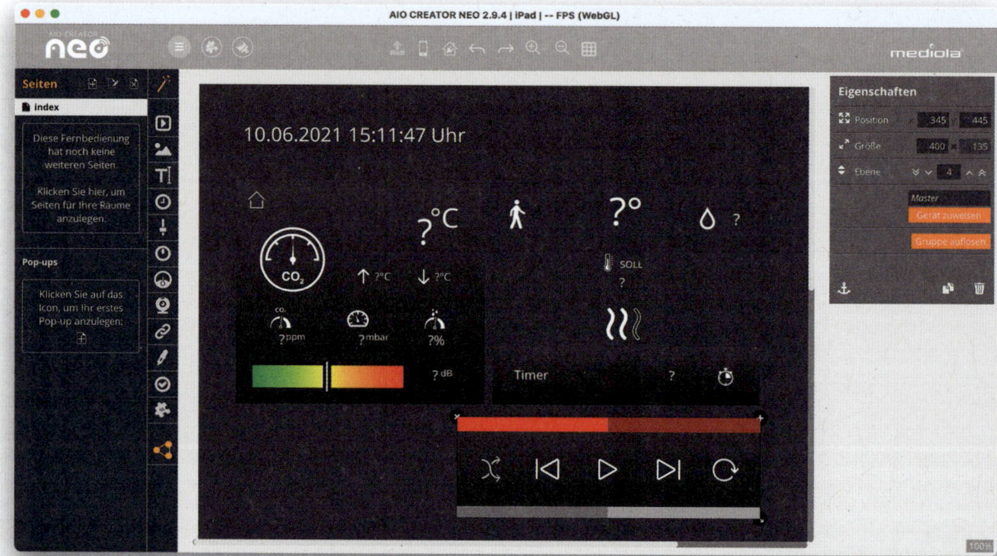

Mit dem Programm AIO Creator Neo lassen sich individuelle App-Bedienoberflächen am Computer gestalten.

lung von Tado oder das Smartlock von Nuki integrieren. Was am Ende möglich ist, hängt aber nicht nur von der Zentrale, sondern auch von der verwendeten Software ab. Der Hersteller fährt mehrgleisig. Es gibt Gratis-Apps, die ohne viel Aufwand eine Auswahl von Geräten steuern. IQontrol Neo automatisiert dabei Abläufe mit einfachen Wenn-dann-Bedingungen. Ein kostenpflichtiger Cloud-Dienst des Herstellers fügt den Fernzugriff übers Internet hinzu. Er ist außerdem nötig, um Sprachassistenten und IP-Produkte wie die Wetterstation von Netatmo anzuschließen.

Sogenannte Icon-Sets geben den Bedienoberflächen des AIO Creator Neo einen professionellen Look.

Seinen vollen Funktionsumfang erreicht Mediola mit einer speziellen Software. Sie heißt AIO Creator Neo und steht als Download für Windows- und Mac-Computer zur Verfügung. Im Creator bauen Heimvernetzer ihre Steuerung buchstäblich selbst zusammen. Das fängt bei der Gestaltung eigener Bedienoberflächen an und geht mit der Automatisierung weiter. Das Mediola-Programm bietet dafür zwei Möglichkeiten: einen grafischen Editor, der Befehlsketten als Blöcke am Bildschirm darstellt (siehe Seite 33), und einen Texteditor für Programmierer, die ihre Regeln lieber als Code in Javascript schreiben. Voraussetzung ist in beiden Fällen eine Steuerzentrale mit Server-Programm, das die Befehle ausführt. Ins große Gateway von Mediola (V6 Plus) ist dieser Neo Server bereits integriert. Auch das Betriebssystem der CCU3 von Homematic (siehe Seite 227) verfügt über eine entsprechende Funktion. Ansonsten lässt sich das Programm von der Herstellerwebseite herunterladen und auf einem Rechner mit Windows-, Mac- oder Linux-Betriebssystem installieren. Eine Version für Raspberry Pi (Seite 267) steht ebenfalls zur Verfügung.

Was den AIO Creator von anderen Do-it-Yourself-Lösungen unterscheidet, ist sein grafischer App-Designer. Individuelle Bedienoberflächen für das Smart Home entstehen damit ohne Programmierkenntnisse am Computer. Eine Exportfunktion überträgt sie aufs Smartphone oder Tablet, wo die Anzeige-App AIO Remote den Bildschirminhalt darstellt. Das geht mit allen Produkten, die der Creator unterstützt, auch solchen, die via IP-Netzwerk angebunden sind. So eignen sich Apps aus dem Designer außer für die eigenen Gateways auch zur Visualisierung anderer Systeme. Über Softwareerweiterungen, Plugins genannt, stellt Mediola die Verbindung zu KNX, Jäger Opus, Philips Hue, Sonos und weiteren her. Man könnte den AIO Creator Neo deshalb auch als Middleware bezeichnen (siehe Seite 269).

Die Plugins kosten Geld, genauso wie das Upgrade von der einfachen Zentralensteuerung auf den Creator. Der Kaufpreis enthält immer Softwareupdates für einen gewissen Zeitraum, je nach Auswahl im Shop zwischen 12 und 36 Monate. Danach funktioniert die Softwareerweiterung weiter, erhält aber bis zur erneuten Verlängerung keine Updates mehr. Die Alternative: Das Ultimate-Paket zum Komplettpreis von 1500 Euro. Darin sind alle Plugins und künftigen Aktualisierungen enthalten.

Die SmartThings-App verknüpft installierte Sensoren schnell und einfach zu einem Alarmsystem.

Samsung SmartThings

Die Haussteuerung des Samsung-Konzerns heißt SmartThings und geht auf das gleichnamige Startup-Unternehmen aus den USA zurück. 2014 hat Samsung die kalifornische Firma gekauft und ihre Technik in sein Produktsortiment integriert. Seither tritt SmartThings auf zweierlei Weise in Erscheinung: als App und als Funksystem mit eigener Zentrale. Die App funktioniert im Prinzip auch allein. Sie greift dann via IP-Netzwerk auf kompatible Produkte zu. Das geht vor allem mit AV- und Hausgeräten von Samsung, aber auch WLan-Kameras und drahtlose Lichtsysteme wie Philips Hue oder die Türklingel von Ring finden auf diese Weise Anschluss.

Eine SmartThings-Zentrale, Hub genannt (siehe Seite 51), steigert die Zahl unterstützter Produkte allerdings deutlich. Sie fügt die Funkstandards Z-Wave und Zigbee hinzu. Mit Einführung des neuen Smart-Home-Standards Matter (Seite 53) soll Thread im Laufe des Jahres 2022 folgen. Somit stehen drahtlose Sensoren und Aktoren etlicher Anbieter zur Verfügung. Außerdem findet der Hub bereits installierte Streaminglautsprecher von Bose oder Sonos im Netzwerk und kann Hinweistöne darüber abspielen – etwa einen Rauchalarm oder das Läuten der Türglocke.

Steckbrief SmartThings

Anwendung	Komplettlösung
Kategorie	Do-it-Yourself
Hersteller	Samsung
Webseite	www.samsung.com/smartthings/
Vernetzungsprinzip	Funk, WLan/ Lan-Kabel (Zentrale)
Smart-Home-Standard(s)	Thread, Z-Wave, Zigbee
Laufende Kosten	keine
Installationstyp (s. S. 157)	A B

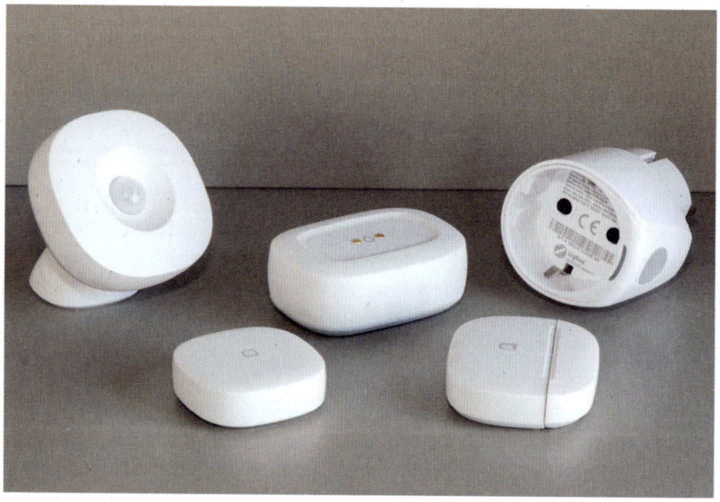

Neben eigenen Sensoren und Aktoren (Bild) unterstützt SmartThings auch viele Produkte anderer Hersteller.

International ist von einigen tausend Produkten die Rede, jedoch wird nur ein Teil davon in Deutschland unterstützt. Mangels aktueller Kompatibilitätsliste lassen sich mögliche Partner am besten über die App finden. Dort erscheinen sie nach Gerätetyp und Marke sortiert. Zu den Anbietern mit dem größten Sortiment zählt Aeotec. Bei diesem Z-Wave-Spezialisten hat auch der Hub seine gegenwärtige Heimat gefunden. Nach Umwegen über Vodafone und den eigenen Onlineshop beauftragte Samsung 2020 die Aeotec-Gruppe in Hamburg mit dem deutschen Vertrieb. Seither ist die Funkzentrale des Systems unter dem Namen „Aeotec Smart Home Hub – Works as a SmartThings Hub" im Handel erhältlich.

Aus technischer Sicht gibt es drei Wege, wie verbundene Geräte ihre Befehle erhalten. Variante eins arbeitet mit Funk. Das Steuersignal kommt dabei direkt vom Hub. In Variante zwei erhalten IP-Geräte über die SmartThings-Cloud im Internet ihre Befehle. Und dann gibt es noch die Cloud-zu-Cloud-Verbindung, bei der SmartThings zunächst den Onlinedienst des Geräteanbieters kontaktiert, der wiederum den Empfänger zu Hause verständigt. In allen drei Fällen war der Hub bis vor Kurzem aufs Internet angewiesen, weil er einen Großteil seiner Befehle über die Cloud schickte. Eine neue Softwareplattform ändert dies, denn künftig soll das System verstärkt zu Hause im lokalen Netzwerk kommunizieren.

Fast schon Ehrensache für Samsung: Als einzige Lösung auf dem Markt arbeitet SmartThings mit dem hauseigenen Sprachassistenten Bixby zusammen, ergänzt um Amazon Alexa und Google Assistant. Auch sonst ist die Steuerung gut ins Ökosystem des Unternehmens integriert. So bringen jüngere Smart-TVs der Marke zum Beispiel eine App mit, die Szenen und Geräte vom Bildschirm aus bedienen kann. Die komplette Einrichtung und Konfiguration findet am Smartphone oder Tablet statt. SmartThings-Regeln sind einfach aufgebaut und bedienen sich der klassischen Wenn-dann-Logik. Damit richtet sich das System ganz klar an den Installationstyp B (siehe Seite 157). Mit zusätzlicher Hard- und Software lässt sich der Hub in Selbstbaulösungen wie Home Assistant integrieren (Seite 272). So kommen auch Smart-Home-Tüftler (Typ A) auf ihre Kosten.

Telekom Deutschland Magenta SmartHome

Ursprünglich sollte Qivicon von der Telekom eine offene Smart-Home-Plattform werden, auf der verschiedene Firmen ihre Dienste anbieten – mit einer gemeinsamen Funkzentrale, die möglichst viele Standards unterstützt. Nach dem Start im Jahr 2013 gab es tatsächlich Energieversorger wie EnBW, Entega und Vattenfall, die eigene Pakete damit schnürten. Übrig geblieben ist allerdings nur das Angebot der

Steckbrief Magenta SmartHome

Anwendung	Komplettlösung
Kategorie	Do-it-Yourself
Hersteller	Telekom Deutschland
Webseite	www.smarthome.de
Vernetzungsprinzip	Funk, WLan/Lan-Kabel (Zentrale)
Smart-Home-Standard(s)	Dect ULE, Homematic, Zigbee u.a.
Laufende Kosten	für kompletten Funktionsumfang
Installationstyp (s. S. 157)	B

Home Base heißt die eigenständige Funkzentrale der Telekom. Ein Speedport-Router mit Smart-Home-Funktion kann ihre Aufgabe übernehmen.

Deutschen Telekom selbst. Magenta SmartHome gehört zu den Pionieren auf dem Markt. Das merkt man schon daran, dass die Telekom sich rechtzeitig den Gattungsbegriff Smart Home als Internetadresse dafür sichern konnte.

Voraussetzung für den Betrieb ist normalerweise eine Home Base (Bild oben), wie die Telekom ihre Funkzentrale nennt. Das aktuelle Modell der zweiten Generation verbindet sich zu Hause per WLan oder Lan-Kabel mit dem Router. Einige Speedport-Router der Telekom haben die Technik für Magenta SmartHome aber ebenfalls integriert. Dann entfällt die Anschaffung einer separaten Zentrale. Für bestimmte Protokolle können trotzdem USB-Funksticks nötig sein, die auf der Rückseite des Routers angeschlossen werden. Die Home Base 2 unterstützt alle drei Standards der Qivicon-Plattform ohne weiteres Zubehör: Dect ULE, Homematic/Homematic IP und Zigbee. Weitere lassen sich nachrüsten. So gibt es zum Beispiel einen USB-Stick für Rollladenantriebe von Schellenberg. Gartenprodukte von Gardena finden über ihre Bridge Anschluss ans System, das Smartlock von Nuki (siehe Seite 210) und Philips Hue (Seite 211) ebenfalls.

Zusammen mit WLan- und Lan-Geräten, die übers Netzwerk eingebunden werden, geht die Zahl der kompatiblen Produkte in die Hunderte. Von Sensoren und Aktoren über Kameras und Lautsprecher bis hin zu Hausgeräten decken sie ein breites Anwendungsgebiet ab. Allerdings funktioniert Magenta SmartHome auch nur mit diesen offiziell unterstützten Produkten. Andere sind in der Systemsoftware nicht vorgesehen. Um alle Funktionen zu nutzen, ist zudem ein Abo nötig. Die kostenlose Basisversi-

Die App Magenta Smarthome kontrolliert das Telekom-System vom Smartphone oder Tablet aus.

on bietet eine begrenzte Auswahl von Geräten, bestehend aus Sensoren und Aktoren von der Telekom, Zigbee-Leuchtmitteln und IP-Produkten der Partner. Ein Upgrade auf Magenta SmartHome Pro schaltet den Rest frei, zu dem auch Homematic-Geräte gehören. Damit sind dann anspruchsvollere Installationen mit Wandtastern und Unterputzaktoren möglich. Außerdem erhalten zahlende Kunden technische Unterstützung vom Telefonsupport, Gratisnutzer finden Hilfe in einer Online-Community. Bei Redaktionsschluss des Buches schlägt die Pro-Version mit 4,95 Euro pro Monat zu Buche. Im Mietpreis bestimmter Speedport-Router ist das Abo enthalten, sodass in diesem Fall keine weiteren Kosten entstehen.

Das Tarifmodell kann sich natürlich ändern. Magenta SmartHome wird von einer Cloud gespeist, wodurch Korrekturen am Funktionsumfang per Softwareupdate möglich sind. In der Vergangenheit hat die Telekom diese Möglichkeit bereits genutzt und ihr ursprünglich kostenpflichtiges Smart-Home-Angebot in einen Gratisdienst und eine abopflichtige Variante aufgeteilt. Theoretisch wäre es möglich, beide Hälften auch wieder zusammenzuführen. Komplett abhängig von der Cloud sind die Nutzer trotzdem nicht. Über eine lokale Anmeldung in der App bleibt das System funktionsfähig, wenn die Home Base keine Internetverbindung hat. Auch lokal angebundene Geräte funktionieren weiter. Praktischer Nebeneffekt der Cloud: Auf Wunsch legt die Home Base Sicherungskopien ihrer Installation mit allen Regeln und Szenen auf dem Server an. So lässt sich die Zentrale bei Problemen wiederherstellen oder gegen ein anderes Modell austauschen.

Auch sonst gehört Magenta zu den unkomplizierten Systemen. Es gibt zwar eine Weboberfläche im Browser für grundlegende Funktionen, als Dreh- und Angelpunkt dient jedoch die App. Sie richtet neue Geräte ein und hilft mit Vorschlägen bei der Automatisierung. Ausgehend von installierten Geräten empfiehlt sie mögliche Regeln. So lässt sich etwa bei Bewegung im Dunkeln ein Warnton abspielen oder die automatische Gartenbewässerung unterbrechen, wenn es zu regnen beginnt. Für die Sprachsteuerung kommt neben Amazon Alexa und Google Assistant die hauseigene Assistenz infrage. Smart Speaker der Telekom (Bild unten) hören auch auf den Ruf „Hallo Magenta", dabei unterliegen sie den strengeren deutschen Datenschutzbestimmungen. Laut Telekom werden alle personenbezogenen Daten hierzulande auf eigenen Hochsicherheitsservern gespeichert.

Die Sprachsteuerung „Hallo Magenta" soll Amazon & Co. Konkurrenz machen. Allerdings funktionieren die Smart Speaker der Telekom auch mit Alexa.

DIE GEBÄUDETECHNIK DER PROFIS

Keine Zeit, keine Ahnung, keine Lust? Es gibt viele Gründe, das eigene Smart Home in die Hände von Experten zu legen. Wer Freude am Fahren hat, muss ja auch nicht zwangsläufig wissen, wie der Ölwechsel funktioniert. Er lässt den Kundendienst von Fachleuten machen. Je nach Anbieter und Konzept variiert dabei der Serviceumfang – vom schnellen Drive-in bis zur Vertragswerkstatt, die das Fahrzeug holt und bringt. In der Gebäudeautomatisierung sieht es ähnlich aus. Auch hier gibt es Lösungen, die mehr oder weniger Eigeninitiative verlangen. Sie haben jedoch eines gemeinsam: Einen Ansprechpartner, der bei Fragen und Problemen zur Verfügung steht. Die folgenden Systeme plant und installiert normalerweise ein Fachbetrieb. Was nicht heißen soll, dass für jede Kleinigkeit der Meister heran muss. Um im Beispiel zu bleiben: Oft kümmern sich die Kunden später selbst um die Wartung – ja teilweise sogar um die Erstzulassung.

Afriso Home

Das Verwandtschaftsverhältnis fällt nicht sofort auf, aber Afriso Home ist der professionelle Bruder von Homee (siehe Seite 229). Kein Wunder: Softwareentwickler Codeatelier, der auch für Homee verantwortlich zeichnet, gehört seit 2015 zu Afriso. So lag es nahe, dass der schwäbische Hersteller von Mess-, Regel- und Überwachungstechnik das System für eigene Zwecke nutzt. Afriso vertreibt seine Smart-Home-Lösung übers Fachhandwerk, insbesondere Elektriker und Installateure aus der Heizungs- oder Sanitärbranche. Die bunte Würfeloptik ist dabei einem schlichten, weißen Erscheinungsbild gewichen. Auch stapelt Afri-

In der Zentrale von Afriso sitzen die Funkwürfel nebeneinander, nicht übereinander wie bei Homee (siehe Seite 229).

so Home seine Erweiterungsmodule nicht in die Höhe, sondern bringt sie nebeneinander in quadratischen Fächern auf der Zentrale unter. Anders als bei Homee ist der EnOcean-Funk schon serienmäßig ins Gehäuse integriert. Das hängt mit Afrisos eigenen Produkten zusammen: Alle drahtlosen Raumfühler, Öffnungskontakte, Stellantriebe, Leck- und Tankinhaltsanzeiger des Unternehmens arbeiten mit diesem Standard.

Z-Wave und Zigbee lassen sich über Würfel von Afriso nachrüsten, die ebenfalls in Weiß gehalten sind. Sie haben keine Magnetkontakte auf der Oberseite wie im Homee-System, können also keine weiteren Module tragen. Wer mag, setzt aber stattdessen die bunten Kollegen ein und hat damit noch mehr Funkprotokolle zur Verfügung. Der rote Homee-Würfel für Beschattungslösungen von Warema ist ebenso kompatibel wie die blaue Becker-Version oder das Pendant von Hörmann zur Steuerung von Torantrieben. Rein theoretisch bieten drei Sockel auch deutlich mehr Möglichkeiten zum Hochstapeln als ein einzelner Homee-Brain-Cube. Aus Gründen der Funkhygiene empfiehlt es sich allerdings, die Zahl der Protokolle zu begrenzen. Ein Netzwerk aus vielen Geräten desselben Standards arbeitet meist zuverlässiger als drei lückenhafte Netze nebeneinander.

Die Liste kompatibler Produkte, von Afriso Whitelist genannt, ist mit der der Homee-Übersicht praktisch identisch. Auch in der App gibt es nur kleine Unterschiede. So heißen abrufbare Szenen und Wenn-dann-Regeln zum Beispiel nicht Homeegramme, sondern Programme. Auf einen Onlineshop direkt in der App verzichtet Afriso, schließlich sollen Kunden weitere Komponenten am ehesten beim Fachhändler erwerben. Der Partnerbetrieb kommt auch ins Haus, installiert das System und richtet es ein. Mit der Übergabe an die Kunden erhalten diese den Vollzugriff. Sie können fortan alles verwalten, eigene Programme anlegen, Geräte oder Funkwürfel hinzufügen. Genauso, wie es auch Homee-Nutzerinnen und -Nutzer tun, die ihr Set im Einzelhandel gekauft haben.

Steckbrief Afriso Home

Anwendung	Komplettlösung
Kategorie	Profi
Hersteller	Afriso Euro Index GmbH
Webseite	https://afrisohome.de
Vernetzungsprinzip	Funk, WLan (Zentrale)
Smart-Home-Standard(s)	EnOcean, Z-Wave, Zigbee
Laufende Kosten	keine
Installationstyp s. S. 157)	B C

Mit der App von Afriso Home eignen sich handelsübliche Tablets als Touchscreen in der Wohnung.

Busch-Jaeger bietet sein hauseigenes Steuerungssystem als einfachere Alternative zu KNX an.

Busch-Jaeger Busch-free@Home

Das hauseigene Gebäudesystem von Busch-Jaeger heißt Busch-free@home. Es ist leichter zu installieren und zu verstehen als der KNX Standard, den das Tochterunternehmen von ABB ebenfalls anbietet. Wie im großen Vorbild kann die Vernetzung sowohl drahtlos als auch per Kabel geschehen. Im Neubau legt der Installateur vorzugsweise Busleitungen aus verdrillten Kupferadern (TP = Twisted Pair), zum Nachrüsten im Altbau gibt es Funkprodukte. Die drahtlose Variante Busch-free@home Wireless verwendet ein eigenes Protokoll im 2,4-Gigahertz-Bereich. Es nutzt Mesh-Technik (Seite 46), um die Reichweite zu vergrößern. Mit dem Stromnetz verbundene Teilnehmer verstärken dabei das Signal und arbeiten als Repeater. Bis zu 150 drahtgebundene oder drahtlose Geräte kann so ein System enthalten. Der Katalog enthält Unterputzmodule für die dezentrale Installation genauso wie Hutschienenaktoren zum Einbau in den Schaltschrank.

Für den Einstieg hat der Hersteller außerdem Busch-free@home flex im Programm, ein spezielles Sortiment an Sensoren und Aktoren, die mit Bluetooth arbeiten. Flex-Produkte lassen sich per Smartphone-App in Betrieb nehmen und bedienen, ohne weiteres Zubehör. Sie eignen sich nur für bestimmte Aufgaben wie Licht- und Rollladensteuerung, können aber später in eine Gesamtlösung integriert werden. Der System Access Point erledigt das. Als Zentrale von Busch-free@home enthält er die Intelligenz des Systems. Außerdem stellt er per WLan oder Lan-Kabel eine Verbindung zum heimischen Netzwerk her und ermöglicht den Fernzugriff. Mit einem kostenpflichtigen Abonnement im Onlinedienst MyBusch-Jaeger können Nutzer ihr Zuhause von unterwegs aus steuern oder Dienste wie eine Zutrittskontrolle hinzubuchen.

Zur Inbetriebnahme baut der Access Point auf Wunsch ein eigenes WLan auf, sollte der Router vor Ort noch nicht installiert sein. Damit

Steckbrief Busch-free@home

Anwendung	Komplettlösung			
Kategorie	Profi			
Hersteller	Busch-Jaeger			
Webseite	www.busch-jaeger.de			
Vernetzungsprinzip	Busleitung, Funk, Wlan/ Lan-Kabel (Zentrale)			
Smart-Home-Standard(s)	eigene, Bluetooth			
Laufende Kosten	für Fernzugriff			
Installationstyp (s. S. 157)			C	D

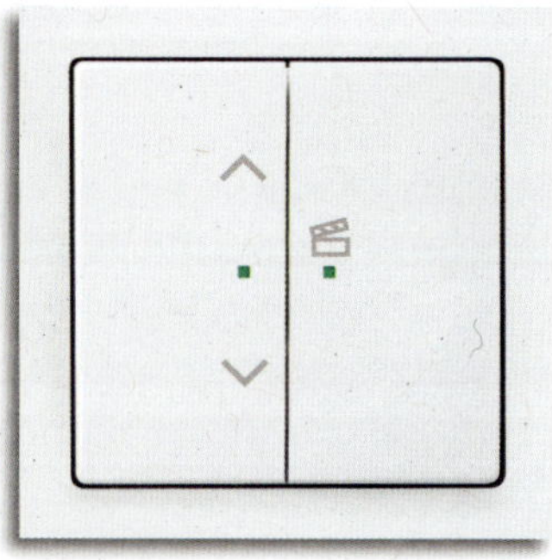

Taster in Busch-free@Home können per Funk oder Busleitung angeschlossen sein.

kann sich ein Smartphone, Tablet oder PC während der Installation direkt an der Zentrale anmelden. Die free@home-App oder der Browser führen anschließend durch die Installation – von der Struktur des Hauses über die Sensor- und Aktor-Einstellungen bis zur Darstellung auf speziellen Wanddisplays von Busch-Jaeger. Zwei Touchscreens stehen zur Wahl. Der größere dient gleichzeitig als Gegenstelle für eine Videosprechanlage Busch-Welcome, die sich ebenso integrieren lässt wie das drahtlose Alarmsystem Busch-secure@home. Über das IP-Netzwerk greift die Steuerung außerdem auf Sonos-Lautsprecher und ein Philips-Hue-System zu sowie auf vernetzte Hausgeräte mit Home-Connect oder Miele@home (siehe Seite 142). Umgekehrt landen Sprachbefehle, die Alexa zu Hause aufschnappt, bei der Zentrale.

Sämtliche Einstellungen nimmt der Installateur im Menü des Access Points vor. Hier kann er auch Benutzerrechte vergeben, die entscheiden, was im Alltag mit der App möglich ist. Neben dem unbeschränkten Zugriff gibt es Rollen für die Konfiguration, die Bedienung und als sogenannte Beobachter. Letztere haben von Haus aus gar keine Rechte. Geräte müssen extra für sie freigeschaltet werden – praktisch, wenn etwa Kinder in ihrer free@Home-App nur Zugriff auf das Licht im eigenen Zimmer haben sollen.

Coqon

Es gibt zwei Wege, um an eine Funkzentrale von Coqon zu gelangen. Der klassische führt über den Installateur: Elektriker und Heizungs- oder Sanitär-Fachbetriebe, die das System anbieten, montieren es und richten es ein. Sie haben gleichzeitig Zugriff auf das komplette Produktsortiment des Anbieters, inklusive Stellantriebe für die Fußbodenheizung, Klingelsensoren und Unterputzaktoren. Alternativ ist die Coqon-Zentrale auch frei im Internet erhältlich – dort jedoch als Qbox Basic mit einem reduzierten Funktionsumfang. Die Basisversion unterstützt Geräte, die ohne besondere Fachkenntnisse installiert werden können: Batteriesensoren und Funktaster, Heizkörperthermostate, Kameras, Rauchmelder und Zwischenstecker. Sobald es ans Eingemachte geht, sprich die Unterputzinstallation, verlangt das System jedoch eine Qbox Professional. Und die wird – genau wie die dafür nötigen Produkte – über den Elektrogroßhandel vertrieben.

Wer nachträglich umsteigen will, kann sich die Profifunktionen gegen eine Gebühr vom Fachbetrieb freischalten lassen. Denn technisch gesehen handelt es sich jeweils um dieselbe Box. Die Software macht den Unterschied. Als Multistandard-Zentrale beherrscht Coqons aktuelle Qbox neben dem hauseigenen Q-Wave-Protokoll auch Z-Wave und Zigbee. Bluetooth 5.0 wäre technisch möglich, wurde vom Hersteller aber noch nicht freigeschaltet. Die Auswahl kompatibler Geräte ist kleiner als die Zahl der Funkstandards erwarten lässt. Trotzdem sollten Nutzer vor allem Produkte aus dem offiziellen Coqon-Sortiment verwenden. Es gibt zwar die Möglichkeit, fremde Komponenten anzumelden, jedoch wie immer ohne Garantie, dass sie in vollem Umfang unterstützt werden. Außerdem bindet die Zentrale ausgewählte Partnerlösungen über das heimische IP-Netzwerk ein. Dazu gehören Systeme für das Heizungs- und Energiemanagement, Philips Hue, Sonos und die Wetterstation von Netatmo. Weitere finden über den Onlinedienst IFTTT (siehe Seite 296) Anschluss an Coqon.

Steckbrief Coqon

Anwendung	Komplettlösung
Kategorie	Profi (+ Do-it-Yourself)
Hersteller	Coqon GmbH
Webseite	https://mein-coqon.de
Vernetzungsprinzip	Funk, WLan/Lan-Kabel + Mobilfunk (Zentrale)
Smart-Home-Standard(s)	eigener, Z-Wave, Zigbee
Laufende Kosten	keine
Installationstyp (s. S. 157)	B C

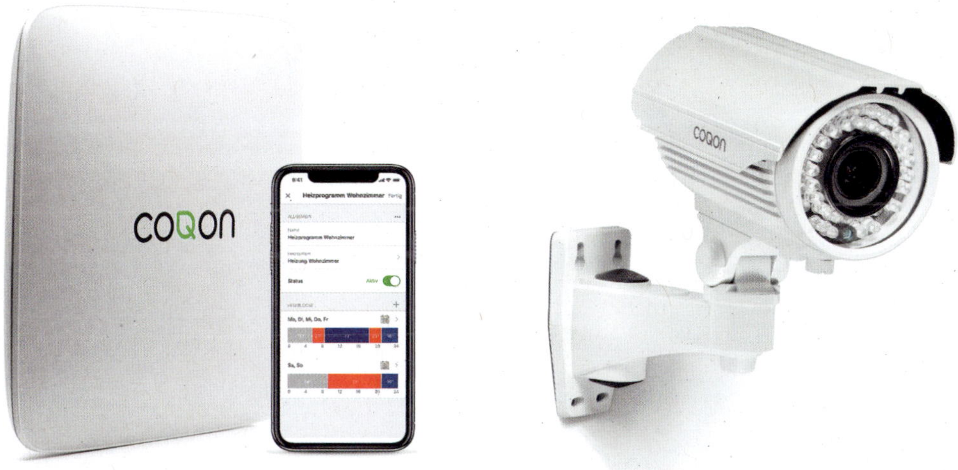

Hersteller Coqon setzt stark auf eigene Komponenten. Unter anderem bietet das Unternehmen Überwachungskameras für seine Q-Box an.

Besonderheit der Qbox: Die Zentrale verfügt über ein Mobilfunkmodul. Es stellt bei Bedarf eine speziell verschlüsselte Verbindung übers Netz der Deutschen Telekom her. So lässt sich Coqon auch ohne Router betreiben, etwa in der Ferienwohnung. Oder die Steuerung bleibt aus der Ferne erreichbar, wenn daheim das Internet streikt. Für Installateure hat Mobilfunk den Vorteil, dass sie im Neubau nicht auf den Festnetzanschluss warten müssen, um das System in Betrieb zu nehmen. Sollte die serienmäßige 2G/EDGE-Verbindung zu langsam sein, bietet der Hersteller einen USB-Stick an, der 4G/LTE-Technologie nachrüstet. Die Kosten des Mobilfunktarifs trägt bislang das Unternehmen.

Eine Onlineverbindung, gleich welcher Art, ist Voraussetzung, um auf die Einstellungen der Box zugreifen zu können. Die App von Coqon und die Bedienoberfläche im Browser werden von einem Cloud-Server gespeist. Dass Festnetz und Mobilfunk gleichzeitig ausfallen, dürfte allerdings unwahrscheinlich sein. Sollte es dennoch passieren, läuft das System zu Hause weitgehend normal. Nur Regeln und Geräte, die auf Daten aus dem Internet angewiesen sind, verlieren ihre Funktion. Es lassen sich in so einem Fall aber auch keine Änderungen an der Konfiguration mehr vornehmen oder Geräte hinzufügen, weil die grafische Bedienoberfläche am Bildschirm fehlt.

Was die Einrichtung und Konfiguration angeht, ist die Aufgabenverteilung klar: Installateure sind bei Coqon im Normalfall wirklich nur für die Installation zuständig. Sie schließen 230-Volt-Geräte und andere Profiprodukte an, die besonderes Fachwissen verlangen. Nach der Integration in die App übertragen Sie alle Benutzerrechte an ihre Kunden. Diese legen Szenen und Regeln dann in Eigenregie an. Und sollte etwas schiefgehen, gibt es immer noch die Backup-Funktion mit Sicherungskopien. Sie hilft, den letzten funktionierenden Zustand wieder herzustellen.

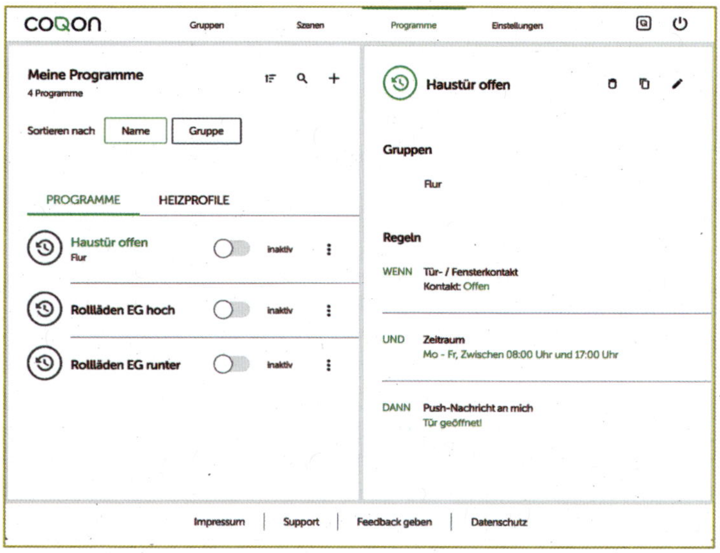

Über die App von Coqon können Haushalte ihr Smart Home selbst konfigurieren.

Bunte Lüsterklemmen kommunizieren im Digitalstrom-System mit Serverkomponenten im Verteilerkasten.

Digitalstrom

Die Gebäudeautomatisierung aus der Schweiz ist bekannt für ihre bunten Lüsterklemmen. Sie erinnern entfernt an Legosteine und machen analoge Geräte in der traditionellen Elektroinstallation smart. Dazu werden die Bausteine in Abzweigdosen, an Taster, Rollladenmotoren oder auch Ventilantriebe angeschlossen. Ihre prinzipielle Funktion ist an der Farbe zu erkennen: Gelb steht für Licht, Grau für Beschattung, blaue Klemmen sind fürs Klima zuständig, rote für Sicherheit und grüne für Türfunktionen. Hinzu kommen schwarze Bausteine als Jokerklemmen, deren Anschlüsse sich auf beliebige andere Farben des Systems einstellen lassen.

In den Klemmen sitzen Mikrochips, die über das normale 230-Volt-Netz mit Einbauten im Elektroverteiler kommunizieren. Es handelt sich also um eine Powerline-Technologie, die Stromkabel für die Datenübertragung nutzt – ideal zum Nachrüsten, aber auch für Neubauten geeignet, wenn keine extra Busleitungen verlegt werden sollen. Anders als Powerline-Adapter für die Steckdose verwendet Digitalstrom dafür ein eigenes, patentiertes Verfahren. Es moduliert keine höheren Frequenzen auf das 50-Hertz-Netz auf, sondern schickt die Informationen als ultrakurze Spannungsunterbrechungen im Wechselstrom durch die Leitung, ähnlich wie einen Morsecode. Damit konkurriert die Übertragung nicht mit anderen Powerline-Systemen oder Babyfonen im selben Netzwerk.

Als Gegenstücke zu den Klemmen gibt es drei Arten von Bausteinen im Verteilerkasten. Das Digitalstrom-Meter (DSM) bildet den eigentlichen Kern des Systems. Es hat die Breite gängiger Leistungsschutzschalter (Sicherungsautomaten) und wird zu diesen in Reihe geschaltet. Jeder Stromkreis, der Digitalstrom-fähig sein soll, benötigt so ein DSM auf der Hutschiene. Ergänzt werden sie vom Digitalstrom-Server (DSS). Er verbindet die Meter untereinander und mit dem IP-Netzwerk. Vom DSS stammen auch die Bedienoberfläche und die Automatisierungsfunktionen. Außerdem ermöglicht er eine Fernbedienung übers Internet. Das dritte und letzte Glied in der Kette bilden sogenannte Digitalstrom-Filter (DSF). Ihre Aufgabe besteht darin, die Qualität der Signale zu sichern und zu verhindern, dass Daten aus dem Stromnetz in benachbarte Wohnungen oder Gebäude gelangen. Für jede Phase ist ein Filter nötig, macht bis zu drei pro Unterverteilung.

Um einen Raum mit Digitalstrom auszustatten, montiert der Fachbetrieb zum Beispiel Taster statt Wippschalter. Hinter die Taster kommen gelbe Klemmen. Außerdem erhalten alle Leuchten, die geschaltet oder gedimmt werden sollen, statt gewöhnlicher Lüsterklemmen die gelben Digitalstrom-Pendants. Für Tisch- oder Stehleuchten mit einem Schalter in der Zuleitung gibt es spezielle Schnurdimmer. An-

Steckbrief Digitalstrom

Anwendung	Komplettlösung
Kategorie	Profi
Hersteller	Digitalstrom AG (Schweiz)
Webseite	www.digitalstrom.de
Vernetzungsprinzip	Powerline
Smart-Home-Standard(s)	eigener, EnOcean u. a.
Laufende Kosten	keine
Installationstyp (s. S. 157)	C

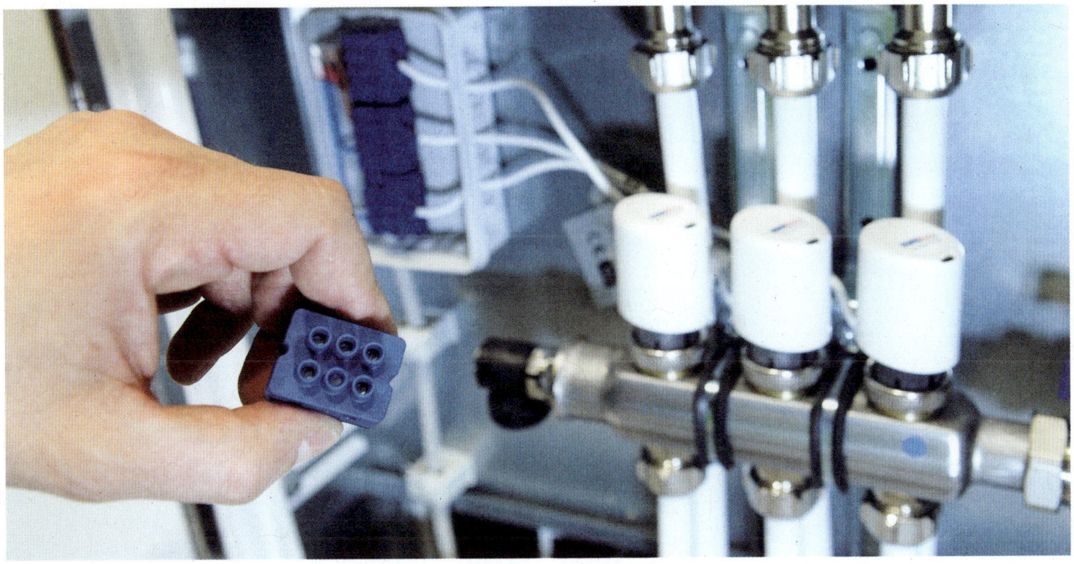

Digitalstrom-Klemmen für die Heizung steuern beispielsweise Stellantriebe für den Warmwasserkreislauf.

hand ihrer Farbcodierung finden sich die Geräte automatisch: Beim Betätigen des Tasters geht das Licht im Zimmer an und wieder aus. Über mehrfachen Tastendruck lassen sich programmierte Stimmungen abrufen, ein längeres Drücken des Tasters dimmt die Lampen. Nach demselben Prinzip funktionieren auch die übrigen Farbcodes. Jokerklemmen, die als rote Taster definiert sind, besitzen zum Beispiel eine Panikfunktion. Werden sie drei Sekunden lang gedrückt, geht überall in der Wohnung das Licht an und Beschattungsklemmen erhalten den Befehl, ihre Rollläden zu öffnen. Als „grüner" Taster neben der Tür sind sie fürs Kommen und Gehen zuständig. Solche Zentralfunktionen wirken dann unabhängig vom Stromkreis über alle Räume hinweg.

Ist vor Ort kein Platz für Klemmen, gibt es Produkte mit integriertem Digitalstrom-Chip. Partnerunternehmen bieten Zubehör wie Unterputztaster, Wohnraumfühler, Bewegungsmelder, Thermostate und Zwischenstecker an. Zu-

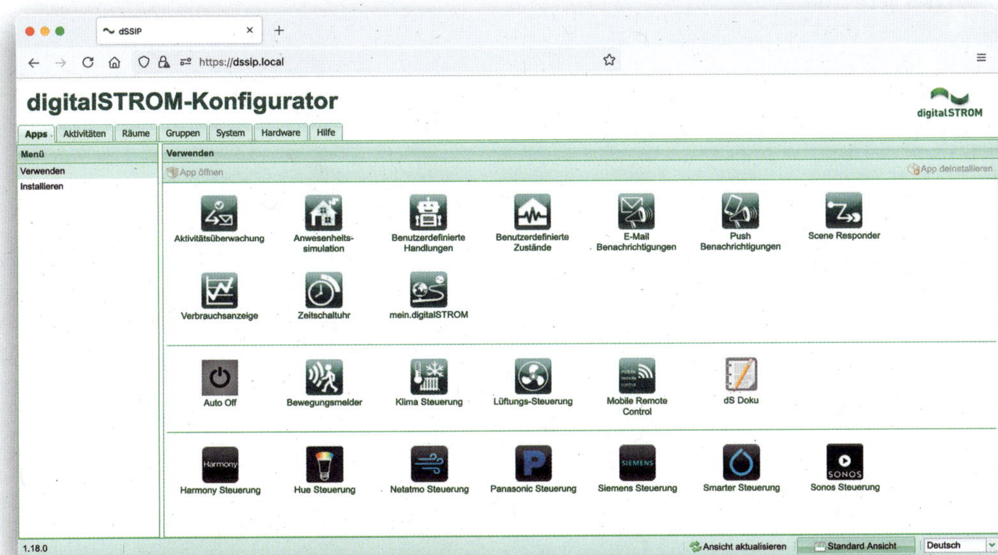

Ein installierter Digitalstrom-Server (DSS) ist über seine Browseroberfläche vom Computer aus erreichbar.

sätzliche Gateways bringen Funkprodukte im EnOcean-Standard oder die professionelle Lichtsteuerung DALI (siehe Seite 68) ins Spiel. Das Verhalten der einzelnen Geräte ist über eine Browseroberfläche am Digitalstrom-Server einstellbar, dem Digitalstrom-Konfigurator. Er verbindet auch externe IP-Produkte mit der Installation. So lassen sich unter anderen die Netatmo-Wetterstation, Philips Hue, Smart-TVs von Panasonic und Sonos-Lautsprecher in die Steuerung integrieren (Bild Seite 245 unten).

Die Programmierung folgt einer etwas unkonventionellen Logik und verwendet dafür eigene Begriffe. Im Vergleich mit der ETS-Software von KNX oder dem Loxone-Programm Config ist die Oberfläche aber recht einfach und selbsterklärend aufgebaut. Dass die Bewohner mit der Bedienoberfläche klarkommen, gehört zur Digitalstrom-Philosophie: Als System für den Installationstyp C ermöglicht es ihnen, jederzeit Änderungen an der Konfiguration vorzunehmen. Der Fachbetrieb muss eigentlich nur zur Installation und für Erweiterungen der Elektrik ins Haus kommen. Im System ist gar nicht vorgesehen, die Kundinnen und Kunden auszusperren. Es gibt nur einen Hauptbenutzer mit allen Rechten. Wer das Passwort des DSS-Servers kennt, hat auch vollen Zugriff auf die Installation

Eltako

Funksensoren- und -aktoren von Eltako sind weit verbreitet. Elektriker rüsten Gebäude damit nach. Fertighausanbieter installieren sie teilweise serienmäßig (siehe Seite 195). Hersteller von Smart-Home-Zentralen wie Homee, Mediola und Wibutler führen die EnOcean-Geräte auf ihren Kompatibilitätslisten. Dass Eltako ein komplettes System für die Gebäudeautomatisierung anbietet, ist vielen weniger bekannt. Im Katalog des mittelständischen Unternehmens aus Fellbach bei Stuttgart finden sich drahtlose und drahtgebundene Komponenten – neben den bereits erwähnten Produkten mit EnOcean-Funk auch solche, die einen 2-Draht- oder 4-Draht-Bus verwenden. Ein eigener Powerline-Bus ermöglicht es außerdem Tastern, Temperaturreglern und Aktoren, über die vorhandene Stromleitung zu kommunizieren.

Die Komponenten sind miteinander kombinierbar. Im Altbau macht häufig eine dezentrale Funkinstallation den Anfang. EnOcean-Sensoren und -Aktoren in den Unterputzdosen werden direkt aneinander angelernt. Alternativ gibt es Modelle für den Reiheneinbau auf der Hutschiene im Sicherungskasten (Bild rechts). Das alles funktioniert so weit ohne zentrale Steue-

Steckbrief Eltako

Anwendung	Komplettlösung
Kategorie	Profi
Hersteller	Eltako GmbH
Webseite	www.eltako.com
Vernetzungsprinzip	Busleitung, Funk, Powerline
Smart-Home-Standard(s)	EnOcean, WLan, eigene
Laufende Kosten	keine
Installationstyp (s. S. 157)	C D

Die App GFA (im Bild Version 5) kommuniziert mit dem Server Minisafe von Eltako.

Eltako-Produkte im Elektroverteiler sind meist an der blauen Farbe zu erkennen, hauseigene Server wie der Safe IV (rechts) automatisieren das System.

rung, Überwachung oder Visualisierung. Ein Smart-Home-Controller kann diese Funktionen allerdings ergänzen. So nennt Eltako seine Server, die zu Hause das Gebäude- mit dem IP-Netzwerk verbinden.

Mehrere Varianten stehen zur Wahl: Der Minisafe ist für Wohnungen und kleinere Gebäude mit 25 bis 30 Aktoren gedacht. Er unterstützt eine Auswahl des Eltako-Sortiments. Seine Brüder Safe (oben rechts) und Powersafe können dagegen mit allen Geräten umgehen und größere Objekte verwalten. Außerdem hat der Anbieter ein Modell mit integriertem Touchscreen im Programm. Sein berührungsempfindlicher Bildschirm im 16-Zoll-Format dient gleichzeitig als Bedienoberfläche.

Unterschiede gibt es in der Software: Der Minisafe wird komplett per App bedient und in Betrieb genommen. Ein iOS- oder Android-Programm namens GFA (Gebäudefunkassistent) legt Räume an und verwaltet die Geräte. Über das Bildschirmmenü lassen sich Szenen, Timer und Regeln definieren. Damit das Zuhause von unterwegs aus erreichbar bleibt, stellt Eltakos eigener Datendienst Quickcon eine verschlüsselte Verbindung übers Internet her.

Auf den anderen Servermodellen übernimmt ein Linux-Programm die Kontrolle. Diese Gebäudefunkvisualisierungssoftware, kurz GFVS, stellt Verknüpfungen zwischen den Geräten her und automatisiert sie. Sie ist auch für die Benutzerverwaltung zuständig. In Profilen kann der Administrator des Systems festlegen, über welche Rechte die Familienmitglieder verfügen sollen. Ob ihre GFA-App auf dem Smartphone nur bestimmte Geräte steuert oder ob sie Fernzugriff erhalten. Um das Smart Home anschaulicher zu machen, gibt es obendrein einen Grundrissmodus. Er platziert virtuelle Schalter auf frei wählbaren Hintergrundbildern – gedacht für einen Touchscreen an der Wand. Zum Zeitpunkt der Buchproduktion wirkt die Konfigurationsoberfläche des GFVS-Programms (Version 4) ein wenig in die Jahre gekommen. Aber wie immer bei Software kann sich das jederzeit ändern. Außerdem sind Eltako-Kunden ja nicht auf die Automatisierungsserver des Unternehmens festgelegt. Viele der Gebäudefunkprodukte lassen sich auch über den Wibutler Pro (Seite 266) oder ein Mediola-Gateway (Seite 233) steuern.

EQ-3 Homematic IP wired

Die jüngste Produktlinie in der Homematic-Familie zielt auf Neubau und Sanierung ab. Homematic IP wired verwendet dasselbe Kommunikationsprotokoll wie die Funkversion (siehe Seite 227), nur dass die Geräte über eine Busleitung miteinander sprechen. Dem System ist es prinzipiell egal, wie sie ihre Daten austauschen. Die Netzwerkteilnehmer kennen ohnehin nur die IPv6-Adresse des jeweiligen Partners. Beide Homematic-IP-Varianten lassen

Eine verkabelte Installation mit Homematic IP wired lässt sich auch per Funktaster erweitern.

sich daher auch parallel betreiben. So steuern zum Beispiel verkabelte Aktoren im Sicherungskasten die Kernfunktionen, für schwer zugängliche Stellen im Gebäude oder beim Nachrüsten kommen Funkprodukte zum Einsatz. Die Funktion Advanced Routing (fortgeschrittene Streckenführung) verbindet dabei den Wired Access Point mit einem oder mehreren Wireless Access Points im Haus (siehe „Sanierung mit Funk und Kabel", Seite 203). Was die Kosten zusätzlich senkt: Über Eingangsmodule auf der Hutschiene im Verteilerkasten finden konventionelle Taster oder Schalter Anschluss an das System, die einfach per Klingeldraht verbunden werden können. Das spart spezielle Exemplare mit einem Busankoppler, die häufig teurer sind.

Abhängig vom Einsatzzweck gibt es verschiedene Betriebsarten. Für eine ausschließlich verkabelte Installation genügt der Wired Access Point im Stromverteiler. Er verbindet sich wie sein Funk-Pendant mit der Cloud von EQ-3 und wird über die App von Homematic IP gesteuert – mit allen Vor- und Nachteilen, die so eine Konfiguration mit sich bringt (siehe Seite 30). Kommen Funksensoren und -aktoren von Homematic IP dazu, lässt sich das System um einen Access Point für die drahtlose Kommunikation erweitern. Auch diese Kombi arbeitet dann weiterhin Cloud-basiert.

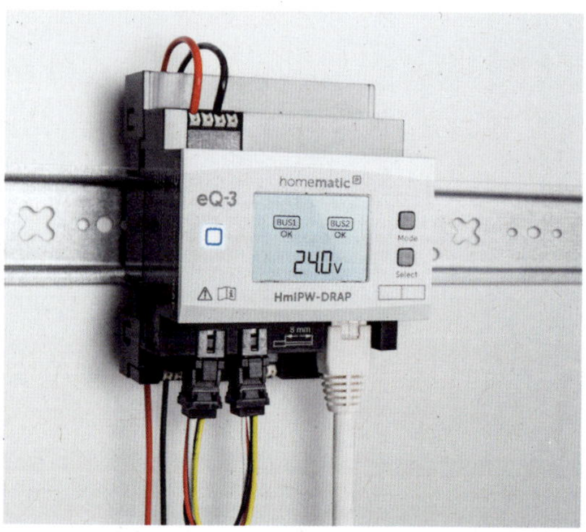

Der Wired Access Point auf der Hutschiene dient als Zentrale und stellt die Verbindung zur Homematic-IP-Cloud her.

Steckbrief Homematic IP wired

Anwendung	Komplettlösung			
Kategorie	Profi			
Hersteller	EQ-3 AG			
Webseite	www.homematic-ip.com			
Vernetzungsprinzip	Busleitung			
Smart-Home-Standard(s)	eigener			
Laufende Kosten	keine, eventuell mit CCU3			
Installationstyp (s. S. 157)			C	D

Für maximale Flexibilität lässt sich statt des drahtlosen Access Points eine CCU3-Zentrale installieren. Sie holt die Intelligenz aus der Cloud nach Hause und erlaubt die Konfiguration im Webbrowser am PC. Damit stehen dann alle Erweiterungsmöglichkeiten von Homematic sowie die Steuerung über externe Systeme zur Verfügung. Im selben Maße steigt jedoch der Zeitaufwand. Wer so eine Installation selbst verwalten und Regeln programmieren will, kommt um Einarbeitung nicht herum. Die Software der CCU3 ist schwerer zu meistern als der selbsterklärende Access Point mit seiner App. Auftraggeberinnen und Auftraggeber, die das System vom Fachbetrieb einbauen lassen, aber selbst verwalten möchten (Installationstyp C), rutschen damit schon einmal in die Rolle des Tüftlers (Typ A).

Fibaro Home Center (Yubii Home)

Von Fibaro kommt eine der bekanntesten Z-Wave-Funklösungen auf dem Markt, wobei es sich streng genommen um zwei Systeme handelt. Der polnische Hersteller bietet seine Steuerzentrale in verschiedenen Versionen an. Das weiße und technisch abgespeckte Home Center Lite richtet sich eher an Selbermacher und Bewohner kleinerer Häuser oder Eigentumswohnungen. Fibaro empfiehlt es für Installationen mit bis zu 40 Z-Wave-Geräten. Das große Home Center im schwarzen Gehäuse kann dagegen 230 Geräte verwalten und, wo

Steckbrief Fibaro Home Center

Anwendung	Komplettlösung
Kategorie	Profi (+ Do-it-Yourself)
Hersteller	Fibar Group SA (Polen)
Webseite	www.fibaro.com
Vernetzungsprinzip	Funk, WLan/Lan-Kabel (Zentrale)
Smart-Home-Standard(s)	Z-Wave, HC3 auch andere
Laufende Kosten	keine
Installationstyp (s. S. 157)	A B D

Das schwarze Home Center 3 ist die leistungsfähigste Fibaro-Zentrale. Es bietet mehr Funktionen als das Lite-Modell im weißen Gehäuse (ohne Abb.).

das nicht genügt, zusätzliche Steuerzentralen für die Erweiterung einspannen. Spätestens hier beginnt der professionelle Bereich. Rund 50 Installateure nennt die Webseite des Herstellers in Deutschland. Sie planen und montieren Fibaro-Systeme für Kunden, die keine Lust auf Do-it-Yourself haben oder dabei an Sprachbarrieren stoßen. Es gibt zwar einen deutschen Kundendienst, die Kommunikation im Fibaro-Forum findet aber auf Englisch statt. Auch Videoanleitungen und Support-Dokumente liegen teilweise nur auf Englisch oder Polnisch vor.

Aktuell sind beide Zentralen in der dritten Generation erhältlich – als Home Center 3 (HC3) und Home Center 3 Lite. Das Topmodell hat gegenüber dem Vorgänger HC 2 in der Ausstattung zugelegt und soll künftig außer Z-Wave weitere Funkprotokolle unterstützten: Bluetooth Low Energy (BLE) und Zigbee sind auf der Platine bereits vorgesehen, müssen vom Hersteller aber noch aktiviert werden. Außerdem unterstützt das HC3 funkgesteuerte Tor- und Rollladenantriebe des italienischen Herstellers Nice, zu dem Fibaro seit 2018 gehört. Nutzern der Lite-Version steht dagegen nur Z-Wave zur Verfügung. Auch sonst sind sie im Funktionsumfang eingeschränkt. So akzeptiert das Home Center Lite maximal eine IP-Kamera und fünf Plugins. Als Plugin bezeichnet Fibaro kleine Softwareerweiterungen für externe Geräte, die keinen Z-Wave-Funk verwenden. Dazu gehören etwa WLan-Lautsprecher für Musik und Alarmtöne, ein Nuki Smartlock oder die Bridge des drahtlosen Lichtsystems Philips Hue.

Die Konfigurationsoberfläche beider Zentralen sieht fast gleich aus. Sie wird über die IP-Adresse des Home Centers im Browser aufge-

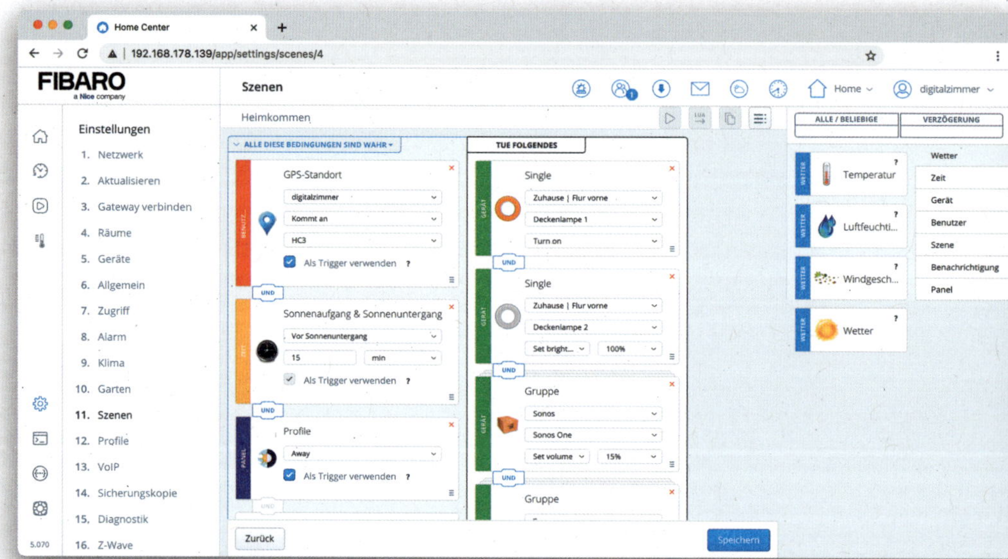

Alle Einstellungen des Fibaro-Systems finden im Browser statt (Bild). Die App dient im Alltag nur zur Bedienung.

rufen und ist für sämtliche Einstellungen zuständig. Die Smartphone-App des Systems dient lediglich als Fernbedienung und zum Abrufen vorher eingerichteter Szenen. Über den kostenlosen Cloud-Dienst des Herstellers stellt sie bei Bedarf von unterwegs aus eine Verbindung her. Beide Zentralen funktionieren aber auch ohne Internet. Sie legen ihre Daten lokal im eigenen Speicher ab und lassen sich komplett vom heimischen PC aus verwalten.

Mit Sensoren und Aktoren kommunizieren die Home Center vor allem drahtlos. Da Fibaro zu den aktiven Unterstützern des Z-Wave-Standards gehört, gibt es eine lange Reihe kompatibler Produkte. Daraus stechen Fibaros eigene besonders hervor. Der Hersteller legt Wert aufs Design und bietet etwa Öffnungskontakte in sieben verschiedenen Farben an – damit sie möglichst gut mit den Fenster- oder Türrahmen harmonieren. Unterputzschalter und Wandsteckdosen der Baureihe Walli fallen durch ihre abgerundete Form und bunte LED-Beleuchtung auf. Darüber hinaus lassen sich Z-Wave-Geräte von Abus, Aeotec, Danfoss, Nodon und vielen weiteren Marken im System anmelden, der Fachmann sagt „inkludieren". Wie üblich bei Fremdherstellern ist dabei jedoch nicht gesagt, dass alle Funktionen unterstützt werden.

Hinzu kommen Systeme, die übers heimische IP-Netzwerk den Zugang finden. Das können zum Beispiel Kameras und Lautsprecher oder auch die Sprachassistenten von Amazon und Google sein. Für manche gibt es Software-Erweiterungen, sogenannte Quick Apps, die eine Integration erleichtern. Selbst dann muss der Ablauf aber nicht selbsterklärend sein. Der Anschluss der Netatmos-Wetterstation etwa (siehe Seite 209) verlangt zusätzliche Daten, die nur auf der Entwicklerwebseite von Netatmo einsehbar sind. Um an sie heranzukommen, ist eine kostenlose Registrierung als Softwareentwickler nötig.

Hinzugefügte Geräte lassen sich anschließend mit Regeln automatisieren. Fibaro nennt sie Szenen und weicht damit vom allgemeinen Sprachgebrauch ab. Normalerweise legt eine Smart-Home-Szene den Betriebszustand fest, sie enthält noch keinen Auslöser. Im Home Center sind Ursache und Wirkung dagegen bereits nach dem Wenn-dann-Prinzip verknüpft. Ein grafischer Editor erleichtert die Zusammensetzung buchstäblich: Blöcke, die einzelne Auslöser und Aktionen repräsentieren, werden mit der Maus am Bildschirm aneinandergeschoben. Für die meisten einfacheren Aufgaben reichen solche Blockszenen aus. Das Home Center kann aber mehr und nutzt dafür ein Mittel aus der IT-Technik: Die Scriptsprache Lua gestattet es Heimvernetzern, ihre Szenen wie Computerprogramme zu schreiben. Wer den Code beherrscht, kann so komplexe Lua-Szenen mit Bedingungen und Verzweigungen erstellen (wenn … dann … sonst …). Allerdings verlässt er dabei auch den Boden traditioneller Hausautomatisierung und wird ein Stück weit zum Softwareprogrammierer.

Jüngste Entwicklung: Neben den beiden Home-Centern hat der Fibaro-Eigentümer Nice 2021 eine weitere Zentrale auf den Markt gebracht. Sie heißt Yubii Home und basiert auf dem Home Center Lite (www.yubiihome.com). Langfristig soll sie Produkte der Nice-Gruppe mit Lösungen anderer Hersteller unter dem Namen Yubii zusammenführen. Die Bedienung wurde dazu bereits vereinheitlicht: Alle drei Smart-Home-Zentralen nutzen die frühere Fibaro-App – das Programm heißt nun Yubii.

Gira/Jung eNet Smart Home

Als preisgünstige Alternative zu KNX haben die Schalterhersteller Gira und Jung ihr eNet-System entwickelt. Beide Unternehmen sind über eine gemeinsame Tochtergesellschaft namens Insta miteinander verbunden, die auch das eNet-Sortiment produziert. Alle Sensoren und Aktoren kommunizieren drahtlos per Funk – egal ob sie in Unterputzdosen oder als Reiheneinbaugeräte im Schaltschrank sitzen. Sie nutzen dafür ein proprietäres Protokoll, was die Produktauswahl naturgemäß ein wenig eingeschränkt. Aktuell bieten vor allem Jung und Gira entsprechende Geräte an. Hinzu kommen Bewegungsmelder und LED-Strahler von Steinel, die das Protokoll ebenfalls nutzen. Neben Aktoren zum Dimmen und Schalten konventioneller Leuchten gibt es auch Aktoren für den DALI-Standard (siehe Seite 68).

Steckbrief eNet Smart Home

Anwendung	Beschattung, Licht, Heizung, Steckdosen
Kategorie	Profi
Hersteller	Gira, Jung, Steinel u. a.
Webseite	www.enet-smarthome.com
Vernetzungsprinzip	Funk
Smart-Home-Standard(s)	eigener
Laufende Kosten	keine
Installationstyp (s. S. 157)	C

Neben einer konventionellen Bedienung per Taster gibt es im eNet-System auch Touchscreens.

Der Verzicht auf Busleitungen prädestiniert das System besonders für die Nachrüstung im Altbau. Im einfachsten Fall tauscht der Elektriker nur Wandschalter aus und installiert Funkmodule unter Putz oder auf der Hutschiene. Die Komponenten werden dann manuell miteinander verheiratet: Ein Druck auf die Programmiertaste am Aktor und anschließend am Taster oder Sensor stellt die Verbindung her. So ist es möglich, Steckdosen schaltbar zu machen und Bedienelemente unabhängig vom Lichtauslass oder Rollladenantrieb zu platzieren. Auch einfache Szenen lassen sich direkt auf Taster programmieren.

Allerdings fehlt es so einer Basisinstallation an Intelligenz. Zum echten Smart-Home-System steigt eNet mit einem eigenen Hutschienen-Server im Verteilerkasten auf. Er automatisiert Abläufe und visualisiert die Steuerung per App am Smartphone oder Tablet. Gleichzeitig verschlüsselt er den Datenverkehr und ermöglicht den Fernzugriff von außen übers Internet. Vor allem aber stellt der eNet-Server eine Konfigurationsoberfläche zur Verfügung, mit der

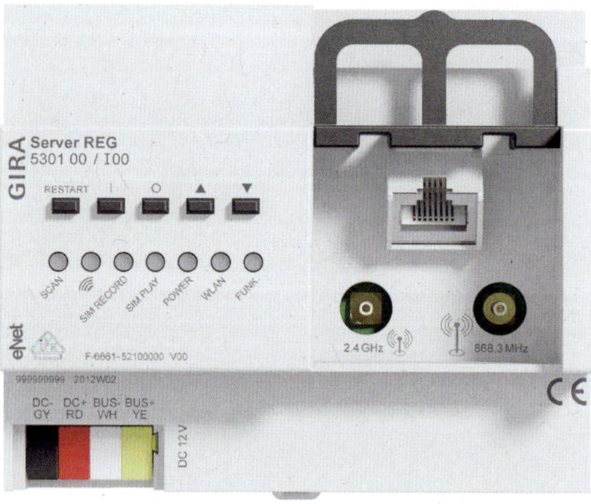

Ein eNet-Server von Gira (Bild) oder Jung stellt die Verbindung zum Heimnetzwerk her.

sich das System am PC verwalten lässt. Hier legt der Installateur die Gebäudestruktur an und fügt Geräte hinzu. Er kann die Projektdaten sichern, eine Fehlerdiagnose durchführen und die Software der Komponenten aktualisieren. Seine Kunden bekommen dieses Browsermenü namens Connect in der Regel gar nicht zu Gesicht. Sie bedienen ihr Smart Home über Taster, die eNet-App (Bild unten) oder Touchpanels an der Wand. Sowohl Gira als auch Jung bieten berührungsempfindliche Displays an, die das Funksystem wie eine aufwendige, kabelgebundene Installation wirken lassen. Ausgestattet mit Administratorrechten können die Wohnenden in der eNet-App Szenen anlegen und Regeln mit Wenn-dann-Verknüpfungen erstellen. Für Kinder oder Familienmitglieder, die keinen Vollzugriff erhalten sollen, gibt es einen Benutzerzugang, der sich rein auf die Bedienung beschränkt.

In der eNet-App können autorisierte Nutzer selbst Szenen anlegen und bearbeiten.

Bedingt durch die Hersteller liegt der Schwerpunkt des Systems auf Licht, Beschattung und dem Schalten elektrischer Verbraucher. Energiesensoren an den Steckdosen und im Verteiler können außerdem die Leistungsaufnahme angeschlossener Geräte messen und an den eNet-Server senden, der sie am Bildschirm anzeigt. Außerdem stellt die App über den Lan-Anschluss des Servers eine Verbindung zu externen Systemen her. Dazu gehört neben den Sprachassistenten Amazon Alexa und Google Assistant vor allem die Heizungssteuerung von Tado (siehe Seite 215). Statt eigene Thermostate oder Regler anzubieten, überlassen die eNet-Entwickler diesen Bereich lieber dem Spezialisten aus München. Ihre App adoptiert gewissermaßen ein installiertes Tado-System. Danach lassen sich manuelle Raumtemperaturen auch von eNet-Seite aus einstellen, die An- und Abwesenheitserkennung der Thermostate kann als Auslöser für Wenn-dann-Regeln dienen. Heizpläne, die „Smart Schedules", bleiben allerdings der Tado-App vorbehalten – damit keine mehrfachen, sich womöglich widersprechenden Temperaturvorgaben entstehen.

Jäger Direkt Opus GreenNet

Das System von Jäger Direkt verlangt nur minimale Eingriffe in die Elektroinstallation, weil es mit Unterputzaktoren und Funkprodukten arbeitet. Es gibt normalerweise keine Aktoren im Sicherungskasten, die dort Platz beanspruchen würden. Das macht Opus-Komponenten als Nachrüstlösung interessant. Sie eignen sich aber auch für Neubauten in der Immobilienwirtschaft, um Schalter nach Belieben positionieren zu können und Busleitungen zu sparen. Kernelement der Installation sind elektronische Wandtaster, die wie gewohnt funktionieren und rein äußerlich von traditionellen Modellen im 55-Millimeter-Rastermaß nicht zu unterscheiden sind. Sie schalten oder dimmen Lampen, steuern Rollladenmotoren und Steckdosen. Ihre Besonderheit: Unter der Wippe befindet sich ein EnOcean-Funkmodul, das die Elektronik fernbedienbar macht. So können andere Geräte mit den Aktoren kommunizieren. Weil die Schalter eine Brücke aus dem EnOcean-Funknetz in die klassische Gebäudeinstallation schlagen, nennt Jäger sie Opus Bridge.

Bis zu 14 Sensoren oder Sender lassen sich direkt an einer Bridge anmelden. Neben Tastern gehören Raumsensoren wie Bewegungsmelder, Rauchmelder, Wassermelder und ein Öffnungskontakt zum Opus-Sortiment – außerdem Fenstergriffe, die feststellen, ob der Status offen, geschlossen oder gekippt ist. Eine gewisse Intelligenz entwickeln die Geräte gleich nach ihrer Verbindung. Beispiel Aussperrschutz: Signalisiert der angelernte Tür- oder Fenstergriff, dass die Terrassentür offensteht, wird der Rollladen nicht geschlossen. Der Bewegungssensor startet einen Timer auf der Bridge, der das Licht nach vorwählbarer Zeit wieder ausschaltet, sofern keine neue Meldung erfolgt.

Um das Smart Home richtig zu automatisieren, ist allerdings eine Zentrale nötig. Das Smart-Home-Gateway von Jäger verbindet Opus-Komponenten via Lan-Anschluss mit Apple HomeKit (siehe Seite 217), Amazon Alexa oder einem professionellen Steuerungssystem wie Control 4. Besitzer einer Mediola-Zentrale mit EnOcean-Funk (siehe Seite 233) haben noch eine weitere Möglichkeit: Sie melden Opus-Produkte direkt am Mediola-Gateway an. Teilweise geht das auch mit anderen Funkzentralen, schließlich liegt EnOcean-Technologie zugrunde. Es kommt wie üblich auf den Versuch an. In jedem Fall hängt die Bedienung vom verwendeten System ab. Eine Gebäudeinstallation mit Opus GreenNet bildet das drahtlose Grundgerüst, auf dem die Steuerung aufbaut. Alles, was über einfache Lichtautomatik oder den Tastendruck am Schalter hinausgeht, findet in der Automatisierungssoftware statt.

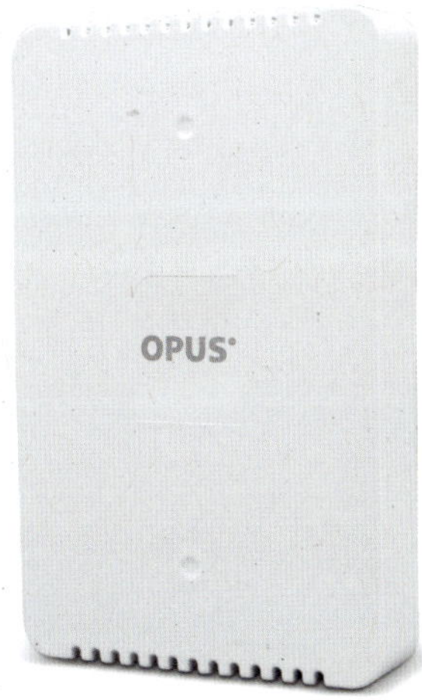

Das Gateway Opus IQ Dot kann direkt im Elektroverteiler oder auch draußen auf einer Unterputzdose installiert werden.

Steckbrief Opus GreenNet

Anwendung	Komplettlösung
Kategorie	Profi
Hersteller	Jäger Direkt
Webseite	https://myopus.eu/
Vernetzungsprinzip	Funk, Lan-Kabel (Zentrale)
Smart-Home-Standard(s)	EnOcean
Laufende Kosten	keine
Installationstyp (s. S. 157)	C D

KNX

Die Gebäudeautomatisierung mit KNX nimmt eine Sonderrolle ein. Denn anders als die übrigen Systeme auf diesen Seiten wird sie nicht von bestimmten Unternehmen repräsentiert. Es gibt mehrere hundert KNX-Anbieter (siehe Abschnitt „Musterbeispiel KNX", Seite 53). Darum ähnelt die Technik auch eher herstellerübergreifenden Standards wie Z-Wave oder Zigbee – mit dem Unterschied, dass KNX-Produkte grundsätzlich kompatibel sind. Eine gemeinsame Softwarebasis sorgt dafür, dass sie sich immer verstehen, egal aus welcher Produktion sie stammen.

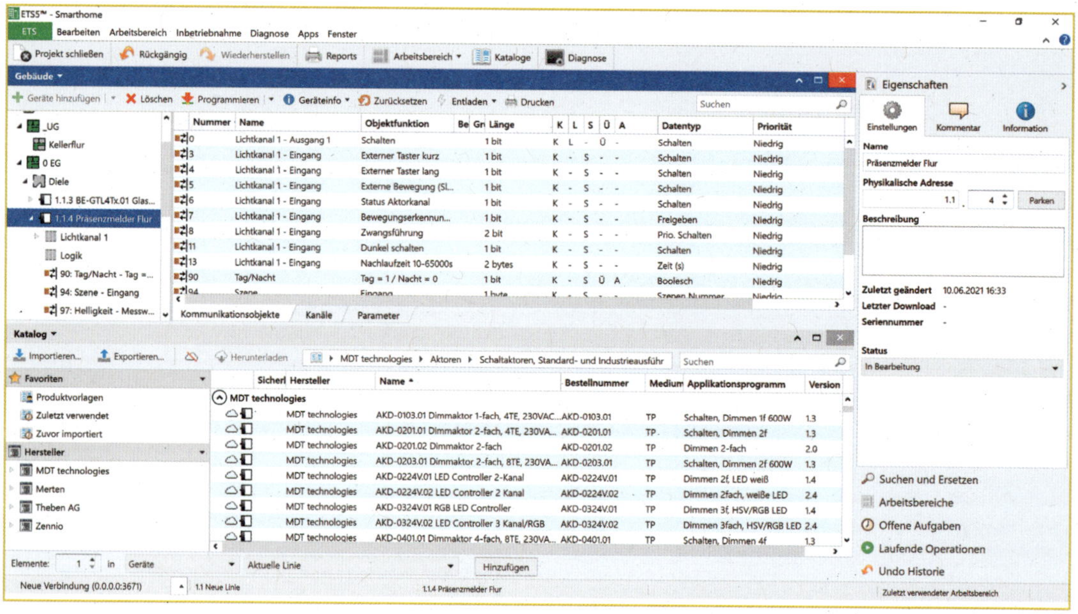

Das Windows-Programm ETS programmiert – im Fachbegriff: paramentriert – eine KNX-Installation.

Das gilt zumindest für Sensoren und Aktoren, die mit der offiziellen Software ETS (Engineering Tool Software) verwaltet werden. Manche KNX-Hersteller bieten eigene Lösungen an, die leichter zu bedienen und schneller in Betrieb zu nehmen sind. Deren Programme kennen dann nur ein begrenztes Sortiment und schöpfen auch nicht alle Möglichkeiten des Standards aus. KNX Easy von Hager oder Luxorliving von Theben gehören in diese Kategorie. Wegen der einfacheren Konfiguration sparen sie häufig Arbeitszeit und damit Kosten.

Um die volle Kompatibilität zum KNX-Standard herzustellen, müssen solche Geräte allerdings in eine ETS überführt werden.

Das Windows-Programm steht auf der Website der KNX Association ((https://my.knx.org) als Download zur Verfügung. Von der aktuellen Version ETS 6 gibt es drei Varianten, die sich im Preis und Funktionsumfang unterscheiden. So kann die Einstiegslösung ETS Lite für 238 Euro maximal 20 KNX-Produkte pro Installation verwalten. Mit der ETS Home für den Privatgebrauch (416 Euro) sind es 64 Stück. Die Version ETS Professional hebt jede Mengenbe-

KNX-Raumcontroller mit Display steuern mehrere Aufgaben und können häufig eine zusätzliche Visualisierung ersetzen.

Steckbrief KNX

Anwendung	Komplettlösung
Kategorie	Profi
Hersteller	verschiedene
Webseite	www.knx.org
Vernetzungsprinzip	Busleitung, Funk, Powerline
Smart-Home-Standard(s)	KNX, weitere über Gateways
Laufende Kosten	keine
Installationstyp (s. S. 157)	C D

schränkung auf, ist dafür aber auch am teuersten. Zur Drucklegung des Buches schlägt sie mit 1 190 Euro zu Buche, eine Investition, die sich vor allem Installationsbetriebe leisten, die ihre Ausgaben auf mehrere Projekte verteilen können.

Bis Oktober 2021 existierte mit ETS Inside noch eine vierte Lizenz. Sie nutzte ein Server-Programm am PC und eine App für iOS- und Android-Geräte. Damit ließen sich Installationen in begrenztem Umfang auch am Smartphone oder Tablet verwalten. Die KNX Association hat das Projekt jedoch eingestellt.

Der KNX-Standard sieht drahtlose und verkabelte Installationen vor. Funkprodukte (KNX RF, siehe Seite 48) lassen sich teilweise ohne Hilfe des PCs in Betrieb nehmen und miteinander vernetzen. Konfigurationstasten an den Geräten machen es möglich. Um das System per ETS-Software einzurichten, muss der Computer aber mit dem Gebäudenetzwerk verbunden werden. Das geschieht beispielsweise über eine USB-Datenschnittstelle im Sicherungskasten. Ein IP-Anschluss erfüllt denselben Zweck, er stellt per Lan-Kabel den Kontakt zum KNX-Bus her. Dann lädt der Installateur die Konfigurationsdateien seiner Geräte in das ETS-Projekt. Er kann sich dabei aus einem Onlinekatalog bedienen, der Produkte nach Herstellern sortiert auflistet. Fehlende Einträge lassen sich von der Anbieterwebseite herunterladen und manuell in die ETS importieren.

Spätestens hier fallen die Unterschiede zu anderen Lösungen auf. Sie hängen mit der dezentralen Struktur zusammen – und mit der Art und Weise, wie die KNX-Geräte kommunizieren. Das System benötigt von Haus aus keinen Server, der Informationen empfängt und Befehle verteilt. Sensoren und Aktoren machen das unter sich aus. Damit ein Signal sein Ziel erreicht, bekommt jedes Gerät in der ETS eine physikalische Adresse, vergleichbar der Postadresse für den Briefversand. Sie besteht aus drei Zahlen, die durch Punkte getrennt sind, ähnlich wie in einer IP-Adresse (1.2.3). Zusätzlich gibt es Gruppenadressen, mit Schrägstrichen unterteilt (4/6/7). Sie legen fest, welche Busgeräte oder Funktionen zusammengehören. Ein Taster sendet zum Beispiel die Gruppenadresse für „Flurlicht einschalten" auf den Bus und alle Lichtaktoren mit derselben Adresse reagieren darauf. Wie die Adressen aufgebaut sind, hat Einfluss auf die Übersichtlichkeit im ETS-Programm, weil sie gleichzeitig die Gebäudestruktur widerspiegeln. Deshalb lernen Profis in speziellen Schulungen, wie man KNX-Sensoren und -Aktoren verknüpft, oder wie es fachlich richtig heißt: parametriert.

Je nach verwendetem Gerät steckt in den Parametern auch die Fähigkeit zur Automatisierung. So können Schaltaktoren auf Bedingungen reagieren. Beispiel: Das Flurlicht schaltet nur zu bestimmten Tageszeiten ein und wenn ein Dämmerungsschalter sein OK dazu gibt.

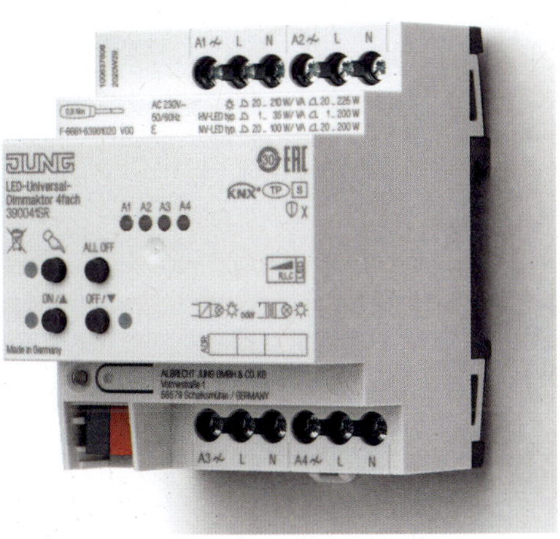

KNX-Schaltaktoren (links) bringen grundlegende Funktionen mit. Für echte Intelligenz sorgt ein Server-Baustein wie der Gira X1 (rechts).

Die Einstellungen werden in der ETS am jeweiligen Aktor vorgenommen. Reicht der Funktionsumfang nicht aus, gibt es KNX-Logikbausteine für den Sicherungskasten, die deutlich mehr leisten. Oder Logikgenies wie den EIBPort von BAB, Gira X1 und Domovea von Hager, die außerdem bei der Visualisierung helfen.

Denn eine grafische Bedienoberfläche gehört nicht zur Grundausstattung von KNX. Um das Smart Home per App zu steuern oder Hausdaten auf einem Bildschirm darzustellen, ist extra Hardware nötig. Die Möglichkeiten dafür sind so umfangreich wie der Standard selbst, und an Schnittstellen zu anderen Systemen mangelt es nicht. Multiroom-Musik, Videoüberwachung oder ein Koi-Karpfenteich mit automatischer wetterabhängiger Fischfütterung: KNX macht fast alles möglich. Es kommt letztlich nur auf die Erfahrung und den Einfallsreichtum des Planers an – und auf das Budget. Am Ende steht meist ein schlüsselfertiges System (Installationstyp D). Mit ETS-Software – oder einer Visualisierung, die entsprechende Funktionen bietet –, können Bewohnerinnen und Bewohner aber auch selbst in die Programmierung eingreifen (Typ C).

Loxone

Beim österreichischen Smart-Home-Anbieter Loxone stehen die Zeichen auf Grün. Sowohl die Kabel für den hauseigenen Installationsbus Loxone Tree als auch die Miniserver des Unternehmens leuchten in einer charakteristischen, knallgrünen Farbe. Der Miniserver bildet das Gehirn des Systems. Er steuert alle Funktionen und speichert seine Daten lokal auf einer SD-Karte. Deshalb ist für den Betrieb kein Internet notwendig. Die Cloud kommt nur beim Fernzugriff ins Spiel – wenn Bewohner ihr Gebäude von unterwegs aus steuern wollen oder der Installateur sich zur Wartung am System anmeldet. Zwei Versionen des Servers stehen zur Wahl: ein Hutschienen-Modell für den Einbau im Stromverteiler und der Miniserver Go als eigenständige Zentrale mit Netzteil.

Beide Varianten sind über sogenannte Extensions erweiterbar. So heißen die schwarzen Module, die an den Server angeschlossen werden. Sie fügen weitere Schnittstellen hinzu. Neben Extensions für den Loxone-Bus gibt es Erweiterungen, die gängige Gebäudestandards wie 1-Wire, DALI, EnOcean und KNX unterstützen. Damit öffnet sich das System nach außen und kann Produkte anderer Marken unter seine Fittiche nehmen. Hauptsächlicher Unterschied zwischen den Zentralen: Der Miniserver Go hat ein Funkmodul ins Gehäuse integriert. Er kommuniziert drahtlos über das hauseigene Protokoll Loxone Air mit Sensoren und Aktoren des Herstellers – praktisch zum Nachrüsten in Altbauten. Dafür fehlen ihm serienmäßige Ein- und Ausgänge für verkabelte Komponenten. Die kommen mit Extensions hinzu. Beim Miniserver im Schaltschrank ist es genau umgekehrt: Er bringt Kabelanschlüsse von Haus aus mit und lernt das Funken über eine sogenannte Air Base Extension.

Je nach Konfiguration arbeitet die Steuerung also drahtlos (Loxone Air), kabelgebunden (Loxone Tree) oder mit einer Mischung aus beidem. Verteilt auf die zwei Übertragungswege bietet Loxone mehr als 150 eigene Produkte an. Von Tastern und Präsenzmeldern über LED-Leuchten bis hin zur Videotürsprechanlage Intercom reicht das Programm. Darunter finden sich auch überraschende Lösungen wie ein berührungsempfindlicher Flächensensor für den Möbeleinbau und eine Paketbox, die Meldung macht, wenn neue Sendungen eintreffen. Eine weitere Spezialität von Loxone ist der Musikserver im Hutschienenformat – zu erkennen

Steckbrief Loxone

Anwendung	Komplettlösung			
Kategorie	Profi			
Hersteller	Loxone (Österreich)			
Webseite	www.loxone.com			
Vernetzungsprinzip	Busleitung, Funk			
Smart-Home-Standard(s)	eigene, weitere über Extensions			
Laufende Kosten	keine			
Installationstyp (s. S. 157)			C	D

Den Miniserver von Loxone gibt es in zwei Versionen: für den Einsatz auf der Hutschiene (links) und als externes Gerät (rechts).

am violetten Gehäuse. Er nimmt neben seinem grünen Kollegen im Schaltschrank Platz und versorgt von dort aus passive Lautsprecher. Auch dafür gibt es wieder Extensions, die das Audiosystem auf bis zu 24 Verstärkerkanäle erweitern. Wo das nicht genügt, können mehrere Audioserver parallel arbeiten. So gehört Loxone zu den wenigen Vollsortimentern im Smart-Home-Segment. Die Österreicher bieten ein breites Produktsortiment aus einer Hand.

Als Profilösung wird die Installation weitgehend am PC programmiert. Der Hersteller bietet eine kostenlose Software namens Config dafür an. Sie läuft auf Rechnern mit Windows-Betriebssystem. Allerdings lassen sich Wenn-dann-Regeln im Alltag auch per Browser oder mit der App am Smartphone anlegen. Um das System komplett zu beherrschen, sind aber die Config-Software und etwas Erfahrung nötig. Das liegt an der Bausteinlogik, die Bezüge zwischen den Geräten als Flussdiagramm darstellt. Funktionen wie die Lichtsteuerung haben darin Ein- und Ausgänge, die am Bildschirm mit den gewünschten Sensoren oder

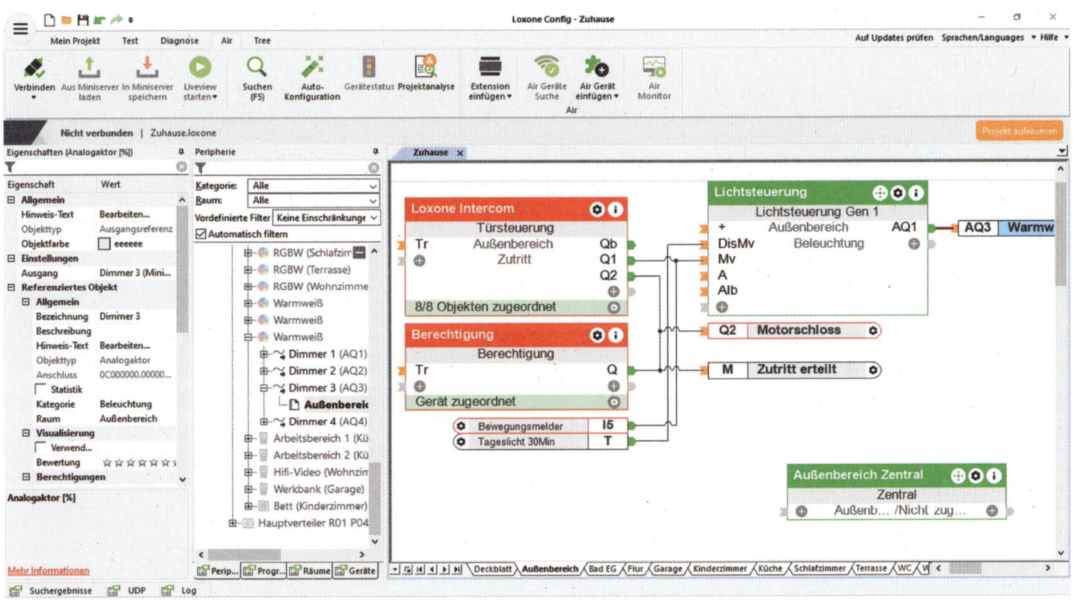

In der Config-Software von Loxone werden Ein- und Ausgänge der Komponenten über Linien verbunden.

Aktoren verknüpft werden. Wer Loxone mit externen Systemen wie Amazon Alexa, Philips Hue und Sonos verbinden will, muss etwas tiefer in die Programmierung einsteigen und eventuell zusätzliche Hardware wie einen Raspberry Pi (siehe Seite 267) installieren. Auch deshalb richten normalerweise Fachbetriebe das System ein. Das Config-Programm steht aber nicht nur Elektrikern und Systemintegratoren zur Verfügung. Jeder, der mag, kann es von der Herstellerwebseite herunterladen. So hat sich rund um Loxone eine Szene von Selbermachern entwickelt, die ihre Automatisierung selbst pflegen und weiterentwickeln. Übers Internet tauschen sie ihr Wissen in Foren und Video-Tutorials auf YouTube aus.

MyGekko

Die südtiroler Erfinder von MyGekko bezeichnen ihre Lösung gern als „Betriebssystem für Gebäude". Die Software MyGekko OS führt verschiedene Installationssysteme auf einer Plattform zusammen. Dazu gehören der kabelgebundene KNX-, LCN- oder Modbus genauso wie EnOcean-Funk. MyGekko kann mit den Lichtprotokollen DALI und DMX umgehen (siehe Seite 68), mit IP-Befehlen und einigen proprietären Herstellertechnologien. Der Grundgedanke: Installationsbetriebe sollen sich Lösungen aussuchen, die für ihre Zwecke am besten geeignet sind. MyGekko setzt dann auf diese

Steckbrief MyGekko

Anwendung	Komplettlösung
Kategorie	Profi
Hersteller	myGekko Ekon GmbH (Italien)
Webseite	www.my-gekko.com
Vernetzungsprinzip	Busleitung, Funk
Smart-Home-Standard(s)	KNX, Modbus, EnOcean (u. a.)
Laufende Kosten	für Fernzugriff und Zusatzdienste
Installationstyp (s. S. 157)	C D

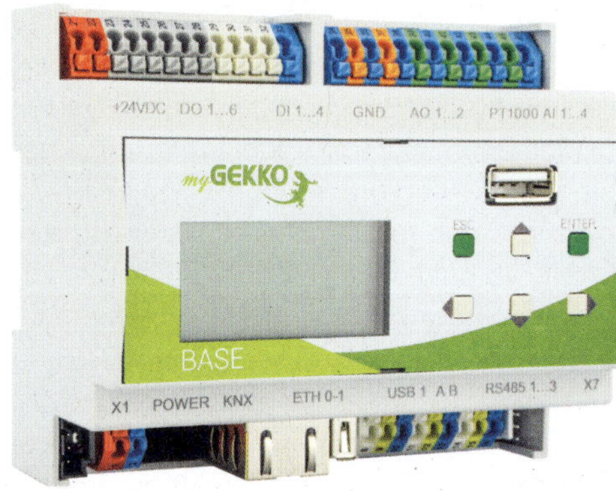

Die Base ist der Hutschienen-Server des Smart-Home-Systems von MyGekko.

Infrastruktur auf und stellt Verbindungen her. Dafür arbeitet das System mit Softwareschnittstellen, die dem Fachmann eine schnelle und einfache Inbetriebnahme ermöglichen – im Idealfall per Plug-and-Play. Neue Schnittstellen, die im Lauf der Zeit erscheinen, liefern die Südtiroler als kostenlose Updates nach.

Das Betriebssystem läuft zu Hause auf einem Server, der ebenfalls von MyGekko stammt. Er kann entweder im Schaltschrank montiert sein, diese Variante nennt sich Base (Basis) und ähnelt anderen Servermodellen für die Hutschiene. Oder er hängt als multifunktionale Bedientafel in der Wohnung an der Wand. Nach dem englischen Wort für Platte hat MyGekko diese flache Ausführung Slide getauft. Sie vereint Server, Bildschirm, Mikrofon und Lautsprecher in einem Gehäuse – und kann damit mehrere Aufgaben auf einmal erledigen. Der Slide automatisiert das Gebäude, dient gleichzeitig als Touchscreen und kann nebenbei die Innenstation einer Videosprechanlage ersetzen. In vielen Fällen reicht er aus. Sollten weitere Ein- und Ausgänge für Geräte benötig werden, lässt sich die Tafel mit einem oder mehreren Base-Modulen in der Elektroverteilung kombinieren.

Der überwiegende Teil der Smart-Home-Installation findet ohnehin auf der Hutschiene statt. Um sie einfacher zu machen, hat MyGekko eigene Komponenten im Angebot. Die sogenannten Rio-Module basieren auf dem Modbus-Standard. Es gibt darunter klassische

Schaltaktoren und solche für Heizung, Lüftung oder Klimaregelung. Wo eine zentrale Installation im Verteilerkasten ausscheidet, bietet sich der Raumbus an. Er nutzt Busleitungen in die einzelnen Räume, wie der Name schon andeutet. In den Zimmern werden dann Sensoren und Aktoren angeschlossen. MyGekko hat dafür Taster, Raumfühler, Bewegungsmelder, Unterputzaktoren und weitere Geräte im Programm. Technisch basiert der Raumbus auf dem KNX-Standard. MyGekko verzichtet aber auf die übliche Konfiguration mit einer ETS-Software (siehe Seite 254). Stattdessen richtet der Fachbetrieb das System komplett übers Lan-Netzwerk mit einem Windows-Programm oder über die identische Bildschirmoberfläche auf dem Slide ein.

Die Bedienoberfläche von MyGekko OS steht danach auch Nutzerinnen und Nutzern zur Verfügung. Auf ihr können sie unter anderem Aktionen definieren. So heißen Abläufe, die Geräte in einen bestimmten Betriebszustand versetzen. Die Aktion lässt sich automatisch ausführen, etwa zu einer bestimmten Tageszeit, oder auch einem Auslöser zuordnen. Damit startet ein Taster zum Beispiel die Gute-Nacht-Aktion: Heizung drosseln, Alarmanlage aktivieren und mit 5 Minuten Verzögerung das Licht ausschalten. Die grundlegenden Einstellungen für Beleuchtung, Jalousien, Raumregelung, Alarm und so weiter sind in sogenannten Bausteinen auf der grafischen Oberfläche untergebracht (Bild oben). Der Fachbetrieb kann auch tiefer eintauchen und auf Systemebene eigene Logiken entwerfen. MyGekko arbeitet dort nach dem Prinzip einer speicherprogrammierbaren Steuerung (SPS) mit Logikgattern und verzweigten Pfaden. So tief dringen Bewohner aber nicht in die Materie ein. Der Zugang zur untersten Konfiguratorebene bleibt dem Installationsbetrieb vorbehalten.

Eine Besonderheit des Systems: Da alle MyGekko-Installationen ähnlich aufgebaut sind, egal ob Einfamilienhaus, Bürogebäude oder Hotelanlage, bietet der Hersteller einen Support, den auch Privatkunden in Anspruch nehmen können. Mitarbeiter in Südtirol oder am Zweitsitz des Unternehmens in München beraten Heimvernetzer, wenn sie etwas grundlegend verstellt haben oder mit ihren Einstellungen nicht weiterkommen. Der Zugriff übers Internet auf das System lässt sich dafür zeitlich befristet freischalten. Außerdem bietet MyGekko mehrere Zusatzdienste an. Sie ermöglichen den Fernzugriff von unterwegs aus und stellen den Kontakt zu Sprachassistenten wie Alexa her. Es gibt sogenannte Plus Services für Wetterdaten und den Versand von SMS-Nachrichten oder E-Mails im Alarmfall. Ein Teil davon ist kostenpflichtig und kann von den Nutzern im Internet selbst gebucht werden. Für den eigentlichen Betrieb benötigt MyGekko keine Onlineverbindung.

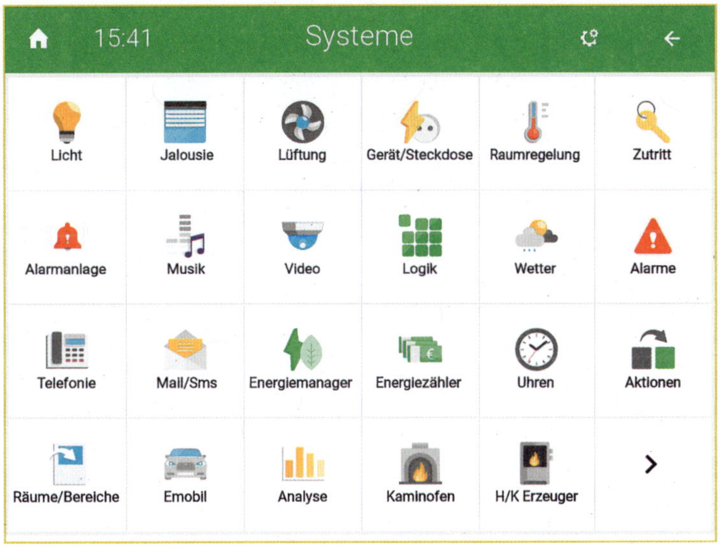

Der Startbildschirm von MyGekko, wie er auch auf dem Multifunktionsgerät Slide erscheint. Jedes Quadrat bildet einen Baustein des Systems ab.

Rademacher HomePilot

Sicht- und Sonnenschutz sind die Spezialität des westfälischen Unternehmens Rademacher. Seit 2011 gibt es außerdem HomePilot, ein Funksystem zum Automatisieren von Gebäuden. Die gleichnamige Zentrale arbeitet mit demselben drahtlosen Protokoll, das auch Rollladen- und Garagentorantriebe von Rademacher verwenden: DuoFern. Es verbindet rund 30 Produkte mit dem HomePilot – Gurtwickler, Rohrmotoren aber auch Dinge wie Rauchmelder, Thermostate, Unterputzaktoren und Zwischenstecker. Geräte, die ans 230-Volt-Netz angeschlossen sind, dienen nebenberuflich als Repeater und verstärken das Funksignal.

Das DuoFern-Sortiment ist überschaubar, deckt aber die wichtigsten Einsatzgebiete ab. Um Zigbee-Leuchtmittel direkt anmelden zu können, gibt es einen USB-Stick als Zubehör, der den Funkstandard nachrüstet. Ansonsten kann der HomePilot auch eine installierte Philips-Hue-Bridge nutzen, um Lichtstimmungen einzurichten. Mit der ONVIF-Schnittstelle (siehe „IP-Kameras", Seite 112) finden Kameras von Anbietern wie Axis oder Bosch Anschluss. Außerdem sind Amazon Alexa und Google Assistant für die Sprachsteuerung vorgesehen, Siri kommt über Kurzbefehle auf dem auf iPhone und iPad ins Spiel (siehe „Apple Siri", Seite 291). Eine Internetverbindung benötigt der HomePilot ansonsten nur, wenn die Installation von unterwegs aus mit dem Rademacher-Dienst WR Connect bedient werden soll. Die Steuerung selbst findet lokal auf der Zentrale statt. Alle Hausdaten und Regeln sind darauf gespeichert.

Ähnlich wie Coqon, Fibaro und Somfy fährt das Unternehmen zweigleisig: Außer an Fachpartner, die das System installieren, verkauft Rademacher seine Zentrale an Endverbraucher, damit diese ihre Wohnung im Do-it-Yourself-Verfahren automatisieren können. Beide Zielgruppen verwenden dieselbe App zur Konfiguration. Alternativ gibt es eine Web-Bedienoberfläche für den Internetbrowser am Computer. Sie bietet nahezu denselben Funktionsumfang. Das Menü macht auch keinen Unterschied zwischen Amateur und Profi. Da es sich an den Bedürfnissen von Einsteigern orientiert, fällt die Lernkurve relativ flach aus. Einstellungen wie die direkte Verknüpfung von Sensoren und Aktoren finden beispielsweise im Hintergrund statt. Vordergründig hat man es mit Szenen, Auslösern und klassischen Wenn-dann-Regeln zu tun. Wegen des geschlossenen Systems bleiben Rademacher-Geräte aber weitgehend unter sich. Schnittstellen zu anderen Gebäudesystemen wie KNX oder zu IoT- und Onlinediensten gibt es nicht.

Steckbrief HomePilot

Anwendung	Komplettlösung			
Kategorie	Profi (+ Do-it-Yourself)			
Hersteller	Rademacher			
Webseite	www.rademacher.de			
Vernetzungsprinzip	Funk, Lan-Kabel (Zentrale)			
Smart-Home-Standard(s)	eigener, Zigbee			
Laufende Kosten	keine			
Installationstyp (s. S. 157)		B	C	

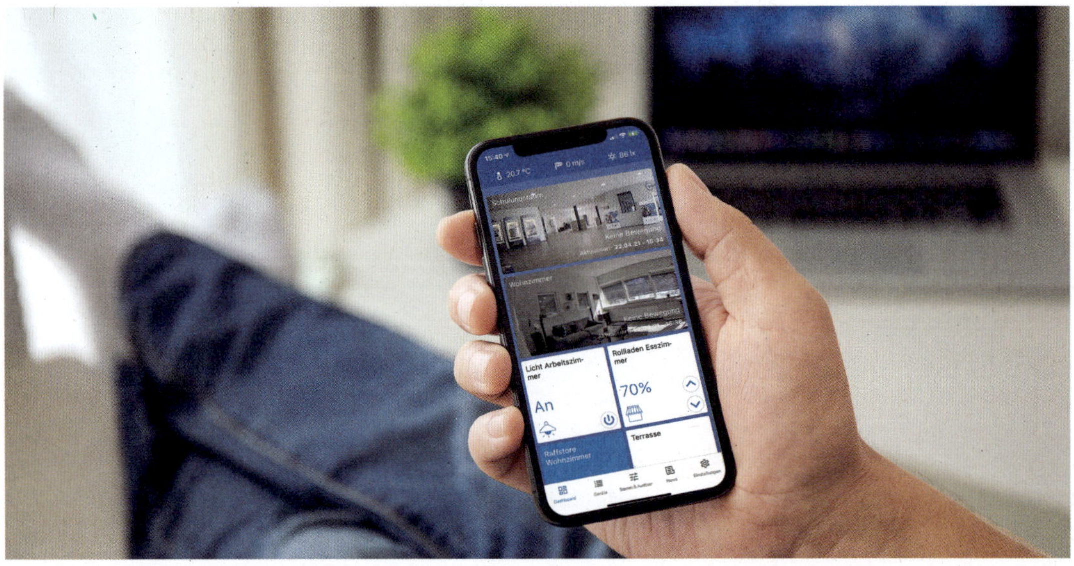

Die HomePilot-App war früher ein reines Bedienprogramm. Inzwischen hilft sie auch beim Einrichten des Systems.

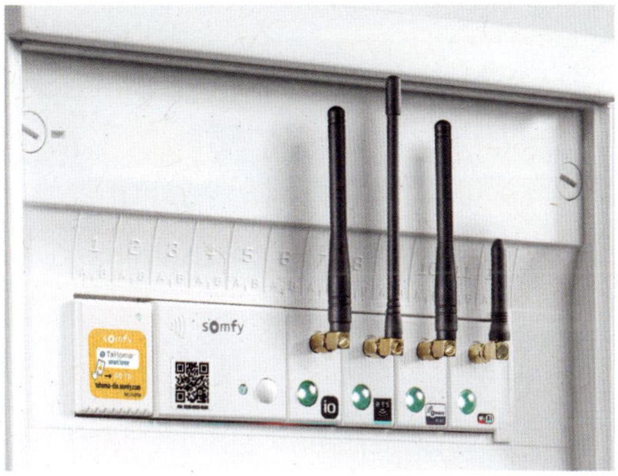

Rademachers HomePilot ist ein Stand-alone-Gerät (links), die Tahoma-Zentrale von Somfy gibt es auch in einer Hutschienen-Version (rechts).

Somfy Tahoma

Als Weltmarktführer für Rollladen-, Sonnenschutz- und Torantriebe hat Somfy einen Fuß in der Tür, wenn es um die Hausautomatisierung geht. Oder eine Hand am Fenster, wenn man so will. Denn Motoren von Somfy sind schon lange mit Funk ausgestattet. Früher kam das hauseigene Protokoll RTS zum Einsatz (Radio Technology Somfy). Da es unidirektional arbeitet, also keine Rückmeldungen gibt (siehe Seite 170), stieg das französische Unternehmen auf Zwei-Wege-Kommunikation um. Der aktuelle Standard heißt io Homecontrol und wird außer von Somfy vor allem von Velux für die Steuerung elektrischer Dachfenster verwendet.

Im drahtlosen Smart-Home-System Tahoma kommen beide Standards zusammen. Die externe Funkzentrale Tahoma Switch unterstützt außerdem Zigbee 3.0, um Funklampen damit zu steuern. Weitere Anwendungen sollen folgen. Beim Schwestermodell für die Hutschiene gibt es diese bereits: Die Tahoma DIN Rail im Verteilerkasten kann per Zigbee-Funk auch Heizkörperthermostate und Fußbodenheizungsregler von Danfoss kontrollieren. Eine Erweiterung der DIN-Rail-Version um Z-Wave- und EnOcean-Funk ist ebenfalls möglich. Hinzu kommt die Option, KNX-Installationen (siehe Seite 253) zu integrieren. Mit einer Softwareerweiterung für das KNX-Programm ETS liest Somfy die Gerätedaten aus und teilt sie über den IP-Anschluss der eigenen DIN-Rail-Zentrale mit. Tahoma stellt dann KNX-Sensoren und Aktoren auf seiner Bedienoberfläche dar und erledigt Aufgaben, für die ansonsten ein KNX-Server oder -Logikbaustein mit Visualisierung nötig wäre. An digitalen Assistenten für die Sprachsteuerung stehen Alexa und der Google Assistant zur Verfügung. Im Falle der Switch-Konsole kommt noch Siri von Apple hinzu: Wie das Vorgängermodell Tahoma Premium ist auch die Tahoma Switch für den Einsatz in HomeKit zertifiziert.

Mit diesem Konzept spricht das Unternehmen zwei verschiedene Zielgruppen an. Somfy-Kunden, die ihr Smart Home vom Fachbetrieb installieren lassen, erhalten eine fertige Lösung, die auch vor Alarmanlagen mit Notstromversorgung und KNX nicht Halt macht (Installationstyp C). Manche Fertighaushersteller bauen passende Funkantriebe für Rollläden und Jalousien im Werk gleich ein (siehe Seite

Steckbrief Tahoma

Anwendung	Komplettlösung
Kategorie	Profi (+ Do-it-Yourself)
Hersteller	Somfy
Webseite	www.somfy.de
Vernetzungsprinzip	Funk, WLan/Lan-Kabel (Zentrale)
Smart-Home-Standard(s)	eigene, EnOcean, Z-Wave, Zigbee
Laufende Kosten	für verlängerte Videospeicherung
Installationstyp (s. S. 157)	B C

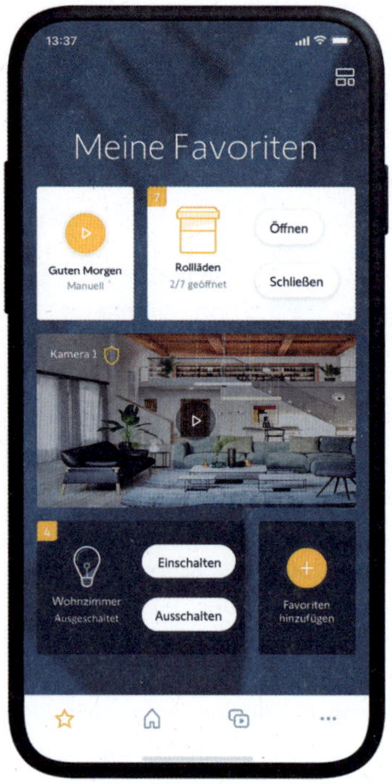

Mit der Endkunden-App „Tahoma by Somfy" steuern Nutzerinnen und Nutzer ihr Zuhause.

197). Der Installateur vor Ort kümmert sich außerdem um technische Details und integriert auch vorhandene, ältere Antriebe des Herstellers. Da der Funkstandard io Homecontrol kein Mesh-Protokoll nutzt, bedarf es manchmal zusätzlicher Repeater, um größere Entfernungen zu überbrücken. Andererseits kann jeder Privatkunde eine Tahoma Switch im Handel kaufen – als drahtloses Do-it-Yourself-System zum Nachrüsten (Installationstyp B). Somfy bietet eigene Sensoren und Aktoren dafür an, vertraut aber zusätzlich auf Partner wie Ledvance, Philips Hue und Sonos, deren Produkte sich in das System integrieren lassen.

Die Konfiguration verlangt keine Programmierkenntnisse. Es gibt zwei Apps: ein Programm für Endkonsumenten und die Pro-Version für Fachbetriebe. Im Profiwerkzeug sind alle Funktionen untergebracht, die der Experte zum Einrichten und Verwalten des Systems braucht. Über das Fernwartungstool Serv-e-Go kann er außerdem per Internet auf die Installation zugreifen und Hinweise auf Funktionsstörungen bekommen. Mit der Kunden-App lassen sich die Geräte bedienen und automatisieren. Das Bildschirmmenü mit seiner gängigen Wenn-dann-Logik erklärt sich von selbst. Dafür geht aber auch nur das, was der Hersteller im Menü vorgesehen hat. Scriptsprachen oder Software-Plugins für erweiterte Funktionen gibt es in Tahoma nicht. Ein lokaler Betrieb sorgt dafür, dass Automatismen weiter ausgeführt werden, wenn das Internet und damit auch die Verbindung zur Somfy-Cloud ausfällt.

Wibutler Pro

Als Multistandard-Funkzentrale unterstützt der Wibutler Pro vier Protokolle: EnOcean, Z-Wave, Zigbee und WLan. Wireless Lan dient dazu, eine Netzwerkverbindung herzustellen, wenn kein Lan-Anschluss in der Nähe ist. Mit den übrigen drei knüpft der Wibutler drahtlos Kontakt zu Sensoren und Aktoren. Das „Pro" im Namen gibt auch gleich die Richtung vor: Vor allem Profis setzen das System ein. Zwar können Endkonsumenten die Zentrale ebenfalls kaufen und selbst loslegen, der übliche Weg führt aber über Fachbetriebe und Fertighausanbieter (siehe Seite 195).

Das zeigt sich am Produktsortiment, das besonders viele Komponenten aus den Bereichen Heizung und Sanitär, Klimatisierung und Lüftung enthält. Neben Heizungshersteller Viessmann, dem Wibutler seit 2018 gehört, zählen auch andere Größen der Branche zu den Unterstützern: Danfoss, Oventrop, Remeha, Resol und Wolf zum Beispiel. Sie alle sind in der Wi-

Steckbrief Wibutler Pro

Anwendung	Komplettlösung
Kategorie	Profi (+ Do-it-Yourself)
Hersteller	Connectivity Solutions GmbH
Webseite	www.wibutler.com
Vernetzungsprinzip	Funk, WLan/Lan-Kabel (Zentrale)
Smart-Home-Standard(s)	EnOcean, Z-Wave, Zigbee
Laufende Kosten	keine
Installationstyp (s. S. 157)	B C

butler Alliance organisiert, einem Zusammenschluss von rund 30 Industrieunternehmen, die es sich zur Aufgabe gemacht haben, das System zu fördern. Mehr als 250 Komponenten stehen auf der Kompatibilitätsliste, verteilt auf die drei Funkstandards. Der Wibutler unterscheidet dabei zwischen Geräten der Kategorie Pro, die nur von Fachhandwerkern angelernt werden können, und Do-it-Yourself-Produkten. Zur zweiten Gruppe gehören etwa Leuchtmittel, Kameras und Raumsensoren aber auch Heizkörperstellantriebe, die kein besonderes Fachwissen für die Installation verlangen.

Um Produkte aus der Pro-Kategorie zu installieren, meldet sich der Fachbetrieb mit einem speziellen Service-Passwort in der App an. Es liegt dem Wibutler beim Kauf als gedruckte Karte bei. Nur in dieser Betriebsart erscheinen professionelle Komponenten wie Hutschienen-Aktoren, Ventilatoren, Wärmepumpen und Heizkessel zur Auswahl am Bildschirm. Hinzu kommen erweiterte Einstellungen für Heizkreise, Lüftung und einen sogenannten hydraulischen Abgleich, um die Warmwasserverteilung im Heizungsnetz zu optimieren.

Besonders umfangreich ist die Unterstützung von EnOcean-Sensoren und -aktoren aus dem Hause Eltako. Hier deckt Wibutler so ziemlich alle Bereiche ab, vom Dimm- und Schaltaktor über Stromstoß-Schaltrelais bis hin zum Fußbodenheizungsregler.

In den anderen Funkprotokollen ist die Auswahl geringer. Das merken vor allem Nicht-Profis, die gängige Zigbee-Lampen oder Z-Wave-Sensoren nutzen wollen. Beispiel: Der Wibutler unterstützt die Zigbee-Version 3.0 – Stellantriebe von Viessmann und die Ally-Thermostate von Danfoss arbeiten damit. Bis Redaktionsschluss ließen sich aber keine Leuchtmittel von

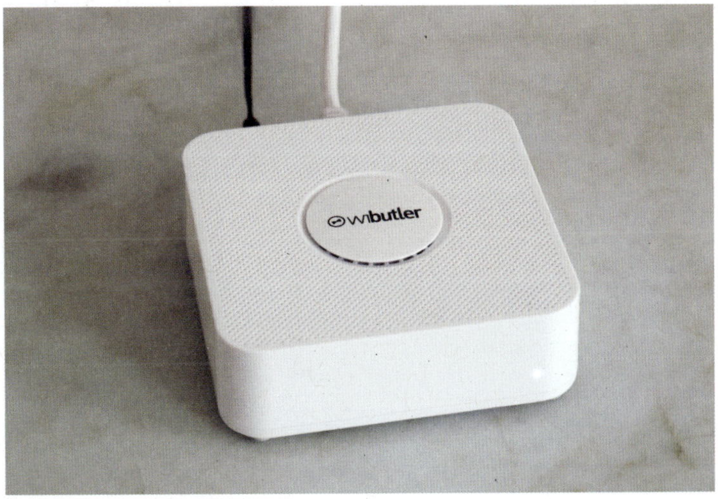

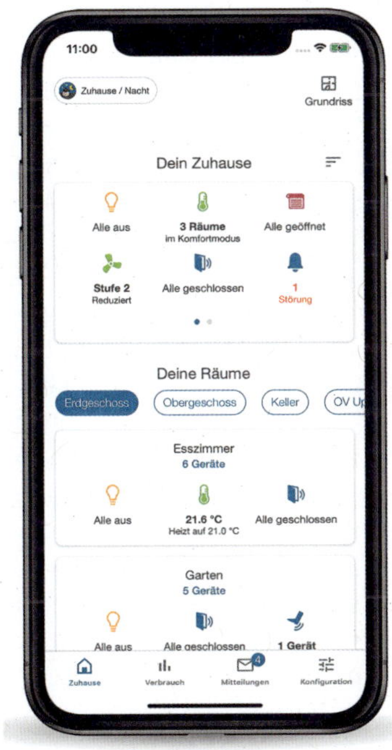

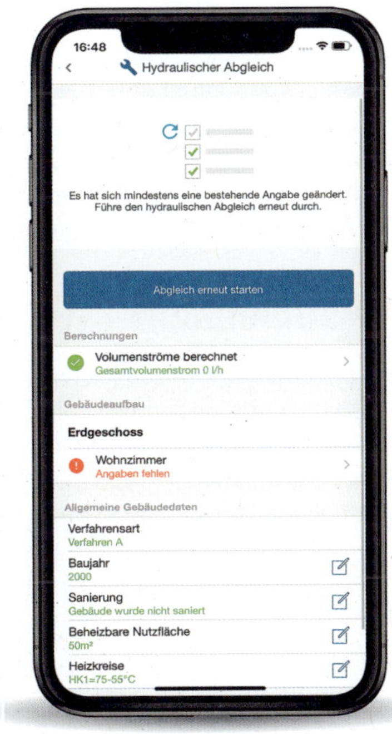

Fachbetrieben steht am Wibutler Pro (oben) ein erweiterter Funktionsumfang zur Verfügung – etwa für den hydraulischen Heizungsabgleich (unten).

Ledvance, Tint und anderen Marken anmelden. Nur ausgewählte Produkte aus dem Hue-Sortiment wurden unterstützt. Es empfiehlt sich daher, streng nach Kompatibilitätsliste zu kaufen. Auch mit der Integration populärer IP-Geräte hält Wibutler sich zurück. Alexa-Sprachsteuerung gehört zu den wenigen Ausnahmen. Laut eigener Aussage arbeitet der Hersteller an einer Neuauflage seiner Zentrale. Bis dato ist der Wibutler eher Profi-Werkzeug zum Automatisieren als ein System für IoT-Fans, die WLan-Lautsprecher oder Saugroboter einbinden wollen. Dafür spricht auch der autonome Aufbau: App und Zentrale benötigen keine Internetverbindung, um Geräte und Wenn-dann-Regeln einzurichten. Das System funktioniert ohne Cloud. Erst beim Fernzugriff von unterwegs oder für die integrierte Backup-Funktion kommt der kostenlose Server des Anbieters zum Einsatz.

„DEN GROSSEN NICHT EINFACH DAS FELD ÜBERLASSEN“

Felix Grave ist Informatiker und automatisiert sein Haus in Eigenregie – mit freier Software aus dem Internet und selbst gebauter Technik. Um anderen dasselbe zu ermöglichen, hat er das Projekt Ei23 ins Leben gerufen (ei23.de). Es hilft mit Anleitungen und einem eigenen Installationsskript dabei, das Smart Home von Grund auf selbst zu konzipieren und einzurichten. Gerdemann versteht die ehrenamtliche Arbeit daran als seinen Beitrag zum Open-Source-Gedanken – dass Software möglichst allen zur Verfügung stehen sollte.

Warum haben Sie Ihr Projekt DiY Smart Home gestartet?

Vieles, was heutzutage als Smart Home gilt, ist ja eher ein „Dumb home“, also ein dummes Haus. Das Licht per Sprachbefehl zu dimmen, kommt mir zum Beispiel nicht sehr intelligent vor. Eher sollte sich das Garagentor von selbst öffnen, wenn der Paketbote klingelt und ich nicht zu Hause bin – damit er die Sendung dort abstellen kann. Oder Geräte schalten sich automatisch ein, um den Strom der Photovoltaikanlage zu nutzen. Leider ist so etwas recht teuer. Und oft bleibt man im System eines Anbieters gefangen, der dann vielleicht auch noch Daten sammelt und entscheidet, was damit passiert. Diese Vorstellung gefällt mir gar nicht. Ich finde, man sollte den großen Unternehmen nicht das Feld überlassen. Im Projekt Ei23 ist alles offen und transparent. Die

Haussteuerung selbst gebaut, mit preisgünstiger Technik und Open-Source-Software

Nutzerinnen und Nutzer entscheiden selbst über ihre Daten.

Nutzen Sie darum ausschließlich Open-Source-Software?

Ja, diese hohe Anpassbarkeit, Unabhängigkeit und Datentransparenz gibt es nur mit Open-Source-Programmen. Außerdem liegen die technischen Zugangshürden niedrig. Ich kann alles ausgiebig testen, ohne etwas kaufen oder lizenzieren zu müssen. Was natürlich nicht bedeutet, dass alles kostenlos ist. Auch für Open Source gilt: „There is no free Lunch" – nichts ist umsonst. Entweder bezahle ich als Entwickler mit meiner Freizeit, oder Leute spenden für das Projekt, es gibt Sponsoren und so weiter.

In letzter Konsequenz heißt das, Sie bauen sogar Geräte selbst. Warum?

Aus Mangel an Alternativen oder weil es günstiger ist. Manchmal auch einfach, weil ich etwas lernen will oder es mir Spaß macht. Dabei schließe ich fertige Komponenten ja nicht grundsätzlich aus. So kommen in meinem Smart Home beispielsweise Aktoren von Shelly zum Einsatz, an deren Soft- und Hardware ich nichts zu verändern brauchte. Ich achte lediglich auf eine möglichst offene und gut dokumentierte Programmierschnittstellen, also APIs. Oft werden die dann schon von einem Open-Source-System wie Home Assistant erkannt. Das Rad muss selten neu erfunden werden, irgendjemand aus der Community hat häufig schon gute Arbeit geleistet. Ich danke allen Entwicklern der Software, die ich täglich nutze!

Welche Voraussetzungen sollte jemand für so ein Projekt mitbringen?

Man muss Spaß an technischen Dingen haben. Wer möchte, dass Technik einfach nur funktioniert, egal wie, sollte sich die Technik vielleicht besser von jemandem einrichten lassen. Man sollte sich einfach gut überlegen, was man wirklich braucht oder haben will. Und ich empfehle jedem, sich aufs Wesentliche zu konzentrieren, wenn man keine Zeit totschlagen will. Ich muss beispielsweise aufpassen, mich nicht zu sehr in Details zu verlieren, weil die Möglichkeiten fast unbegrenzt sind.

Mit welchem Zeitaufwand müssen Selbermacher denn rechnen?

Das hängt stark von den eigenen Fähigkeiten ab und davon, was gewünscht ist. Mit meinem Installationsskript lassen sich innerhalb von zwei bis drei Stunden die wichtigsten Programme installieren und einrichten. Damit kann man dann schon einige IoT-Lampen von diversen Herstellern integrieren und dimmen – fertig ist das Dumb Home ;-) In mein eigenes Projekt habe ich bestimmt über 1000 Stunden investiert – allerdings mit sehr vielen Tests. Und während dieser Zeit ist auch das automatisierte Installationsskript von Ei23 entstanden. Normalerweise geht es schneller, in 50 bis 100 Stunden würde ich sagen. Mit meiner ganzen Erfahrung schaffe ich es mittlerweile in 5 bis 30 Stunden.

Es gibt viele freie Smart-Home- und Automatisierungsprogramme. Wie finde ich das richtige?

Mit einer Internetsuche und etwas Ausdauer. Ich würde zuerst auf den Funktionsumfang und die Größe der Community schauen. Ist sie umfangreich, besteht auch eine hohe Wahrscheinlichkeit, dass die Software langlebig ist und bereits von vielen erprobt wurde.

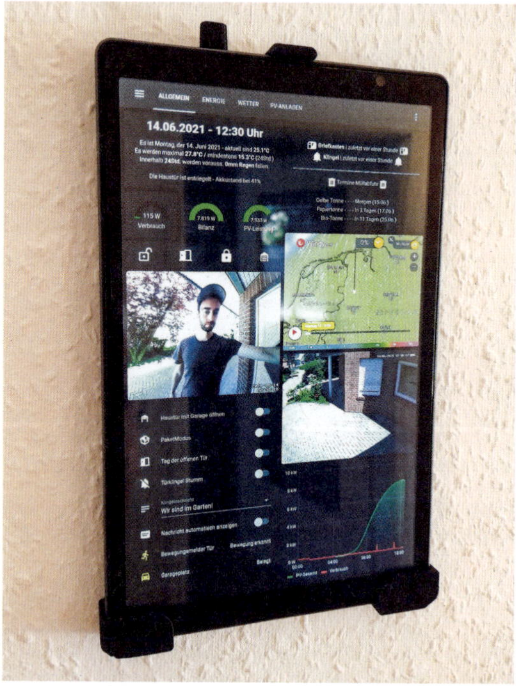

Im Haus von Felix Grave verrichtet ein Home Assistant seinen Dienst (siehe Seite 272).

Trotzdem kann es sein, dass man ein Programm ein paar Tage ausprobiert und dann erst merkt, dass es doch nicht die richtige Wahl war. Einsteiger dürfen sich dadurch nicht entmutigen lassen. Falsche Erwartungen und Ungeduld sind die häufigsten Stolpersteine.

Wo bekommt man Hilfe bei Problemen? In Ihrem Projekt aber auch mit anderen Open-Source-Lösungen?

In Foren, Gruppen, auf YouTube und generell im Internet. Etwas Englisch zu können, ist dabei hilfreich und die Bereitschaft zum „learning by doing". Es gibt vermutlich auch IT-Experten, die eine Beratung anbieten. Ich habe solche Dienstleistungen aber nie in Anspruch nehmen müssen. Die Lösung hat sich immer irgendwie selbst oder im Internet gefunden.

Sicherheit in IT-Systemen ist ein heikles Thema. Wie garantiere ich sie beim Eigenbau?

Da ist man bei einem Eigenbau-System natürlich selbst verantwortlich. Abonnenten meines Newsletters versuche ich zeitnah über neu entdeckte Sicherheitslücken zu informieren. Begriffe wie SSL, HTTPS, WPA2, VPN, NAT, Firewall, Botnetze und Portfreigabe sollten aber keine Fremdworte sein. Und wenn die Systeminfo schon länger nach einem „UPDATE" brüllt, sollte man dieser Aufforderung auch irgendwann Folge leisten. Ich halte Wissen über IT-Sicherheit grundsätzlich für wichtig: Verschiedene Passwörter zu nutzen und regelmäßig zu ändern ist genauso wichtig, wie zwei- bis dreimal täglich die Zähne zu putzen.

Was passiert, wenn Sie sich Ihre ehrenamtliche Arbeit am Projekt irgendwann nicht mehr leisten können und die Weiterentwicklung einstellen müssen?

Dann bleibt die Entwicklung stehen und es machen hoffentlich andere weiter. Das ist der Vorteil von Open Source, dass so ein Projekt niemandem allein gehört. Trotzdem bleibt die Finanzierung natürlich ein Thema. Hin und wieder gibt es Leute, die halten Open Source für einen kostenlosen Selbstbedienungsladen und meckern, wenn zum Beispiel Updates ausbleiben. Denen sage ich dann, dass es völlige Unabhängigkeit nicht gibt. Auch Open-Source-Entwickler arbeiten ja nicht im luftleeren Raum vor sich hin. Jeder ist abhängig von irgendetwas und sei es von der Luft, die er zum Atmen braucht.

SELBST GEBAUT VON ANFANG AN

Heimvernetzung als Hobby? Warum eigentlich nicht. Das Thema bringt alles mit, was zu einer erfüllenden Freizeitbeschäftigung gehört. Man kann Stunden damit zubringen, sieht praktische Ergebnisse und wird eigentlich nie fertig. Es gibt immer etwas auszuprobieren oder zu erweitern. Und wie häufig bei Arbeiten im und am Haus lässt sich mit der Eigenleistung auch noch Geld sparen. Ein Minicomputer Raspberry Pi samt Netzteil und Gehäuse kostet deutlich unter 100 Euro, Funkmodule für die Steuerung sind ab etwa 15 Euro zu haben. Der Hauptgrund, eine Lösung von Grund auf selbst zu bauen, ist jedoch für viele die Unabhängigkeit von Herstellern und Systemen. Wer Herr oder Frau über seine eigene Zentrale ist, entscheidet auch, welche Funkprotokolle darauf laufen. Die Basis bildet oft ein Raspberry Pi, er stellt aber nicht die einzige Möglichkeit dar. Denn technisch gesehen handelt es sich bei allen Selbstbaulösungen um serverbasierte Systeme. Das heißt: Es gibt ein Programm, das die Steuerung von Geräten übernimmt, und einen Computer, auf dem diese Software läuft.

Zusammen bilden sie eine Smart-Home-Zentrale, ähnlich wie die Basisstationen in kommerziellen Systemen. Welche Hardware die Rechenarbeit übernimmt, ist zunächst einmal egal, solange sie genügend Leistung mitbringt. Ein PC oder Mac, der permanent eingeschaltet ist, kommt dafür ebenso infrage wie ein NAS-System (Network Attached Storage), das ansonsten zum Speichern von Daten im heimischen Netzwerk dient – oder eben ein Raspberry Pi. Der Raspi, wie seine Fans ihn liebevoll nennen, ist nicht der einzige SBC oder Single Board Computer (Einplatinenrechner) auf dem Markt, aber mit Abstand der beliebteste. Für andere Kleinstrechner wie Asus Tinkerboard, Atomic Pi, Banana Pi und Rock Pi gibt es keine so große Auswahl an betriebsfertiger Smart-Home-Software. Außerdem ist die Raspi-Fangemeinde aktiver, Einsteiger finden leichter Hilfe und Unterstützung, was den Erfolg begünstigt.

Was ist der Raspberry Pi?

Markennamen, die an Obst erinnern, haben eine lange Tradition in der IT-Branche. Apple ist nur das bekannteste Beispiel dafür. Auch in Großbritannien, wo in den 1980er-Jahren Unternehmen wie Apricot oder Tangerine entstanden, waren fruchtige Bezeichnungen beliebt. Vielleicht ist das der Grund, warum sich die britische Raspberry Pi Foundation 2009 einen Namen gab, der auf das englische Wort für Himbeerkuchen anspielt (Raspberry Pie). Als gemeinnützige Organisation will die Stiftung jun-

Der Einplatinencomputer Raspberry Pi ohne Gehäuse. Er bildet die Basis für viele Selbstbauprojekte im Smart Home.

Auf die Stifte der GPIO-Anschlussleiste eines Raspberry Pi (links) lassen sich Systemerweiterungen stecken. Das Betriebssystem wird am PC auf eine Micro-SD-Karte „geflasht„ (rechts).

ge Menschen fürs Programmieren begeistern. Da es zunächst an preiswerten Lerncomputern fehlte, entwickelte die Foundation 2012 ein eigenes Modell. Der Rest ist Geschichte – eine sehr erfolgreiche dazu: Mehr als 36 Millionen Exemplare vom Rechner mit dem Himbeer-Logo wurden in den ersten acht Jahren nach dem Start verkauft.

Die Leistung stieg von Generation zu Generation, das Grundkonzept blieb jedoch gleich. Eine scheckkartengroße Platine enthält den kompletten Computer. Das Betriebssystem startet von einer Speicherkarte, die in den SD-Karten-Slot auf der Platine gesteckt wird. Hinzu kommen Schnittstellen für die Verbindung nach draußen: Lan/WLan, USB und 21 Kontaktstifte, sogenannte GPIO-Pins (Bild oben links). Das Kürzel GPIO steht für General Purpose Input/Output, was übersetzt etwa bedeutet „Universelle Ein- und Ausgänge". Damit wäre der Zweck auch schon beschrieben: An die GPIO-Leiste lassen sich Erweiterungen anschließen. Mit dem passenden Modul verwandelt sich der Raspi zum Beispiel in einen Mediaplayer mit Digital-Analog-Wandler für Musik oder in eine Überwachungskamera. Genauso gut können die Pins Funkerweiterungen aufnehmen. Sie rüsten dann Gebäudestandards wie EnOcean, Homematic, Z-Wave oder Zigbee nach. Unter Zuhilfenahme der USB-Ports und entsprechender Funk-Sticks sind auch Kombinationen mehrerer Standards möglich.

Einkaufsliste für Selbermacher

Spätestens jetzt sollte klar sein, dass so eine Smart-Home-Zentrale im Eigenbau kein schlüsselfertiges System ist. Wer denkt, sie schnell nach Feierabend an den Start bringen zu können, gewissermaßen zwischen Suppe und Kartoffel, der sollte sich besser auf Nachtschichten einstellen. Denn mit der Installation von Hardware ist es in der Regel nicht getan. Zum Rechner muss noch Software für die Steuerung kommen – und deren Einrichtung kann selbst zum abendfüllenden Programm werden. Deshalb folgt an dieser Stelle auch keine detaillierte Bedienungsanleitung, sondern lediglich eine Einkaufsliste. Für den Anfang benötigen Sie:

- **Computer-Hardware**. Damit die Automationen zu jeder Zeit ausgeführt werden, muss der Rechner rund um die Uhr laufen. Ein normaler Desktop-PC benötigt dafür unverhältnismäßig viel Strom (durchschnittlich 60 Watt). NAS-Systeme von Herstellern wie Qnap oder Synology können die Aufgabe mitübernehmen, wenn sie ohnehin eingeschaltet sind. Ihr Energieverbrauch steigt dadurch nur minimal. Minicomputer wie der Raspberry Pi sind die günstigste Lösung. Sie kosten wenig in der Anschaffung und haben je nach Auslastung eine Leistungsaufnahme zwischen 4 und 10 Watt. Wichtig: Ein nackter Raspberry Pi verfügt weder über Netzteil noch Gehäuse. Beides müssen Sie dazukaufen.

- **Funkmodul(e)**. Übers WLan und den Lan-Anschluss kann ein Smart-Home-Server theoretisch schon Geräte steuern. Allerdings nur solche, die via IP-Netzwerk erreichbar sind: WLan-Lampen, IP-Kameras, Streaminglautsprecher und ähnliche. Die gängigen Smart-Home-Sensoren und -Aktoren verwenden aber andere Funkprotokolle. Deshalb gibt es USB-Sticks, die solche Standards nachrüsten. Sie verwandeln den Computer in ein Z-Wave-, Zigbee- oder EnOcean-Gateway. Alternativ lassen sich Funkmodule am Raspberry Pi auch in die GPIO-Leiste stecken (Bild links). Dann verschwindet die Funkerweiterung im Gehäuse.
- **Speicherkarte / Speicherkartenleser**. Anders als im PC oder NAS-System liegt das Betriebssystem bei einem Raspberry Pi nicht auf der Festplatte. Er hat gar keine. Stattdessen wird es von einer Speicherkarte auf der Platine in den Arbeitsspeicher geladen, genauer gesagt: von einer Micro-SD-Karte. Da solche Karten anfälliger für Schreib- und Lesefehler sind, sollten Sie auf gute Qualität achten. Namhafte Hersteller wie SanDisk, Transcend und Verbatim bieten mehr Sicherheit als billige No-name-Produkte. Hohe Übertragungsgeschwindigkeit ist außerdem wichtiger als große Speicherkapazität, da selten mehr als 64 GB benötigt werden. Raspberry-Betriebssysteme, die auf Linux basieren, gibt es kostenlos im Internet – neben dem offiziellen OS, früher Raspbian genannt, auch Alternativen wie Noobs. Sie werden mit einem konventionellen Computer heruntergeladen und auf die Karte übertragen, der Fachmann sagt „geflasht". Hat der Computer keinen integrierten SD-Slot zum Beschreiben, erfüllt ein USB-Speicherkartenleser denselben Zweck.
- **Automatisierungssoftware**. Zum Betriebssystem, das den Computer selbst antreibt, kommt noch ein weiteres Programm. Es stellt die Verbindung zwischen den Geräten im Smart Home her und kontrolliert sie. Manchmal sind beide miteinander verknüpft, wie in der Software RaspberryMatic, die den Raspberry Pi in eine Homematic-Zentrale verwandelt (siehe Seite 227). Meist funktioniert die Steuerung aber über Hersteller- und Systemgrenzen hinweg. So lassen sich zum Beispiel Funkprodukte im EnOcean- oder Zigbee-Standard an IP-Geräte koppeln. Weil das Programm dabei eine Vermittlerrolle spielt, heißt diese Art Software manchmal auch Middleware. Oft handelt es sich um Open-Source-Projekte, deren Programmcode frei aus dem Internet heruntergeladen werden kann. Ehrenamtliche Entwickler kümmern sich um die Pflege der Software (siehe Interview, Seite 264). Es gibt aber auch kostenpflichtige Middleware wie IP-Symcon (siehe Seite 276), hinter denen ein kommerzielles Unternehmen steht.

Ein USB-Stick wie der Conbee II von Phoscon rüstet Zigbee-Funk an Computern nach.

Die Aufgabe von Middleware

Universelle Automatisierungsprogramme sind so etwas wie das Schweizer Taschenmesser für Gebäudetechnik. Sie lösen ein Kernproblem vieler Smart-Home-Planer: zu viele inkompatible Standards. Jedes System bringt seine eigenen Werkzeuge mit, die nur auf eigene Produkte passen. Um im Bild zu bleiben: KNX verlangt einen anderen Schraubendreher als Homematic oder Digitalstrom. Der Kapselheber von Philips Hue ist nicht kompatibel mit dem Korkenzieher, den Ikea Trådfri verwendet. Eine Middleware setzt hier an, indem sie verschiedene Werkzeuge – sprich Softwareschnittstellen – bietet. Welche das sind, hängt vom Programm ab. Ähnlich wie bei Taschenmessern existieren viele Ausführungen und Anbieter. Die leistungsfähigsten Vertreter können gewissermaßen nicht nur Schrauben drehen und Korken ziehen, sondern auch Dosen öffnen, Papier schneiden, Drähte abisolieren oder in Zähnen stochern.

Meist geschieht das über Code-Erweiterungen. Die zusätzlichen Softwareschnipsel heißen je nach Programm anders – Adapter, Binding, Integration, Modul oder auch Plug-in. Ihre Funktionsweise ist vergleichbar: Um ein Produkt zu koppeln, wird die passende Erweiterung installiert. Das Programm kann dann eine

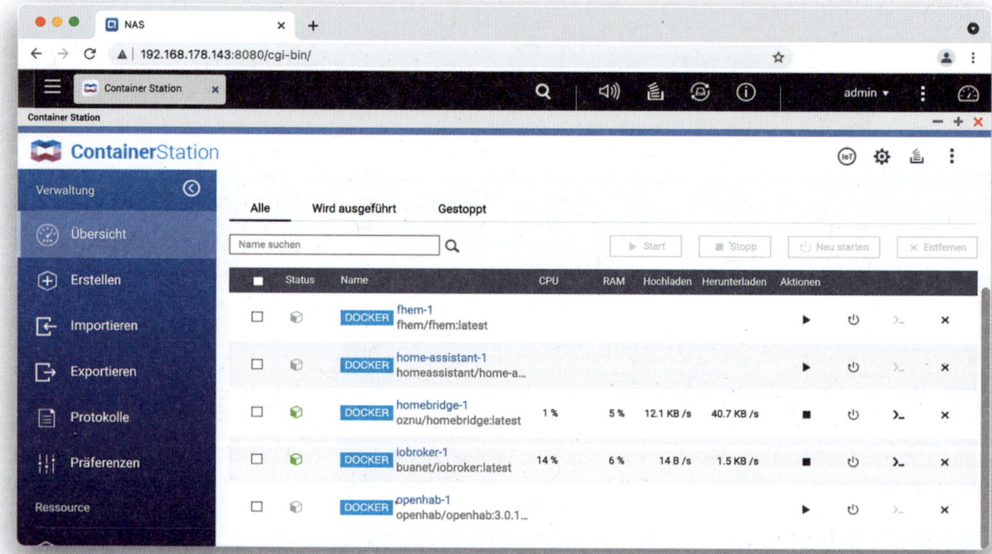

Zum Test können auf einem NAS-System auch mehrere Automatisierungsprogramme parallel laufen. Eine Container-Software wie Docker macht es möglich.

Verbindung herstellen und beispielsweise Sensordaten auslesen oder Aktoren steuern. Als gemeinsame Sprache dient das IP-Protokoll des Computers. Geräte, die eine andere Sprache sprechen, benötigen zusätzlich einen Übersetzer. Soll heißen: Die Middleware macht Funkmodule für Z-Wave, Zigbee & Co. nicht überflüssig. Sie ersetzt kein IP-Gateway im Schaltschrank, das die Businstallation für den Computer erreichbar macht. Sie baut vielmehr auf diesen Komponenten auf.

Steht die IP-Verbindung, findet alles Weitere in der Automatisierungssoftware statt. Das Programm verknüpft Sensoren mit Aktoren und gibt ihnen Aufgaben. Oft gehört auch eine Visualisierung zum Funktionsumfang des Systems. Damit stellt der Computer grafische Bedienelemente am Bildschirm dar. Über einen Internetbrowser oder eine App lässt sich die Oberfläche auf andere Geräte bringen, etwa ein Tablet an der Wand (siehe Interview mit Felix Grave, Seite 264). Von dieser Möglichkeit machen teilweise sogar Profis Gebrauch, weil sie flexibler ist als fertige Visualisierungsserver, die nur bestimmte Geräte unterstützen. Ein Raspberry Pi, ausgestattet mit Open-Source-Software und verpackt in ein Hutschienengehäuse, kostet außerdem weniger als jedes Serverprodukt von der Stange.

Allerdings stimmt das nur, solange die persönliche Arbeitszeit keine Rolle spielt. Einsteiger ohne Programmierkenntnisse, die sich das nötige Wissen erst aneignen müssen, könnten bei ehrlicher Aufrechnung der Stunden auch gleich eine kommerzielle Zentrale kaufen. Außerdem sollten sie vor Kommandozeilenbefehlen oder Scriptsprachen wie Java und Perl nicht zurückschrecken.

Leichter geht's mit einem Softwarepaket, das neben dem Betriebssystem für den Raspberry Pi auch gleich das Automatisierungsprogramm enthält. Beides gelangt beim Flashen auf die Speicherkarte und der Raspi startet ohne Umwege mit der Steuersoftware. Entsprechende Images sind für Open-Source-Programme wie Home Assistant und Homebridge (siehe Seiten 272, 274) im Umlauf. Vorteil: Linux-Befehle oder das Einrichten eines sogenannten Shell-Zugangs (SSH) für die Installation bleiben Neulingen erspart. Auf Netzwerkspeichern, besser als NAS bekannt, kommen oft Container zum Einsatz (Bild oben), das sind abgeschlossene Softwarebereiche, in denen das Programm wie auf einer eigenen Maschine läuft. Die gängigste Lösung heißt Docker, weshalb es für viele Automatisierungsprogramme vorbereitete Docker-Container zum Download gibt. Am meisten Komfort versprechen Komplettsysteme, also Minicomputer mit vorinstallierter Software, wie sie manche Händler anbieten. Das Automatisierungsprogramm bekommt damit schon beinahe Plug-and-Play-Charakter. Ganz ohne Nachschlagen im Internet und Anleitungsvideos auf YouTube geht es aber trotzdem nicht. Sonst wär's ja auch kein Hobby.

Die folgenden Beispiele geben einen Überblick gängiger Automatisierungsprogramme. Welche Funk- und Netzwerktechnik dabei zum Einsatz kommt, hängt von der Hardware des Computers ab. Ob ein Gerät erkannt und vollständig unterstützt wird, entscheidet die Software. Am besten, Sie werfen vor dem Start einen Blick auf die Webseite der Plattform – ehe Sie loslegen und später feststellen, dass es keine Plug-ins für Ihre bevorzugten Smart-Home-Produkte gibt.

FHEM

Die FHEM-Plattform geht auf den deutschen Programmierer Rudolf König zurück, der 2005 eine Software schrieb, um seine privaten Heizkörperregler damit zu steuern. Als kostenloser Download im Internet erlangte sie schnell Bekanntheit, andere Entwickler griffen das Projekt auf und arbeiteten daran mit. So entstand eine Lösung fürs Smart Home, lange bevor der Begriff in Mode kam.

FHEM wird heutzutage meist mit „Freundliche Hausautomation und Energie-Messung" übersetzt. Laut König hatte der Name ursprünglich aber keine Bedeutung. Er war einfach kurz genug und als Internetadresse verfügbar, was den Ausschlag gab. Für die Aussprache hat der Erfinder dagegen eine klare Präferenz: einsilbig mit Betonung auf dem Wortende – „femm".

FHEM ist in der Scriptsprache Perl verfasst und besitzt einen verhältnismäßig schlanken Code. Damit verschlingt das Programm weniger Ressourcen als andere Automatisierungssysteme, was Minicomputern wie dem Raspberry Pi zugutekommt. Findigen Entwicklern ist es sogar schon gelungen, das Programm mit einer alternativen Firmware direkt auf Fritzbox-Routern von AVM laufen zu lassen. Aus Sicherheitsgründen sieht AVM diese Möglichkeit aber nicht selbst vor. Außerdem führt das Unternehmen seine eigene Smart-Home-Lösung im Portfolio (siehe Seite 220).

Mit FHEM-Versionen für alle möglichen Betriebssysteme gibt es jedoch genügend Alternativen. Neben Linux-, Mac- und Windows-Rechnern bieten sich auch NAS-Systeme als Heimat an. Allerdings legt FHEM die Hürden für Einsteiger relativ hoch. Das fängt bei der Bedienoberfläche an, die Neulinge mit einer Kommandozeile zum Eingeben von Befehlen überrascht, und geht mit dem fehlenden Fernzugriff weiter. Die Plattform arbeitet von Haus aus ohne Internetverbindung. Deshalb enthält sie auch keine Möglichkeit, das Smart Home aus der Ferne zu steuern. Nutzer müssen auf eigene Faust eine sichere Verbindung, etwa per VPN (Virtual Private Network), am Router dafür einrichten. Trotz deutscher Sprache und Dokumentation erklärt sich nicht alles von selbst. Menüs und die Webseite wirken ein wenig wie Zeitreisen ins Jahr 2005. Dadurch kann leicht der Eindruck entstehen, FHEM würde nicht mehr aktiv gepflegt. Doch der Schein trügt. Eine große Community trägt die Plattform und entwickelt auch neue Module – so heißen Softwareerweiterungen, die den Funktionsumfang ausweiten. Es gibt Softwaremodule für den Anschluss von Geräten, für die Automatisierung und für das sogenannte Frontend, die Bedienoberfläche. Damit erhält der Bildschirm bei Bedarf auch einen moderneren Anstrich, der auf Webtechnologien wie CSS, HTML und Javascript basiert. Das Forum mit

Steckbrief FHEM

Anwendung	Komplettlösung
Kategorie	Eigenbau
Hersteller	Open Source
Webseite	https://fhem.de
Betriebssystem(e)	Raspberry Pi, Linux, Mac, Win
Smart-Home-Standard(s)	geräteabhängig
Laufende Kosten	keine
Installationstyp (s. S. 157)	A

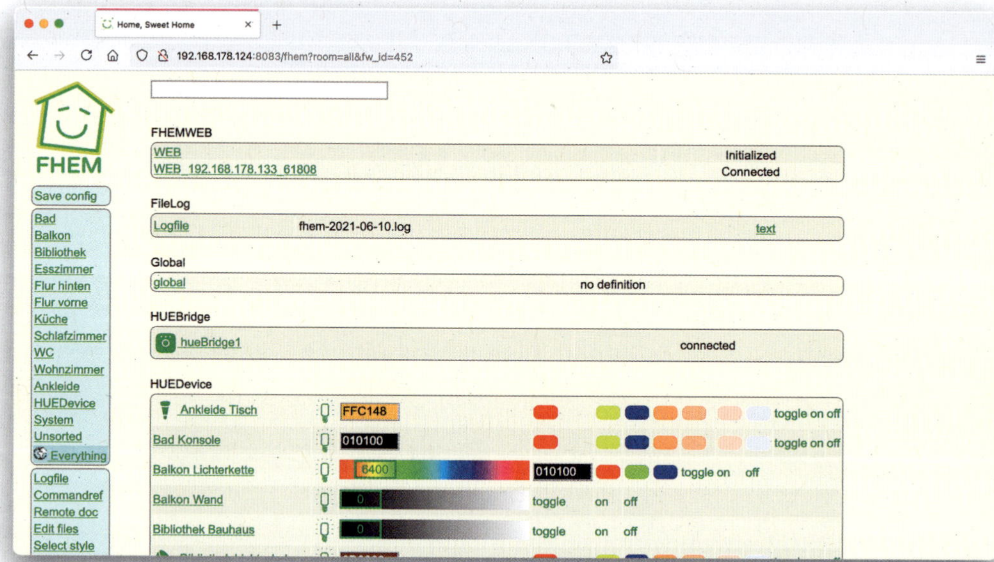

Die FHEM-Oberfläche erschließt sich Neueinsteigern nicht von selbst. Ganz oben findet sich die Kommandozeile zum Eingeben von Befehlen.

mehr als 21 000 Mitgliedern und weit über einer Million Beiträgen zählt noch immer zu den größten seiner Art. Es wird betrieben vom Verein FHEM e. V., der auch einen Server für Alexa unterhält. So können Nutzer ihre Installation mit überschaubarem Aufwand und wenigen Linux-Befehlen an die Sprachsteuerung von Amazon anschließen. Verbindungen zum Google Assistant und Siri sind ebenfalls möglich.

Home Assistant

Vielleicht die einsteigerfreundlichste Selbstbaulösung: Home Assistant erkennt beim Start viele kompatible Geräte im Netzwerk von selbst. Sie müssen in der Software nur noch einem Raum hinzugefügt werden und tauchen dann ohne weiteres Zutun auf der Bedienoberfläche des Servers auf. Das funktioniert mit IP-Komponenten wie Fritzbox, Sonos-Lautsprechern und Philips-Hue-Bridge genauso wie mit Sensoren und Aktoren, die einem Zigbee-Funkstick zugeordnet sind. Fehlen Systeme in der Auswahl, gibt es Softwareerweiterungen zum Nachinstallieren. Home Assistant nennt sie Integrationen („Integrations"). Fast 2000 Module listet die Homepage des Systems auf, was allerdings noch nichts über deren Qualität und Zustand aussagt. Hinzu kommen inoffizielle Bausteine im Onlineforum, die Entwickler für das Open-Source-Projekt geschrieben haben. Sie hieven weitere Geräte und Gateways auf die Plattform oder stellen eine Verbindung zu Datendiensten her.

So kann die Startseite des Home Assistant neben der Wettervorhersage auch Zugverbindungen, die Tonerreserven des heimischen Laserdruckers oder den aktuellen Bitcoin-Kurs anzeigen. Längst nicht alles davon ist „Plug and Play". Teilweise verlangt das System Änderungen in der Konfigurationsdatei (configuration.yaml) von Hand. Hinzu kommen ein engli-

Steckbrief Home Assistant

Anwendung	Komplettlösung
Kategorie	Eigenbau
Hersteller	Open Source
Webseite	www.home-assistant.io
Betriebssystem(e)	Raspberry Pi, Linux, Mac, Win
Smart-Home-Standard(s)	geräteabhängig
Laufende Kosten	für Fernzugriff, Sprachsteuerung
Installationstyp (s. S. 157)	A

sches Diskussionsforum und Dokumente, die weitgehend unübersetzt sind – zusätzliche Hürden für Hobbyprogrammierer. Gerade den Einstieg macht Home Assistant aber leicht und liefert sehr schnell Erfolgserlebnisse.

Das gilt besonders für Nutzer, die ein betriebsfertiges Installationspaket der Software verwenden. Es startet ohne weitere Vorbereitungen direkt mit der Smart-Home-Oberfläche. Andere Wege, etwa über Container auf einem NAS-System, sind aufwendiger. Außerdem bieten sie weniger Funktionsumfang. Zum betriebsfertigen Home Assistant Operating System gehört ein Download-Bereich für zusätzliche Programme, die dann innerhalb von Home Assistant laufen (Add-ons). So kann zum Beispiel eine Software wie Grafana die Daten von Gebäudesensoren als aufwendiges Diagramm am Bildschirm darstellen.

Für derart ambitionierte Aufgaben sollte ein Raspberry Pi oder anderer Einplatinencomputer jedoch gerüstet sein. 4 Gigabyte RAM und mehr als 32 GB auf der Speicherkarte dürfen es schon sein. In einem vorkonfigurierten Automatisierungsrechner, der 2020 auf den Markt kam, haben der Plattformgründer Paulus Schoutsen und sein Team zur Sicherheit gleich 128 GB vorgesehen. Ihre Firma, Nabu Casa, betreibt auch einen kostenpflichtigen Cloud-Dienst für den Home Assistant. Er organisiert den Fernzugriff und erleichtert Funktionen wie die Sprachausgabe auf Lautsprechern in der Wohnung. Außerdem koppelt er den Server mit wenigen Mausklicks an Alexa und den Google Assistant. Ansonsten ist eine Sprachsteuerung auf dem System, das ohne Internetverbindung funktioniert, nur mit einigem Aufwand zu realisieren.

Oberflächlich betrachtet wirkt Home Assistant wie eine Plug-and-Play-Lösung. Das heißt, mit Auswahlmenüs kommt man ziemlich weit. Sie nutzen vor allem zwei Begriffe: Gerät und Entität. Der erste bezeichnet die verbundenen Produkte, der zweite alle Daten, die sich daraus ableiten. So kann etwa ein Heizkörperregler mehrere Entitäten haben – von der Raumtemperatur über die Luftfeuchte und den Heizstatus bis hin zum Ladezustand seiner Batterien. Mit der Automatisierungsfunktion von Home Assistant lassen sich daraus Wenn-dann-Regeln bauen, die mehrere Auslöser, Bedingungen und Aktionen enthalten dürfen. Reicht dieses Prinzip nicht mehr aus, kommen andere Werkzeuge ins Spiel. Experten schreiben zum Beispiel Scripte als vereinfachten YAML Code oder in der Programmiersprache Python. Wer es grafischer mag, installiert ein Add-on für das Entwicklertool Node Red und baut damit Abläufe nach dem Baukastenprinzip am Bildschirm zusammen.

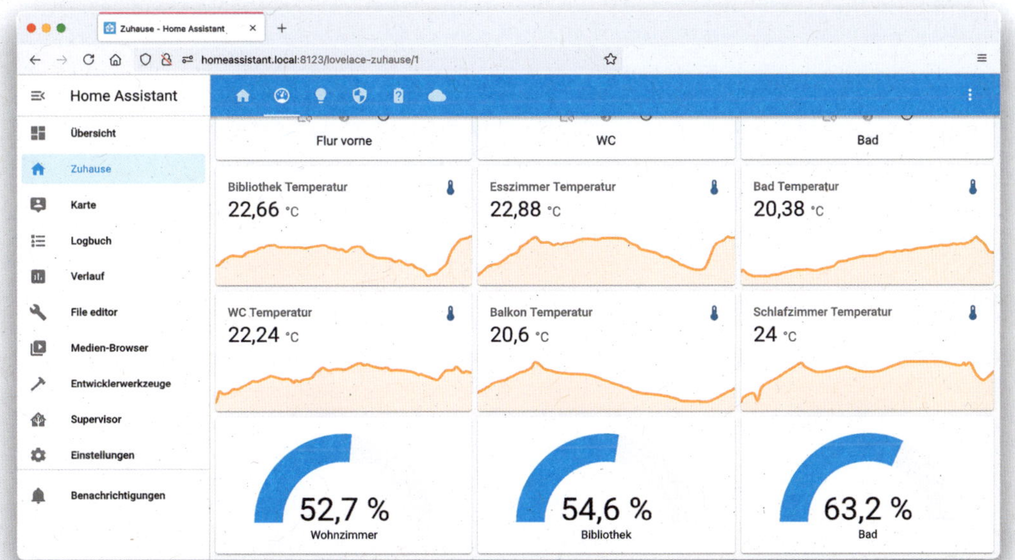

Home Assistant visualisiert die Daten verbundener Geräte und Dienste weitgehend selbst.

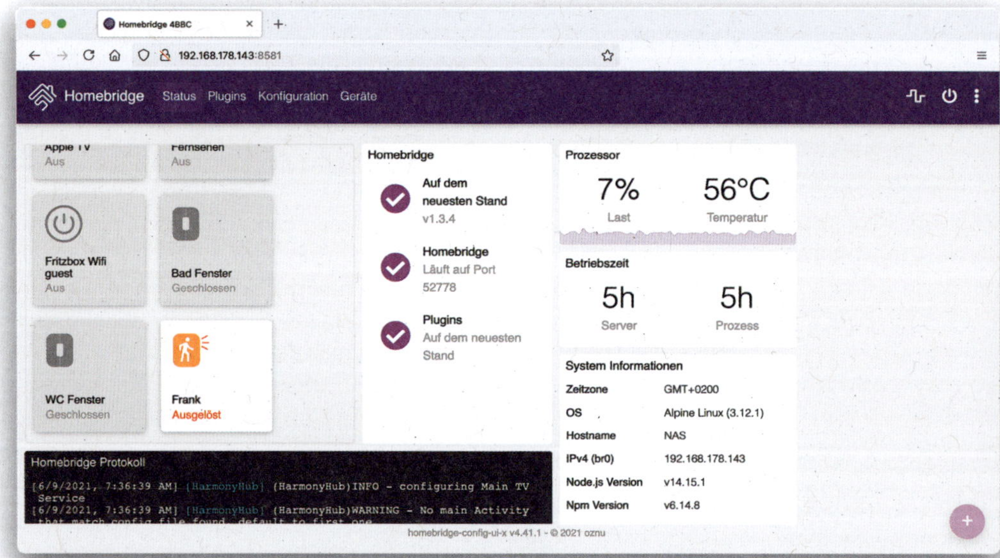

Der Homebridge-Server verbindet Geräte mit HomeKit – auch solche, die von Apple nicht offiziell zertifiziert sind.

Homebridge

Für viele Selbermacher ist Homebridge die bessere Hälfte von HomeKit. Der Server hilft ihnen, Geräte in das Ökosystem von Apple zu hieven (Seite 217), die darauf gar nicht vorbereitet sind. Das erweitert im Alltag die Auswahl an Funksteckdosen, Lampen, Sensoren und anderen Geräten. Außerdem spart es Geld, weil Produkte ohne HomeKit-Logo häufig etwas günstiger zu haben sind als ihre offiziellen, von Apple zertifizierten Kollegen.

Die Software unterscheidet sich in einem wichtigen Detail von anderen Automatisierungsprogrammen in diesem Kapitel – und diese Feinheit steckt bereits im Namen: Als „Bridge" schlägt die Homebridge eine Brücke in die Welt von Apple. Sie ergänzt das HomeKit-Ökosystem und ersetzt es nicht. Darum findet die Bedienung und Automatisierung auch weiter über Apple-Geräte statt. Homebridge stellt nur die fehlenden Verbindungen her.

Steckbrief Homebridge

Anwendung	HomeKit-Erweiterung
Kategorie	Eigenbau
Hersteller	Open Source
Webseite	https://homebridge.io/
Betriebssystem(e)	Raspberry Pi, Linux, Mac, Win
Smart-Home-Standard(s)	geräteabhängig
Laufende Kosten	keine
Installationstyp (s. S. 157)	A

Als Bindeglieder dienen sogenannte Plugins – Softwaremodule, die von einer weltweiten Entwicklergemeinde geschrieben und kostenlos zur Verfügung gestellt werden. Mehr als 2000 gibt es mittlerweile, in höchst unterschiedlichem Reifegrad. Manche wirken hochprofessionell und funktionieren zuverlässig, andere befinden sich im frühen Betastadium ihrer Entwicklung. Das gilt für alle Open-Source-Projekte, fällt im Umfeld von Apple aber besonders auf, weil HomeKit-Nutzerinnen und -Nutzer es hier normalerweise mit ausgereifter Software zu tun haben.

Die Installation von Homebridge läuft ähnlich ab wie bei anderen Serverlösungen. Auch die Hardwareplattformen gleichen sich: Es gibt kostenlose Downloads für den Raspberry Pi, für Desktop-Computer (Linux, Mac, Windows) und Container, die auf einem NAS-System von Anbietern wie QNAP, Synology und Unraid laufen können. Am wenigsten Arbeit macht das

Komplettpaket für den Raspi, weil es alles enthält, was zum Betrieb nötig ist. An Einfachheit übertroffen wird es nur noch von Hoobs, einem Projekt aus der Schweiz. Der Kurzname steht für „Homebridge Out Of the Box System", was soviel bedeutet wie ein „sofort einsatzfähiges Homebridge-System". Neben dem reinen Softwaredownload bietet Hoobs auch eine fertig beschriebene SD-Speicherkarte an, die nur noch in den Raspberry Pi geschoben werden muss, oder einen betriebsfertigen Minicomputer zum Komplettpreis.

Die Bildschirmoberfläche von Hoobs sieht etwas anders aus als der normale Homebridge-Startscreen (siehe Abbildung links), bietet im Browser aber fast dieselben Funktionen. Bei beiden lässt sich im Menü nach Plug-ins für Geräte suchen. Geprüfte Versionen sind in der Ergebnisliste hervorgehoben. Sie tragen den Vermerk „verified" beziehungsweise „Hoobs Certified". Solche verifizierten Plug-ins wurden vom Homebridge-Team in Augenschein genommen und erfüllen Grundvoraussetzungen, was die Installation betrifft. Außerdem dürfen sie beim Start keine Abstürze produzieren und auch keine Nutzerdaten an die Entwickler senden. Ein Mausklick auf die entsprechende Schaltfläche installiert das Plug-in.

Danach müssen die meisten Erweiterungen noch konfiguriert werden. So ist häufig die IP-Adresse des Geräts nötig, zu dem eine Verbindung hergestellt werden soll. Auch unterscheidet das System zwischen Plattformen (Platforms) und Zubehör (Accessory). Bei den sogenannten Accessories handelt es sich um eigenständige Geräte wie Garagentorantrieb und WLan-Lampe. Plattformen umfassen mehrere Geräte oder Funktionen. Dazu gehören beispielsweise Fritzbox-Router mit ihren Sensoren und Aktoren (siehe Seite 220) oder auch die Videoüberwachung von Ring (siehe Seite 212). Je nach Typ sind mehr oder weniger Eingaben in der Konfigurationsdatei zu machen. Früher geschah das ausschließlich per Hand und verlangte etwas Erfahrung. Mehr und mehr Plug-ins verfügen aber über eine grafische Menüoberfläche und erleichtern so die Arbeit.

Mit einem QR-Code auf dem Startbildschirm des Systems wird die komplette Homebridge anschließend zu HomeKit hinzugefügt. Das Prozedere unterscheidet sich nicht von offiziell zertifizierten Produkten, die ihren eigenen Code gleich mitbringen.

ioBroker

Der Name ist Programm: Ein Broker handelt als Börsenmakler mit Finanzprodukten. Er ermöglicht seinen Anlegern den Zugang zum Aktienmarkt. Beim ioBroker läuft es ähnlich, nur dass

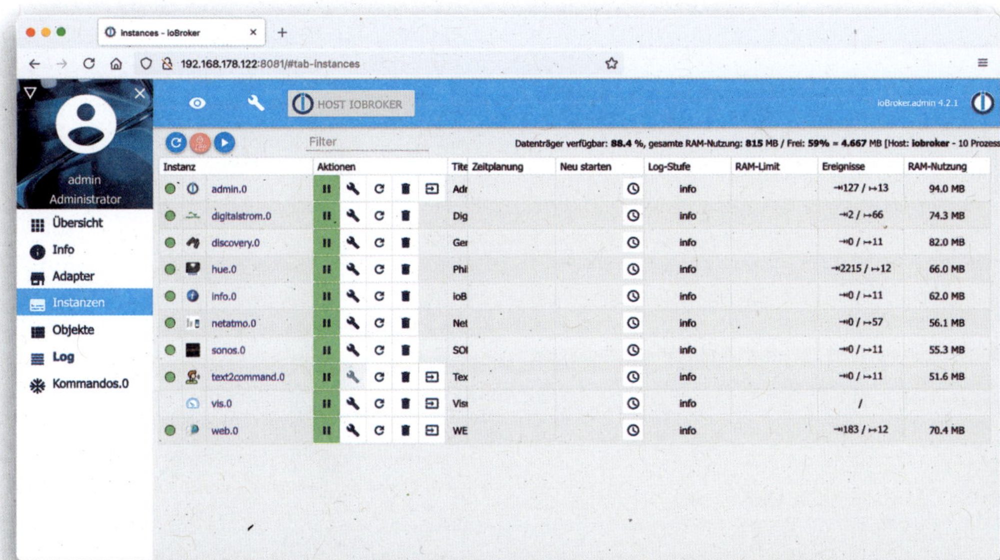

Der ioBroker gliedert das Smart Home in Adapter, Instanzen und Objekte.

eben keine Wertpapiere gehandelt werden, sondern eingehende (i=input) und ausgehende (o=output) Verbindungen. Das gleichnamige Open-Source-Projekt ist aus einer Softwareerweiterung der Homematic-Zentrale CCU (siehe Seite 227) hervorgegangen, die aber seit 2015 nicht mehr weiterentwickelt wird. Wie sein Vorgänger basiert ioBroker auf der Programmiersprache Javascript (Node.js). Damit läuft er auf allen Computer-Betriebssystemen, die Node.js unterstützten. Ein Minirechner wie der Raspberry Pi sollte nicht zu klein dimensioniert sein, da umfangreiche Installationen mit ihrer Visualisierung am Bildschirm einigen Arbeitsspeicher benötigen.

Die grundlegenden Elemente des Systems sind Adapter, Instanzen und Objekte. Ein Adapter stellt die Verbindung zu Geräten her, ähnlich wie ein Treiberprogramm am Computer. Er kann aber auch Wetterdaten oder andere digitale Informationen liefern. Programmerweiterungen für die Visualisierung am Bildschirm zählen ebenfalls zu den Adaptern.

Bei jeder Installation eines Adapters erzeugt ioBroker gleichzeitig eine Instanz. Sie repräsentiert die Funktion im System und kann auch mehrfach vorhanden sein, etwa wenn es mehrere Produkte desselben Typs gibt. Beispiel: Zwei Philips-Hue-Zentralen auf verschiedenen Etagen im Haus nutzen zwar denselben Adapter, haben aber ihre eigenen Instanzen. Weil der Server für jede Adapterinstanz einen neuen Javascript-Prozess startet, steigt damit gleichzeitig der Speicherbedarf – jeweils um etwa 10 bis 60 Megabyte.

Am Ende übergibt die Instanz ihre Daten als Objekte an das System. Werte wie Uhrzeit, Raumtemperatur, Helligkeit oder auch der Schaltzustand eines Geräts sind Objekte, die der ioBroker nutzen kann. Er verwendet sie unter anderem als Auslöser in Regeln. Für die Automatisierung gibt es einen Szenen-Adapter: handgeschriebene Javascripte oder eine grafische Oberfläche, die auf dem Google-Projekt Blockly basiert. Der Blockly-Editor stellt Automatisierungsfunktionen als verzahnte Blöcke am Bildschirm dar, die mit der Maus zusammengeschoben werden. Dank des Adapterprinzips lassen sich aber auch andere grafische Werkzeuge nachinstallieren. So existiert zum Beispiel ein Adapter für das ebenfalls auf Javascript basierende Node Red.

Die Codebasis Javascript ist weit verbreitet, was Entwickler offenbar ermuntert, eigene Erweiterungen zu schreiben. ioBroker hat sich in den vergangenen Jahren gut entwickelt und zählt mittlerweile über 400 Adapter aus vielen Bereichen. Selbst Automobilhersteller wie BMW, Mercedes, Tesla und VW stellen eine Verbindung zu ihren Fahrzeugsystemen her. So lassen sich Daten wie der Ladezustand des Akkus oder die Reichweite übers Internet an das Smart Home übergeben. Trotz solcher Cloud-Verbindungen und vieler Adapter für IoT-Produkte (siehe Seite 283) arbeitet das Programm selbst autark und unabhängig vom Internet. Für den Fernzugriff, die Verbindung mit IFTTT oder Alexa-Sprachsteuerung ist ein Server nötig, den die ioBroker GmbH in Karlsruhe betreibt. Ohne bezahltes Abo sind die Zugriffe auf 20 Serveranfragen pro Tag begrenzt. Ansonsten liegt die monatliche Gebühr im niedrigen einstelligen Eurobereich. Der genaue Preis hängt vom gewählten Funktionsumfang und von der Laufzeit ab.

Steckbrief ioBroker

Anwendung	Komplettlösung
Kategorie	Eigenbau
Hersteller	Open Source
Webseite	www.iobroker.net
Betriebssystem(e)	Raspberry Pi, Linux, Mac, Win
Smart-Home-Standard(s)	geräteabhängig
Laufende Kosten	für Sprachsteuerung und Fernzugriff
Installationstyp (s. S. 157)	A

IP Symcon

Im Unterschied zu Open-Source-Programmen wie FHEM, Home Assistant und ioBroker handelt es sich bei IP-Symcon um ein kommerzielles Produkt. Die Automatisierungssoftware

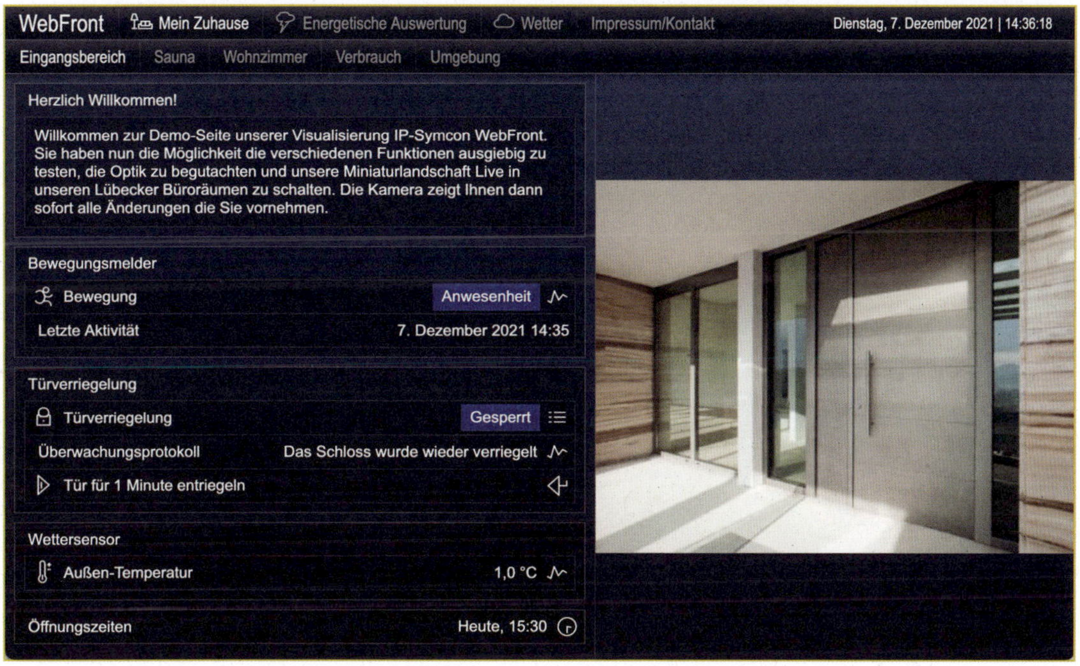

IP Symcon erzeugt aus seinen Hausdaten eine Visualisierung, die ein gängiger Browser am PC oder Tablet anzeigen kann.

wird vom Lübecker Unternehmen Symcon entwickelt und verkauft. Drei Versionen stehen zur Wahl: Basic, Professional und Unlimited. Sie kosten zwischen 150 und 500 Euro und unterscheiden sich vor allem durch die Zahl der nutzbaren Variablen. Als Variable gelten in IP-Symcon alle Werte, die beim Austausch von Informationen anfallen. Ein Raumsensor kann zwei, drei oder mehr Variablen liefern – für Temperatur, Luftfeuchtigkeit, Helligkeit & Co. Ein Mediaplayer zur Wiedergabe von Bild und Ton arbeitet mit bis zu acht. In der Basic-Lizenz ist die Zahl dieser Variablen auf 250 begrenzt, mit einer Professional-Version stehen 1 000 zur Verfügung. Unlimited hat diesbezüglich keine Beschränkung, wie der Name schon sagt. Auch sonst variiert der Funktionsumfang. So lässt sich die Visualisierung in den teureren Versionen besser anpassen und sie zeigen mehr Videostreams gleichzeitig an, etwa von Überwachungskameras.

Jede Lizenz enthält eine zwölfmonatige Subskription mit Softwareupdates. Während dieser Zeit hat die Installation auch Zugang zum Symcon-Server im Internet. Er schickt auf Wunsch Push-Benachrichtigungen an die Smart-Home-App, macht das Zuhause aus der Ferne erreichbar und stellt eine Verbindung zu Amazon Alexa oder Google Assistant her. Wird die Lizenz nicht verlängert, funktioniert das System zu Hause trotzdem weiter. Es gibt allerdings keine Updates und Onlinefunktionen mehr. Vorteil des Bezahlmodells: Hersteller Symcon treibt die Entwicklung voran und leistet Support. Auch Softwareerweiterungen, die aus der Community stammen, werden von ihm getestet, ehe sie im hauseigenen Download-Store landen. Das reduziert die Gefahr fehlerhafter Module, wie sie in schlechter gepflegten Open-

Steckbrief IP-Symcon

Anwendung	Komplettlösung
Kategorie	Eigenbau (+ Profi)
Hersteller	Symcon
Webseite	www.symcon.de
Betriebssystem(e)	Raspberry Pi, Linux, Mac, Win
Smart-Home-Standard(s)	geräteabhängig
Laufende Kosten	Lizenzmodell
Installationstyp (s. S. 157)	A C D

Alternatv zur Browseroberfläche gibt es von Symcon auch eine App.

Source-Projekten vorkommen. Ergänzend zum Onlineforum bietet das Unternehmen einen Kundendienst, bei dem Mitarbeiter individuelle Probleme lösen – gegen Bezahlung, versteht sich.

Der zusätzliche Komfort dürfte mit ein Grund dafür sein, warum auch professionelle Installateure auf das System setzen. Symcon hat extra für diesen Zweck eine Symbox im Angebot. Der Hutschienen-Server kommt mit vorinstallierter Software und bringt auf Wunsch gleich Schnittstellen für den Anschluss an KNX, M-Bus oder andere Systeme mit. Ansonsten bieten sich die gängigen Computerplattformen als Grundlage an – von Windows über Mac und Linux mit diversen NAS-Varianten bis hin zum Raspberry Pi.

Das Ordnungsprinzip von IP-Symcon erinnert an klassische Dateimanager wie den Windows Explorer. Es gibt eine Verzeichnisstruktur, die hierarchisch aufgebaut ist. Einzelne Kategorien bilden darin einen Objektbaum. Sie gliedern das Smart Home beispielsweise in Stockwerke und Räume. Innerhalb der Kategorien befinden sich Instanzen von Geräten mit den bereits erwähnten Variablen. Da IP-Symcon aus dem Objektbaum auch seine Visualisierung ableitet, hängt die Bedienoberfläche in der App und am Bildschirm maßgeblich von dieser Struktur ab. Auch Szenen oder Regeln – hier Ereignisse genannt – sind an der entsprechenden Stelle im Baum eingehängt. Werden dieselben Daten an mehreren Stellen im System benötigt, legt man einen Link zum Original an – vergleichbar einer Verknüpfung im Windows Explorer. So weit funktioniert das alles ohne Programmierkenntnisse. Was nicht heißen soll, dass Nutzer ganz ohne Computercode auskommen. Im Fall von Symcon heißt die Scriptsprache PHP. Sie dient dazu, spezielle Aufgaben zu lösen und kommt auch bei der Programmierung von Modulen zum Einsatz.

OpenHab

Am Open Home Automation Bus, kurz OpenHab, scheiden sich ein wenig die Geister. Viele erfahrene Anwenderinnen und Anwender schätzen das Programm wegen seiner Leistungsfähigkeit. Neueinsteiger stehen oft etwas hilflos davor, weil OpenHab sie wenig bei der Hand nimmt. Schon der Aufbau mit Bindings, Things, Channels und Items stellt für Laien eine Herausforderung dar. Es gibt keinen einfachen Objektbaum wie bei IP-Symcon, an dem man sich entlanghangeln kann, und auch keine automatische Visualisierung wie im Falle von Home Assistant, die Bedienelemente am Bildschirm quasi von allein erzeugt. In OpenHab bedeutet Selbermachen wirklich alles selbst zu machen – von der Konfiguration der einzelnen

Steckbrief OpenHab

Anwendung	Komplettlösung
Kategorie	Eigenbau
Hersteller	Open Source
Webseite	https://www.openhab.org/
Betriebssystem(e)	Raspberry Pi, Linux, Mac, Win
Smart-Home-Standard(s)	geräteabhängig
Laufende Kosten	keine
Installationstyp (s. S. 157)	A

Objekte im System bis hin zum grafischen Regler oder Schalter am Bildschirm.

Dabei geht heute schon vieles einfacher als bei der Gründung 2010. In seiner mehr als zehnjährigen Geschichte hat das von Softwareentwickler Kai Kreuzer ins Leben gerufene OpenHab drei große Versionssprünge gemacht. Die Urfassung arbeitete textbasiert mit Konfigurationsdateien. In OpenHab 2 kamen grafische Oberflächen hinzu. Aus Gründen der Kompatibilität blieb Text aber ein wichtiges Hilfsmittel. Ende 2020 schnitt die aktuelle dritte Auflage OpenHab 3 diese alten Zöpfe ab und setzt nun ganz auf die neue Oberfläche MainUI. Wie sie bedient wird, müssen Neulinge weitgehend selbst herausfinden – mithilfe von YouTube-Videos anderer Nutzer, in deutschen und englischen Onlineforen sowie beim Studium der englischsprachigen Dokumentation.

Nach Installation des Programms auf einer der gängigen Hardwareplattformen startet OpenHab mit einem leeren Arbeitsbereich im Browser. Sogenannte Bindings (Verbindungen) stellen den Kontakt zu Geräten und Diensten erst her. Ein Z-Wave-Binding holt beispielsweise Sensoren und Aktoren an Bord, die mit einem Z-Wave-Controller verknüpft sind. Das Binding für Philips Hue tut dasselbe mit Lampen der Hue-Bridge, sein Fritzbox-Pendant mit Komponenten am Router von AVM. Manche Bindings müssen erst konfiguriert werden, um Geräte zu finden. In jedem Fall landen die Neuzugänge als Things (Dinge) im virtuellen Eingangskorb des Programms. Von hier aus werden sie einem Model (Datenmodell) zugewiesen, das der Nutzer selbst anlegt – vorzugsweise eine Gebäudestruktur mit Stockwerken und Räumen. Die Things stellen darin ihre Fähigkeiten über Channels (Kanäle) als einzelne Items (Artikel) zur Verfügung. Hinzu kommen Kategorien wie Equipment und Location, die jedes Item näher bestimmen.

Bis eine fertige Bildschirmoberfläche mit Schaltern und Symbolen zu sehen ist, können so schon einige Stunden vergehen. Auch die Steuerung per App und der Fernzugriff funktionieren nicht sofort auf Knopfdruck, genauso wenig wie die Verbindung mit Apple HomeKit, Amazon Alexa, Google Assistant oder IFTTT. Der Vorteil von OpenHab: All das ist technisch möglich und verursacht keine laufenden Gebühren, weil die OpenHab Foundation als Förderverein gegebenenfalls die Serverkosten trägt. Mit Spenden oder einer zahlenden Mitgliedschaft tragen Unterstützer dazu bei, dass dieser Service weiterbesteht.

Sind die ersten Hürden erst einmal genommen, zeigt die Software ihr Potenzial als vielsei-

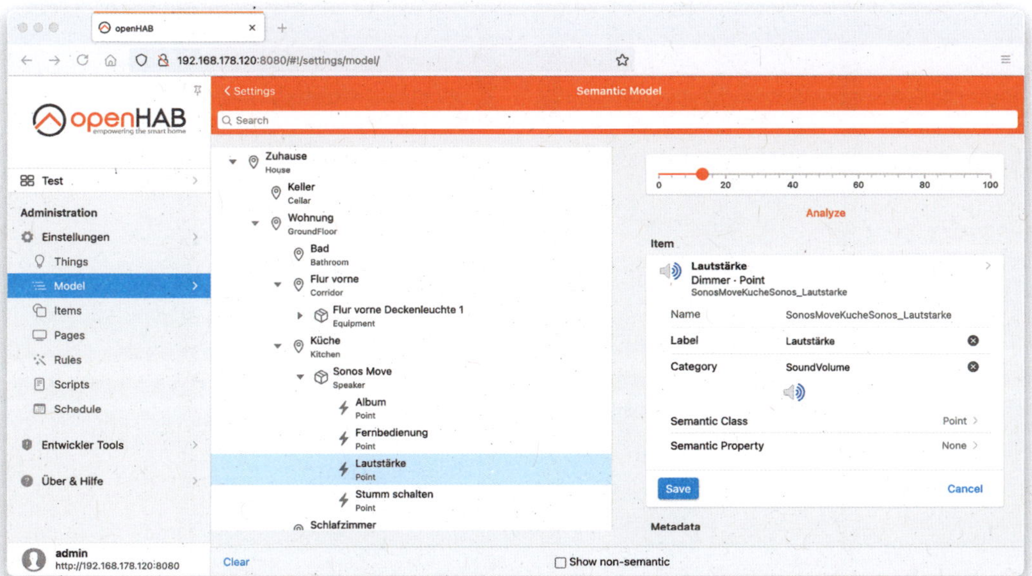

Ein sogenanntes Model bildet die Datenstruktur von OpenHab 3, in die Geräte und Funktionen von Hand einsortiert werden.

tige Steuerung, in der sich kleinste Details anpassen lassen. Allein für die Automatisierung stehen mehr als ein halbes Dutzend Wege zur Verfügung. Visuelle Menschen greifen zum Wenn-dann-Menü oder nutzen das grafische Programmiertool Blockly, um Bausteine am Bildschirm aneinanderzuschieben. Wer lieber Scripte schreibt, dem stehen neben OpenHabs eigener Regelsprache auch Javascript, Groovy und Python zur Verfügung. Für Abwechslung ist also gesorgt – aber langweilig wird es mit einem Smart-Home-Eigenbau ja ohnehin nie.

In unserer Beispielrechnung lässt sich eine Baufamilie ihr intelligentes Zuhause vom Fachmann maßschneidern.

Rechenbeispiel: Smart Home – all inclusive

Die Ausgangssituation: Das Bauprojekt einer vierköpfigen Familie ist smart von Anfang an. Bereits in der Planungsphase steht fest, dass möglichst viel im späteren Alltag automatisiert werden soll. Deshalb muss die Installation des Eigenheims von vorneherein auf dieses Ziel vorbereitet sein. Die rund 160 Quadratmeter des Hauses verteilen sich auf zwei Etagen und elf Räume.

Die Aufgabe: „All inclusive" lautet die Devise. Auch wenn nicht gleich alles sofort möglich sein muss, wünscht sich die Baufamilie im Endausbau eine zentrale Steuerung, die Licht, Heizung, Beschattung, Sicherheit und noch mehr integriert. Jeweils eigene Apps für Musik oder die Türkamera sind keine Option. Die komplette Installation soll ein Fachbetrieb vornehmen und betriebsbereit übergeben. Im Alltag möchte die Familie aber für Änderungen nicht immer auf fremde Hilfe angewiesen sein. Sie traut sich zu, eigene Smart-Home-Abläufe zu programmieren und auch neue Funkprodukte selbst hinzuzufügen.

Die Lösung: Das System von Loxone (Seite 256) deckt alle gewünschten Bereiche ab. Eine Spezialität des österreichischen Herstellers sind dabei Endprodukte mit integrierter Bustechnik. Statt nur Leuchten, Verstärker, Türsprechstationen und andere Geräte fremder Marken zu steuern, baut Loxone selbst entsprechende Modelle. Gleichzeitig ist der Miniserver modular erweiterbar und kann eine Verbindung zu Sensoren und Aktoren anderer Smart-Home-Standards wie DALI, EnOcean und Modbus herstellen. Das reduziert die Abhängigkeit vom Hersteller, die ein proprietäres System wie Loxone zwangsläufig mit sich bringt. Im konkreten Beispiel lassen sich jedoch alle Aufgaben mit Bordmitteln lösen. Die Installation wird hauptsächlich mit dem kabelgebundenen Bus Loxone Tree ausgeführt. Nur in Produkten wie den Öffnungskontakten an

Das bezahlt die Baufamilie für ihre Komplettinstallation

	Anzahl	Einheit		Nettopreis (ca.)	Brutto
Basisinstallation			inkl. Loxone Miniserver, Extensions, RGBW-Dimmern, Netzteilen und Wetterstation sowie Programmierung, Systemintegration, Übergabe und Einweisung	4000,00	4760
Bedienelemente	1	Stk.	Glas-Wandtaster Touch Pure		
	bis 11	Stk.	Sensor-Taster Touch Tree		
	1	Stk.	Sensoroberfläche Touch Surface		
	1 bis 3	Stk.	Sensor-Bedienfeld Touch Nightlight Air		
	1	Stk.	iPad mit Wandhalterung		
			inkl. Installation, Systemintegration und Programmierung	3700,00	4403
Beleuchtung	3 bis 5	Stk.	Einbau-Deckenleuchten farbfähig mit integriertem Bewegungsmelder		
	32 bis 36	Stk.	Einbau-Spots farbfähig		
	5 lfm	Stk.	LED-Streifen warmweiß		
			inkl. Installation, Systemintegration und Programmierung	4900,00	5831
Beschattung	bis 11	Stk.	Rollladensteuerung UP		
			inkl. Installation, Systemintegration und Programmierung	2700,00	3213
Heizung	8 bis 11	Stk.	Stellantriebe für Fußbodenheizung		
			inkl. Installation, Systemintegration und Programmierung	800,00	952
Sicherheit	10 bis 12	Stk.	Tür-/Fensterkontakte		
	8 bis 10	Stk.	Rauchwarnmelder		
	1 bis 3	Stk.	Wassermelder		
	1	Stk.	Alarmsirene		
			inkl. Installation, Systemintegration und Programmierung	3500,00	4165
			Summe	19600,00	
			MwSt. 19 %	3724,00	
			Smart-Home-Installation	23324,00	**23324 €**
Elektroinstallation			inkl. Zählerverteilung komplett – inkl. Steckdosen, Anschlüsse für Tel/IP und Antenne/Sat, inkl. Antennenleitung, komplette Elektroverkabelung, Erdungsanlage, Prüfung der Elektroanlage	11000,00	13090
			MwSt. 19 %	2090,00	
			Elektroinstallation	13090,00	**13090 €**
			Gesamtkosten		**36414 €**

	Anzahl	Einheit		Nettopreis (ca.)	Brutto
Option Audio	1	Stk.	Loxone Audioserver		
	1	Stk.	Stereoerweiterung		
	2 bis 4	Stk.	Decken-Einbaulautsprecher		
			inkl. Installation, Systemintegration und Programmierung	2000,00	2380
			MwSt. 19 %	380,00	
			Aufpreis	2380,00	**2380 €**

Option Türkommunikation	1	Stk.	Loxone Intercom mit NFC Code Touch und 2-fach Rahmen		
			inkl. Installation, Systemintegration und Programmierung	1100,00	1309
			MwSt. 19 %	209,00	
			Aufpreis	1309,00	**1309 €**

Türen und Fenstern sowie den Rauchwarnmeldern kommt Funktechnik zum Einsatz. Der Miniserver erhält dafür ein Erweiterungsmodul für das Funkprotokoll Loxone Air.

Die Funktionen: Loxone stattet viele seiner Produkte mit zusätzlicher Sensorik aus. So verfügen die Wandtaster Touch Tree über integrierte Temperatur- und Feuchtigkeitsfühler. Einige der installierten LED-Deckenleuchten haben Bewegungsmelder und Helligkeitssensoren eingebaut. Zusammen mit der Wetterstation besitzt das Smart Home somit alle Daten, die es zur Automatisierung braucht. Für die Bedienung per Hand gibt es in den Wohnräumen berührungsempfindliche Wandtaster mit fünf Schaltpunkten. Sie steuern Licht, Beschattung und Musik nach einem einheitlichen Loxone-Schema. Mit Doppel- und Dreifachklick sind darüber auch Zentralfunktionen wie „alles aus" erreichbar. Nach demselben Prinzip funktionieren das Touch Nightlight Air, eine Kombination aus Wecker, Bediengerät und Nachtlicht im Elternschlafzimmer, und der Glastaster Touch Pure mit Orientierungslicht im Flur. Auf Wunsch des kochbegeisterten Ehepaars hat der Planer außerdem eine Sensorfläche in der Küchenarbeitsplatte vorgesehen. Das Modul Touch Surface (unten) wird unter Stein, Holz

Zu den Spezialitäten von Loxone zählen Bedienelemente wie das Touch Nightline (links) und die Sensorfläche Touch Surface (rechts).

oder Keramik montiert und bringt dieselben fünf Schaltpunkte auf Möbel- und Wandflächen. Als zentrales Bedienelement dient zudem ein Apple iPad mit Wandhalterung. Es nutzt die Loxone-App und damit die Visualisierungsfunktion des Miniservers, die allen Familienmitgliedern auch auf ihren Smartphones zur Verfügung steht. iPad und Halterung sind im Gesamtpreis der Installation enthalten.
Die Optionen: Mit dem Audioserver von Loxone lässt sich das System um die Funktion zur Multiroom-Musikwiedergabe erweitern. Der violette Server (siehe Seite 126) hat dasselbe Format wie der grüne Miniserver und nimmt neben ihm auf der Hutschiene im Sicherungskasten Platz. Seine vier Verstärkerausgänge können ebenso viele Einbaulautsprecher in den Räumen versorgen. Eine Stereoerweiterung fügt zwei weitere Kanäle für vorhandene HiFi-Boxen hinzu. Bei mehr als sechs Lautsprechern sind weitere Verstärkerbausteine nötig, die den Preis entsprechend erhöhen. Als zweite Option ist die Video-Türsprechstation Intercom vorgesehen. Ergänzt um das Tastaturmodul NFC Code Touch dient sie als elektronisches Türschloss. So gelangen befugte Personen mit ihrem persönlichen PIN-Code ins Haus – oder über den integrierten NFC-Leser auch mit entsprechend codierten Funkchips.
Die Berechnungsgrundlage: Die Kosten der Smart Home-Installation basieren auf der Produktpreisliste von Loxone (Stand: 2021). Arbeits- und Materialaufwand für die Elektroinstallation beruhen auf Erfahrungswerten. Wir haben dazu den Kostenvoranschlag eines Fachbetriebs eingeholt. Smotions in Erkelenz hat das Projekt für uns kalkuliert. Da jede Smart-Home-Installation anders ist und nach individueller Beratung stattfindet, hängt der genaue Endpreis vom Einzelfall ab.

EIN WORT ZUM INTERNET DER DINGE

Das Internet hat die Medien verändert, den Handel umgekrempelt und die Industrie transformiert. Zu den Bereichen, die als Nächstes dran sein könnten, zählt die Wohnung, denn immer mehr Alltagsgegenstände werden ans weltweite Datennetz angeschlossen: das Smart-TV, damit es Videos von Streamingdiensten empfangen kann, der sprachgesteuerte Lautsprecher, um sich Rat bei der Künstlichen Intelligenz am anderen Ende der Leitung zu holen, die vernetzte Heizung, weil sie aus der Ferne bedienbar sein soll. Sie alle gehören zum „Internet der Dinge" – gemeinsam mit zahllosen anderen Produkten: Fitnessarmbänder, WLan-Lampen, IP-Kameras, Wetterstationen und so weiter.

Die Bezeichnung Internet of Things, kurz IoT, geht auf den Briten Kevin Ashton zurück. Als Mitarbeiter des Konsumgüterkonzerns Procter & Gamble verwendete er den Begriff 1999 erstmals in einem Vortrag. Zu seiner Definition gehörte, dass „Computer über das Internet ermächtigt werden, die Welt selbst wahrzunehmen". Von Menschen, die Knöpfe drücken

Typisches Indiz: Verfügt der Saugroboter über eine App, ist er meist auch ans Internet angeschlossen.

oder einen Touchscreen bedienen, war damals nicht die Rede. Es ging vielmehr darum, Prozesse zu automatisieren. Ashtons Prämisse: Wenn Produkte seines Arbeitgebers über Funketiketten verfügten, ließe sich ihr Warenfluss viel leichter kontrollieren. Ein PC mit dem passenden Empfänger wüsste zu jeder Zeit, wie viele Zahncremetuben, Weichspülerflaschen oder Höschenwindeln am Lager sind, ohne dass Mitarbeiter einen Strichcode dafür scannen müssen. So ein Internet der Dinge kommt weitgehend ohne Menschen aus. Die Dinge sprechen selbst miteinander.

Im Lauf der Zeit hat sich die Idee ein wenig verselbstständigt. Heute gilt alles und jedes als IoT-Produkt, was mit dem Internet verbunden ist. Oft zählen auch Smartphones, Tablets und Computer dazu, obwohl sie von Menschen bedient werden und dabei alle möglichen Aufgaben übernehmen können. Im Kern sind aber immer noch Objekte gemeint, die einen bestimmten Zweck erfüllen – vernetzte Registrierkassen zum Beispiel, Flugzeugtriebwerke, die ihren Wartungszustand übermitteln, oder etwa Autos, die per Softwareupdate neue Funktionen erhalten.

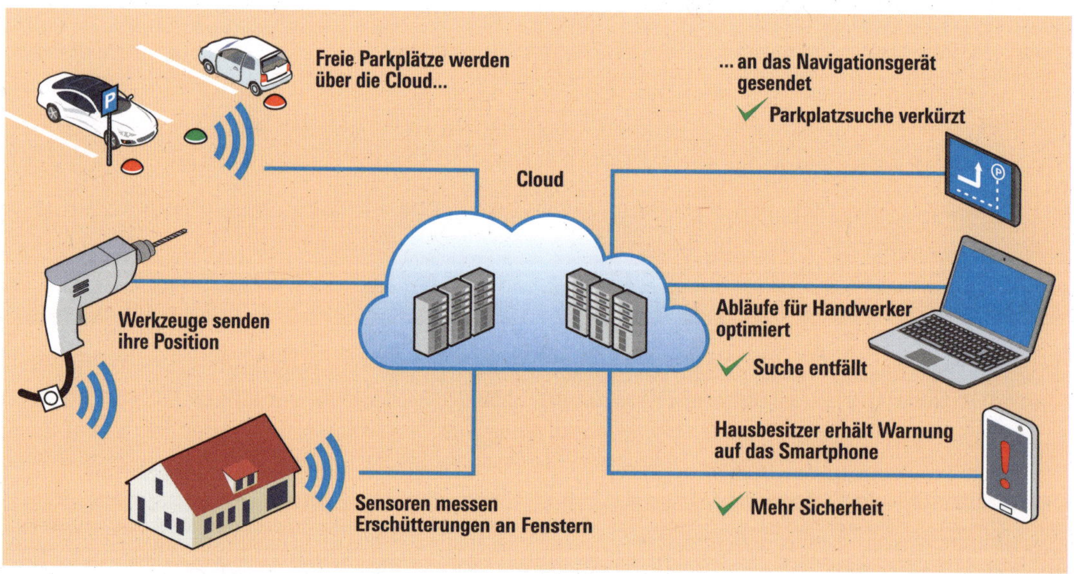

Im Internet der Dinge stehen Geräte über eine Cloud miteinander in Kontakt und tauschen Informationen aus.

Im Smart Home trifft das besonders auf Stand-alone-Lösungen zu: Viele Nachrüstprodukte fürs Licht, die Heizung oder die Musikwiedergabe sind IoT-Systeme. Aber auch die Funkzentralen und IP-Gateways diverser Hersteller werden ans Internet angeschlossen. Was nicht heißt, dass sie rund um die Uhr online sein müssen. Manche IoT-Geräte funktionieren ohne ständigen Kontakt nach draußen. So bleibt ein Smart-TV immer noch Fernseher, selbst wenn die Internetverbindung getrennt ist. Nur seine Netzwerkfunktionen gehen dann verloren. Das macht die Sache etwas unübersichtlich. Denn wie für den Begriff IoT gibt es auch für die Umsetzung keine verbindlichen Blaupausen. Die Hersteller nutzen das Internet als eine Art Baukasten für verschiedene Aufgaben. Hier die gängigsten Bausteine:

- **Fernzugriff**. Der häufigste Grund für einen Internetanschluss: Das Smart Home soll immer und überall erreichbar sein – vom Büro oder aus dem Auto heraus genauso wie am Urlaubsort.
- **Produktverbesserung**. Probleme im Betrieb, etwa durch fehlerhafte Software, können IoT-Geräte an den Hersteller melden. Informationen zum Nutzerverhalten liefern ihm Anhaltspunkte für die Weiterentwicklung.
- **Softwareaktualisierung**. Sicherheitsupdates oder neue Funktionen gelangen am schnellsten online auf das Gerät. IoT-Produkte bekommen sie übers Netzwerk zugespielt, teilweise sogar automatisch.
- **Registrierung**. Viele Hersteller verlangen die Anmeldung an einen Server im Internet – um Kontakt zu ihren Kunden zu bekommen, für Servicezwecke oder auch, um kostenpflichtige Abos und Zusatzdienste anzubieten zu können.
- **Sprachsteuerung**. Digitale Assistenten wie Alexa und Siri verrichten ihre Arbeit weitgehend in der Cloud. Sprachgesteuerte Geräte müssen deshalb in der Regel mit dem Internet verbunden sein.
- **App-Funktionen**. Bei manchen Produkten werden Apps für das Smartphone oder Tablet von einem Server im Internet gespeist. Das Programm funktioniert dann ähnlich wie ein Webbrowser, der Daten von einem entfernten Computer lädt und anzeigt.
- **Datenaustausch**. Ob Wetterbericht oder die genaue Uhrzeit des Sonnenauf- und -untergangs: IoT-Geräte greifen für solche Informationen regelmäßig auf das weltweite Datennetz zurück.
- **Datensicherung**. Mit Online-Back-ups müssen Anwenderinnen und Anwender keine Sicherungskopien selbst anlegen. Das System lässt sich bei Bedarf von einem Server wiederherstellen.

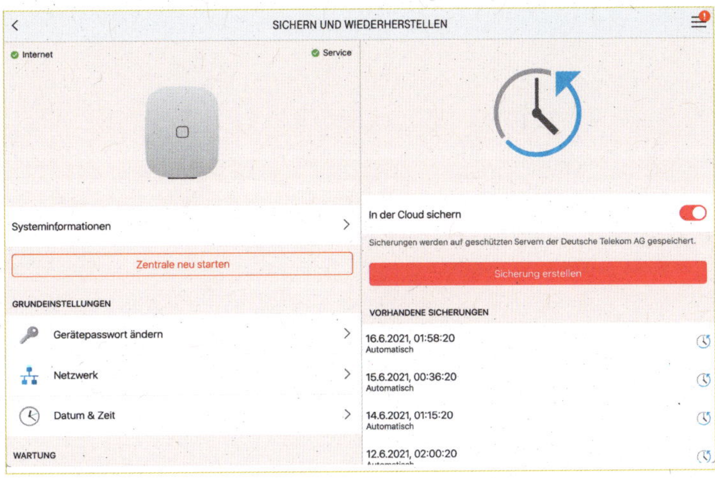

Die Backup-Funktion von Magenta SmartHome: Sicherunskopien landen in der Cloud.

Vorteile von IoT

Wie die Aufzählung zeigt, sprechen viele Gründe für das Prinzip IoT. Den Wohnenden bringt es mehr Komfort – und manchmal auch günstigere Geräte, weil das einzelne Produkt weniger leisten muss. Statt alle Aufgaben selbst zu erledigen, lagert es manche Prozesse in die Cloud aus (siehe „Online- und Offline-Betrieb", Seite 30). Dem Hersteller eröffnen IoT-Produkte neue Wege, ihre Produkte und Dienstleistungen zu optimieren. Außerdem versprechen sie zusätzliche Einnahmequellen, wenn es gelingt, den Kunden Abos zu verkaufen.

Ein Vorteil kommt erst langsam mit der wachsenden Zahl an IoT-Produkten zum Tragen: Cloud-zu-Cloud-Kommunikation. Dabei treten die vernetzten Geräte übers Internet miteinander in Kontakt. Von Server zu Server tauschen sie Informationen aus und reagieren au-

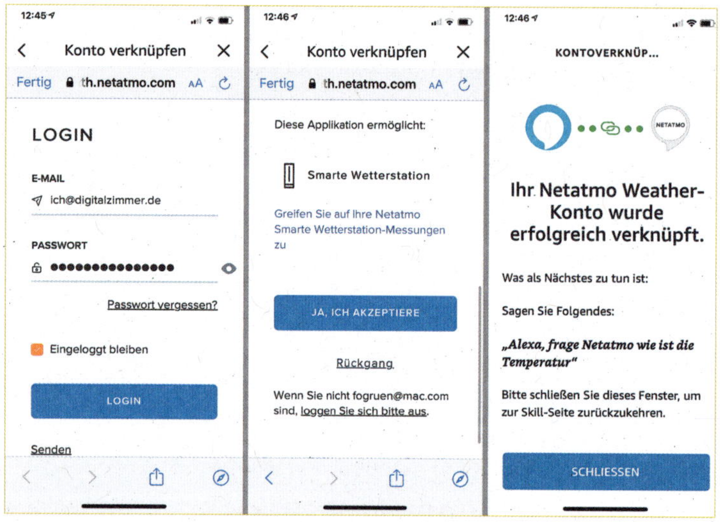

Alexa-Skills für die Sprachsteuerung verknüpfen Geräte über die Cloud mit Amazons digitaler Assistentin.

tonom – ganz im Sinne des IoT-Erfinders Kevin Ashton. Wer bereits mit Amazon Alexa (siehe Seite 290) gearbeitet hat, kennt das Prinzip. Zum Aktivieren eines Alexa-Skills (Abbildung oben) sind Benutzername und Passwort des Zielprodukts notwendig, etwa die Zugangsdaten eines Philips-Hue-Kontos. Amazon nutzt sie, um über seine eigene Cloud die Verbindung zur Cloud von Philips Hue herzustellen.

Danach funktioniert nicht nur die Sprachsteuerung, die Systeme sind in beide Richtungen vernetzt. So können etwa Hue-Bewegungsmelder, die an ihrer Bridge angemeldet sind, auch Alexa fernbedienen. Ein Amazon Echo oder anderer Smart Speaker gibt vielleicht kesse Sprüche zum Besten, wenn jemand zu Hause die Diele durchquert. Oder Alexa startet eine ihrer Routinen, die weitere Geräte wie Tado-Thermostate (Seite 215) oder den Fire-TV-Stick am Fernseher mit einbeziehen. Das alles geschieht ohne physikalische Smart-Home-Zentrale. Außer den beteiligen IoT-Geräten ist keine Hardware nötig, weil das Internet die Steuerung übernimmt. Schneller lässt sich ein Zuhause kaum automatisieren.

Gegenüber stationären Smart-Home-Systemen oder einer Serversoftware im heimischen Netzwerk (siehe „Die Aufgabe von Middleware", Seite 269) sind Alexas Automatisierungsfunktionen begrenzt. Auch der Google Assistant kann es im Alltag nicht mit ihnen aufnehmen. Doch Angebote wie Home Connect Plus und IFTTT zeigen, was geht. Mit dem Internet als verlängertem Arm erreichen sie Geräte, die sonst keinen Anschluss an das Zuhause finden würden – oder nur mit erheblichem Programmieraufwand. Die Verknüpfung von Produkten via IoT-Plattform geht dagegen so leicht, wie ein Smartphone am persönlichen Netflix- oder Spotify-Konto anzumelden.

Das liegt an der universellen Sprache im World Wide Web. Sie eignet sich gut als Brückentechnologie, weil Funkprotokolle und Herstellerstandards im Internet keine Rolle mehr spielen. Sobald ein Cloud-Dienst Informationen bereitstellt, sind andere prinzipiell in der Lage, diese Daten zu lesen. Voraussetzung: Der Anbieter hat eine Programmierschnittstelle veröffentlicht, das sogenannte Application Programming Interface, kurz API. Sie gewährleistet, dass Daten strukturiert übergeben werden. Wäre die Cloud ein Restaurant, fiele den APIs am ehesten die Rolle der Bedienungen zu. Sie nehmen Bestellungen auf, geben sie an die Küche weiter und sorgen umgekehrt dafür, dass die fertigen Speisen zu den richtigen Gästen am Tisch gelangen.

Nicht immer kostenlos

Nur weil Cloud-Verbindungen per API vergleichsweise schnell und einfach zu realisieren sind, müssen die Anbieter von IoT-Plattformen damit noch keinen Erfolg haben. Die Betreiber erreichen ihr Ziel nicht im Sprint, sondern per Marathonlauf. Denn mit der Beliebtheit wächst in der Regel auch der Aufwand. Mehr Nutzer und mehr integrierte Geräte bedeuten zusätzliche Investitionen. Die Weiterentwicklung will ebenfalls finanziert sein. Das stellt Anbieter kostenloser IoT-Dienste vor Herausforderungen. Unternehmen wie Amazon und Google, die von einem Gewinnrekord zum nächsten eilen, dürften die Ausgaben gelassen sehen. Apple verdient gut mit seinen Geräten und kann es sich genauso leisten.

Doch für Firmen, deren Geschäftsmodell auf IoT basiert, stellt sich irgendwann die Erlösfrage. Sie können Geld von Herstellern nehmen, die sie auf ihrer Plattform präsentieren, oder sie drehen bei den Nutzern an der Preisschraube.

So hat Conrad Connect, ein Tochterunternehmen des Elektronikhändlers Conrad, sein ehemals kostenloses Angebot zuerst eingeschränkt, dann gebührenpflichtig gemacht und Ende 2021 doch eingestellt. IFTTT (Seite 296), mit über zehn Jahren einer der dienstältesten IoT-Dienste, verabschiedete sich ebenfalls vom Rundum-kostenlos-Paket. 2020 kündigte Gründer Linden Tibbets eine Bezahlversion namens IFTTT Pro an. Von den angepeilten 9,99 US-Dollar pro Monat sind beim Start allerdings nur 3,99 Dollar übrig geblieben. Ein Beispiel, das zeigt, wie preissensibel die Kunden offenbar auf monatliche Kosten reagieren.

Hinzu kommt: IoT-Angebote sind Onlinedienste wie andere auch. Das heißt, der Preis und der Leistungsumfang können sich von einem Abrechnungszeitraum zum nächsten ändern. Stellt der Betreiber den Dienst ein – oder fallen die Server aus einem anderen Grund aus – findet keine Kommunikation zwischen den Geräten mehr statt. Kleine Änderungen der API-Schnittstelle können bereits weitreichende Folgen haben. So war zum Beispiel die Wetterstation von Netatmo im Herbst 2020 einige Wochen lang über IFTTT nicht erreichbar. Verschmerzbar für Nutzer, die sich nur mit einer Farblampe daran erinnern lassen wollten, ihren Regenschirm mitzunehmen. Hätte derselbe Sensor die Aufgabe gehabt, einen Mähroboter zurück in seinen Unterschlupf zu beordern, der Mäher – und im übertragenen Sinne auch sein Eigentümer – wären wohl im Regen stehen geblieben.

Das Beispiel zeigt: Manche Automationen sind auf einem lokalen System besser aufgehoben als in der Cloud, vor allem dann, wenn es um Sicherheit und Alarmfunktionen geht. Auch für sehr zeitkritische Aktionen ist das Internet der Dinge weniger geeignet. Der Umweg vom Lichtschalter über die Cloud zur Lampe kann schon mal zwei oder drei Sekunden in Anspruch nehmen. Gefühlte Ewigkeiten, wenn man so lange im Dunkeln steht. Manche Hersteller-APIs reichen Sensordaten nur alle 15 bis 20 Minuten weiter. Im ungünstigsten Fall ist damit die Markise schon längst nass, ehe der Elektroantrieb das Signal zum Schließen bekommt.

Vertrauen auf Sicherheit

Am meisten Vorbehalte gibt es gegenüber IoT-Systemen in puncto Datenschutz. Wobei das Thema zwei Aspekte hat: die Sicherheit der Server und den Umgang mit personenbezogenen Daten (siehe „Wie sicher ist das smarte Zuhause?", Seite 297). Letzterer stand bei Amazon, Apple und Google in der Kritik, weil die Unternehmen in der Vergangenheit ungefragt Mikrofonaufnahmen ihrer digitalen Sprachassistenten ausgewertet haben. Solche Mitschnitte helfen Entwicklern dabei, die Qualität der Spracherkennung zu verbessern. Mittlerweile wurde die Praxis geändert. Das US-Trio lässt seinen Nutzerinnen und Nutzern die Wahl: Sie können der Verwendung von Sprachaufzeichnungen in der App nun widersprechen (Amazon) oder müssen sogar ausdrücklich zustimmen (Apple, Google).

Sprachaufnahmen aus der Wohnung sind zwar ein besonders persönlicher Teil der personenbezogenen Daten, aber beileibe nicht die einzigen Informationen, die in einem IoT-Haushalt anfallen können. Heizsysteme mit ortsabhängiger Steuerung erkennen unter Umständen am Smartphone, wann Familienmitglieder anwesend sind. Die Bildanalyse moderner Cloud-Kameras bemerkt, ob ein Auto in der Garageneinfahrt steht. Bewegungsmelder oder

In Cloud-Diensten und Rechenzentren wie dem der Deutschen Telekom lagern auch Smart-Home-Daten.

Produkte wie ein smarter Lautsprecher mit Videochat-Funktion sammeln zwangsläufig auch personenbezogene Daten.

Timer für die Rollläden lassen Rückschlüsse auf den Tagesablauf zu.

Rein technisch ist es möglich, dass IoT-Plattformen solche Daten sammeln und auswerten, und sei es nur, um ihre eigene Servicequalität zu verbessern. Wenn Befehle über die Cloud laufen, können sie Niederschlag in Log-Dateien auf dem Server finden. Ob solche Daten privat bleiben, hängt von Faktoren ab, die aus der Ferne schwer zu beurteilen sind: Wie gut verschlüsseln die Anbieter ihre Übertragung? Haben Mitarbeiter Zugriff auf die Informationen oder nur die Kunden selbst? Wird der Datenpool in regelmäßigen Abständen gelöscht? Wo auf der Welt steht das Rechenzentrum und welche Datenschutzbestimmungen gelten dort? Wie gut hat der Anbieter die Cloud gegen Angriffe von außen abgesichert?

Klar ist: Einen hundertprozentigen Schutz vor Hackern und Cyberkriminellen gibt es nicht. Die Cloud-Rechner professioneller Anbieter wie Amazon, Bosch, Microsoft, Telekom & Co. dürften Angriffe aber besser verkraften als ein Selbstbau-Server, der mit offenen Ports im Internet hängt und keine Softwareupdates erhält. In den Unternehmen kümmern sich große Abteilungen um IT-Sicherheit und sind es normalerweise gewohnt, Serverattacken abzuwehren. Wer jede Gefahr ausschließen will, muss mit dem Smart Home offline bleiben. Er sollte dann aber auch keine Apps oder Programme installieren, die eine Hintertür ins heimische Netzwerk öffnen (siehe „Das kleine Einmaleins der Smart-Home-Sicherheit", Seite 305). Wie oft heißt es abzuwägen – zwischen den Vorteilen, die eine Lösung bringt, und den Risiken, die mit ihr verbunden sind. Manchmal triumphiert dabei der Komfort über alle Datenschutzbedenken. Wäre es anders, hätten Social-Media-Angebote wie Facebook, TikTok und WhatsApp wahrscheinlich nicht mehrere Milliarden Nutzer in aller Welt.

Smarte Displays und Apps

Eine noch junge Produktgruppe ist durch das Internet der Dinge überhaupt erst möglich geworden: smarte Displays. Als vernetzte Bildschirme zeigen Sie Fotos aus der persönlichen Cloud-Bibliothek. Sie liefern Nachrichten und Kochrezepte oder starten Videoanrufe per Sprachbefehl von der Küchenarbeitsplatte aus. Nach dem Motto: „Alexa, ruf' Oma an", sie weiß bestimmt, wie lange das Schokoladensoufflé im Ofen bleiben muss.

Der Echo Show von Amazon gehört in diese Kategorie, genauso wie Googles Nest Hub und diverse Modelle von Lenovo. Vom Prinzip her handelt es sich um sprachgesteuerte Lautsprecher mit einem Touchscreen. Der digitale Assistent des Geräts nutzt das Display, um Bedienelemente anzuzeigen. Ist etwa die Temperatur in einem bestimmten Raum gefragt, erscheint gleichzeitig der Heizungsregler auf dem Display. Betätigt jemand den Knopf an der Videotürklingel von Ring (siehe Seite 213), sendet die Cloud des Amazon-Tochterunternehmens den Videostream direkt an einen Echo Show. Ohne weitere Konfiguration, nur durch die Kombination zweier IoT-Systeme, verwan-

Digitale Assistenten mit Touchscreen gibt es von Google (Bild), Amazon und anderen.

Kommunikation im Internet der Dinge

- **Cloud-zu-Cloud-Verbindung:** Der Sprachassistent oder IoT-Dienst nimmt online Kontakt zum Internetserver eines Geräteherstellers auf. Dieser leitet Steuerbefehle dann an die zu Hause installierten IoT-Produkte weiter. So funktionieren unter anderem die klassischen Alexa-Skills und Onlineangebote wie IFTTT.

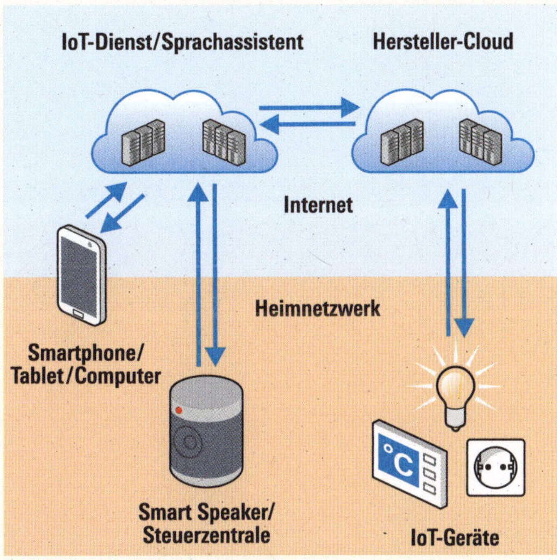

- **Cloud und lokal gemischt:** Mit speziellen Zentralen oder einem geeigneten Smart Speaker kann die Steuerung zu Hause im Netzwerk stattfinden. Die Cloud-Verbindung bleibt aber trotzdem möglich. Nach diesem Prinzip arbeitet etwa der Google Assistant mit Aktionen, die für lokale Ausführung programmiert wurden. Auch der neue Smart-Home-Standard Matter (siehe Seite 53) sieht beide Wege vor.

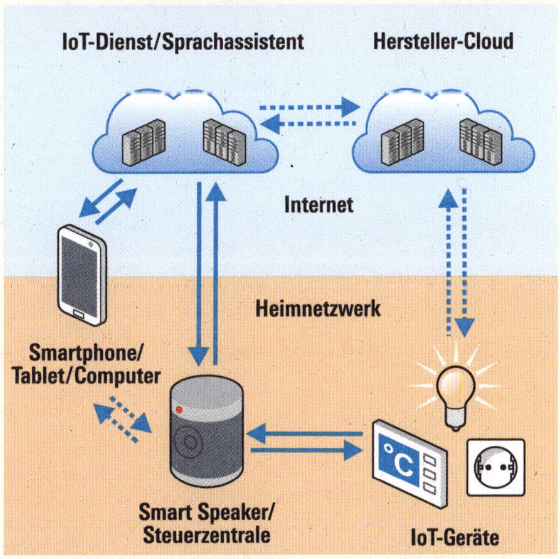

- **Lokale Steuerung:** Eine Lösung wie Apple HomeKit nutzt die Cloud zwar für Aufgaben wie Spracherkennung, die Smart-Home-Geräte erhalten ihre Steuerbefehle aber von einer Steuerzentrale daheim im Netzwerk. So gibt es statt mehrerer Geräteverbindungen zu den Hersteller-Clouds im Idealfall nur einen Kanal ins Internet.

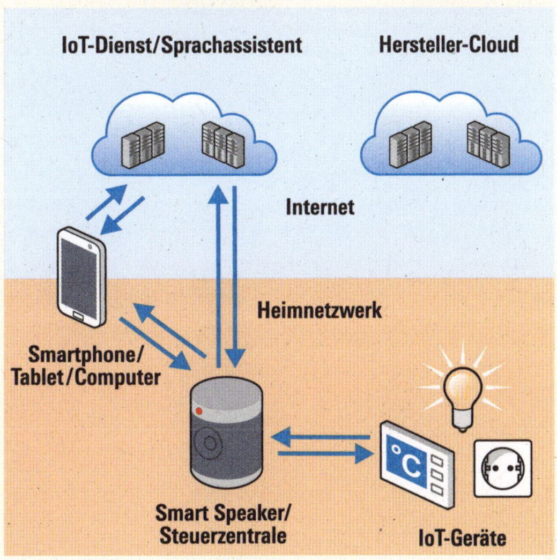

delt sich das Amazon-Display zu einer Gegensprechanlage, die zeigt, wer vor der Tür steht. Ähnlich einfach funktioniert die Videoüberwachung mit Cloud-Kameras, die am Google-Konto eines Nest Hub angemeldet sind.

Damit rückt der Luxus einer Touch-Bedienung in greifbare Nähe. Denn smarte Displays von Amazon, Google oder Lenovo kosten deutlich weniger als das viel zitierte iPad an der Wand. Allerdings bieten sie nur wenige Möglichkeiten, die Oberfläche den eigenen Wünschen anzupassen. Ihr Erscheinungsbild wird vom System vorgegeben. Damit bleibt ein Smart-Home-Server erste Wahl, wenn es um die individuelle Darstellung von Daten und Betriebszuständen geht. Den Mittelweg stellen IoT-Apps wie Home Connect Plus und iHaus dar. Sie benötigen keinen stationären Server für die Visualisierung. Trotzdem sind ihre Oberflächen so flexibel, dass Nutzer die verbundenen Geräte selbst darauf anordnen können.

Amazon Alexa

Die weibliche Stimme von Alexa kennt inzwischen fast jedes Kind. Zumindest in den über 60 Ländern, die Amazon mit seinem Sprachdienst versorgt. In einigen davon schlägt er auf Wunsch auch ein männliches Timbre an. Der natürliche Resonanzkörper von beiden sind Echo-Produkte des amerikanischen Konzerns – vom kleinen Lautsprecher Echo Dot bis zum

Der Echo Dot, hier mit Digitaluhr, ist das kleinste Modell unter Amazons Alexa-Lautsprechern.

sprachgesteuerten Bildschirm Echo Show. Hinzu kommen Fire-TV-Geräte von Amazon und Smartphones oder Tablets, auf denen die Alexa-App läuft. Außerdem Produkte von Marken wie Bose, Grundig, Sonos und Teufel, die Alexa integriert haben.

Über diese Endgeräte kommuniziert der Amazon-Service mit Menschen – in lebensechtem Sprachduktus und mit verblüffend natürlicher Betonung. Mikrofone und Lautsprecher dienen ihm dabei als Ohren und Mund. Seine Intelligenz, gewissermaßen das Gehirn, sitzt aber in der Cloud. Als IoT-Dienst verarbeitet er Informationen online. Und Cloud-Server sind es auch, die normalerweise den Kontakt zu anderen Geräten herstellen (siehe Illustration auf Seite 289). Das Werkzeug für diesen Zweck heißt Alexa Skill. Jeder Hersteller, der seine Produkte kompatibel machen möchte, programmiert einen Skill (deutsch: Fertigkeit). Die digitale Erweiterung verbindet – ähnlich wie ein Plug-in für stationäre Automatisierungsprogramme – das Amazon-System mit dem Partner. Nur, dass die Verbindung eben in der Cloud stattfindet und nicht lokal auf einer Zentrale. Es gibt Alexa Skills für greifbare Produkte wie Lampen, Thermostate und Kameras aber auch reine Daten-Skills. Damit finden Onlinedienste wie die Bahnauskunft, Abfallkalender und digitale Medien Anschluss an Alexa.

Der Schwerpunkt liegt auf Sprachbedienung. Von den mehr als 10 000 Skills in Deutschland haben viele nur den Zweck, auf Zuruf Geräte zu steuern oder Informationen zu liefern. Im vernetzten Zuhause lässt sich diese Fähigkeit nutzen, um etwa Lampen zu schalten oder die Raumtemperatur zu regeln. Steht hinter dem Skill ein Smart-Home-System mit mehreren Gewerken, klappt das auch übergreifend. Alexa aktiviert und deaktiviert dann Szenen genauso wie Gruppen und einzelne Geräte. Für sehr viele Systeme gibt es mittlerweile solche Alexa-Erweiterungen.

Die Skills der Hersteller lassen sich grob in zwei Gruppen einteilen. Eine nutzt den serienmäßigen Wortschatz von Alexa, die andere arbeitet mit individuellen Befehlen. Zu erkennen ist der Unterschied in der Ansprache. Gruppe eins hört auf das Rufwort „Alexa …" gefolgt

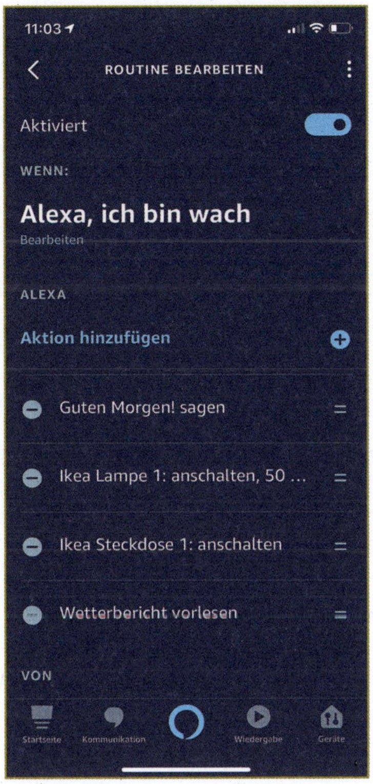

Alexa-Routinen ordnen einem Sprachbefehl mehrere Aktionen zu. Die Möglichkeiten zur Automatisierung sind begrenzt.

von einer gewünschten Aktion. Aus dem Gerätenamen und Handlungsanweisungen wie „schalte ein", „schließe ab", „stelle auf 20 Grad", „dimme auf 50 Prozent" leitet Alexa die Wünsche ihrer Nutzer ab. Das funktioniert mit einigen Dutzend vordefinierten Funktionen. So gibt es zum Beispiel Sprachschnittstellen für die Helligkeit und Farbtemperatur von Lampen, für Videostreams einer Überwachungskamera oder smarte Türschlösser.

Reicht dieses Vokabular nicht aus, können Hersteller ihre Skills auch komplett selbst programmieren. Damit sind sie dann frei in den Formulierungen und haben mehr Möglichkeiten. Im Unterschied zur ersten Gruppe erwarten solche maßgeschneiderten Custom-Skills eine spezielle Anrede. Das Kommando beginnt häufig mit der Nennung des Anbieters: „Alexa, frage Deutsche Bahn …". So weiß die Spracherkennung, welcher Skill gemeint ist. Alternative Kommandos wie „Alexa, sage …" oder „Alexa, starte …" erfüllen denselben Zweck. Nach dem Deutschlandstart im Jahr 2016 waren Custom Skills an der Tagesordnung. Für viele Smart-Home-Anwendungen haben sie sich mittlerweile erübrigt, da der Wortschatz von Amazons Assistentin gewachsen ist.

Nachholbedarf besteht bei der Automatisierung. Zwar gibt es mit den Alexa-Routinen ein Regelwerk, das Abläufe starten und ausführen kann. Es arbeitet nach dem beliebten Wenn-dann-Prinzip und sieht auch Tageszeiten oder Wochentage als Bedingung vor. Die Zahl der möglichen Auslöser und Aktionen ist zum Zeitpunkt der Buchproduktion aber sehr überschaubar. Nicht alle verbundenen Geräte tauchen zur Auswahl in der Alexa-App auf. Systeme wie Netatmo, Bosch Smart Home oder auch Samsung SmartThings entscheiden offenbar selbst, ob und welche Daten sie weiterreichen. Damit bleibt es dem Zufall überlassen, ob Sensoren und Aktoren für Routinen zur Verfügung stehen. Das gilt auch für Modelle des Amazon Echo, die einen Zigbee-Hub zur direkten Lampensteuerung per Funk integriert haben. Immer möglich: der Start einer Routine per Timer oder Sprachbefehl. Mehr Funktionen bringt eventuell der neue Smart-Home-Standard Matter (siehe Seite 53). Geräte wie der Amazon Echo sind darin als universelle Steuerzentrale für Matter-Produkte vorgesehen.

Apple Siri

Siri kam im Oktober 2011 zusammen mit dem iPhone 4 auf die Welt. Der Name geht auf die App eines gleichlautenden Start-up-Unternehmens zurück, das Apple kurz zuvor übernommen hatte. Er wird meist als Abkürzung für „Speech Interpretation and Recognition Interface" gebraucht, also „Schnittstelle zur Erkennung und Auslegung von Sprache". Ähnlichkeiten mit dem weiblichen Vornamen aus Skandinavien sind zufällig und gar nicht immer erwünscht. Schließlich hat Siri auch eine männliche Stimme.

Die Apple-Sprachassistenz ist auf allen Elektronikprodukten des Konzerns zu finden – von Zubehörteilen wie den Funkanhängern AirTags und dem Zeichenstift Pencil einmal abgesehen. Als fester Bestandteil des Betriebssystems steht Siri ohne weitere Installation eines Programms zur Verfügung, ähnlich wie der Google

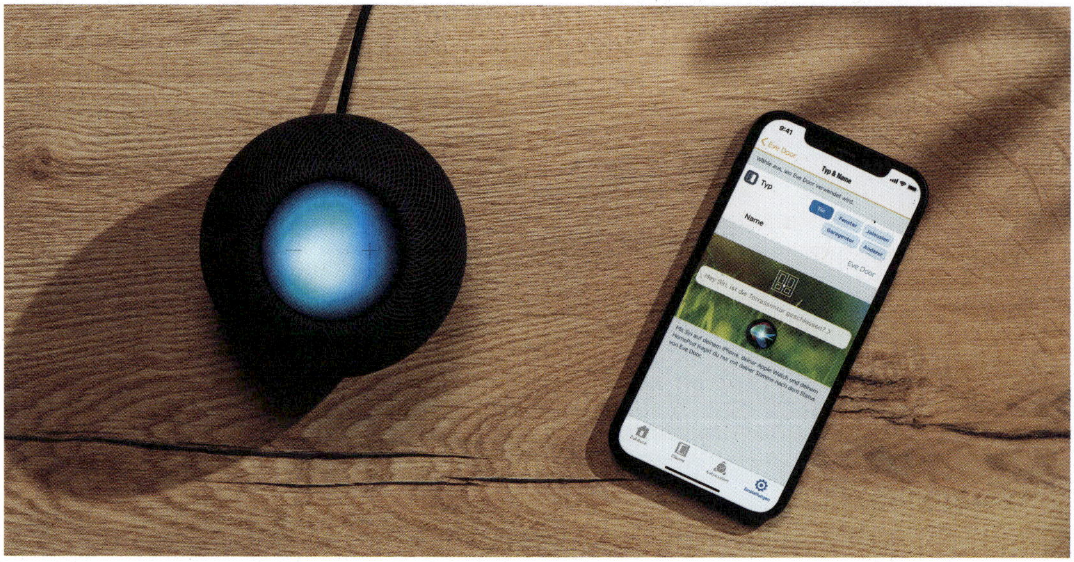

Siri und Apple HomeKit bilden eine Einheit. Smart-Home-Geräte sind automatisch per Sprachbefehl erreichbar, etwa über den HomePod mini.

Assistant auf neueren Android-Smartphones oder Bixby im Produktsortiment von Samsung. Mit iOS 15 hat Apple die Schnittstelle für andere Hersteller geöffnet. Allerdings sollen deren Geräte künftig nicht direkt mit Siri kommunizieren, sondern ihre Sprachaufnahmen an ein Apple-Produkt im heimischen Netzwerk schicken. Dort findet dann die weitere Verarbeitung statt. iPhones und iPads des Unternehmens interpretieren manche Sprachbefehle auch lokal auf dem Gerät. Welche das sind, ist für Nutzer im Alltag allerdings nicht zu erkennen.

Über Siri-Kurzbefehle lassen sich manche Apps und Geräte steuern, die HomeKit selbst nicht unterstützen.

Für die Haussteuerung greift Siri auf eine Spezialität des Apple-Betriebssystems zurück: HomeKit (siehe Seite 217). Die Smart-Home-Schnittstelle verwaltet Geräte und Bezeichnungen, gibt ihnen Namen, legt Räume und Szenen an. Auch für Regeln und Automationen ist sie zuständig. Siri nutzt diese vorhandenen Elemente und versteht sich ohne weitere Konfiguration mit den Geräten. Apples Internetdienst iCloud stellt den Kontakt her. Dabei werden laut Datenschutzerklärung keine Sprachbefehle den Konten der Nutzerinnen und Nutzer zugeordnet. Stattdessen erzeugt das System eine zufällige Folge aus Zahlen und Buchstaben. Die Kennung gilt sechs Monate lang und wird danach durch eine neue ersetzt. Außerdem erklärt Apple, diese Zufalls-ID nicht mit Informationen zusammenzuführen, die das Unternehmen über seine anderen Dienste erhält. Damit grenzt Apple sich klar von den Konkurrenten ab. Womöglich ist der stärkere Datenschutz aber auch ein Grund dafür, warum Alexa und der Google Assistant manchmal kompetenter wirken und noch Informationen liefern, wenn es bei Siri schon heißt: „Darauf habe ich leider keine Antwort."

Die Datenverarbeitung im Internet macht Siri zu einem IoT-Dienst. Allerdings weicht Apples Methode in einem Punkt vom klassischen Cloud-Prinzip ab: HomeKit-Produkte wie Philips Hue (Seite 211) werden nicht über ihre Onlineserver angebunden, sondern lokal im Heimnetzwerk. Das zeigt sich während der Installation: Statt Zugangsdaten des Hue-Kontos einzugeben, drücken HomeKit-Nutzer den großen runden Knopf auf ihrer Hue-Bridge. Apple stellt dann eine Verbindung zwischen der Bridge und seinen eigenen Servern im Internet her. Theoretisch benötigen Geräte für den Betrieb in HomeKit gar keine Hersteller-Cloud. Die Kommunikation kann über Apples Kanäle laufen. Für Softwareupdates sind in der Regel aber trotzdem die Server des Geräteherstellers zuständig. Auch gibt es Funktionen, die HomeKit in seinem System nicht abbildet. Ein Beispiel dafür ist der Automatikbetrieb smarter Heizkörperthermostate von Tado (Seite 215). Er lässt sich nur via Cloud-Schnittstelle aktivieren. Home Assistant, IFTTT & Co. wechseln damit nach Bedarf zwischen Automatik und manuellem Betrieb hin und her. So kehrt die Heizung zum Beispiel nach einer Lüftungspause von selbst in den vorher eingestellten Automatikbetrieb zurück. Für HomeKit ist jede Temperatur ein fester Wert, der so lange gilt, bis er wieder geändert wird.

Siri kann übrigens nicht nur HomeKit-Produkte kontrollieren. Außer der Steuerung mit Apples Smart-Home-Schnittstelle gibt es einen zweiten Weg: Siri-Kurzbefehle. So heißen frei definierbare Sprachkommandos, die eine Aktion auslösen (Bild links). Ein Kurzbefehl – im Original Shortcut genannt – erledigt Aufgaben am iPhone oder iPad, für die sonst Eingaben von Hand nötig wären. Beispiel: Statt die Saugroboter-App zu öffnen, den Sauger am Bildschirm auszuwählen und das Reinigungsprogramm zu starten, genügt ein Sprachbefehl wie „Hey Siri, mach' sauber!"

Manche Hersteller bereiten Kurzbefehle in ihren iOS-Apps vor. Am Bildschirm erscheint dann der Hinweis „Add to Siri" oder „Zu Siri hinzufügen". Zusätzlich können Nutzer über die Kurzbefehle-App auf dem iPhone oder iPad auch Abläufe selbst zusammenstellen. So erhält Siri zumindest teilweise Kontrolle über Geräte, die HomeKit nicht unterstützen – oder für die es in der Apple-Schnittstelle keine eigene Produktkategorie gibt. Denn um Geschirrspüler, Saugroboter, Kaffeemaschinen und andere Hausgeräte zu steuern, müsste HomeKit die jeweilige Gattung erst einmal kennen und wissen, wofür sie gut ist.

Google Assistant

Der dritte, wohl bekannte Assistent neben Alexa und Siri kommt von Google. Er ist aus der Funktion Google Now heraus entstanden, mit der die intelligente Sprachsteuerung auf Android-Geräten 2012 ihren Anfang nahm. Kurz darauf brachte Google auch Versionen für das Apple-Betriebssystem iOS und seinen Internetbrowser Chrome auf den Markt. Eine typische Aufgabe von Now bestand darin, Nutzerinnen und Nutzer durch den Tag zu begleiten, indem

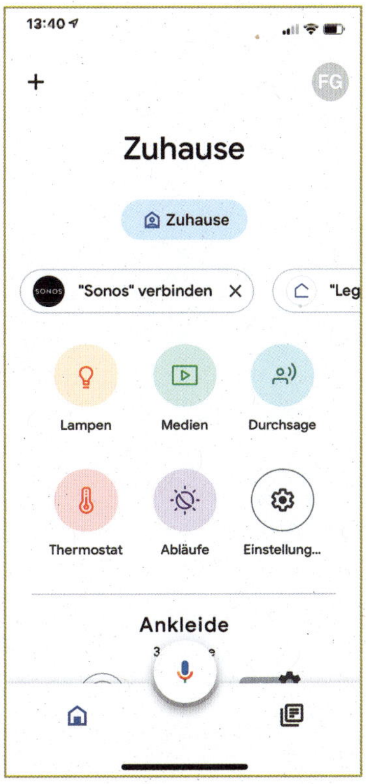

Die Google-Home-App ist Smart-Home-Bedienzentrale und Schnittstelle zum Google Assistant.

Smart Displays wie der Nest Hub geben dem Google Assistant ein Bildschimmenü.

der Service automatisch relevante Informationen auf dem Smartphone-Bildschirm anzeigte: wichtige Termine, Verkehrsinformationen zum Arbeitsweg, Nachrichten oder auch den Wetterbericht. Ein Algorithmus wertete dazu alle verfügbaren Daten aus, die Google-Nutzer normalerweise in der Suchmaschine und in anderen Onlinediensten des Unternehmens hinterlassen.

2017 führte Google die Fähigkeiten von Now mit weiteren Funktionen zusammen und taufte die zentrale Intelligenz in Google Assistant um. Als Sprachsteuerung und rechte Hand ist sie heute auf vielen Android-Smartphones, in Google-Apps für iOS-Geräte und Smart-Home-Produkten der Marke Nest zu finden. Unter anderem arbeiten Nest-Lautsprecher und das Display Nest Hub (Bild oben) damit. Hersteller wie Bang & Olufsen, Bose, Harman Kardon und Sonos statten ebenfalls Geräte aus. Und jedes Smart-TV, das über ein aktuelles Android-Betriebssystem verfügt, kann mit seiner Sprachfernbedienung Befehle an den Google-Assistenten richten. Der reicht sie dann an das gewünschte IoT-Produkt weiter.

Als zentrale Kontrollstation dient die App Google Home. Sie macht den Assistenten mit Geräten im Haushalt bekannt. Und wie es sich für einen IoT-Service gehört, findet dieses Kennenlernen vor allem in der Cloud statt. Das Pendant zu den Alexa Skills (siehe Seite 290) heißt Actions: kleine Schnittstellenprogramme, die den Kontakt herstellen. Hat der Gerätehersteller so eine Google Action programmiert, kann sein Produkt in der Home-App aktiviert werden. Mit Eingabe der Zugangsdaten bekommt die Google-Cloud Zugang zum Gerät und kann es steuern. Zusätzlich gibt es noch einen lokalen Weg. Dabei erhalten Lampen und andere Smart-Home-Produkte den Befehl direkt von einem Google- oder Nest-Produkt im heimischen Netzwerk – ohne Umweg über die Cloud (siehe Illustration Seite 289). Allerdings funktioniert das nur bei entsprechender Programmierung seitens des Herstellers und wenn daheim bestimmte Google-Geräte wie ein Nest Hub oder der Nest Mini als Zentrale stehen.

Für die Automatisierung gibt es Abläufe, die eine Folge von Aktionen ausführen. So schaltet der Google Assistant etwa morgens zum Wecken das Licht ein, spielt Radio auf einem verbundenen Lautsprecher und liest die Termine des Tages vor. Als Auslöser kommen Uhrzeiten und der Sonnenauf- oder -untergang infrage. Wer die Ortungsfunktion am Smartphone freigibt, kann solche Abläufe automatisch beginnen lassen, wenn er die Wohnung verlässt oder wieder nach Hause kommt. Außerdem reagiert das System auf frei definierbare Sprachbefehle und Schlüsselsätze. Andere Auslöser wie Sensordaten und Bedingungen hatte Google zu Redaktionsschluss des Buches noch nicht vorgesehen. Aber wie immer bei IoT-Systemen kann sich das jederzeit ändern. Ein Update auf den Cloud-Servern genügt.

Home Connect Plus

Das Plus im Namen macht den Unterschied: Home Connect Plus klingt nach Home Connect. So heißt schon immer die Vernetzungsplattform der Hausgerätehersteller Bosch, Siemens, Gaggenau und Neff. Home Connect verbindet Geschirrspüler, Waschmaschinen und andere Geräte der vier Marken mit einer gleichnamigen App – für die Fernbedienung von unterwegs und daheim im WLan. Außerdem stellt sie den Kontakt zu Smart-Home-Systemen her (siehe Seite 146). Das klassische Home Connect ist an einem blauen Logo mit Haussymbol zu erkennen.

Home Connect Plus hat dasselbe Symbol, nur in orangeroter Farbe. Auch dieser IoT-Dienst (www.home-connect-plus.com) gehört zur Bosch-Gruppe. Allerdings ist er nicht auf Hausmarken festgelegt. Mit seiner App lassen sich viele Produkte steuern – solche aus dem Konzern, aber eben auch andere. Beispielsweise zählen Liebherr und Vaillant zu den Partnern, die auf ihren Geschäftsfeldern mit Bosch konkurrieren. Bose, Homematic IP, Nuki, Philips Hue, Sonos, Velux und andere haben ihre Cloud-Zugänge ebenfalls für den IoT-Dienst geöffnet.

Wesentlicher Unterschied zum blauen Pendant: Home Connect Plus überlässt Automatisierungsaufgaben nicht einem anderen System. Es erledigt sie selbst. In der App gibt es dafür einen Bereich namens Automationen. Er verknüpft Geräte nach dem Wenn-dann-Prinzip. Jedem Auslöser lassen sich verschiedene Aktionen zuordnen. Das können Geräteereignisse oder Push-Nachrichten in der App sein. So führt auf Wunsch etwa der Alarm eines Wassersensors von Hansgrohe zur Benachrichtigung auf dem Handy. Anschließend blinken verbundene Hue- und Lifx-Lampen in der Wohnung und Bose- oder Sonos-Lautsprecher spielen einen Alarmton ab. Die Aktionen lassen sich manuell per Bildschirmtaste, zu bestimmten Tageszeiten und Wochentagen oder automatisch über einen Sensor auslösen. Komplexe Regeln mit Bedingungen sieht das System bislang allerdings nicht vor.

Das hat den Nebeneffekt, dass die Konfiguration sich selbst erklärt. Neue Geräte werden mit den Zugangsdaten ihres Cloud-Kontos angemeldet und vom System automatisch in Kategorien einsortiert. Unter Oberbegriffen wie Heizung, Garten oder Sicherheit warten sie auf ihre Verwendung. Zwei Einsatzmöglichkeiten gibt es in der App: die bereits erwähnten Automationen und personalisierbare Steuerbildschirme. Diese Boards, also Tafeln, sammeln häufig genutzte Funktionen, ähnlich wie Widgets auf einem Smartphone-Bildschirm. Seitliches Wischen wechselt zwischen den Tafeln und bringt die darauf abgelegten Bedienelemente für Lampen, Heizkörperregler und andere Geräte zum Vorschein. Ihr Funktionsumfang beschränkt sich aufs Nötigste, für weitergehende Einstellungen verweist die App auf das Originalprogramm des Herstellers. Anders wäre es für Home Connect Plus wohl schwierig, Partner zu finden – denn dann könnte der IoT-Service die Apps der Geräteanbieter ja ersetzen und würde zur Konkurrenz für die Hersteller.

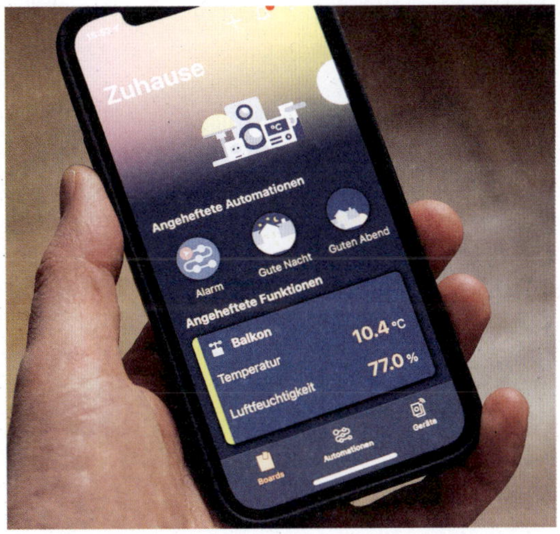

Verbundene Geräte lassen sich in der App von Home Connect Plus auf sogenannten Boards ablegen und anheften.

Hersteller und Produkte, die Home Connect Plus unterstützen, sind über die App erreichbar.

Home Connect Plus kostet die Nutzerinnen und Nutzer kein Geld und soll im Prinzip kostenlos bleiben. Die Betreiber wollen das noch junge Angebot (Start: Frühjahr 2021) vor allem über Beiträge der Hersteller finanzieren.

IFTTT

Kenner der Materie sagen „ift" wie im Wort Gift, wenn sie IFTTT meinen. Mit vollem Namen heißt der Dienst „If this then that", was übersetzt bedeutet: Wenn dies, dann das. Die Formulierung beschreibt auch gleich das Funktionsprinzip. Auf der amerikanischen Plattform lassen sich IoT-Produkte nach der Wenn-dann-Regel miteinander verknüpfen. Ursprünglich gab es in so einer Beziehung nur zwei Partner: den Auslöser, Trigger genannt, und die daraus resultierende Aktivität, als Action bezeichnet. Beides zusammen ergab ein Applet.

Weil die Möglichkeiten solcher Paarungen sehr begrenzt waren, kamen nachträglich weitere Optionen hinzu. Die Trigger lassen sich heute um Queries und Filter ergänzen. Beispiel: Ein Bewegungsmelder soll die Gartenbeleuchtung einschalten, allerdings nur, wenn es dunkel ist. Der Trigger startet dazu eine Abfrage (Query) an einen Onlinewetterservice, der aktuelle Daten zum Sonnenauf- und -untergang liefert. Der Filter, ein Stück Code in der Programmiersprache Javascript, schränkt den Trigger so weit ein, dass er nur zur gewünschten Zeit auslöst. Klingt anspruchsvoll? Ist es auch, wenn man IFTTT mit anderen IoT-Diensten vergleicht. Allerdings gibt es die einfache Wenn-dann-Regel weiterhin. Neulinge können damit in der App oder auf der Webseite https://ifttt.com ohne Programmierkenntnisse Applets zusammenbauen: IoT-Geräte über das jeweilige Cloud-Konto anmelden, für den Wenn-Teil (If this …) einen Auslöser wählen und im Dann-Part (then that …) die gewünschten Aktionen ergänzen. Das funktioniert bereits mit Grundkenntnissen in der englischen Sprache.

Noch etwas schneller geht es mit Applet-Vorlagen. Hersteller wie Philips Hue, Nuki, Ring, Sonos und Tado stellen sie als Services zur Verfügung. Manchmal, wie beim deutschen Anbieter Coqon (siehe Seite 242), sind die kachelförmigen Felder sogar in Landessprache beschriftet. Außerdem kann der Gerätehersteller dafür sorgen, dass seine Applets nicht auf das Freikonto von IFTTT angerechnet werden. Denn ohne kostenpflichtiges Premium-Abo ist ihre Zahl normalerweise auf drei begrenzt. Jedoch zählen Applets für Amazon Alexa, Coqon und andere IoT-Produkte in dieser Rechnung nicht mit. Um welche genau es sich dabei handelt, sehen Nutzerinnen und Nutzer erst, wenn sie beim Aktivieren eines Applets an die magische Dreiergrenze stoßen. Ein Abo schaltet dann unbegrenzt viele Applets frei. Außerdem sollen zeitkritische Aktionen schneller ausgeführt werden, verspricht der Anbieter.

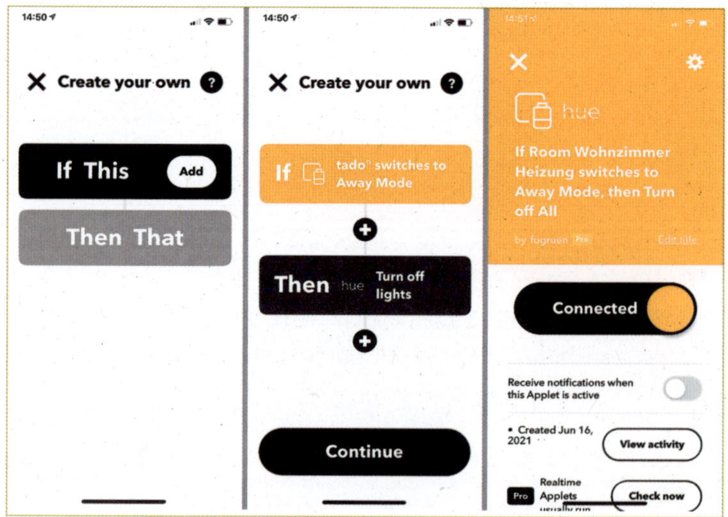

Die einfachste Form eines Applets bei IFTTT: Zum auslösenden Ereignis (If This) kommt ein System oder Gerät, das entsprechend reagiert (Then That).

WIE SICHER IST DIE SMARTE TECHNIK?

GEFÜHLTES UND REALES RISIKO

Das Verhältnis der Deutschen zu digitaler Technik ist gespalten. Rund 90 Prozent der Menschen im Land besitzen ein Smartphone (Stand: 2021). Selbst in der Altersgruppe über 70 Jahren liegt der Anteil bei 65 Prozent. Doch wenn es ums Wohnen geht, herrscht Zurückhaltung. Laut Branchenverband Bitkom nutzte im Jahr 2020 nur jeder vierte Bundesbürger eine Smart-Home-Anwendung. 62 Prozent der Befragten gaben als Hinderungsgrund an, sich „Sorgen um die Sicherheit und den Schutz ihrer persönlichen Daten" zu machen. Nur der Preis einiger Produkte wirkte auf die Studienteilnehmer noch abschreckender (65 Prozent).

Das angekratzte Image kommt nicht von ungefähr, denn Sicherheitsprobleme im Zusammenhang mit vernetzten Geräten schaffen es immer wieder in die Schlagzeilen:

- **2015** verkauften Discounter mehrere Überwachungskameras, die ihre Bilder ungeschützt ins Internet stellten. Dabei verrieten sie auch das WLan-Passwort und die E-Mail-Adresse ihrer Besitzer.
- **2016** kaperte der Computerwurm Mirai eine halbe Million IoT-Produkte weltweit. Er brachte WLan-Kameras, Router und andere Geräte dazu, wichtige Server im Internet anzugreifen, was populäre Seiten wie Netflix und Spotify zum Erliegen brachte.
- **2017** gelang es israelischen Forschern, in ein Zigbee-Lichtnetzwerk einzudringen und es mit einem gefälschten Softwareupdate zu übernehmen. So waren sie in der Lage, das Licht von außerhalb des Gebäudes fernzusteuern.
- **2018** enthüllte ein Sicherheitsexperte auf dem jährlichen Hackerkongress des Chaos Computer Clubs, dass Tausende Smart-Home-Produkte eines großen chinesischen Herstellers unverschlüsselt mit der Cloud kommunizierten.
- **2019** standen Amazon, Apple und Google in der Kritik, weil sie Sprachaufnahmen ihrer digitalen Assistenten ungefragt von Menschen auswerten ließen. Die Mitarbeiter verglichen das Gesagte mit der schriftlichen Übersetzung, um die Qualität der automatischen Spracherkennung zu verbessern.
- **2020** entdeckte ein amerikanisches Sicherheitsunternehmen Schwachstellen in Teilen des Internet-Protokolls TCP/IP, die neben Computerprodukten auch IoT-Geräte betreffen können. Die Anzahl gefährdeter WLan-Chips geht in die Millionen.

Hinzu kommen immer wieder Meldungen über Datenlecks, durch die Hunderttausende von E-Mail-Adressen, Telefonnummern und Kreditkarteninformationen ins Internet gelangen. So entsteht ein Gefühl von Unsicherheit, das schwer mit dem Schutzversprechen und der Geborgenheit einer privaten Wohnung in Einklang zu bringen ist. Kurioserweise haben viele Menschen kein Problem damit, ihren Computer, das Smartphone oder das Smart-TV mit Streamingdiensten ans Internet anzuschließen. Doch wenn es um vernetzte Haustechnik geht, hört der Spaß auf.

Darum lohnt es sich, das Thema etwas differenzierter zu betrachten, auch, weil das Internet nun einmal da ist und sich kaum noch aus der Wohnung fernhalten lässt. Onlineshopping und -banking, Homeoffice, Fernunterricht und Videokonferenzen oder auch Multiplayer-Spiele an der Konsole zeigen, wie weit die Vernetzung in den Alltag vordringt. Jeder dieser Kanäle

Einbrecher sind eine bekannte Bedrohung. Ob eine Gefahr von Cyberangriffen ausgeht, wissen dagegen nur wenige richtig einzuschätzen.

kann theoretisch zu einem Einfallstor für Angreifer werden. In einer Umfrage des Internetdienstleisters Akamai gaben 55 Prozent der regelmäßigen Online-Gamer an, dass eines ihrer Konten schon einmal gehackt oder übernommen wurde. Nur ein Fünftel machte sich deswegen aber Sorgen. Dabei kann ein kompromittiertes Konto von Cyberkriminellen für andere Straftaten missbraucht werden – etwa, um Phishing-Mails zu verschicken, die eine falsche, vertrauenswürdige Identität vorgaukeln. Der Empfänger klickt vielleicht auf den Link in einer scheinbar harmlosen Nachricht und holt sich Schadsoftware auf seinen Computer. So gelangen Hacker durch digitale Hintertüren ins Haus – ohne dass überhaupt ein unsicheres Gerät installiert sein muss. Das Beispiel zeigt, wie wichtig der ganzheitliche Ansatz beim Thema Sicherheit ist.

Gerätesicherheit

Vernetzten Geräten ergeht es wie Menschen in der Virensaison: Je mehr ungeschützte Kontakte, desto höher das Risiko, sich anzustecken. Umgekehrt sind Kontaktbeschränkungen auf Dauer keine Lösung. Denn ohne Austausch mit anderen kommt das System zum Erliegen. So gilt es, einen angemessenen Mix aus Maßnahmen zu finden. Und eine realistische Einschätzung des Risikos. Weder Angst vor einer Pandemie noch Leichtsinn taugen als Ratgeber.

Ein bewährtes Mittel, um die Sicherheit zu erhöhen, sind abgeschlossene Systeme. Dabei stehen die Geräte zwar untereinander in Kontakt, etwa so wie ein Freundeskreis, der sich immer mit denselben Leuten trifft, sie haben aber keine Berührungspunkte außerhalb dieser Umgebung. Im wahren Leben schwer durchzuhalten, für das Smart Home kein Problem: Solange die Installation keine Fernbedienung aus dem Internet benötigt, kann das private Netzwerk unter sich bleiben. Damit ist es so gut oder schlecht geschützt wie jedes andere Gebäude mit konventioneller Elektrik auch. Die meisten kabelgebundenen Businstallationen arbeiten so. Aber auch Do-it-Yourself-Produkte von Bosch, Ikea, Nuki und andere haben eine Systemarchitektur, die nicht zwingend den Kontakt nach draußen verlangt.

Für manche Funktionen ist es allerdings nötig – oder zumindest wünschenswert – eine In-

Eine Businstallation mit Kabeln wie etwa KNX bietet bei richtiger Auslegung wenig Angriffsfläche.

ternetverbindung herzustellen. IoT-Dienste etwa (siehe „Ein Wort zum Internet der Dinge", Seite 283) und Alarmmeldungen per E-Mail oder Push-Nachrichten aufs Smartphone funktionieren nur auf diese Weise. Dass ein Gerät sich mit Alexa, HomeKit, Google Assistant, IFTTT & Co. versteht, heißt allerdings nicht, dass es dort überall angemeldet sein muss. Besser, Sie richten Freigaben gezielt ein und entziehen die Rechte auch wieder, falls ein Dienst sich im Alltag als wenig nützlich erweist. Das reduziert die möglichen Gefahrenquellen. Sie wissen schon: Je weniger Kontakte …

Außerdem fällt die Ursachenforschung leichter, wenn die Haustechnik unvermittelt ein Eigenleben entwickeln sollte. Geht mitten in der Nacht und scheinbar grundlos das Licht an, hat in den seltensten Fällen ein Hacker die Finger im Spiel – oder ein rachsüchtiger Ex-Ehemann, der das Haus seiner Verflossenen übers Internet fernsteuert. Solche Szenarien wirken gut in TV-Reportagen über die Sicherheit im Smart Home. Viel eher funkt ein Onlinedienst dazwischen, auf dem eine längst vergessene Regel oder Automation ihr Unwesen treibt. Tipp: So gut wie alle IoT-Geräte bieten in ihren Kontoeinstellungen eine Möglichkeit, die verbundenen Onlinedienste wieder zu löschen. Das geht schneller und einfacher, als auf jeder einzelnen IoT-Plattform nachzusehen, ob dort noch Kontodaten eines Geräts hinterlegt sind.

Die Trennung sollte auch erfolgen, wenn Smart-Home-Produkte ihre Besitzer wechseln, etwa beim Verkauf oder der Weitergabe an Freunde. Und keinesfalls vergessen, das Gerät auf die Werkseinstellungen zurückzusetzen! Damit sind dann auch hinterlegte Zugangsdaten wie das WLan-Passwort gelöscht. Es soll nämlich schon vorgekommen sein, dass über den Hausmüll entsorgte WLan-Lampen die Daten zum Heimnetzwerk im Klartext auf ihrem Chip gespeichert hatten. Damit wäre es Hackern theoretisch möglich, in das Funknetz einzudringen. Wegen des hohen Aufwands, den solche Aktionen erfordern, ist das tatsächliche Gefährdungspotenzial allerdings gering (siehe Interview, Seite 311). Cyberkriminelle bevorzugen andere Methoden, die mit weniger Arbeit eine größere Zahl potenzieller Opfer erreichen, wie etwa den massenhaften Versand von E-Mail-Trojanern.

Auf jeden Fall lohnt ein Blick in die Geräteeinstellungen, ob alle sicherheitsrelevanten Funktionen aktiviert sind. Im Wunsch, die Installation ihrer Geräte so einfach wie möglich zu machen, legen manche Hersteller die Hürden niedrig. So gibt es immer noch IP-Kameras, deren Aufnahmen öffentlich im Internet zu sehen sind – weil sie ohne Passwortschutz oder mit Standardeinstellungen wie „admin" und Passwort 12345 arbeiten. Fordert die Software nicht von sich aus zur Vergabe eines sicheren Passworts auf, sollten die Standardwerte auf jeden Fall überprüft werden. Auch eine Gerätebezeichnung, die keine Rückschlüsse auf Hersteller und Modell zulässt, kann hilfreich sein, weil sie Angreifern die Suche nach Produkten mit bekannten Schwachstellen übers Internet erschwert. Ansonsten heißt es, auf die Kompetenz des Herstellers zu vertrauen, dass er Daten sicher verschlüsselt und überträgt. Hier gibt es große Unterschiede, wie die Erfahrung unabhängiger Prüfinstitute zeigt. Mehr dazu im Interview auf Seite 311.

Geht es um den Einbruchschutz und andere Alarmfunktionen, kommt es nicht zuletzt auf die Zuverlässigkeit an. Solche Systeme sollten möglichst betriebssicher sein. Eine Sabotageerkennung stellt zum Beispiel fest, wenn sich jemand an den Sensoren zu schaffen macht

Alarmgeräte wie Sirenen sollten mit Batterien oder Akkus vor Stromausfall geschützt sein.

und löst sofort Alarm aus. Ein Notstromakku und ein zweiter Benachrichtigungsweg, etwa per Mobilfunk, halten die Alarmfunktion aufrecht, wenn daheim der Strom oder das Internet ausfallen sollten.

Serversicherheit

Das sicherste Gerät nützt wenig, wenn sein Gegenstück im Internet leicht angegriffen werden kann. Viele große Datenpannen der vergangenen Jahre gehen auf schlecht gepflegte oder falsch konfigurierte Internetserver zurück. Nachlässigkeiten der Betreiber führten dazu, dass Datenbanken mit persönlichen Informationen der Nutzerinnen und Nutzer ausgelesen werden konnte. Soweit bekannt, waren davon keine namhaften Smart-Home-Anbieter betroffen. Aber was Facebook, Microsoft & Co. unterlaufen ist, kann anderen auch passieren. Am sichersten sind daher Systeme, die möglichst wenig personenbezogene Informationen speichern. Die AVM Fritzbox (siehe Seite 220), Bosch Smarthome (Seite 222) und Homematic IP von EQ-3 (Seite 227) gehören in diese Kategorie. Sie verlangen weder E-Mail-Adresse noch Telefonnummer oder andere Daten für die Einrichtung. Der Set-up-Prozess läuft anonym ab. Auch das Smartlock von Nuki (Seite 210) lässt sich in Betrieb nehmen und nutzen, ohne Hinweise auf die Identität seiner Besitzer preiszugeben. Erst für eine Verbindung mit dem Internetdienst Nuki-Web sind dann E-Mail-Adresse und Passwort nötig.

Eine andere Technik, um die Herkunft von Informationen zu verschleiern, wendet Apple an. Laut Aussage des Unternehmens sind Hausdaten, die an Siri gehen, mit Zufallscodes versehen, die sich keinen realen Personen zuordnen lassen (siehe Apple Siri, Seite 292). Außerdem herrscht die höchste Stufe der Geheimhaltung, die ein Netzwerk zu bieten hat: Alle Daten sind durchgängig verschlüsselt. Das

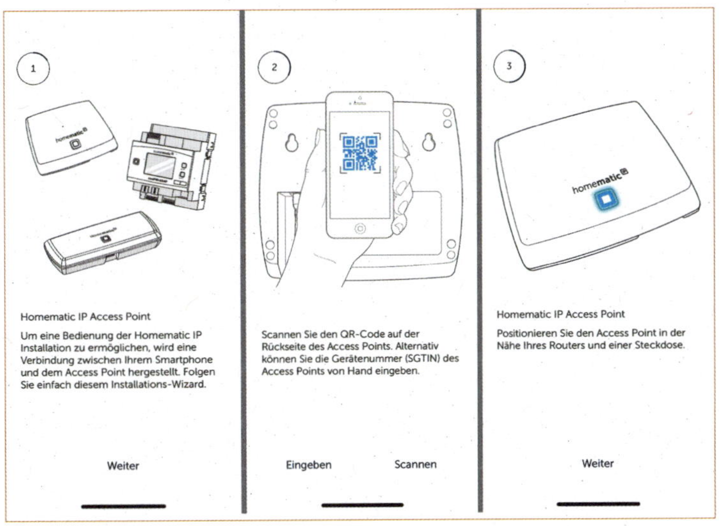

Der Access Point von Homematic IP lässt sich in Betrieb nehmen, ohne persönliche Daten wie die E-Mail-Adresse anzugeben.

Dem Router kommt als Datendrehscheibe im Netzwerk besondere Bedeutung zu, wenn es um die Sicherheit geht.

heißt, sie werden direkt auf dem Gerät – noch vor dem Versand ins Internet – codiert und für Außenstehende unlesbar gemacht. In diesem Zustand bleiben sie auch auf dem Server. Erst zu Hause beim Empfang kommt der Inhalt wieder zum Vorschein. Selbst wenn es Hackern gelingen sollte, den Server anzugreifen und Dateien zu stehlen, könnten die Diebe mit den heruntergeladenen Informationen wenig anfangen. Sie müssten das digitale Durcheinander zuerst entziffern, was bei starker Verschlüsselung ein nahezu aussichtsloses Unterfangen darstellt.

Mit dieser Ende-zu-Ende-Verschlüsselung arbeiten auch Bosch Smart Home, Homematic IP, Nuki, Ring und andere Systeme. Bei richtiger Umsetzung schützt sie noch vor einer weiteren Gefahr: Fremde können die Kommunikation nicht kapern oder übernehmen, weil sich die Geräte untereinander durch gültige, digitale Zertifikate ausweisen. Das erschwert sogenannte Mittelsmannangriffe (Man-in-the Middle, MITM), bei denen Hacker vortäuschen, eine bekannte Gegenstelle im Netzwerk zu sein. Als solche wäre es ihnen möglich, Daten mitzulesen und schlimmstenfalls sogar zu manipulieren, um etwa eine Alarmfunktion zu deaktivieren. In einer unsignierten Übertragung ist es außerdem möglich, den Geräten falsche Software-Updates unterzuschieben. Statt die Aktualisierung vom offiziellen Server des Herstellers zu laden, verweist der manipulierte Link auf einen kriminellen Rechner mit Schadsoftware im Internet.

Darum sollten Smart-Home-Produkte die Kommunikation so gut wie möglich verschlüsseln. Weil das Aufgabe der Anbieter ist, haben Nutzer wenig Einfluss darauf – außer ein entsprechendes System zu kaufen. Die Prüfsiegel unabhängiger Institute wie AV-Test oder VDE helfen dabei (siehe Seite 310). In jedem Fall empfiehlt es sich, pro IoT-Produkt oder Server ein eigenes, sicheres Passwort zu verwenden. Dann gefährden einzelne Datenlecks auf einem Server nicht zusätzlich die anderen Konten.

Netzwerksicherheit

Der dritte entscheidende Bereich liegt zwischen Gerät und Internet, im heimischen Netzwerk. Weil hier alle Wege zusammenlaufen, ist die Absicherung besonders wichtig. Das fängt beim Router an. Der zentrale Datenmanager bildet normalerweise einen Schutz vor Angriffen von außen. Techniker nennen diese Barriere auch Firewall, nach dem englischen Wort für Brandmauer. Hinter der Mauer verschwinden alle IP-Adressen der einzelnen Geräte, nur die öffentliche Adresse des Routers ist für Außenstehende sichtbar. Das erschwert Cyber-Attacken, weil Angreifer ihre Ziele gar nicht erkennen können. Gleichzeitig kontrolliert der Router ein- und ausgehende Datenpakete. Treffen Informationen ein, die kein Gerät im Netzwerk angefordert hat, prallen sie an der Firewall ab.

Damit der Router diese Aufgabe erfüllen kann, muss er allerdings selbst immun gegen Angriffe sein. Sonst schalten Hacker die Sicherheitsfunktionen ab und die Mauer fällt in sich zusammen. Versuche, das zu tun, gibt es millionenfach jeden Tag und überall auf der Welt. Sie setzen fast immer an derselben Stelle an: im Browser-Menü des Routers. Die Bedienoberfläche sollte über ein Passwort geschützt sein – nicht zu verwechseln mit dem WLan-Schlüssel fürs Funknetz. Ist kein Router-Passwort festgelegt oder lässt es sich zu leicht erraten, können Hacker das System übernehmen. Dabei setzen sie auf rohe Gewalt oder Brut Force, wie die Methode im Fachbegriff heißt: Au-

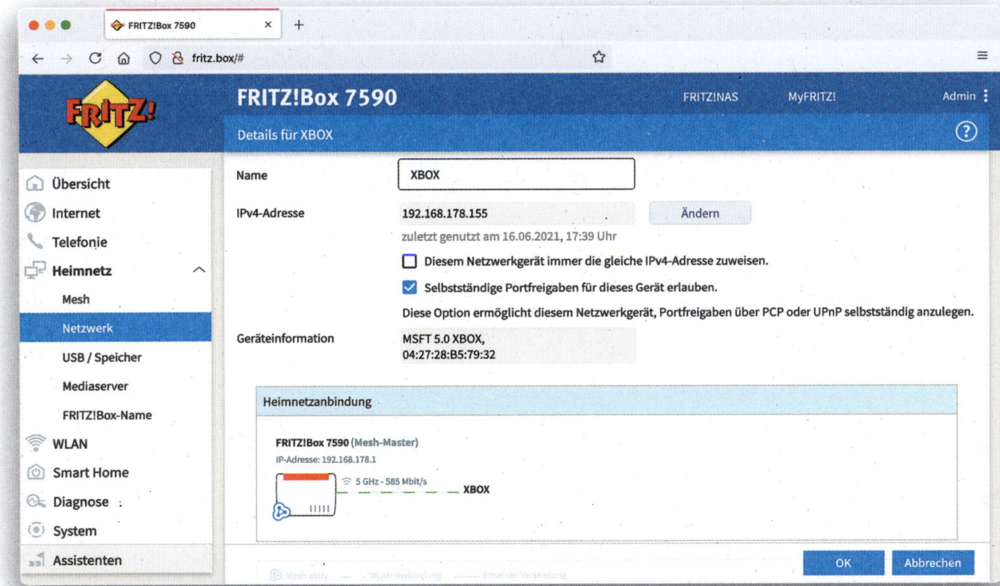

Sogenannte Portfreigaben für Geräte sollten am Router nur vorsichtig und mit Bedacht eingerichtet werden.

tomatisierte Server probieren alle möglichen Passwörter aus, bis sie ein passendes gefunden haben. Das geht umso schneller und einfacher, je simpler der Buchstaben- und Zahlencode gestrickt ist. Einmal angemeldet, kann der Eindringling dann Änderungen an der Konfiguration vornehmen, so als säße er im Haus der Opfer vor einem PC. Schon ein klug gewähltes Passwort (siehe Seite 305) schafft hier Abhilfe. Wer sicher gehen will, deaktiviert zusätzlich im Router-Menü die Anmeldung übers Internet. Dann sind die Einstellungen nur aus dem heimischen Netzwerk heraus erreichbar.

Nachdem der Zutritt von außen versperrt ist, kommt es noch darauf an, dass die Geräte zu Hause nicht unerlaubt eine Tür von innen öffnen. Für manche Anwendungen wie Onlinespiele ist es nötig, sogenannte Ports am Router freizugeben. Das sind Verbindungsstellen für bestimmte Aufgaben wie E-Mail, Internettelefonie, Webseiten und Medienstreaming. Mit einer Funktion namens Universal Plug and Play (UPnP) kann das auch automatisch geschehen. Allerdings reißt jeder offene Port ein kleines Loch in die Firewall. Deshalb empfiehlt es sich, nur solchen Geräten eine Portfreigabe zu erlauben, die sie unbedingt benötigen. Für alle anderen bleibt die UPnP-Funktion besser deaktiviert.

An modernen Routern mit aktueller Software sollte das standardmäßig der Fall sein. Die Praxis zeigt jedoch, dass viele Exemplare mit einer veralteten Software betrieben werden. Sei es, weil sich niemand im Haushalt um regelmäßige Updates kümmert, oder weil der Hersteller gar keine Aktualisierungen anbietet. Eine Untersuchung des Fraunhofer Instituts im Jahr 2020 nahm 127 Modelle für den privaten Bereich unter die Lupe und kam zu dem Ergebnis, dass die meisten davon innerhalb von zwölf Monaten keine Herstellerupdates erhalten hatten. Im schlimmsten Fall lag die letzte Aktualisierung mehr als fünf Jahre zurück. Viel zu lange, angesichts der schnell wechselnden Bedrohungslage im Internet. Nur drei Anbieter fanden die Forscher einer positiven Erwähnung wert: Fritzbox-Hersteller AVM, gefolgt von Asus und Netgear.

Aktuelle Software schützt vor vielen Bedrohungen. Denn Sicherheit im Netzwerk ist ein flüchtiges Gut. Was gestern noch als Stand der Technik galt, kann morgen überholt sein – weil keine Software völlig fehlerfrei ist. Computerprogramme werden immer noch von Menschen geschrieben, und irren ist menschlich. Durchschnittlich drei Fehler pro 1 000 Zeilen Programmcode gelten als normal, in sicher-

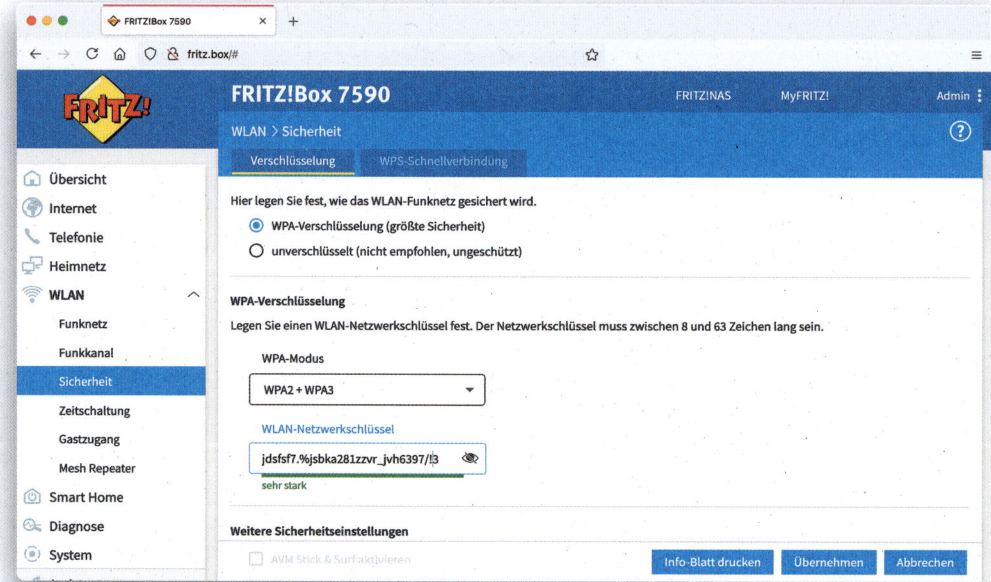

Wenn möglich, sollte im WLan die sicherste Verschlüsselungsmethode WPA3 verwendet werden.

heitskritischen Anwendungen werden sogar nur 0,5 Fehler toleriert. Wenn man bedenkt, dass allein der Kern des Betriebssystems Linux rund 28 Millionen Zeilen Code enthält, lässt das rein rechnerisch zwischen 14 000 und 84 000 Fehler zu, je nach dem, welchen Maßstab man anlegt. Die wenigsten davon dürften sich negativ auf die Funktion des Systems auswirken, aber es kann eben auch einmal eine Sicherheitslücke darunter sein. Wird diese im Internet bekannt und über einschlägige Kanäle verbreitet, macht sie Geräte leichter angreifbar. Router, die mit einem fünf Jahre alten Linux laufen, das niemals aktualisiert wurde, stellen dann ein viel zu leichtes Ziel dar.

Sicherheitslücken können aber nicht nur Geräte betreffen, sondern auch die Übertragungstechnik. Der WLan-Standard ist ein Beispiel dafür. In seiner Verschlüsselungsmethode wurden mit den Jahren Schwachstellen entdeckt, die immer wieder Neuauflagen verlangten. Auf das ursprüngliche WEP-Verfahren (Wired Equivalent Privacy, 1999) folgte erst WPA (WiFi Protected Access, 2003), dann WPA2 (2004) und schließlich die aktuelle Ausgabe WPA3 (2018). Es wird mit Sicherheit nicht die Letzte sein. Das bedeutet aber auch: Wer noch einen Router mit uralter WLan-Verschlüsselung nutzt, sollte diese schleunigst umstellen – oder einen neuen kaufen, wenn die entsprechende Option fehlt. WLan-Geräte unterstützen seit einigen Jahren WPA 2, die jüngeren zusätzlich WPA3. Ob ein Softwareupdate möglich ist, hängt vom Produkt ab.

Ähnliches gilt für andere Funkstandards. So entdeckten Sicherheitsforscher in der Vergangenheit wiederholt Angriffspunkte im Zigbee-Protokoll, die eine Softwareaktualisierung nötig machten. 2019 fand die Hochschule Emden-Leer einen Fehler im Z-Wave-Standard, der erst einige Monate später geschlossen wurde. Soll heißen: Das Prinzip „installieren und vergessen“ ist im Digitalzeitalter keine Option mehr. Zumindest nicht für funkbasierte Lösungen oder Geräte, die übers IP-Netzwerk attackiert werden können. Ein isoliertes Bussystem mit physikalischen Leitungen bietet kaum Angriffsflächen, wenn es richtig konzipiert ist (siehe „Drahtgebunden oder drahtlos?“, Seite 166). Gerade aus diesem Grund wird es oft aber auch weniger gesichert. So fand etwa die Kommunikation auf dem KNX-Bus bis vor einigen Jahren im Klartext statt. Wer sich über die Busleitung oder das IP-Netz unerlaubten Zugriff verschaffen konnte, war in der Lage, den Datenverkehr mitzulesen und zu manipulieren. Oft genanntes Szenario: Ein Angreifer sitzt hinterm Gartenhaus und zeichnet das KNX-Telegramm zum Öffnen des Garagentors auf. Später spielt er es erneut ab, um ins Haus zu gelangen. Mit einer 2016 vorgestellten Erweiterung des Standards geht das nicht mehr. Über die Funktion KNX Secure lässt sich die Kommunikation auf dem INstallationsbus genauso verschlüsseln wie in anderen Netzwerken auch. Allerdings setzt KNX Secure spezielle Komponenten voraus, die das Sicherheitsmerkmal unterstützen. Ein Upgrade älterer Geräte ist in der Regel nicht vorgesehen, der parallele Betrieb von verschlüsselten und unverschlüsselten Produkten in einem Gebäude aber möglich.

Das kleine Einmaleins der Smart-Home-Sicherheit

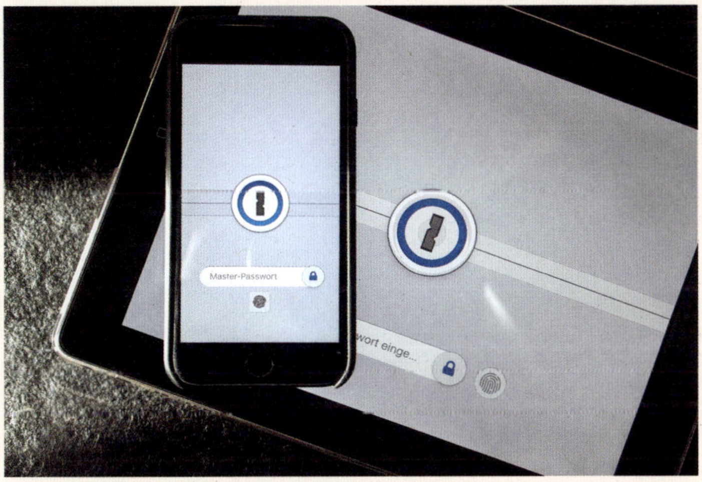

Passwortmanager sind Hilfsprogramme, die Zugangsdaten zentral und in einer verschlüsselten Datei verwalten.

1 Nur sichere Passwörter verwenden
Je zufälliger und länger, desto besser. Ein gutes Passwort sollte Klein- und Großbuchstaben, Zahlen und Sonderzeichen wie ?$_+ enthalten. Auf keinen Fall Namen oder Begriffe verwenden, die in Wörterbüchern zu finden sind. Die werden bei einem Angriff als Erstes ausprobiert. Dasselbe gilt für Klassiker wie „12345" oder Tastenfolgen auf der Computertastatur („asdfgh"). Neben der Kombination kommt es auf die Länge an: Ein achtstelliges Passwort hält professionellen Brut-Force-Attacken nur wenige Minuten oder Stunden lang stand. Mit zehn Stellen steigt die Zeitspanne auf Tage. Darüber werden Jahre, Jahrzehnte und Jahrhunderte daraus, weshalb Experten 20 Stellen oder mehr empfehlen. Um wirklich sicher zu sein, darf ein und dasselbe Passwort aber nicht an verschiedenen Stellen zum Einsatz kommen. Jedes E-Mail-Postfach, IoT-Gerät oder Benutzerkonto braucht seine eigene Kombination. Derart viele Zufallspasswörter kann sich niemand merken? Stimmt. Deshalb gibt es Passwortmanager (Bild oben). Die Hilfsprogramme für den PC oder das Smartphone generieren sichere Zugangsdaten und speichern beliebig viele davon in ihrer verschlüsselten Datenbank ab. Zum Öffnen und Kopieren des Passworts – etwa in einen Browser – genügt dann immer der Master-Code des Passwortmanagers.

2 Zwei-Faktor-Authentifizierung nutzen
Eine besonders sichere Methode, um Konten vor fremdem Zugriff zu schützen, ist der Ein-

satz eines zweiten Faktors beim Anmelden. Finanzinstitute nutzen ihn schon lange fürs Onlinebanking: Nach Eingabe des Passworts verlangt der Server einen zweiten Code. Er kommt zum Beispiel per SMS aufs Telefon oder wird von einer eigenen App auf dem Smartphone erzeugt. Sogenannte Authenticator-Apps erzeugen am Bildschirm alle 30 Sekunden bis 60 Sekunden einen neuen Einmalcode, der zusätzlich zum Passwort eingegeben werden muss. Ein Hacker müsste also nicht nur das sichere Passwort kennen, sondern zusätzlich im Besitz des Geräts für den zweiten Faktor sein. Das macht die Übernahme aus der Ferne praktisch unmöglich.

3 **Standardpasswörter ändern**
Manche Router- und IoT-Produkte haben immer noch ein Passwort voreingestellt. Auch wenn es besser ist als keines: Ändern schadet grundsätzlich nicht. Nur so können Sie sicher sein, dass der Code nicht schon anderswo verwendet wird. Für die geänderte Zeichenkombination gelten natürlich dieselben Regeln wie für alle sicheren Passwörter (siehe Punkt 1). Sonst verschlimmbessern Sie die Lage nur.

4 **Software aktuell halten**
Veraltete Software ist häufig angreifbar, weil sie noch Sicherheitslücken enthält, die zwischenzeitlich per Update geschlossen wurden. Am Computer oder Smartphone gehören Softwareupdates mittlerweile zur Routine. Das sollte auch für andere Geräte gelten, die Kontakt zum heimischen Netzwerk haben. Hersteller von Routern, Saugrobotern, Funksteckdosen, vernetzten Lampen und anderen IoT-Geräten aktualisieren ihre Produkte von Zeit zu Zeit. Smart-Home-Anbieter wie Bosch, EQ-3, MyGekko und Loxone ebenfalls. Wichtig dabei: In der Regel aktualisieren die Hersteller nur eigene Produkte. Sind etwa Funksensoren oder -aktoren eines anderen Fabrikats mit Ihrer Zentrale zu Hause verbunden, können Sie nicht davon ausgehen, dass diese auch Softwareupdates erhalten.

5 **Maßnahmen zum Virenschutz ergreifen**
Jedes Netzwerk ist nur so sicher, wie die Geräte, die sich in ihm befinden. Und Computer oder Smartphones stellen nun einmal die größte Angriffsfläche für Cyberkriminelle dar. Gelingt es ihnen, solch ein Ziel zu übernehmen, ist im schlimmsten Fall das ganze IP-Netzwerk in Gefahr. Über IP-Gateways und andere Schnittstellen können dann auch Geräte in Mitleidenschaft gezogen werden, die keine direkte Internetverbindung haben. Darum sollten PC & Co. bestmöglich vor Angriffen geschützt werden – etwa über Virenschutzsoftware und Benutzerkonten mit eingeschränkten Systemrechten. Vorsicht mit Mail-Anhängen und Internetlinks, die möglicherweise auf eine verseuchte Webseite führen.

6 **Software mit Bedacht installieren**
Die Auswahl an Software-Downloads im Internet ist groß und oft verlockend kostenlos. Nicht immer stellen Anbieter so ein Programm aber aus purer Menschenfreude ins Netz. Auch bei alternativen App-Stores für Android-Geräte kann gesundes Misstrauen nicht schaden, weil natürliche Schutzmechanismen des Betriebssystems dort wegfallen. Dasselbe gilt für sogenannte Jailbreaks (engl. Gefängnisausbrüche) in iOS, um andere als die offiziell von Apple vorgesehene Software zu installieren. Überlegen Sie gut, ob etwa ein paar zusätzliche Widgets auf dem Startbildschirm am Smartphone das Risiko wert sind.

7 **Auf Verschlüsselung achten**
Prinzipiell gilt: Verschlüsselte Verbindungen bieten deutlich mehr Schutz vor Datendiebstahl und Manipulation als solche, die Informationen im Klartext übertragen. Beim Surfen im Internet zeigt der Browser an, ob der Datenaustausch verschlüsselt ist – mit einem Schlosssymbol und dem Kürzel https:// vor der Webadresse. Auf das sichere HTTPS-Proto-

koll (Hypertext Transfer Protocol Secure) sollten Sie auch daheim im Netzwerk achten und etwa die Anmeldeseite des Routers mit https:// statt http:// aufrufen. So kann niemand die Eingaben mitlesen. Selbst dann nicht, wenn er sich unbemerkt Zugang zum Heimnetzwerk verschafft. Ob andere Geräte im Smart Home ebenfalls verschlüsselt kommunizieren, lässt sich von außen nicht so einfach beurteilen. Ein mögliches Indiz dafür sind gerätespezifische Codes, die bei der Installation eingegeben oder mit der Smartphone-Kamera aufgenommen werden müssen. Mehr Gewissheit bieten Prüfsiegel oder das kommende IT-Sicherheitskennzeichen (siehe Seite 310). Unabhängig davon sollte das WLan zu Hause immer verschlüsselt sein. Sie erreichen das, indem Sie im Router-Menü die Verschlüsselungsmethode WPA 2 oder besser noch WPA 3 auswählen.

8 WLan-Gastnetz ausprobieren
Um potenziell unsichere IoT-Geräte vom Rest des Netzwerks zu isolieren, können Sie ein separates WLan für sie aufspannen. Moderne Router besitzen eine Gastnetzfunktion, die sich dafür nutzen lässt. Sie dient eigentlich dazu, Besuchern das Surfen im Internet zu ermöglichen. Der Router baut ein zweites WLan mit eigenem Namen und Passwort auf, über das die Gäste online gehen können. Sie bleiben dabei vom Heimnetzwerk getrennt, was auch für Lampen, Thermostate oder andere IoT-Produkte in diesem Bereich gilt. So besteht keine Gefahr von Übergriffen. Gleichzeitig schränkt die Isolation aber Funktionen ein. So ist etwa Musik, die auf einem Speicher (NAS) im Hauptnetz liegt, vom Gastnetz aus nicht erreichbar. Auch die Steuerung per Smartphone kann Probleme bereiten, wenn sich Telefon und Zielgerät in zwei verschiedenen WLan-Netzen befinden.

9 WPS-Funktion ausschalten
Das WiFi Protected Setup, kurz WPS, ist eine Funktion, die das Einrichten neuer Geräte im WLan erleichtert. Ohne ein Passwort eingeben zu müssen, lassen sie sich damit am Router anmelden. Die Methode mit WPS-PIN, bei der ein fester Zahlencode vorgegeben wird, gilt schon lange als unsicher. Aber auch die Push-Button-Configuration (WPS-PBC), die auf Knopfdruck eine Verbindung herstellt, ist umstritten. Um sicherzugehen, sollten Sie WPS am Router ausschalten und nur kurzzeitig aktivieren, um ein neues Gerät hinzuzufügen.

10 Sicherungskopien erstellen
Kein Back-up, kein Mitleid, heißt eine viel zitierte Regel in der IT-Branche. Soll heißen: Wer seine wertvollen Daten nicht sichert, kann im Notfall auf wenig Hilfe hoffen. Das gilt für digitale Fotos, für Bankauszüge und Musikdateien – aber eben auch fürs Smart Home. Gerade bei Smart-Home-Zentralen mit vielen Automationen und Regeln spart ein Back-up Zeit und Arbeit, wenn es Probleme gibt. Für Selbermacher, die gern herumexperimentieren und ihr System auch einmal bis zur Funktionsunfähigkeit verstellen, kann es ein Segen sein. Denn mit regelmäßigen Sicherungskopien lässt sich die Zeit auf einen früheren, stabilen Betriebszustand zurückdrehen.

Personenbezogene Daten

Technisch bedingt fallen in einem Smart Home sehr viele Daten an. Sensoren erfassen Bewegungen, Schaltvorgänge oder wann Fenster und Türen geöffnet werden. In einem Automatisierungsprogramm wie Home Assistant (siehe Seite 272) sind diese Vorgänge leicht nachvollziehbar. Nutzer können die Protokolldateien, englisch Logfiles, direkt im Menü öffnen und ansehen. Andere Systeme wie Homematic und Loxone schreiben sie auf ihre Zentrale, von wo sich die Datei mit einem Computer öffnen und speichern lässt. Für KNX gibt es spezielle Datenlogger, die den Verkehr auf dem Bus mitschneiden, um etwa langfristige Temperaturverläufe als Diagramm am Bildschirm darstellen zu können. Nicht zuletzt helfen solche Logbücher den Profis dabei, einem Gerätedefekt oder Fehler in der Installation auf die Schliche zu kommen.

Doch selbst wenn sie niemand aktiv nutzt oder zu Gesicht bekommt – die Informationen entstehen trotzdem. Sonst wäre eine Automatisierung gar nicht möglich. Streng genommen handelt es sich dabei um personenbezogene Daten. Denn über die Räume und verwendeten Geräte lassen sie Rückschlüsse auf die Wohnenden zu. Das gilt besonders, wenn ein persönliches Gerät wie das Smartphone ins Spiel kommt. Personenbezogener, als das Haus mit seinem Mobiltelefon zu steuern, geht es kaum. Und spätestens mit der Videoaufnahme per Kamera wird der persönliche Bezug auch für Laien offensichtlich. Hinzu kommt, dass smarte Geräte unter Umständen nicht nur Daten der Eigentümer erfassen, sondern auch von jedem Gast, Paketboten oder Lieferdienst, der sich im Bereich der intelligenten Wohnung aufhält.

Personenbezogene Daten fallen seit Mai 2018 unter die Datenschutzgrundverordnung (DSGVO). Sie schreibt vor, dass die Erfassung solcher Daten transparent und zweckgebunden erfolgen muss. Vor allem aber verlangt sie einen triftigen Grund dafür. Die rechtmäßigen Gründe sind in Artikel 6 der DSGVO zusammengefasst. So kann es zum Beispiel ein „berechtigtes Interesse" des Datensammlers geben oder die betroffene Person hat der Verarbeitung ihrer Daten ausdrücklich zugestimmt. Letzteres scheint im Smart Home eher unrealistisch. Es sei denn, Sie möchten allen Ihren Besuchern eine Einverständniserklärung zur Unterschrift vorlegen. Streng genommen müssten diese ihre Einwilligung noch vor der Haustür geben, ehe sie die Wohnung betreten, da eine rückwirkende Zustimmung laut DSGVO nicht zulässig ist. Das könnte ein Argument für die gute alte Pförtnerloge sein – oder zumindest einen regengeschützten Unterstand, in dem Babysitter und Handwerker abgefertigt werden. Aber Spaß beiseite: Die Einwilligung Dritter im Smart Home ist ein ungeklärtes Thema. Ob stattdessen ein berechtigtes Interesse im Sinne der DSGVO vorliegt, müssten erst noch die Gerichte erklären. Oder auch nicht, denn in Artikel 2 der Verordnung heißt es, dass ein Sammeln personenbezogener Daten „zur Ausübung ausschließlich persönlicher oder familiärer Tätigkeiten" von der Regelung ausgenommen ist. Doch wo beginnt und wo endet bei solchen Besuchern die familiäre Tätigkeit? Konkrete Urteile zur Auslegung des Artikels im Smart Home stehen noch aus.

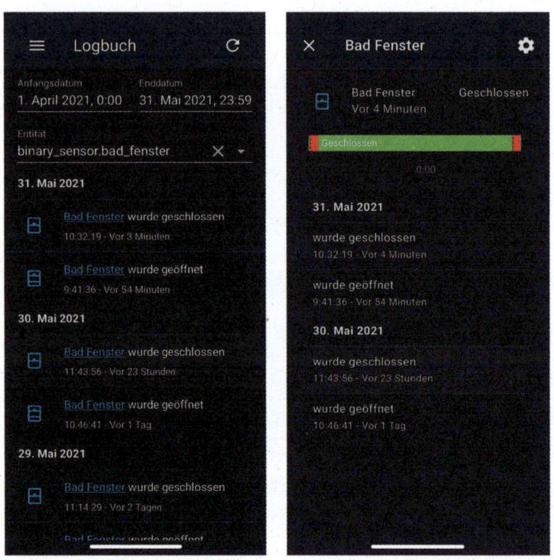

Das Logbuch im Automatisierungsprogramm Home Assistant zeichnet alle Ereignisse auf.

So unklar die Situation im privaten Umfeld scheinen mag, so wichtig waren die DSGVO und ihre europäische Vorlage, die GDPR (General Data Protection Regulation), für den Datenschutz im Internet. Denn Informationen, die lokal auf einer Steuerzentrale zu Hause liegen, sind eine Sache, die Übertragung auf externe Server etwas anderes. Wie schon mehrfach erwähnt, übertragen viele Smart-Home-Lösungen Daten in die Cloud. Zu Sensorinformationen oder den Sprachaufnahmen eines digitalen Assistenten können dabei auch persönlichere Informationen wie E-Mail-Adresse und Wohnort gehören. Ende 2018 sorgte der US-Hersteller iRobot für Aufregung mit der Ankündigung, Daten seiner Saugroboter mit Google teilen zu wollen. So weit muss es allerdings gar nicht kommen. Schon die IP-Adresse des Routers kann genügen, um den Internetanschluss zu identifizieren und Daten, die dort anfallen, mit anderen Informationen zusammenzuführen. Das ist verlockend für Unternehmen wie Amazon, Facebook und Google, deren Geschäftsmodell darauf beruht, möglichst viel über ihre Kunden in Erfahrung zu bringen. Kaum jemand wundert sich heute noch, wenn ihm Onlineshops und Werbebanner genau das Produkt anpreisen, das er wenige Stunden oder Tage zuvor im Internet gesucht hat.

Die Datenschutzgrundverordnung sorgt hier für mehr Privatsphäre. Weil Hersteller deutlicher erklären müssen, welche Daten sie erfassen und wofür diese eingesetzt werden. Das gilt für Cookie-Banner auf Webseiten genauso wie für das Sammeln von Analysedaten in der Smart-Home-App. Die Datenschutzerklärungen beim ersten Start eines Programms sind dadurch leider nicht kürzer geworden. Und immer noch kritisieren Verbraucherschützer unverständliche Texte, die in kryptischem Juristendeutsch verfasst sind. Doch insgesamt haben DSGVO und GDPR für Verbraucher hier viel bewirkt. Sie sorgen für eine bessere rechtliche Basis als in vielen anderen Ländern. Es lohnt sich deshalb nachzuschauen, wo ein System seinen Serverstandort hat. Befindet er sich innerhalb der EU, weisen die Hersteller oft in ihrer Datenschutzerklärung darauf hin. Anbieter wie EQ-3 (Homematic IP) und die Telekom (Magenta SmartHome) werben ausdrücklich damit, dass ihre Daten nur auf deutschen oder EU-Servern gespeichert werden.

In den USA gelten andere Regeln, vor allem die Zugriffsrechte der US-Behörden sind dort umfangreicher. Nach Auffassung des Europäischen Gerichtshofs genügt das nicht den hiesigen Anforderungen. 2020 hat das oberste EU-Gericht ein Abkommen mit den USA gekippt. Der sogenannte Privacy Shield (Datenschutzschild), der bis dahin einen freien Datenaustausch zwischen beiden Wirtschaftsräumen ermöglichte, wurde für ungültig erklärt. Seither müssen Unternehmen, die Daten in den USA speichern wollen, selbst für eine rechtssichere Lösung sorgen. In China, wo viele preisgünstige IoT-Produkte ihre Heimat haben, besitzt der Staat noch weitergehende Befugnisse. Am besten ist es daher, wenn möglichst wenig personenbezogene Daten auf einem Server im Internet landen. Denn Daten, die gar nicht erfasst werden, benötigen auch keinen Schutz.

Je nach Standort des Rechenzentrums gelten unterschiedliche Datenschutzbestimmungen.

Prüfzeichen und Qualitätssiegel

Geräte- und Netzwerksicherheit, Datenschutz, fehlende Updates oder neu entdeckte Sicherheitslücken – wer soll da noch durchblicken? In der Tat stellt die IT-Vernetzung von Geräten eine Herausforderung für Verbraucher dar. Mit dem Effekt, dass manche das Problem schlicht ignorieren. Andere dagegen sind so verunsichert, dass sie hinter jedem IoT-Produkt ein Überwachungsinstrument allmächtiger Staaten und Konzerne vermuten. So etwas kommt ihnen gar nicht erst ins Haus. Beide Extreme bergen Gefahren, weil sie eine Auseinandersetzung mit dem Thema und die zunehmende Digitalisierung erschweren.

Doch was können Verbraucher tun, die zwar das Einmaleins der Smart-Home-Sicherheit beachten (siehe Seite 305), aber kein Informatikstudium absolvieren wollen, um digitale Thermostate für die Wohnung auszuwählen? Eine mögliche Orientierungshilfe sind die Prüfsiegel unabhängiger Labore. So unterhält zum Beispiel der Verband der Elektrotechnik, Elektronik und Informationstechnik, besser bekannt als VDE, ein eigenes Prüfinstitut. Es hat in der Vergangenheit unter anderem die IT-Sicherheit von Systemen wie Homematic IP aus dem Hause EQ-3 und Luxurliving von Theben bestätigt. AV-Test aus Magdeburg (siehe Interview,

Prüfsiegel von angesehenen Instituten können als Orientierungshilfe dienen.

Seite 311) nimmt regelmäßig IoT-Produkte unter die Lupe und prüft ebenfalls im Herstellerauftrag. Somfy hat die aus den USA stammende Organisation Underwriters Laboratories (UL) mit dem Sicherheitscheck seiner jüngsten Smart-Home-Zentrale beauftragt.

Zusätzliche Orientierung dürfte auch das kommende, deutsche IT-Sicherheitskennzeichen geben. Es entsteht unter Federführung des Bundesamts für Sicherheit in der Informationstechnik (BSI), das im IT-Sicherheitsgesetz von 2021 zu diesem Zweck mit mehr Befugnissen ausgestattet wurde. Zwar handelt es sich dabei um kein Prüfsiegel, die Hersteller geben eine freiwillige Erklärung ab, dass ihr Produkt „für eine festgelegte Dauer bestimmte IT-Sicherheitsanforderungen erfüllt" (Paragraf 9c, IT-Sicherheitsgesetz). Aber damit existieren immerhin offizielle Mindestanforderungen. Die Grundlage bildet eine Europäische Norm, an der neben BSI und ausländischen Behörden auch Unternehmen wie Bosch, IBM und Samsung mitgearbeitet haben.

Die ETSI EN 303 645 definiert Sicherheitsstandards für IoT-Geräte wie Smart-Home-Zentralen, vernetzte Hausgeräte, sprachgesteuerte Lautsprecher, Smart-TVs oder auch Fitness-Tracker. Zu den Vorgaben an die Hersteller zählen unter anderem:

- **Keine allgemeinen Standardpasswörter**. Eventuell voreingestellte Codes haben nur für das jeweilige Produkt Gültigkeit.
- **Für aktuelle Software sorgen**. Softwarekomponenten sollen aktualisierbar sein und wenn nötig Updates erhalten.
- **Sichere Kommunikation**. Geräte setzten bewährte Technik zur Verschlüsselung ein, die ebenfalls updatefähig sein muss.
- **Sichere Speicherung von Daten**. Sensible Informationen auf dem Gerät sind verschlüsselt und unzugänglich.
- **Installation und Wartung erleichtern**. Der Hersteller soll Nutzer dabei unterstützen, das Gerät sicher einzurichten und zu nutzen.

Anbieter, die das Kennzeichen verwenden wollen, müssen künftig einen definierten Support-Zeitraum für ihr Produkt angeben, in dem sie für Softwareaktualisierungen und Sicherheitsupdates sorgen. Erfüllt der Hersteller seine Zusagen nicht und wird das BSI darauf aufmerksam, kann die Behörde Warnungen herausgeben. Langfristig ist auch eine eigene Webseite denkbar, die Produkte mit ihrem digitalen Mindesthaltbarkeitsdatum auflistet.

Klassische Prüfsiegel wird das IT-Sicherheitskennzeichen jedoch nicht ersetzen. Zum einem fehlt ihm der Testcharakter. Die Herstellerangaben werden vor der Siegelvergabe nicht unter Laborbedingungen geprüft. Zum anderen gehen die Institute in ihren Untersuchungen teilweise deutlich über die EN 303 645 hinaus. Die ETSI-Norm beschränkt sich aufs Gerät. Eine VDE-Zertifizierung für Informationssicherheit berücksichtigt zum Beispiel auch die beteiligten Server und Apps. Um als echte Orientierungshilfe zu taugen, sollte das Siegel außerdem ein Veröffentlichungsdatum enthalten. Denn in der IT-Technik kann jedes Update die Produkteigenschaften ändern – und nichts ist so alt, wie die Software von gestern.

„VIELE BILLIGANBIETER SPAREN AN SICHERHEIT"

Maik Morgenstern ist Technischer Direktor des AV-Test Instituts in Magdeburg. Das herstellerunabhängige Unternehmen prüft seit mehr als 15 Jahren Produkte auf ihre IT-Sicherheit und besitzt laut eigener Aussage eine der größten Sammlungen digitaler Schädlinge weltweit. Neben Virenschutzlösungen für private und professionelle Anwendungen zählen IoT-Produkte zu den Fachgebieten. AV-Test prüft IP-Kameras und andere Smarthome-Geräte und veröffentlicht die Ergebnisse auf einem eigenen Blog (www.iot-tests.org). Die Testsiegel zählen zu den wenigen Orientierungshilfen für Endkonsumenten, wenn es um die Datensicherheit geht.

Herr Morgenstern, viele Geräte sind heute mit dem Internet verbunden. Wie groß ist die daraus resultierende Gefahr?

Fakt ist, dass viele Hersteller von Smart-Home-Produkten der Sicherheit und dem Datenschutz nicht den Stellenwert einräumen, den ein Gerät mit Internetverbindung erfordert. Seit vielen Jahren weisen wir auf diesen Missstand in den entsprechenden staatlichen und industriellen Beratungsgremien hin. Fakt ist aber auch, dass manche Gefahren eher theoretischer Natur sind.

Können Sie Beispiele nennen – wo liegen die Unterschiede?

Eine weggeworfene LED-Lampe, die das WLan-Passwort unverschlüsselt gespeichert hat, stellt ein vergleichsweise geringes Risiko dar. Angreifer müssten schon zum richtigen Zeitpunkt vor Ort sein und die Herkunft der Lampe kennen, dann den Chip auslöten und das Passwort mit entsprechender Technik auslesen – möglich, aber eher unwahrscheinlich. Anders sieht es mit Überwachungskameras aus, die offen ins Internet streamen. Auf Webseiten wie www.insecam.org kann man sehen, dass dies gar nicht so selten vorkommt. Nutzer wollen ihr Eigentum schützen, geben Angreifern aber womöglich Auskunft darüber, welche „Schätze" in der Wohnung zu holen sind und wann sie aus dem Haus gehen. Ist der Datenverkehr dann auch noch schlecht oder gar nicht verschlüsselt, offenbaren die Kameras ihre IP-Adresse und damit den Standort. Deshalb achten wir bei unseren Tests darauf, dass mögliche Angriffsszenarien praktikabel sein müssen.

Wo lauern die die größten Gefahren?

Wie im Kamerabeispiel beschrieben, kann eine unsichere Gerätekommunikation reale Schäden verursachen. In unseren Tests gab es schon Smartlocks, die Angreifern über bekannte Sicherheitslücken Tür und Tor geöffnet hätten. Sogenannte Botnetze, in denen Geräte übers Internet zusammengeschaltet werden, sind eine reale Bedrohung – selbst wenn die Betroffenen davon nichts mitbekommen. Angreifer nutzen die Rechenpower solcher Netze für eigene Zwecke, etwa fürs Coinmining, um digitale Währungen zu schürfen. Am größten ist die Gefahr für alle aus der Ferne verwundbaren Produkte, also solche, die man massenhaft übers Internet angreifen kann. Allerdings hängen die meisten Smart-Home-Geräte nicht direkt im öffentlichen Netz, sondern zu Hause hinter einem Router. Er bietet Schutz vor Angriffen von außen – allerdings nur, wenn die Geräte richtig konfiguriert sind. Sonst passiert so etwas wie bei den Kameras.

Ein System, das nur zu Hause im Netzwerk kommuniziert, ist sicherer als eine Cloud-Lösung?

Ja, sofern dieses Netzwerk selbst sicher abgeschirmt und von außen nicht zugänglich ist. Leider verzichten viele Hersteller daher im lokalen Netz auf sinnvolle Verschlüsselung und lassen die Nutzer in Sicherheitsfragen allein. Es gibt aber vorbildliche Anbieter, die für alle Fälle vorsorgen und auch in lokalen Netzen für einen abhörsicheren Datenaustausch sorgen. Diese eingebaute Sicherheit, auf Englisch „Security by Design", verhindert dann, dass Nutzer bei der Einrichtung etwas falsch machen oder vergessen können.

Idealerweise sollte also alles verschlüsselt sein?

Das kommt aufs Einsatzgebiet an. IP-Kameras, Türschlösser, Sicherheitssysteme oder Geräte mit Mikrofon sollten ein höheres Schutzlevel aufweisen als etwa eine Zahnbürste, die den Putzerfolg auf einer App anzeigt. Auch bei einem Taster, der das Licht schaltet, fällt mit den Informationen für „an" und „aus" zunächst kaum kritisches Datenmaterial an. Allerdings lässt sich über des Schaltverhalten natürlich feststellen, ob ich zu Hause bin oder nicht.

Manche Systeme arbeiten mit mehreren Funkstandards oder bieten Verbindungen zu vielen externen Diensten wie Sprachassistenten. Steigt dadurch das Risiko?

Generell lässt sich das so sagen. Zumindest verbreitert höhere Konnektivität die mögliche Angriffsfläche. Außerdem sind manche Technologien in bestimmten Produkten unnötig oder für einzelne Anwender nicht sinnvoll. Ob es wirklich praktisch oder schlicht unsicher ist, ein Türschloss von außen per Zuruf über einen Sprachassistenten zu öffnen, hängt zum Beispiel auch von der persönlichen Wohnsituation ab.

Haben günstige Produkte häufiger Sicherheitsmängel?

Nach unserer Erfahrung leider ja. Billiganbieter sparen oft an der Sicherheit. Viele asiatische White-Label-Produkte, die hier unter diversen Namen verkauft werden, erfüllen nicht einmal Mindestanforderungen an die Gerätesicherheit. Es macht einen Unterschied, ob der Hersteller ein Produkt aus „einem Guss" anbietet oder ob er sicherheitskritische Komponenten womöglich ohne Prüfung zukauft. Das gilt für Bauteile wie Prozessoren, aber auch für die Firmware und Steuerprogramme, die mit dem Produkt interagieren wie Apps und Internetserver. Gut implementierte Verschlüsselung und andere Sicherheitsfeatures haben in der Entwicklung ihren Preis. Und selbstverständlich bedürfen vernetzte Geräte auch späterer Pflege, etwa durch Sicherheitsupdates und Patches für bekannt gewordene neue Schwachstellen. So ein Service am Produkt ist für die Anbieter mit Kosten verbunden.

Welche Punkte fallen in Ihren Tests besonders negativ auf?

Unsere IoT-Experten stellen oft Verschlüsselungsprobleme fest. Selbst wenn die Geräte Daten verschlüsseln, sind die Technologien häufig nicht richtig umgesetzt. Außerdem erfassen und speichern viele Apps und Onlinedienste mehr Daten, als für den Betrieb notwendig wäre. Hinzu kommen Datenschutzerklärungen, die nicht den gesetzlichen Vorgaben genügen und etwa den Nutzungszweck von Daten nicht korrekt ausweisen.

Wird die Situation insgesamt besser oder schlechter?

Gerade deutsche und EU-Hersteller haben erkannt, dass die Sicherheit ihrer Angebote einen Marktvorteil bietet und kritische Konsumenten überzeugt. Daher steigt hierzulande die Zahl der Produkte, deren IT-Sicherheit bereits in der Produktentwicklung mitgedacht wird. Das hat zwar sehr lange gedauert, aber es zeichnet sich eine positive Tendenz ab.

SERVICE

LITERATUR

- **Heimautomation mit KNX, DALI, 1-Wire und Co**
  von Stefan Heinle
  Rheinwerk Verlag
  2018, Gebundene Ausgabe, 1 300 Seiten, 49,90 Euro
  ISBN-13: 978–3836266130
- **Handbuch Sanieren und Modernisieren: Planung, Maßnahmen und Kosten für Bauherren**
  von Peter Burk
  Stiftung Warentest
  2021, Gebundene Ausgabe, 272 Seiten, 34,90 Euro
  ISBN-13: 978–3747103906
- **Raspberry Pi: Das umfassende Handbuch**
  von Michael Kofler, Charly Kühnast, Christoph Scherbeck
  Rheinwerk Verlag
  2021, Gebundene Ausgabe, 1088 Seiten, 44,90 Euro
  ISBN-13: 978–3836283519

MUSTERHAUS-AUSSTELLUNGEN

- **Eigenheim und Garten**
  Einer der größten Musterhausparks in Europa mit Ausstellungen an drei deutschen Standorten: Fellbach bei Stuttgart, Bad Vilbel bei Frankfurt und Poing bei München. Info: www.musterhaus-online.de
- **Fertighauswelt**
  Die Musterhausparks des Bundesverbands Deutscher Fertigbau (BDF) liegen in Günzburg Hannover, Köln, Nürnberg und Wuppertal. Info: www.fertighauswelt.de
- **Unger Park**
  Hausaustellungen von Unger Park gibt es in Berlin, Chemnitz, Dresden, Erfurt und Leipzig.Info: www.unger-park.de

STICHWORTVERZEICHNIS

F

G

H

I/J

K

L

M

N

O

P/Q

R

S

T

U/V

W

Y/Z

Bildnachweis: © Adobestock.com/Composing Eltako (48 o.), ABB (191), Aeotec Technology (95 m.), AFRISO, www.afrisohome.de (239, 240), Alexander von Spreti (17), Amazon.com Inc. (52 o., 288 o., 290), Amazon.com Inc./Laurie Frankel Photography (173), andresr/E+ via Getty Images (101), Apple Inc. (52 m., 134, 217), ArGe Medien im ZVEH (91, 160, 202 re.), ASSMANN Electronic GmbH (202 li.), AV-TEST GmbH (310 m., 311), AVM GmbH (23 li., 172, 220, 302), Axis Communications AB (113), Basalte (186 drittes v. li., 186 zweites v. re.), Bitkom (10), blackCAT/E+ via Getty Images (182), Bluesound/Lenbrook Industries Limited (127), Bosch (23 re., 87 li., 104 o. li., 104 o. re., 104 u. li., 105, 107 o., 145 u., 159, 223 u.), Bosch Thermotechnik GmbH (12, 83), BUND (56), Busch-Jaeger (67, 122, 241, 242), Connectivity Standards Alliance (53 li.), Control4/Snap One, LLC (136, 138 o.), Coqon/SMaBiT GmbH (75 m., 243), Deutsche Telekom AG (39 u., 238), Deutsche Telekom AG/Mareen Fischinger (131), Deutsche Telekom AG/Maximilian Otto (51 re., 237 o.), Deutsche Telekom AG/Norbert Ittermann (47), Deutsche Telekom AG/Thomas Ollendorf (287, 309), devolo AG (49, 75 o., 225 o.), digitalSTROM AG (15, 164 o., 244), Discovergy GmbH (90), EBERLE Controls GmbH (20 li.), EET – Efficient Energy Technology GmbH (94), Electrolux (144 u.), Eltako (69 o. li., 95 u., 171, 247 re.), eQ-3 AG, www.eq-3.de (43 o., 68 o., 84, 85, 120, 201, 206 o., 206 u., 227, 228 o. li., 248, 310 li.), Eve Systems (14, 73, 89, 292 o.), Felix Gerdemann (265, 266), FIBAR GROUP S.A. (164 u.), Frank-Oliver Grün (13, 31, 32, 33, 34, 43 u., 44, 51 li., 57, 63, 64, 65 o., 66, 69 u., 72, 121, 128, 158, 165, 181, 187, 192, 193, 209, 211, 213 u., 214 m., 214 u., 215, 218, 219, 221, 222, 223 o. li., 223 o. re., 224, 225 u., 226, 228 o. re., 228 u., 231, 232, 234 o., 235, 236, 237 u., 245 u., 246, 249, 250, 254 o., 257 u., 263 o., 267, 268, 270, 272, 273, 274, 275, 279, 285, 286, 291, 292 u., 293, 295, 296, 301 u., 303, 304, 305, 308), GARDENA (106, 107 u., 108), Gira (36 re., 37 re., 39 o., 54, 130, 142 o., 186 li., 186 drittes v. re., 252 o., 255 re.), glancr (100), Google LLC (20 re., 52 u., 288 u., 294), Hager Vertriebsgesellschaft mbH & Co. KG (200), hager.de (151), hansgrohe / Hansgrohe SE (97, 98 u.), heizung.de (86), homee GmbH (230), homeway GmbH (168 u.), Initiative Elektro+ (162, 163 o., 188 u.), Inter IKEA Systems B.V. (60), JÄGER DIREKT (149, 253), JUNG.DE (25, 30, 36 li., 69 o. re., 75 u., 75 li., 163 u., 184, 185, 188 o., 251, 252 u., 255 li., 300), KLAFS GmbH & Co. KG (99), KNX Association cvba (53 re.), licht.de (65 u.), Lingg & Janke OHG (95 o.), Loxone (118, 126 re., 137, 148, 150, 161, 179, 190, 257 o. li., 257 o. re., 280, 282, 299), LUPUS-Electronics GmbH (35, 112 u., 119), M.Typke/digitalSTROM AG (21), Masaki Okumura, M-Agency, Marion Leflour and Fred Raynaud (112 o., 116, 301 o.), MDT technologies GmbH (186 re.), MEDIOLA (233, 234 u.), Merten/Schneider Electric GmbH (186 zweites v. li.), Messe Frankfurt Exhibition GmbH / Jens Liebchen (167), Messe München GmbH/Holger Rauner (176), Michael Römer (24, 27, 28, 29, 40, 41, 68 u. re., 70 re., 98 o., 125, 132, 284 u., 289), Miele (92 u., 145 o., 284 o. li., 284 o. re.), Miriam Grave (264), myGEKKO / Hannes Niederkofler (175, 197 re.), myGEKKO | Ekon GmbH (93, 258, 259), NETGEAR Inc./NETGEAR Deutschland GmbH (133 li.), nuki.io (141, 142 u., 210), Occhio GmbH (68 u. li.), Panasonic Deutschland (138 u.), partner.gira.com (130), Patrik Stollarz/digitalSTROM AG (245 o.), Pekic/E+ via Getty Images (11), phoscon/dresden elektronik ingenieurtechnik gmbh (269), privat (153), RADEMACHER Geräte-Elektronik GmbH (74, 78 o. re., 78 u., 80, 81 u., 260, 261 li.), René Reichelt/Stiftung Warentest (114), Revox (126 li., 129), Ring LLC (213 o.), Samsung (144 o.), Siemens (146, 147), Signify (62, 70 li., 71, 104 u. m., 109), Somfy GmbH (143, 261 re., 262), Sonance (110 u.), Sonos, Inc. (110 o., 214 o.), Sound United, LLC/DENON (104 u. re.), STIEBEL ELTRON (88), svetikd/E+ via Getty Images (58), Symcon GmbH (277, 278), tado (81 o., 216), Tedee/Soular (140), Theben AG (186 m.), Tom Gundelwein/Hager Vertriebsgesellschaft mbH & Co. KG (37 li., 48 u., 254), TOTO Europe (96), TP Vision/Philips (135), U.T.E. Electronic GmbH & Co. KG (133 re.), Ubiquiti Inc. (168 o.), UL (310 re.), Vaillant (82), WAREMA (76, 79), WeberHaus (92 o., 195, 197 li., 247 li.), Westend61 via Getty Images (203), wibutler (Connectivity Solutions GmbH) (87 re., 263 u. li., 263 u. re.), www.schellenberg.de (77, 78 o. li.)

Die **Stiftung Warentest** wurde 1964 auf Beschluss des Deutschen Bundestages gegründet, um dem Verbraucher durch vergleichende Tests von Waren und Dienstleistungen eine unabhängige und objektive Unterstützung zu bieten.

Wir kaufen – anonym im Handel, nehmen Dienstleistungen verdeckt in Anspruch.

Wir testen – mit wissenschaftlichen Methoden in unabhängigen Instituten nach unseren Vorgaben.

Wir bewerten – von sehr gut bis mangelhaft, ausschließlich auf Basis der objektivierten Untersuchungsergebnisse.

Wir veröffentlichen – anzeigenfrei in unseren Büchern, den Zeitschriften test und Finanztest und im Internet unter www.test.de

Der Autor: Frank-Oliver Grün ist Fachjournalist für Technikthemen. Neben Unterhaltungselektronik, IT und Internet legt er seinen Schwerpunkt seit vielen Jahren auf das Thema Smart Home. Der ehemalige Chefredakteur und heutige Medienberater lebt selbst seit mehr als zehn Jahren in einem vernetzten Heim. Über seine Erfahrungen schreibt er in verschiedenen Magazinen – und im eigenen Blog digitalzimmer.de.

Stiftung Warentest
Lützowplatz 11–13
10785 Berlin
Telefon 0 30/26 31–0
Fax 0 30/26 31–25 25
www.test.de
email@stiftung-warentest.de

USt-IdNr.: DE136725570

Vorstand: Hubertus Primus
Weitere Mitglieder der Geschäftsleitung:
Dr. Holger Brackemann, Julia Bönisch, Daniel Gläser

Programmleitung: Niclas Dewitz

Autor: Frank-Oliver Grün
Projektleitung/Lektorat: Uwe Meilahn
Lektorat: Magnus Enxing, Münster
Korrektorat: Uwe Meilahn
Titelentwurf: Josephine Rank, Berlin
Titel (Herstellung): Christian Königsmann
Layout: Büro Brendel, Berlin
Grafik, Satz: Phillip Hailperin, Berlin
Illustrationen: Michael Römer, Berlin (siehe S. 139), René Reichelt (siehe S. 139)
Bildredaktion: Phillip Hailperin, Berlin
Bildnachweis: Umschlag(U1) getty images, (U4) gira, Innenteil: siehe S.139

Produktion: Vera Göring, Christian Königsmann
Verlagsherstellung: Rita Brosius (Ltg.), Romy Alig, Susanne Beeh
Litho: tiff.any, Berlin
Druck: Westermann Druck Zwickau GmbH

ISBN: 978-3-7471-0489-7

Wir haben für dieses Buch 100 % Recyclingpapier und mineralölfreie Druckfarben verwendet. Stiftung Warentest druckt ausschließlich in Deutschland, weil hier hohe Umweltstandards gelten und kurze Transportwege für geringe CO_2-Emissionen sorgen. Auch die Weiterverarbeitung erfolgt ausschließlich in Deutschland.